# 人工智能通识教程

主　编　吴　敏
副主编　王啸楠　高　超
编　委　方　林　耿　伟　吕常伟
　　　　李　礼　李　华　刘　浩
　　　　沈　琼　吴定安

中国科学技术大学出版社

## 内 容 简 介

本书为人工智能通识教育教材，侧重构建人工智能知识基础框架，融入跨学科应用场景案例，嵌入主流人工智能工具使用方法与实践指南，旨在帮助读者系统掌握人工智能基本原理，提升人工智能技术应用能力与批判性思维能力，培养更适合未来时代发展需要的数字素养人才。

全书共分两部分。第一部分（第一至四章）为基础篇，包含人工智能发展脉络与伦理思辨、核心技术体系解析、数据处理全流程方法论及大模型技术原理，通过理实一体模式，搭建从认知到应用的知识桥梁；第二部分（第五章）为应用篇，主要通过教育、娱乐、办公三大领域的典型场景案例实操，完整演示从需求分析、工具选型到方案落地的全流程，展现生成式人工智能技术赋能行业创新的实现路径与效能提升方法。

本书适合作为非计算机专业领域的人工智能通识课程教材，其“低门槛、重实践、强思辨”的特色设计，可有效支撑跨学科交叉人才培养需求，也可供数字化转型背景下的行业技术人员参考使用。

**图书在版编目(CIP)数据**

人工智能通识教程 / 吴敏主编. -- 合肥 : 中国科学技术大学出版社，2025. 8. -- ISBN 978-7-312-06385-5

Ⅰ. TP18

中国国家版本馆 CIP 数据核字第 2025GX8608 号

**人工智能通识教程**

RENGONG ZHINENG TONGSHI JIAOCHENG

**出版** 中国科学技术大学出版社
安徽省合肥市金寨路 96 号，230026
http://press.ustc.edu.cn
https://zgkxjsdxcbs.tmall.com

**印刷** 合肥市宏基印刷有限公司

**发行** 中国科学技术大学出版社

**开本** 787 mm×1092 mm 1/16

**印张** 18.75

**字数** 445 千

**版次** 2025 年 8 月第 1 版

**印次** 2025 年 8 月第 1 次印刷

**定价** 68.00 元

# 前　　言

2022年是生成式人工智能(Artificial Intelligence Generated Content,简称AIGC)元年,知识与能力的概念被重新定义,工作与社会环境都在人工智能的影响下发生深刻变化。人工智能不再是计算机科学或工程领域的专属,其应用已广泛融入医学、法律、艺术、教育等诸多学科。在人工智能时代,那些具备人工智能知识并能恰当运用人工智能工具的大学生,往往能更好地适应技术发展的要求,未来将能更高效地利用数字资源进行学习和工作。然而,由于缺少对人工智能基本原理的认知,缺乏合理选择并使用人工智能工具的能力培训,以及缺少对人工智能新技术的理性审视,大学生很容易陷入"技术乐观主义"的陷阱。这种盲目的技术崇拜可能导致他们在实际操作中面临种种困难。

鉴于此,我们将人工智能基础知识、人工智能常见使用工具和实际综合案例进行结合,打破传统偏重理论描述的方式,通过案例实操来展现人工智能的实用价值,帮助零基础读者轻松跨入人工智能应用的大门。

本书主要面向非计算机或人工智能相关专业的零基础读者群体。全书共分五章,各章节内容安排如下:

第一章为人工智能简介,主要从人工智能发展史入手,详细阐述人工智能在医疗、交通、金融等领域的应用价值,同时剖析相关伦理、法律和社会挑战(如隐私侵犯、数据偏见、就业影响),强调构建伦理规范与法律框架对人工智能可持续发展的重要性。

第二章为人工智能基础，主要从人工智能核心技术体系入手，涵盖机器学习、智能语音、计算机视觉、自然语言处理及生成式人工智能等关键技术模块，帮助读者快速掌握人工智能的基本概念和应用原理。

第三章为数据处理基础，主要从数据价值层面入手，提供数据处理的全面基础知识，深入探讨数据采集、数据清洗和数据标注这三个核心阶段，并探讨自动化工具提升效率的趋势，同时强调数据隐私与安全保护的重要性。

第四章为大模型应用技术，主要从大模型核心技术入手，聚焦提示词工程（优化模型输出）、智能体开发（自主决策架构）及大模型微调（LoRA 等调优方法），为理解和应用大规模预训练模型提供重要的理论支持和实用方法。

第五章为大模型项目实例，主要从现实场景实操项目入手，如教育领域实现个性化学习推荐与智能答疑、娱乐领域赋能内容创作与游戏智能化、办公领域提升数据分析与文档处理效率，通过具体案例演示如何显著提升工作效率与质量。

本书整体框架由吴敏、王啸楠、高超联合科大讯飞工程师团队拟定，第一章由高超、李礼（科大讯飞工程师）、王啸楠编写；第二章由沈琼、吴定安编写；第三章由耿伟、王啸楠编写；第四章由李华、方林编写；第五章由李华、沈琼、刘浩、吕常伟编写。最后全书由吴敏审阅定稿。

在本书的编写过程中，参考了较多相关书籍与资料，在此对这些参考文献的作者表示感谢。同时，本书邀请了多名人工智能领域专家进行内容评审，给出修改意见，在此特别对中国科学技术大学孙广中教授、科大讯飞教育高教产品部总监孙辉教授表示真挚的感谢。

因编者水平有限，书中难免存在错漏和不妥之处，望读者指正，以便改进和提高。

**编　者**

2025 年 5 月

# 目　录

# 第一章 人工智能简介

## 本章引言

人工智能作为一门引领时代的学科，其发展历程充满了挑战与机遇。从早期的探索到如今的蓬勃发展，它不断重塑着人们的生活和未来。

本章将首先追溯人工智能的起源，回顾图灵测试等具有里程碑意义的事件，了解这一领域的根基。

其次，将明确人工智能的定义与分类，帮助学生建立起对其基本概念的清晰认识。

接着，会向大家展示人工智能在众多领域的广泛应用，如医疗、交通、制造业等，以及其未来的发展趋势，让大家深刻体会到人工智能的重要性与无限潜力。

最后，将向大家介绍人工智能未来的发展前景，使同学们对未来的科技生活充满期待。接下来让我们一同开启这扇通往人工智能世界的大门，探索其中的奥秘与精彩。

# 第一节 人工智能简史

**学习目标**

- 了解人工智能的基础概念、历史里程碑事件，如达特茅斯会议和图灵测试。
- 理解人工智能的定义、分类及其在不同领域中的应用方式与应用效果。
- 理解人工智能技术在特殊场景中的作用和影响，能够识别其优势和局限性。
- 客观评价人工智能技术在社会、伦理和法律方面的影响，提出符合人类利益和价值观的发展建议。

在科技迅猛发展的今天，人工智能无疑成为了时代热词。它广泛应用于众多领域，极大地丰富和便利了人们的日常生活。然而，对部分读者而言，人工智能或许仍然是一个充满未知的领域。人工智能究竟是什么？它经历了怎样的发展过程？未来又将如何影响我们的生活？这些问题都是我们在探索人工智能时不可或缺的知识环节。

## 一、人工智能新时代

人工智能的诞生背景可以追溯到20世纪50年代，科学家们开始思考如何让计算机具备人类的智能。随着时间的推移，作为一项具有颠覆性的技术，人工智能正以前所未有的速度改变着人们的生活方式。它能够帮助人们解决许多实际的复杂问题，提高生产效率，推动社会发展和进步。

人工智能的诞生使众多领域的发展得以突破（见图1-1）。例如，在医疗领域，人工智能可以辅助医生诊断疾病，提高医疗效率和准确性；在交通领域，人工智能可以促进交通管理

图1-1　人工智能在各种场景中的应用

部门优化交通流量，减少交通事故的发生；在金融领域，人工智能可以支撑银行和证券公司进行风险评估和投资决策，提高金融效率和稳定性。

但是，技术发展是具有两面性的。人工智能在带来显著社会效益和经济效益的同时，也引发了一系列伦理问题和挑战，包括隐私侵犯、数据偏见与歧视、责任归属不明确、人机关系混淆、技术滥用、技术道德降低等风险，以及人类主体对人工智能个体自主思维产生的可能性的担忧。因此，培养正确的人工智能使用意识，掌握恰当的人工智能使用方法，确保人工智能健康发展，提升人工智能素养，是当前社会面临的重要任务。

简而言之，人工智能的诞生是为了解决复杂问题和提高生产效率，它的出现标志着人类社会进入了一个新的时代。在这个时代中，我们看到了前所未有的技术革新和便利性，但同时也面临着伴随而来的道德、法律和社会挑战。因此，我们需要谨慎地对待这项技术，确保它的发展与人类的长远利益相一致，并在此过程中保护我们的价值观和伦理标准。

## 二、人工智能的起源

在探讨人工智能的起源时，就不得不提及中国历史上一个著名的故事《偃师献技》（见图 1-2）。《偃师献技》出自《列子·汤问》，反映了我国古代人民对人工智能的初步探索和追求。

故事讲述的是周穆王时期，一个名叫偃师的能工巧匠制造了一个机器人，并将其献给了周穆王。这个机器人外表看起来与真人无异，能歌善舞，动作逼真。周穆王起初以为它是一个真正的“人”，直到偃师拆解了机器人的内部结构，他才恍然大悟，原来机器人是用一些皮革、木块、胶、漆等材料制成的。周穆王不禁感慨，人的技巧竟能达到这般地步，真算是巧夺天工了！

**图 1-2　偃师献技**

《偃师献技》的故事虽然发生在古代，但与现代人工智能思想有着深刻的关联。首先，故事中的机械制造技艺展现了早期人类对通过技术手段复制和模拟人类功能的探索，为后来人工智能的机械基础和自动化技术奠定了原型。其次，机器人模拟人类行为的能力预示了人工智能中模仿学习和行为模拟的核心思想。最后，机器人复杂的内部结构和智能控制系统，揭示了人类对智能控制的渴望和追求，尽管受限于当时的科技水平，但也是现代人工智能系统中智能决策和自主控制能力的先声。因此，这个故事不仅是中国古代科技智慧的体现，也是人类对人工智能长期追求的历史见证。

同样，国外的人工智能思想起源也可以在古希腊神话中找到影子。《阿尔戈英雄纪》中的巨人塔洛斯(见图 1-3)是一个由青铜制成的机械巨人，它被赋予了守护克里特岛、抵御入侵者的任务。

图 1-3 《阿尔戈英雄纪》中的巨人塔洛斯

《阿尔戈英雄纪》讲述了古希腊英雄杰森和他的伙伴阿尔戈英雄们，乘坐“阿尔戈号”飞船，前往科尔喀斯寻找金羊毛的故事。在这个过程中，他们遇到了许多挑战，其中之一就是塔洛斯。塔洛斯是由火神赫菲斯托斯亲手制造的，它由青铜制成，拥有超凡的力量和不可摧毁的身体。它的任务是守护克里特岛，防止任何入侵者进入。塔洛斯能够独立思考，自主行动，甚至能够感知周围的环境，并对外来威胁做出反应。

尽管塔洛斯的形象和功能与现代人工智能技术相比还较为原始，但它无疑是早期人类对机械智能的初步探索和想象。它的存在，反映了古希腊人对机械制造和智能控制技术的追求，这与现代人工智能的目标有着惊人的相似之处。

从中国的偃师献技，到古希腊的塔洛斯，我们都可以看到，人工智能并不只是现代科技的产物，而是人类历史上一直存在的追求。人类对于创造能够思考、学习和模拟人类智能的机器的愿望贯穿了整个历史。随着科技的不断进步，这些古老的梦想正在逐渐变为现实，人工智能已经成为人们日常生活中不可或缺的一部分。

## （一）人工智能诞生

人工智能(Artificial Intelligence，简称 AI)这一词语的诞生可以追溯到 20 世纪 50 年代，当时计算机科学家们开始探索如何使机器展示类似人类智能的特征。其中一个重要的里程碑是1956年在新罕布什尔州达特茅斯学院举行的达特茅斯会议(见图1-4)。这次会议由计算机科学家约翰·麦卡锡、马文·明斯基、克劳德·香农和纳撒尼尔·罗切斯特等人组织,被认为是现代人工智能的起源,标志着人们对于模拟人类智能的努力正式展开。

图1-4 达特茅斯会议原址

在达特茅斯会议上,与会者讨论了一系列关于如何让机器表现出智能行为的问题,提出了"人工智能"这一术语,并确立了人工智能作为一个独立领域的地位。会议上,麦卡锡等人提出了"逻辑理论家"这一思想,即通过符号逻辑推理来模拟人类的智能行为。这一思想成为了人工智能领域的重要理论基础,也影响了后来的人工智能研究方向。

**关键点拨**

达特茅斯会议是人工智能历史上的一次重要会议,它于1956年夏天在美国达特茅斯学院举行,标志着人工智能这一术语的正式诞生和作为一个独立研究领域的确立。会议由约翰·麦卡锡、马文·明斯基、克劳德·香农和纳撒尼尔·罗切斯特4位学者发起,他们向洛克菲勒基金会提交了一份建议书,成功获得了会议资金支持。

会议聚集了30多位学者,包括后来的图灵奖得主如艾伦·纽厄尔和赫伯特·西蒙等,共同探讨如何用计算机模拟人的智能行为。会议期间,纽厄尔和西蒙展示了他们的"逻辑理论家"程序,能够证明数学定理,这成为早期人工智能研究的重要成果之一。

达特茅斯会议的重要意义在于:

术语确立:首次正式提出了"人工智能"这一术语,为该领域的研究命名和定义。

研究领域的形成:会议确立了人工智能作为一个独立的研究领域,为后续的研究和探索奠定了基础。

跨学科合作:会议汇集了计算机科学家、数学家、心理学家等多个领域的专家,促进了跨学科的交流与合作。

研究方向的确定：会议讨论了人工智能可能的研究方向，包括自动计算机、编程语言、神经网络、计算理论、自我改进、抽象思维、随机性和创造性等。

长远影响：会议不仅影响了当时的研究，更为未来几十年人工智能的发展定下了基调，影响了后来的研究者和技术发展。

总的来说，达特茅斯会议是人工智能历史上的一个里程碑，它不仅确立了人工智能这一概念，还推动了该领域的研究和应用，对人工智能的发展产生了深远的影响。

除了达特茅斯会议，20 世纪 50 年代和 60 年代还涌现了许多标志性的人工智能项目和研究成果。

艾伦·图灵是英国著名的数学家和逻辑学家，他在 1950 年发表了一篇名为《计算机器与智能》的论文，提出了一个衡量机器是否具有智能的标准，即图灵测试(见图 1-5)。图灵测试的核心思想是通过观察机器在自然语言处理方面的表现，来评估其是否具备与人类相似的智能水平。

**图 1-5　图灵测试示意图**

图灵测试为人工智能领域提供了一个可衡量的标准，对后来的研究产生了深远影响。在图灵测试的启发下，研究者们开始关注机器的自然语言理解和生成能力，推动了人工智能技术的发展。此外，图灵测试还引发了关于人工智能本质和定义的讨论，促进了哲学、心理学、认知科学等领域的研究。

**关键点拨**

如今，图灵测试已成为衡量人工智能发展水平的一个重要指标。虽然目前尚未有机器完全通过图灵测试，但随着人工智能技术的不断进步，相信在不久的将来，图灵测试将不再是衡量机器智能的唯一标准。

1958 年，美国计算机科学家约翰·麦卡锡创造了 Lisp 编程语言。Lisp 是第一种专门为人工智能研究设计的编程语言,它的引入极大地推动了人工智能程序的设计和发展。Lisp语言具有强大的符号处理能力,为人工智能领域的研究提供了重要的工具。

1956年,马文·明斯基和西摩·森组织了一个夏季研究项目,即达特茅斯项目。这个项目聚集了当时最优秀的计算机科学家和心理学家,旨在研究如何让机器模拟人类智能行为。达特茅斯项目标志着人工智能作为一个独立研究领域的诞生,并吸引了大量研究者进入这一领域。

这些项目和成果为人工智能领域的发展奠定了重要基础,也为后来的研究和实践提供了借鉴和启示。通过不断地探索和创新,人工智能技术逐渐走向成熟,并在当今的人工智能时代展现出巨大的潜力和影响力。

## (二)人工智能发展

人工智能的发展历程通常被划分为起步与乐观期、专家系统与工业化应用以及数据驱动与深度学习三个关键时期,这些时期反映了技术进步、社会认知和应用实践的转变。人工智能发展的三次浪潮如图1-6所示。

**图1-6 人工智能发展的三次浪潮**

**第一次浪潮:起步与乐观期**(20世纪50年代后半期至20世纪70年代)

起步发展期:人工智能的概念在1956年的达特茅斯会议上被正式提出,标志着人工智能学科的诞生。这一时期,研究者们十分乐观,认为机器能够模拟人类的智能行为。早期的成就包括机器定理证明、跳棋程序和Lisp表处理语言等。

反思发展期:随着时间的推移,人工智能的发展遇到了技术瓶颈,一些过于乐观的目标未能实现,如机器翻译和自动定理证明等。这使人工智能进入了"第一个寒冬",研究资金开始减少,社会对人工智能的关注度降低。

**第二次浪潮:专家系统与工业化应用**(20世纪80年代至20世纪90年代)

应用发展期:进入20世纪80年代,随着个人电脑的普及与计算机算力的提升,人工智能进入了第一次大分流。专家系统在这一时期得到快速发展,它们能够模拟特定领域专家的决策过程,解决复杂问题。专家系统在医疗、地质勘探、化学分析等领域得到应用,标志着人工智能技术开始向实际工业领域渗透。

低迷发展期:尽管专家系统取得了一定的成功,但其局限性也逐步显现,如领域狭窄、缺乏常识性知识等。这些问题限制了专家系统的进一步发展和普及。

**第三次浪潮:数据驱动与深度学习**(21世纪初至21世纪20年代)

稳步发展期:随着互联网和网络技术的发展,信息与数据的汇聚加速,为人工智能的创新研究提供了新的动能。这一时期,国际商业机器公司(International Business Machines Corporation,简称IBM)的深蓝超级计算机战胜了国际象棋冠军,显示了人工智能在特定任务上的巨大潜力。

蓬勃发展期:21世纪初,随着大数据、云计算和算法的突破,人工智能迎来了第二次大分流。深度学习技术的发展极大地推动了人工智能的复兴。深度神经网络在图像识别、语音识别、自然语言处理等领域取得了革命性的进展,人工智能开始在更广泛的应用场景中发挥作用,如自动驾驶汽车、智能家居、智能客服等。

**悄然来临的第四次浪潮:AGI通用人工智能**(2022年至今)

随着大模型和算法的突破,人工智能正处于第四次浪潮的来临期,未来的发展可能会集中在以下四个方面:

从专用智能到通用智能方面:研究如何从当前的专用人工智能(针对特定任务的智能系统)向通用人工智能(具备多领域智能的系统)转变。

人机协作方面:探索如何将人工智能系统与人类智能更有效地结合,以解决更复杂的任务。

自主智能系统方面:研究如何减少人工智能系统对人工干预的依赖,提高其自主学习和决策的能力。

跨学科融合方面:推动人工智能与脑科学、认知科学等其他学科的深度融合,以实现更高级的智能行为。

人工智能的未来发展充满了无限可能,同时也伴随着伦理、法律和社会等方面的挑战。如何平衡技术进步与社会责任,确保人工智能的健康发展,将是未来需要重点关注的问题。在这一轮发展浪潮中,人工智能技术将继续朝着更高效、更智能、更安全的方向发展。预计在未来10~20年内,人工智能将更深刻地改变人类生产生活方式,成为推动经济社会发展的重要引擎。同时,我国有望在这一轮人工智能发展浪潮中发挥关键作用,为构建人类命运共同体贡献力量。

## 三、人工智能的定义

在当今这个科技飞速发展的时代,人工智能已经成为一股不可忽视的力量,它在现代科技和日常生活中扮演着越来越重要的角色。人工智能技术的不断进步,正在深刻地改变着人类的生活方式、工作方式乃至思维方式。从智能手机中的语音助手，到自动驾驶汽车，再到医疗诊断系统，人工智能的应用已经渗透到人类生活的方方面面。

然而，尽管人工智能技术的发展势头迅猛，但人们对这一领域的了解和认识仍然存在诸多不足。为了更好地理解和利用人工智能技术，有必要对人工智能的概念有一个清晰的认识。这里将介绍人工智能的基本概念，并强调其在现代科技和日常生活中的重要性。

### （一）人工智能的广义定义

人工智能，这一概念宏大地涵盖了由人类智慧设计并能执行类似于人脑功能的装置。Russell 在其著作《人工智能：一种现代的方法》中对人工智能进行了分类，并提供了不同的视角来定义人工智能。这不仅包括简单的计算工具，如算盘，也延伸到了复杂的算法驱动系统，它们运行于超级计算机中，模拟人类的逻辑推理过程。更宽泛地讲，人工智能代表了通过计算机与机械装置模仿人类决策与认知行为的前沿领域，其应用实例丰富多样，诸如电子商务平台的个性化商品推荐、人脸识别、语音识别，以及自动驾驶汽车等，皆在其中。

“人工智能”这一术语并无明确界限，通常解释为一种力图复刻人类智能的计算机系统，旨在胜任人类所能完成的各项任务。作为一门学科，需要深入探索其知识的本质——如何构建、获取及运用知识，这构成了人工智能研究的核心框架。从功能维度审视，人工智能聚焦于那些体现人类智慧的活动，如判断、推理、证明、识别、学习及解决问题，这些都是该学科基本原理与核心议题的反映，旨在揭示智能行为背后的规律。

从实践的角度出发，人工智能又可视为一门知识工程科学，它围绕知识本身展开研究，致力于知识的获取方法、表达形式及其在实际情境中的应用策略。综上所述，人工智能的广义定义包罗万象，既包含了经典的编程技术和算法，也吸纳了机器学习、深度学习、自然语言处理等前沿科技。随着技术的持续演进，人工智能的定义亦随之拓展，不断融入新的内涵，如在日常生活中的智能客服、智能医疗诊断系统、智能交通管理系统等，都是其影响日益广泛的生动例证。

### （二）人工智能的狭义定义

人工智能的狭义定义是指在机器上实现类似乃至超越人类感知、认知、行为等智能的系统。与人类历史上其他技术革命相比，人工智能对人类社会发展的影响可能位居前列。人类社会也正在由以计算机、通信、互联网、大数据等技术支撑的信息社会，迈向以人工智能为关键支撑的智能社会，人类生产生活及世界发展格局将由此发生更加深刻的改变。

弱人工智能，也称狭义人工智能，是指人工系统实现专用或特定技能的智能，如人脸识别、机器翻译等。迄今为止，大家熟悉的各种人工智能系统，都属于弱人工智能系统。弱人工智能可以在单项上挑战人类，如在围棋竞技（见图 1-7）方面，人类似乎已经不是人工智能的对手了。

弱人工智能系统通常被设计用于执行特定的任务，如语音识别、图像识别、自然语言处理等。它们在特定领域表现出色，但在其他领域可能表现不佳。如京东智能客服 JIMI，能利用自然语言处理技术迅速理解并回应客户咨询，给出精准答案；依图医疗利用人工智能技

图 1-7　AlphaGo 与柯洁对弈

术辅助诊断疾病，其图像识别技术在癌症检测等方面发挥重要作用；百度 Apollo 自动驾驶系统（见图 1-8），通过人工智能技术感知路况、进行决策并控制车辆，推动安全的自动驾驶进程。总之，弱人工智能在特定领域的应用已经取得了很大的进展，并为人们的生活和工作带来了很多便利。

图 1-8　百度 Apollo 自动驾驶系统

## （三）人工智能与其他相关概念的区分

在探讨人工智能时，人们容易将其与别的相关概念混淆。正确区分这些概念对于准确把握人工智能的内涵和外延、推动其合理应用具有重要意义。

人工智能是研究、开发用于模拟、延伸和扩展人的智能的理论、方法、技术及应用系统的一门新的技术学科。人工智能的独特之处在于其融合了强大的学习能力，使系统能从浩瀚的数据中汲取知识与模式；卓越的适应性，确保了面对环境变化或新任务时，能够灵活调整策略，持续有效运行；以及初步显现的创造性潜能，即使在预设框架内，也能生成新颖解决方案与创意输出。这些共同构成了人工智能不断拓展边界的鲜明特征。

**人工智能与自动化的区别**

自动化主要侧重于通过预先设定的规则和程序来执行特定任务，以提高效率和减少人工干预；而人工智能则更强调智能行为的模拟和自主决策能力。自动化系统通常遵循固定的逻辑和流程，而人工智能系统能够在复杂多变的环境中做出灵活的判断和决策。例如，自动化生产线按照既定程序进行生产操作，而具有人工智能的机器人可以根据不同情况自主调整工作方式。

**人工智能与大数据技术的区别**

人工智能与大数据，作为现代技术的两大关键领域，它们在核心目标及应用上展现出显著的差异。人工智能专注于模拟及扩展人类智能的功能，如机器学习和深度学习技术，使其能够自主学习和执行任务，应用于自动驾驶汽车、语音识别系统等，以提高效率和精确性；而大数据着眼于处理和分析庞大的数据集，提取出有价值的信息，如通过用户行为分析预测市场趋势，优化商业决策和运营效率。人工智能的挑战涉及伦理和隐私问题、算法偏见等；相比之下，大数据主要面对的是数据存储处理能力、数据隐私和安全问题。理解这些差异对于发挥各自技术的潜力至关重要。

**人工智能与机器学习的关系**

机器学习是人工智能的重要分支和实现手段，机器学习专注于让计算机通过数据学习和提取知识，从而具备智能行为；人工智能则涵盖更广泛的领域，包括机器学习、自然语言处理、计算机视觉等。机器学习为人工智能提供了强大的技术支撑，使得人工智能系统能够不断进化和提升性能。例如，通过机器学习算法训练的人工智能可以更好地识别图像、理解语言等。

**人工智能与深度学习的联系与区别**

深度学习是机器学习的一种特定方法，它基于多层神经网络结构。深度学习在图像识别、语音识别等领域取得了显著成果。与传统机器学习方法相比，深度学习具有更强的特征提取和表示能力。然而，人工智能不仅包括深度学习，还包括其他技术和方法。深度学习侧重于模型的构建和训练，而人工智能更关注整体的智能表现和应用。例如，在智能医疗中，人工智能可以综合运用多种技术来辅助诊断和治疗，而深度学习主要用于图像分析等特定环节。

综上所述，人工智能与其他相关概念既有联系又有区别。明确这些概念之间的界限和关系，有助于更准确地理解人工智能的本质和内涵，推动其在各个领域的合理应用和健康发展。随着技术的不断进步，人工智能与其他概念的融合和交互将更加紧密，为人类社会带来更多的创新和变革。在未来的研究和实践中，还需要不断深入探索人工智能与其他相关概念的关系，以更好地发挥其潜力和价值。

# 第二节 人工智能的研究领域

**学习目标**

- 了解人工智能的多元化任务范畴，包括感知、认知、运动、学习及创造智能的基本概念及其在各行业的初步应用案例。
- 了解人工智能核心技术的工作机制，如图像与语音识别、自然语言处理的原理，以及知识表示与推理过程。
- 理解人工智能技术在案例场景中的应用，能够进一步评估智能技术的社会伦理影响，尝试提出能够促进人工智能技术进步与人性化融合的新策略或方案。

人工智能已逐渐渗透至社会的各个角落，从日常生活到专业领域，无处不在地影响着人类的生产生活方式。为了深入探索这一时代变革的推手，读者需要逐步构建起对人工智能核心概念的理解、运用乃至创新的能力，以便在未来能够主动适应、参与，甚至引领这一领域的持续发展。

## 一、人工智能的主要任务

人工智能的主要任务是让机器能够像人一样进行感知、认知、决策和执行，从而实现智能化。通过研究和开发各种技术和算法，使计算机能够模拟人类的智能行为，包括学习、推理、决策、语言理解和生成等。

人工智能的具体任务包括：

感知智能：让机器能够像人一样感知世界，包括图像识别、语音识别、自然语言处理等。

认知智能：让机器能够像人一样理解和思考，包括知识表示、推理、决策等。

运动智能：让机器能够像人一样进行灵活的运动和操作，包括机器人技术、自动驾驶等。

学习智能：让机器能够像人一样进行高效的计算和推理，包括深度学习、强化学习等。

创造智能：让机器能够像人一样进行艺术创作，包括人工智能艺术、人工智能音乐等方面。这是一个具有挑战性的领域，值得更深入的研究。

### （一）感知智能

感知智能致力于赋予机器类似人类感知的能力，使它们能够以更加自然和直观的方式与世界互动。这一领域的研究覆盖了图像识别、语音识别、自然语言处理等多个关键方面，旨在让机器能够像人类一样理解和处理感知信息。

图像识别技术是感知智能的核心领域之一，它使得机器能够通过分析和解释图像中的内容来“看”这个世界。随着深度学习算法的发展，机器现在可以准确地识别出图像中的物体、场景和人物，并能够对图像进行分类、标注和描述。这种能力在许多实际应用中都发挥着重要作用。例如，在安防领域，海康威视和大华股份等公司开发的智能监控系统不仅能够通过图像识别技术自动检测和识别可疑行为，还能够实现人脸识别和车辆识别等功能，大大提高了公共安全水平；在零售业，阿里巴巴的淘宝平台利用图像识别技术对用户上传的商品图片进行自动识别和分类，简化了商品的搜索和推荐过程；在医疗领域，腾讯公司的人工智能实验室开发了一套名为“腾讯觅影”的系统，能够通过分析医学影像来辅助医生进行疾病诊断，提高了诊断的准确性和有效率。

语音识别技术是感知智能的另一个核心领域之一，它允许机器通过理解和处理人类的语音信息来实现听觉感知。语音识别系统可以将语音转换为文本，并且理解其语义内容，分析说话者意图。这一技术广泛应用于语音助手、智能客服、语音翻译等场景。例如，在幼教领域，科大讯飞的智能学习机能够通过自然语言交流为儿童提供互动式学习体验，帮助他们学习语言、数学等基础知识；在家居领域，阿里巴巴的智能音箱天猫精灵能够理解用户的语音指令并执行相应的操作，包括播放音乐、查询天气、控制智能家居设备等；在客服领域，许多智能客服系统能够理解客户的语音请求并提供即时解答的服务，极大地提高了客服效率和客户满意度。

自然语言处理技术也是感知智能的核心领域之一，它涉及机器对人类语言的深层理解和生成能力。自然语言处理技术包括文本分类、情感分析、机器翻译、问答系统等，这些技术使机器能够与人类进行自然而流畅的对话，并能够理解和处理人类的语言需求。例如，在语言翻译领域，百度翻译和有道翻译等软件能够提供准确流畅的文本和语音翻译，帮助人们跨越语言障碍。在内容审核领域，今日头条和微博等社交平台能够自动检测和过滤敏感词汇、屏蔽不合适的内容，保护用户免受有害信息的影响。此外，自然语言处理技术还被广泛应用于聊天机器人和虚拟助手的开发中，使得机器能够与人类进行更加自然和同频的交流。例如，腾讯公司的微信平台上有许多基于自然语言处理技术的聊天机器人，它们能够与用户进行智能对话，提供各种信息服务和娱乐功能。

除了以上三个领域，感知智能还包括如触觉感知、味觉感知、嗅觉感知等其他领域。尽管对这些领域的研究相对较少，但也在不断持续发展中。

### （二）认知智能

认知智能致力于赋予机器类似人类思考和推理的能力。这一领域的研究覆盖了知识表示、推理、决策等多个关键方面，旨在让机器能够理解和处理复杂的信息，做出正确的决策。

知识表示是认知智能的基础，它涉及如何将知识以一种机器可理解的形式表示出来。在人工智能领域，知识表示的方法多种多样，包括语义网络、框架、规则等。语义网络通过节点和边来表示概念及其关系，模拟人脑对知识的概念化组织；框架则是一种面向对象的知识表示方法，它通过定义对象的属性和行为来描述知识；规则是基于逻辑的知识表示方法，它通过条件语句来表达知识。这些知识表示方法不仅能够帮助机器理解和存储知识，还能够为后续的推理和决策提供基础。在我国，知识表示技术已经在多个领域得到应用。例如，百度公司开发的知心搜索引擎利用知识图谱技术，将互联网上的信息组织成语义网络，提高了搜索的准确性和效率；在医疗领域，丁香园等平台利用知识表示技术整合医学知识，为医生和患者提供决策支持。

推理是认知智能的核心，它涉及如何从已知的知识中推导出新的结论。在人工智能领域，推理方法包括演绎推理、归纳推理、类比推理等。演绎推理是从一般到个别的推理过程，它能够从已知的前提出发得到必然的结论；归纳推理则是从个别到一般的推理过程，它通过观察特定案例来推广出一般性规律；类比推理是通过比较不同领域的相似性来推导出新的结论。这些推理方法使得机器能够根据已有的知识进行分析和判断，从而获得新的知识和见解。目前，推理技术已经被广泛应用于法律、金融、教育等领域。例如，在法律领域，法狗狗等平台利用推理技术辅助律师进行案件分析，提高了法律服务的效率和质量；在金融领域，蚂蚁金服等公司使用推理技术进行风险评估和信贷决策，降低了金融服务的成本和风险。

决策是认知智能的最终目标，它涉及如何根据已知的信息和推理结果做出最优的决策。在人工智能领域，决策方法包括基于规则的决策、基于案例的决策、基于模型的决策等。基于规则的决策是通过预先定义的规则来进行决策，这种方法简单明了，但可能不够灵活；基于案例的决策是通过参考历史上的类似案例来进行决策，这种方法依赖于丰富的经验和案例库；基于模型的决策是通过构建数学模型来模拟现实情况进行决策，这种方法更加科学和精确。这些决策方法使得机器能够在复杂的环境中做出合理的选择和判断。当前，决策技术已经被广泛应用于企业管理、交通规划、能源管理等领域。例如，在交通规划领域，滴滴出行等平台利用决策技术进行车辆调度和路线规划，提高了出行效率并优化了用户体验；在能源管理领域，国家电网等企业使用决策技术进行电力调度和优化，保障了电力系统的稳定运行。

### （三）运动智能

运动智能致力于赋予机器类似人类运动和操作的能力。这一领域的研究覆盖了机器人技术、自动驾驶技术等多个关键方面，旨在让机器能够在复杂的环境中自主地完成各种任务。

机器人技术是运动智能的核心，它涉及如何设计和制造能够自主地完成各种任务的机器人。在中国，机器人技术已经在多个领域得到广泛应用。例如，在制造业，富士康等公司使用机器人进行自动化生产线的组装和检测，提高了生产效率和质量；在大疆创新科技有限公司，无人机的研发和应用使得航拍、物流等领域的效率得到了显著提升；傅利叶智能的康复机器人，在医疗康复领域为患者提供了个性化的康复训练方案，帮助他们重新获得运动能力。

自动驾驶技术是运动智能的另一个重要应用领域，它涉及如何让汽车自主地行驶。在中国，自动驾驶技术的发展已经取得了显著进展。例如，百度公司的 Apollo 自动驾驶平台与多家汽车制造商合作，推动了自动驾驶技术的商业化应用；上汽集团推出的智能网联汽车，利用环境感知、路径规划和决策控制等技术，实现了车辆的自主驾驶。此外，无人驾驶出租车和公交车在长沙、上海等城市的试点运营，展示了自动驾驶技术在公共交通领域的潜力。这些案例表明，自动驾驶技术不仅能够提高交通效率，还能够降低交通事故的风险，改善出行体验。

### （四）学习智能

学习智能致力于赋予机器类似人类学习和适应的能力。这一领域的研究覆盖了机器学习、深度学习等多个关键方面，旨在让机器能够从大量的数据中自动地学习到有用的信息，并能够不断地优化自己的性能。

机器学习是学习智能的基础，它涉及如何让机器从数据中自动地学习到模式和规律。例如，在金融领域，蚂蚁金服等公司利用机器学习技术进行信用评分和风险控制，提高了贷款审批的准确性和效率；在电商领域，京东等平台使用机器学习技术进行商品推荐和广告投放，提升了用户体验和销售业绩。此外，机器学习还在医疗诊断、股票交易、能源管理等领域发挥着重要作用。

深度学习是机器学习的一个重要分支，它涉及如何使用深度神经网络来学习数据中的模式和规律。例如，百度公司深度学习研究院开发的深度语音识别系统，在语音识别准确率上达到了世界领先水平；科大讯飞等公司利用深度学习技术开发的智能客服和语音翻译系统，为用户提供了更加便捷和高效的服务。此外，深度学习还在图像识别、自然语言处理等领域取得了重大突破，如旷视科技的人脸识别技术和腾讯的机器翻译系统。这些案例表明，深度学习技术不仅推动了人工智能技术的发展，也为各行各业带来了实际的应用价值。

### （五）创造智能

创造智能致力于赋予机器类似人类创造和创新的能力。这一领域的研究覆盖了人工智能艺术、人工智能音乐等多个关键方面，旨在让机器能够创造出具有艺术性的作品。

人工智能艺术是创造智能的一个重要应用领域，它涉及如何使用人工智能技术来创作艺术作品。例如，在北京的798艺术区，有一场名为“人工智能：人类世”的艺术展览，展示了由人工智能创作的绘画、雕塑等艺术作品。这些作品不仅展示了人工智能在艺术创作上的能力，也引发了人们对艺术与技术之间关系的深入思考。此外，深圳的雅昌文化集团利用人工智能技术对传统艺术品进行修复和复制，为艺术品的保护和传承提供了新的技术支持。

人工智能音乐是创造智能的另一个重要应用领域，它涉及如何使用人工智能技术来创作音乐作品。例如，上海音乐学院与阿里巴巴集团合作成立了人工智能音乐实验室，利用深度学习技术创作出具有独特风格的音乐作品。这些作品不仅展示了人工智能在音乐创作上的潜力，也为音乐产业的发展提供了新的可能性。此外，北京的音乐科技公司音符动力利用人工智能技术进行音乐编曲和演奏，为用户提供个性化的音乐体验。这些案例表明，人工智能音乐不仅能够创造出新颖的音乐作品，还能够为人们带来更加丰富和多元的音乐享受。

综上所述，人工智能的主要任务是让机器能够像人一样进行感知、认知、决策和执行，从而实现智能化。这一目标的实现涉及多个领域的技术和知识，包括计算机科学、数学、统计学、物理学、生物学等。在未来，人工智能将继续发展和进步，并在更多的领域得到应用，为人类的生活和工作带来更多的便利和创新。

## 二、人工智能的应用场景

人工智能技术广泛应用于多个领域，包括智能语音（如语音合成和识别）、计算机视觉（如图像和人脸识别）、自然语言处理（如机器翻译和语义理解）、智能机器人（覆盖工业、服务和医疗领域）、智能驾驶（包含自动驾驶和辅助系统）、智能医疗（如医疗影像诊断和药物研发）、智能教育（涉及教学自动化和个性化学习）、智能金融（如风险评估和智能客服），以及智能家居和智能物流等。这些应用展示了人工智能如何通过提高自动化水平、增强决策支持和改善用户体验，来转变工作和日常生活的各个方面。

### （一）智能语音

智能语音技术涵盖了语音合成、语音识别、声纹识别和麦克风阵列等多项先进技术。这些技术在现代社会的多个领域中发挥着至关重要的作用，极大地推动了人机交互方式的创新与发展。

语音合成技术能够将文字信息转化为流畅、自然的语音输出，使得机器能够以人类的声音进行交流。这一技术广泛应用于语音播报系统、导航设备的语音指引和智能客服系统中，为用户提供了更加便捷和亲切的服务体验。

语音识别技术可以将人类的语音信息准确地转换成文本形式，包括文字、命令或其他属性。这项技术是实现语音助手、语音输入和语音控制系统的基础，它使得用户可以通过简单的语音指令来操作设备或获取信息，极大地提高了工作和生活的效率。

声纹识别技术则是一种利用计算机系统自动完成声纹比对或语音筛选的技术。它通过分析个体的声纹特征来实现身份认证，广泛应用于安全监控、个人身份验证和语音购物等场景，提供了一种安全而便捷的认证方式。

麦克风阵列技术由多个麦克风组成，能够对声场的空间特性进行精确采样和滤波处理。这项技术在声源定位、角度和距离测量以及回声抑制等方面展现出强大的能力，为智能驾驶、会议记录和噪声环境下的清晰通话等应用场景提供了技术支持。

### （二）计算机视觉

计算机视觉涵盖了图文识别、人脸识别、医学影像处理以及辅助驾驶等关键技术。这一领域主要被应用于图像和视频的智能分析与理解，为多个行业提供了创新的解决方案。

在图文识别方面，计算机视觉技术能够精准地将图像中的文字信息转换成可编辑的文本格式，极大地提高了文档管理的效率和准确性。该技术广泛应用于文档数字化、自动车牌识别系统，以及身份验证过程中的身份证识别等场景，有效提升了数据处理的速度和精确度。

人脸识别技术则通过高级算法对人脸图像进行深入分析和比对，以实现快速而准确的身份认证和识别。它在门禁安全系统、考勤管理系统和安防监控系统中的应用，不仅增强了安全性，还提高了操作的便捷性。

在医学影像领域，计算机视觉的应用同样至关重要。借助先进的计算技术，可以对 CT、MRI、X 光等医学影像进行高效、精确的分析和处理，从而辅助医生进行更为准确的疾病诊断和治疗方案制订。这不仅提高了医疗诊断的准确率，也极大地节省了医生的时间和精力。

辅助驾驶技术利用计算机视觉对车辆周围环境进行实时感知和分析，为驾驶员提供必要的辅助，如自动驾驶、自适应巡航控制和车道偏离预警等功能。这些应用不仅增强了道路行车的安全性，还提高了驾驶的舒适性和效率。

### （三）自然语言处理

自然语言处理（Natural Language Processing，简称 NLP）将人类语言转化为计算机可以理解和处理的形式。自然语言处理技术包括语义表达、机器翻译、阅读理解以及情感分析等。

语义表达致力于将自然语言转化为计算机可理解的形式。这项技术主要应用于文本分类、情感分析以及机器翻译等场景。通过语义表达，计算机能够理解文本的含义，从而进行准确的分类和分析。

机器翻译能够将一种自然语言翻译成另一种自然语言。这项技术在跨语言交流、国际商务和旅游等领域发挥着重要作用。通过机器翻译，人们可以跨越语言障碍，进行有效的沟通和交流。

阅读理解能够通过对文本的理解和分析来回答相关问题。这项技术主要应用于智能客服、智能问答和智能搜索等场景。通过阅读理解，计算机能够理解用户的问题，并提供准确的答案和解决方案。

情感分析是指分析海量文本数据来判定用户所提供内容表达的是正面、负面或中立情感的过程。通过情感分析可以使企业根据用户反馈来改进产品或服务。

### （四）智能机器人

智能机器人的应用涵盖了工业、服务、医疗等多个重要行业。在工业生产中，工业机器人扮演着至关重要的角色，它们被广泛应用于装配、焊接、搬运等环节，极大地提高了生产效率和产品质量。这些机器人具备高精度、高速度和高稳定性的特点，能够满足现代制造业对高效率和高质量的需求。

在服务行业中，服务机器人为酒店、餐厅、商场等场所提供了便捷的服务。它们能够进行导览、送餐、清洁等工作，为顾客带来更好的体验。通过智能化的服务方式，不仅提高了服务质量，还降低了人力成本，为企业创造了更多的价值。

在医疗领域，医疗机器人发挥着不可替代的作用。它们主要应用于手术、康复、护理等场景，通过精确的操作和高效的工作，提高了医疗效率和质量。医疗机器人能够在复杂的环境中稳定工作，为医生提供有力的支持，同时也为患者带来了更好的治疗效果和康复体验。

总之，智能机器人在各个领域的应用都展现了其强大的能力和广阔的前景。随着技术的不断进步和应用场景的不断拓展，智能机器人将继续为人类社会的发展做出更大的贡献。

### （五）智能驾驶

智能驾驶技术涵盖了自动驾驶、辅助驾驶和智能交通等多个方面。这些技术的应用范围广泛，包括汽车驾驶、交通运输和物流配送等场景。

在自动驾驶方面，智能驾驶系统能够实现车辆的自主驾驶功能。这种技术主要应用于出租车、物流车和公交车等场景。通过先进的传感器和算法，自动驾驶系统可以感知周围环境并进行实时决策，使车辆能够在道路上安全行驶。这不仅提高了交通效率，还减少了交通事故的风险。

辅助驾驶技术通过对车辆周围环境的感知和分析，为驾驶员提供实时的驾驶辅助。这种技术主要应用于私家车和商用车等场景。辅助驾驶系统可以通过警告来提醒驾驶员潜在的危险情况，或者直接介入控制车辆，帮助驾驶员避免碰撞或保持车道。这提高了驾驶安全性，减轻了驾驶员的负担。

总之，智能驾驶技术的发展为交通运输带来了革命性的变化。无论是自动驾驶还是辅助驾驶，它们都为提高交通效率、减少事故风险和提升驾驶体验提供了重要的支持。随着技术的不断进步，我们可以期待未来智能驾驶技术将在更多场景中得到应用，为人类社会带来更多便利且更安全。

### （六）智能医疗

人工智能在医疗领域的应用已经取得了显著的进展，为传统的医疗诊断、治疗和康复等场景带来了革命性的变革。智能医疗技术包括医疗影像诊断、疾病预测、药物研发和医疗机器人等方面，它们通过先进的计算机技术和算法，为医生和患者提供了更加精准、高效和个性化的医疗服务。

在医疗影像诊断方面，人工智能利用计算机视觉和深度学习技术对医学影像进行自动分析和处理。它能够辅助医生对CT、MRI、X光等医学影像进行准确诊断和分析，提高了诊断的准确性和效率。通过训练模型识别病变特征，人工智能能够快速发现异常情况，帮助医生制订更精确的治疗方案。

疾病预测是智能医疗的另一个重要应用领域。通过对患者的病史、症状、体征等信息的综合分析，人工智能能够预测疾病的发生和发展。这种预测能力对于慢性病管理和疾病预防至关重要，可以帮助医生提前采取预防措施或调整治疗方案，从而降低疾病的发病率和死亡率。

药物研发是智能医疗的一个重要方向，它利用计算机辅助药物设计和筛选技术来提高药物研发的效率和成功率。人工智能能够通过模拟分子结构和相互作用来设计新的药物分子，并通过大规模筛选实验来优化药物的疗效和安全性。这种技术的应用有望加速新药的研发过程，为患者提供更有效的治疗选择。

医疗机器人在手术、康复和护理等场景中发挥着重要作用。它能够执行精细的操作，减少手术风险并提高手术成功率。在康复过程中，医疗机器人可以提供个性化的康复训练方案，帮助患者更快地恢复功能。此外，医疗机器人还可以承担一些繁琐的护理工作，减轻医护人员的工作负担，提高整体医疗效率和质量。

### （七）智能教育

智能教育正在以前所未有的速度和规模改变着传统的教学模式。智能教育涵盖了智能辅导、智能评测和智能教学等多个方面，它们各自针对不同的教育需求，通过高度个性化和精准的数据分析，为学生提供更为高效、便捷的学习体验。

智能辅导系统能够根据学生的学习进度、能力和偏好，动态调整教学内容和难度，实现真正的因材施教。这种系统通常集成了自然语言处理、机器学习等先进技术，能够与学生进行互动式的对话，及时解答学生的疑问，并提供针对性的练习和反馈。在在线教育平台和课外辅导机构中，智能辅导已成为提升学习效率和兴趣的关键工具。

智能评测系统可以通过对学生学习过程的实时监控和分析，以及对学生学习成果的综合评估，来全面了解学生的学习状态和能力水平。这种评测方式超越了传统的纸笔测试，能够提供更为全面和深入的学习分析报告，帮助教师和家长更准确地把握学生的学习情况，从而制订更有效的教学策略或学习计划。在教育评估和考试评价领域，智能评测正逐渐成为一种标准配置。

智能教学系统能够利用计算机技术和丰富的教育资源，实现教学活动的自动化和智能化。在智慧课堂中，教师可以通过智能教学系统来管理课程内容、布置作业、跟踪学生的学习进度，甚至进行远程授课。远程教育也因智能教学的发展而得到了极大的推动，使得地域的限制不再是获取优质教育资源的障碍。

智能教育的应用不仅提高了教育的质量和效率，还极大地拓宽了教育的边界，使得个性化学习和终身学习成为可能。随着技术的不断进步和创新，未来的智能教育将更加智能化、个性化和人性化，为全球的学习者带来更多的便利和机会。

### （八）智能金融

智能金融技术正逐渐成为银行、证券、保险，以及其他金融服务机构的核心驱动力。该技术不仅能够提高服务效率，还极大地增强了风险管理和客户服务的质量。

风险评估是智能金融的一个关键应用领域。通过采用高级算法分析客户的信用记录、财务状况及其他相关数据，金融机构能够更准确地评估客户的信用风险。这种精确的风险评估机制对于信贷审批流程至关重要，它帮助金融机构做出更明智的贷款决策并有效管理潜在的财务风险。

投资决策领域也显著受益于智能金融技术。利用大数据分析和机器学习模型，金融顾问能够根据市场动态和个别客户的投资偏好提供高度个性化的投资建议。这种定制化的服务确保了投资者可以在股票、债券、基金等多种资产类别中做出更加明智的选择。

在信用评级方面，智能系统通过深入分析企业的财务报表、市场地位及行业趋势等信息，能够客观评估企业的信用等级。这不仅对债券发行和企业融资活动至关重要，也帮助投资者理解企业的真实价值和潜在风险。

智能客服技术正在彻底改变传统的客户服务模式。借助自然语言处理和机器学习技术，金融机构能够提供 24 小时的自动化客户服务，不仅提升了客户满意度，还大幅降低了运营成本。这种智能客服可以处理各种查询，从账户余额检查到复杂交易问题的解答，都能迅速准确地完成。

智能金融技术正在不断推动金融行业的创新与变革，使之更加高效、安全和客户友好。随着技术的进一步发展，可以预见一个更加智能化的金融生态系统，为客户提供前所未有的便捷和安全的金融服务。

### （九）智能家居

智能家居涵盖了智能家电、智能安防、智能照明和智能窗帘等多个方面。这些技术不仅极大地提升了家庭生活的便利性，还提高了家居控制的效率和安全防范的水平。

在智能家电领域，通过集成先进的人工智能算法，家电设备能够实现自动化运行和远程控制。例如，智能冰箱可以根据存储的食物种类和数量自动调整温度，而智能空调则能根据室内外温差和人体舒适度进行自我调节；洗衣机等设备也能通过远程操控，实现更加智能化和个性化的洗涤方案。

智能安防系统则通过高精度的传感器和深度学习技术，对家庭环境进行实时监测和预警。例如，智能门锁的生物识别技术、监控摄像头的异常行为检测，以及烟雾报警器的及时警报功能等，共同构建了一个多层次的家庭安全防护网。

智能照明系统利用光感传感器和人工智能算法，能够根据自然光线的变化和用户的活动模式自动调节灯光亮度和色温，既提升了生活的舒适度，也实现了能源的有效节约。

智能窗帘通过无线控制技术，允许用户根据个人偏好或预设的场景模式，轻松调整窗帘的开合状态，从而管理进入室内的自然光量，增强居住空间的私密性和美观性。

智能家居技术的广泛应用不仅为家庭生活带来了前所未有的便捷和舒适，还在提高能效、保障安全等方面发挥了重要作用，展现了人工智能技术在现代生活中的广泛影响力和深远意义。

### （十）智能物流

智能物流涵盖了物流配送、仓储管理和供应链管理等关键技术。这些技术的核心在于通过对物流流程的智能化管理和优化，显著提升物流运输、仓储配送和电商物流等场景的效率和质量。

在物流配送方面，智能物流系统能够实时监控和调整配送路线，确保货物以最短的时间、最低的成本送达目的地。这种智能化管理不仅提高了配送速度，还减少了人为错误，提升了客户满意度。特别是在电商物流领域，快速、准确的配送服务已成为企业竞争的关键。

在仓储管理方面，智能物流通过引入自动化设备和智能算法，实现了对仓库存储空间的最大化利用和库存的精准管理。这不仅提高了仓储操作的效率，还降低了人力成本和库存积压的风险。在电商仓储和物流仓储场景中，这种智能化的仓储解决方案已经成为标配。

供应链管理是智能物流的另一个重要应用领域。通过对供应链各环节的实时数据分析和智能决策支持，企业能够更好地预测市场需求，优化库存水平，提高生产计划的准确性。

这种协同性的提升，对于制造业和零售业等场景来说，意味着更快的市场响应速度和更高的运营效率。

通过上述应用场景可以看出，在我们的日常生活中，人工智能已无处不在。从智能手机中的语音助手到在线购物的推荐系统，再到日常社交媒体平台，人工智能都在背后发挥着重要作用。人工智能不仅提高了我们的生活质量，也改变了我们与世界互动的方式。它的应用正在深刻地改变我们的生活、工作和娱乐方式。随着技术的不断进步，我们可以期待人工智能在未来将发挥更大的作用。

# 第三节 人工智能发展展望

**学习目标**

- 了解人工智能的发展历程，包括其起源、主要发展阶段和现代人工智能技术的突破。
- 知道人工智能在不同领域的应用案例，如医疗诊断、教育个性化、金融服务等，并理解这些技术如何提高效率和精确度。
- 掌握人工智能技术的基本概念，如深度学习、神经网络、自然语言处理等，并理解它们是如何工作的。
- 理解伴随人工智能发展而来的伦理、法律及社会挑战，认识到确保技术健康发展的重要性。
- 分析全球范围内人工智能发展的战略规划和政策导向，比较不同国家在推动技术发展方面的策略和方法。

人工智能作为科技创新的主要推手，正以史无前例的步伐重绘全球的发展蓝图。从简化日常生活的方方面面到革新工业生产的各个环节，从推动医疗健康领域的个性化治疗到实现金融服务的智能化转型，人工智能的影响力无所不在，触及社会的每一个神经末梢。

## 一、人工智能发展现状

2022 年以来，人工智能领域迎来了一系列划时代的技术飞跃，标志着这一领域正式踏入了被众多科技先驱与观察家称为“通用人工智能元年”的新纪元。在这个转折点上，一款名为 ChatGPT 的交互式人工智能大模型横空出世，成为了全球瞩目的焦点。ChatGPT 由享誉全球的人工智能研究机构 OpenAI 推出，不仅是基于 GPT 3.5 架构的进化产物，更是人工智能技术迈向更广泛实用化、更加人性化的里程碑。

## （一）通用人工智能元年开启

在通用人工智能元年的背景下，ChatGPT 的发布不仅仅是一项技术上的革新，更是对人工智能交互能力的一次全面升级。这款模型通过整合深度学习的最新成果，不仅能够理解和生成复杂的语言文本，还首次在对话功能上实现质的飞跃，让用户与机器的交流更加自然流畅。ChatGPT 不仅能够进行实时对话，还能根据用户的情绪和上下文调整回复，模拟人类的沟通方式，从而在智能客服、在线教育、心理健康支持等众多领域展现了前所未有的应用潜力。

这一技术突破之所以被誉为"通用人工智能元年"的象征，是因为它预示着人工智能正从过去专注于单一任务的狭义人工智能，向能够处理多种任务、适应多样场景的广义或通用人工智能转变。ChatGPT 的出现，不仅意味着机器可以更深入地理解人类语言和意图，还反映了人工智能技术正朝着更加综合、灵活和智能的方向迈进，为实现真正意义上的人机协同工作奠定了坚实的基础。

因此，提及 ChatGPT，我们谈论的不仅仅是一个人工智能模型，更是开启了人工智能新篇章的钥匙，一个通往通用人工智能未来的新起点。在"通用人工智能元年"，ChatGPT 如同一面镜子，映射出人工智能技术的巨大潜力与无限可能，同时也提出了关于人工智能伦理、隐私保护及技术应用边界的深刻思考，激励着全球的科研人员、企业和政策制定者共同探索，以确保这一技术的健康发展，为人类社会带来更加智能、和谐与可持续的未来。

Sora 是 OpenAI 在 2023 年 2 月发布的一款"文本到视频"生成模型。它能够根据描述性提示生成长达一分钟的视频，同时保持视觉品质并遵循用户提示。视频可以包含多个角色、特定类型的运动，以及主题和背景的准确细节。

文生视频（Text to Video）技术是指根据给定的文本描述自动生成视频的技术。这种技术可以创造出复杂的场景、生动的角色表情和复杂的镜头运动。

OpenAI 开发 Sora 的目的是教人工智能理解和模拟运动中的物理世界，并训练其帮助人们解决需要现实世界互动的问题。这意味着 Sora 不仅可以生成视频，还可以模拟物理世界中的运动，从而生成更加真实和有用的视频内容。

Gemini 是一款由 Google DeepMind（谷歌母公司 Alphabet 下设立的人工智能实验室）于 2023 年 12 月 6 日发布的人工智能模型，可同时识别文本、图像、音频、视频和代码五种类型的信息，还可以理解并生成主流编程语言（如 Python、Java、C＋＋）的高质量代码，并拥有全面的安全性评估。首个版本为 Gemini 1.0，包括三个不同体量的模型：用于处理"高度复杂任务"的 Gemini Ultra、用于处理多个任务的 Gemini Nano 和用于处理"终端上设备的特定任务"的 Gemini Pro。

GPT4o 的名称中"o"代表 Omni，即全能的意思，凸显了其多功能的特性。GPT4o 是 OpenAI 为聊天机器人 ChatGPT 发布的语言模型，可以实时对音频、视觉和文本进行推理，新模型使 ChatGPT 能够处理 50 种不同的语言，同时提高了速度和质量，并能够读取人的情绪；可以在短至 232 毫秒的时间内响应音频输入，平均为 320 毫秒，与人类的响应时间相似。

除了上述几个重大事件外，还有许多其他值得关注的人工智能技术和应用进展。这些进展表明，人工智能技术正在逐渐渗透到我们生活的各个方面，改变着我们的生活和工作方式。随着人工智能技术的不断发展，我们有理由相信，未来的世界将变得更加智能和便捷。

### （二）中国通用人工智能进展

2017 年我国发布了《新一代人工智能发展规划》三步走战略，将人工智能发展上升到国家战略高度。这一规划明确了我国人工智能发展的总体目标、战略任务和重大举措，旨在推动我国人工智能技术发展，提升国家竞争力。

我国人工智能发展战略分为三个阶段：

• 2020 年前，聚焦基础研究和关键核心技术，推动人工智能与实体经济深度融合，培育若干具有国际竞争力的领军企业和产业集群。

• 2025 年前，实现人工智能关键技术的重大突破，使我国人工智能发展水平进入世界前列，部分领域达到世界领先水平。

• 2030 年前，建成全球领先的人工智能创新中心，使我国成为人工智能领域具有全球影响力的创新型国家。

为了推进人工智能发展战略，我国政府采取了一系列关键措施。首先，加大研发投入，设立国家人工智能科学基金，支持开展基础研究和前沿技术研究。其次，实施人工智能人才培养计划，推动学科交叉融合，培育一大批高水平人才。同时，支持产业创新，推动人工智能与各行业深度融合，培育具有国际竞争力的人工智能领军企业。此外，完善法规政策体系，确保人工智能健康发展。最后，积极参与全球人工智能治理，推动构建公正合理的国际人工智能竞争环境。这些措施将有助于推动我国人工智能技术的跨越式发展，为实现国家战略目标提供有力支撑。

这些举措表明，我国政府高度重视人工智能发展，将其作为国家战略布局的重要组成部分。近年来，我国人工智能产业呈现出蓬勃发展的态势，相关数据不断刷新，展现出强大的发展活力。最新统计与研究数据显示，2023 年我国人工智能领域的研发投入持续增长，全国研发经费投入突破 3.3 万亿元，同比增长 8.1%，其中基础研究投入达到 2212 亿元，较上年增长 9.3%。预计到 2027 年，随着人工智能技术的不断深化和应用场景的拓展，我国人工智能研发投入将继续保持高位增长态势，为技术创新提供有力支撑。

在人才储备方面，截至 2023 年底，中国的人工智能人才总数已突破 940 万，显示出中国在科技创新领域的卓越潜力。根据市场调研与预测报告，到 2030 年，中国对熟练人工智能人才的需求将增至 600 万左右，约为当前需求量的 6 倍。未来几年内，我国将持续加强人工智能人才培养体系建设，进一步推动产学研深度融合，为产业发展提供坚实的人才保障。

从产业规模来看，2023 年我国人工智能核心产业规模达到 5784 亿元，同比增长 13.9%。预计在 2030 年达到 1 万亿元的规模。随着技术的不断成熟和应用场景的持续拓展，人工智能产业正在逐步成为推动我国经济高质量发展的新引擎。

在技术创新与知识产权方面，中国表现亮眼。2023 年中国人工智能领域的论文产出数量位列全球第二。从 2013 年至 2023 年 9 月，全球人工智能专利累计申请量超过 129 万件，其中中国的占比高达 64%。根据预测，到 2027 年我国在人工智能领域的专利申请量将继续保持全球领先地位,技术创新能力不断提升,为产业发展提供强大的知识产权支持。

从企业生态角度看,截至 2024 年 3 月,我国人工智能企业数量已超过 4500 家,约占全球总数的 1/7。在政策支持和技术突破的双重驱动下,预计到 2027 年,我国人工智能企业数量将突破 5000 家,产业生态更加完善,企业竞争力显著增强。

在市场规模方面,据不完全统计,2023 年我国生成式人工智能的企业采用率已达 15%,市场规模约为 14.4 万亿元。在制造业、零售业、电信行业和医疗健康等四大行业的生成式人工智能技术的采用率均取得较快增长。专家预测,2035 年生成式人工智能有望为全球贡献近 90 万亿元的经济价值,其中我国将突破 30 万亿元,占比超过四成。

同时,我国在人工智能领域的国际合作不断加强,已与超过 20 个国家和地区建立了合作关系。这些数据充分显示,我国人工智能发展迅速,正处于快速增长期,有望成为全球人工智能领域的重要力量,为全面建设社会主义现代化国家、实现中华民族伟大复兴的中国梦提供强大支撑。

在国内,多家科技巨头和新兴企业纷纷投身于大模型的研发,推动了从理论研究到产业应用的全方位进步。在人工智能的浪潮中,百度始终扮演着领先者的角色。作为中国互联网三巨头之一,百度在自然语言处理领域取得的成就尤为突出。其推出的"文心一言"展现出了卓越的性能,无论是在语言理解、情感分析还是文本分类等任务上,都取得了业界领先的成果。

科大讯飞作为语音识别和语言处理技术的领军企业,其研发的"星火大模型"在语音识别和语言处理方面取得了显著成就。该模型采用了最新的深度学习技术,能够实现快速准确的语音识别和语言理解。在多场景语音识别、多方言识别以及复杂声学环境下的鲁棒性方面都表现出色,为行业树立了新的标杆。

阿里巴巴作为全球领先的电子商务平台,其在人工智能领域的探索同样不容忽视。阿里巴巴推出的"通义千问"是一个大规模的多模态预训练模型,其创新之处在于其强大的跨模态理解和生成能力。它在多个模态的数据上进行了预训练,能够处理更加复杂的任务。这意味着模型不仅可以理解和生成文本,还可以处理图像、声音等多种类型的数据。这种多模态的能力使得"通义千问"在电商搜索、图文排版、视频内容分析等方面具有独特的优势。

华为作为全球知名的高科技企业,其在人工智能领域的投入和成果同样令人瞩目。华为推出的"盘古大模型"是其在人工智能领域的重要里程碑,其技术突破主要体现在其自主研发的神经网络架构和优化算法上。这些创新使得模型在处理大规模数据时更加高效,同时也保证了模型的性能和稳定性。在产业影响力方面,"盘古大模型"已经成功应用于华为的多个产品和服务中,包括云计算、智能终端、智慧城市等,极大地提升了华为产品的智能化水平。

除了上述几个知名企业的突出贡献,中国的人工智能企业和技术团队在多个方向都取得了显著的进步。例如,在视觉识别领域,许多公司和研究机构都在开发更加精准和高效的识别算法;在机器人技术方面,中国的企业和学者也在积极探索如何将人工智能技术与机器人技术相结合,以实现更加智能化的机器人解决方案。

这些进步不仅展示了中国在人工智能领域的强大实力,也为全球人工智能技术的发展做出了重要贡献。随着技术的不断进步，我们有理由相信，中国将在人工智能领域继续发挥领导作用，推动全球人工智能技术的进一步发展。

### （三）人工智能发展现状

#### 1. 技术快速进步

近年来，人工智能技术经历了飞速的发展。从最初的简单规则引擎到如今的深度学习、神经网络和自然语言处理等高级技术，人工智能的能力和应用领域不断扩展。这种技术的进步不仅改变了数据处理和分析的方式，还极大地推动了自动化水平的提升，使得机器能够执行更复杂的任务，如自动驾驶、医疗诊断和金融分析等。此外，人工智能技术的飞速发展也带来了新的职业机会和对高技能劳动力需求的增加，从而在一定程度上改变了劳动市场的结构。

#### 2. 跨领域融合

人工智能不再局限于信息技术领域，而是与各行各业深度融合，形成了“智能＋”的行业模式。无论是制造业通过智能机器人提高生产效率，农业利用人工智能进行作物监控和病虫害防治，还是零售业通过智能推荐系统提升用户体验，人工智能的应用都在推动这些行业向更高效、精准和个性化的方向发展。这种跨领域的融合不仅优化了传统行业的运作模式，也为人工智能技术本身的发展提供了丰富的应用场景和数据支持。

#### 3. 重视用户体验

随着市场竞争的加剧，企业和团队越来越注重提供智能、便捷的服务来满足用户需求。在产品设计和服务中融入人工智能，可以更好地理解用户行为，预测用户需求，并提供个性化的服务。例如，智能客服系统能根据用户的历史交互提供更准确的解决方案，而智能家居设备则能学习用户的生活习惯，自动调整家中的环境设置。这种以用户为中心的设计思想，不仅提升了用户的满意度，也增强了企业的竞争力。

#### 4. 开源与共享

开源文化的兴起极大地推动了人工智能领域的发展。许多先进的人工智能工具和算法都是开源的，这意味着研究人员和开发者可以自由访问、使用并改进这些工具。这种开放共享的精神不仅加速了技术的迭代更新，还促进了全球范围内的知识交流和技术合作。此外，开源项目往往伴随着活跃的社区支持，为初学者和专业人士提供了学习和交流的平台。

#### 5. 伦理与安全

随着人工智能技术的深入应用，其伦理和安全问题日益凸显。如何确保人工智能系统的透明度、公平性和可解释性，防止算法偏见和滥用，以及保护用户数据的安全和隐私，都是当前亟待解决的问题。同时，随着人工智能技术在关键领域如医疗、司法和军事中的应用，如何制定相应的法规和标准来规范人工智能的使用，也是社会、政府和企业需要共同面对的挑战。

综上所述，人工智能领域的发展现状呈现出技术快速进步、跨领域融合、重视用户体验、开源与共享，以及伦理与安全等特点。展望未来，人工智能技术将继续深化其在各行各业中的应用，同时也将面临更多的挑战，包括技术创新、法律法规的完善，以及伦理问题的解决等。对于读者而言，这不仅是了解和学习前沿技术的机会，更是参与未来社会变革的舞台。

大家应该积极掌握人工智能相关知识，培养跨学科的思维能力，以便在未来的人工智能发展中发挥重要作用并抓住机遇，成为掌握人工智能的“新人类”。

## 二、人工智能发展趋势

深入解析人工智能发展脉络，细致剖析其在技术创新、应用实践、伦理挑战及政策影响等方面的最新进展。通过这一探索之旅，不仅揭示人工智能技术如何持续演进，还前瞻性地展望它对社会未来格局的深远意义，描绘一个由人工智能技术参与构建的未来愿景。

### （一）技术演进：从专用智能到通用智能

#### 1. 深度学习与神经网络的突破

深度学习作为人工智能的核心技术，在过去的几十年里取得了革命性的进展。它通过构建多层神经网络结构，模仿人脑处理信息的方式，使得机器能够从大量数据中学习复杂的特征和模式。这种学习方式的核心在于自动提取数据的特征，而无需人工干预，极大地提高了处理效率和准确性。

在图像识别领域，深度学习的应用已经实现了从简单的边缘检测到复杂的场景理解的跨越。卷积神经网络（Convolutional Neural Network，简称 CNN）作为深度学习的一种重要架构，通过其局部连接和权重共享的特性，有效地减少了全连接层的参数数量，提高了模型对图像特征的学习能力。

自然语言处理（NLP）是深度学习另一个取得显著成就的领域。通过循环神经网络（Recurrent Neural Network，简称 RNN）和长短期记忆网络（Long Short-Term Memory，简称 LSTM），机器能够理解和生成自然语言，实现机器翻译、情感分析、文本摘要等应用。这些技术的发展极大地推动了人机交互的自然性和流畅性。

在语音识别领域，深度学习的应用已经显著提高了语音到文本转换的准确率。通过使用深度神经网络对声音信号进行建模，机器能够更好地理解语音内容，包括不同的口音、语速和背景噪声。

#### 2. 大模型与小模型的协同发展

随着技术的进步，人工智能模型的规模也在不断扩大。大模型因其强大的计算能力和丰富的参数，能够捕捉更细微的数据特征，提供更深入的理解。然而，大模型的资源消耗和成本也相应较高。

大模型在处理复杂任务时展现出了卓越的泛化能力。例如，大型语言模型不仅能够理解语言的表面意义，还能够捕捉到语言背后的文化和社会背景，提供更为精准和人性化的服务。

相对于大模型，小模型在资源受限的环境中更具优势。它们在特定领域或任务上表现出高成熟度和性价比，尤其是在嵌入式系统和移动设备上的应用。小模型的轻量化和快速响应特性，使其在实时应用中具有不可替代的作用。

未来，大模型与小模型的结合将成为人工智能发展的重要趋势。通过将大模型的泛化能力和小模型的实用性相结合，可以根据不同应用场景的需求，灵活选择或设计合适的模型，实现最优的智能解决方案。

**3．多模态与跨模态学习**

多模态学习涉及对多种类型数据的同时处理和理解。在多模态学习中，人工智能系统能够同时接收和分析图像、文本、声音等多种数据源。这种融合不仅提高了系统对信息的理解能力，还使得机器能够更全面地模拟人类的感知和认知过程。

跨模态学习进一步实现了不同模态数据之间的转换。例如，将文本描述转换为图像，或将视觉场景转换为语言描述。这种转换能力极大地扩展了人工智能的应用范围，为创意产业、辅助技术等领域带来了新的可能性。

多模态和跨模态学习在医疗诊断、安全监控、自动驾驶等多个领域展现出巨大的潜力。例如，在医疗领域，结合图像识别和自然语言处理技术，可以更准确地分析医学影像和病历报告，辅助医生做出诊断。

技术的演进正推动人工智能从专用智能向通用智能的转变。深度学习与神经网络的突破、大模型与小模型的协同发展、多模态与跨模态学习，共同构成了人工智能技术进步的三大支柱。随着这些技术的不断成熟和应用，我们有理由相信，一个更加智能、高效和人性化的人工智能时代正在到来。

## （二）应用拓展：人工智能赋能各行各业

**1．工业自动化与智能制造**

人工智能在工业领域的应用标志着第四次工业革命的兴起。通过引入机器学习、计算机视觉和预测分析等技术，工业自动化达到了前所未有的高度。

人工智能技术使得生产线能够实现更高程度的自动化。机器人可以自动识别、分类和处理不同的物品，同时在装配、包装和质量检测等环节中发挥重要的作用。

通过分析机器的运行数据，人工智能能够预测设备故障，减少意外停机时间，提高生产效率。这种预测性维护减少了对定期维护的依赖，转而基于实际需要进行维护。

人工智能技术还推动了智能制造的发展，使生产过程更加灵活和个性化。智能工厂能够根据客户需求快速调整生产线，实现定制化生产，满足市场多样化的需求。

**2．医疗健康：智能诊断与个性化治疗**

人工智能在医疗健康领域的应用正在改变传统的诊疗模式，提高医疗服务的质量和效率。尤其是深度学习，在医学影像分析中展现出巨大潜力。人工智能算法能够辅助医生识别和诊断疾病，如癌症检测、脑部疾病等，提高诊断的准确性和速度。

基于大数据分析，人工智能能够分析患者的遗传信息、生活方式和环境因素，为患者提供个性化的治疗方案。这种精准医疗方法有助于提高治疗效果，减少不必要的药物使用。

人工智能在药物研发领域也发挥着重要作用。通过模拟化合物与生物靶标的相互作用，人工智能可以加速新药的发现和开发过程，降低研发成本。

**3．教育个性化：智能辅导与终身学习**

教育是人工智能应用的另一个重要领域，它正在改变传统的教学和学习方式。

智能辅导系统能够根据学生的学习进度和理解能力，提供个性化的学习资源和辅导。

这种一对一的辅导方式有助于提高学习效率和质量。

人工智能技术可以根据学生的学习行为和成绩,设计个性化的学习路径,帮助学生克服难点,发挥优势,实现自我提升。

随着知识更新的加速,终身学习变得越来越重要。人工智能技术为终身学习提供了强大的支持,无论是在线课程推荐、学习进度跟踪,还是职业技能培训,人工智能都能提供定制化的服务。

**4. 金融服务:风险管理与智能投顾**

金融服务是人工智能技术应用的另一个热点领域,它正在改变金融行业的运作方式。

人工智能技术在风险管理中的应用包括信用评分、欺诈检测和市场风险预测。通过分析大量的交易数据和用户行为,人工智能能够及时发现异常模式,预防风险。在信贷审批过程中,人工智能技术可以快速分析借款人的财务状况和信用历史,自动化审批流程,提高审批效率和准确性。

智能投顾利用人工智能算法为投资者提供个性化的投资建议和资产管理服务。这种服务不仅提高了投资决策的质量,也使得高端的投资管理服务变得更加普及和便捷。

人工智能的应用正在不断拓展,从工业自动化到医疗健康,从教育个性化到金融服务,人工智能技术正在赋能各行各业,提高效率,降低成本,创造新的价值。随着技术的进一步发展和应用的深入,人工智能将继续引领各行各业的创新和变革,为社会带来更加智能和便捷的未来。

### (三)伦理与法律:确保人工智能健康发展

在人工智能技术迅猛推进的当代背景下,伦理与法律议题已晋升为保障该领域健康成长不可或缺的支柱。随着人工智能逐渐渗透至社会与经济的方方面面,确保其发展遵循正确的道德轨道并受到适当法规制约,成为了决定技术持续造福人类的关键。这涉及在追求技术创新的同时,建立严密的伦理框架以维护公平正义,保护个人信息安全,并有效预见及化解可能出现的风险。因此,跨学科合作被赋予了新的使命,即携手法律、技术、伦理学等领域的专家,共商共筑一个人工智能与人类社会和谐共生的未来愿景,其中,不仅要求对人工智能技术进步保持敏锐洞察,还需在法律制度与伦理指导上不断精进,以期实现技术革新与社会伦理的动态平衡。

人工智能技术的飞速发展正在重塑人类社会的生活方式、工作模式乃至价值观念。从医疗诊断到教育个性化,从自动驾驶到艺术创作,人工智能的应用已渗透到人类社会的各个角落。然而,技术进步的浪潮也带来了诸多伦理挑战。如何在享受技术红利的同时规避潜在风险?如何在效率与公平、创新与责任之间找到平衡?这些问题不仅是技术开发者的课题,更是每一位公民需要共同思考的伦理命题。

人工智能伦理的核心在于技术应用中的责任归属、公平性与社会价值观的协调。具体而言,人工智能伦理涉及以下关键议题:

**1. 数据隐私与安全**

在人工智能技术快速发展的当下,数据隐私与安全问题因其对个体权利的直接影响而成为公众关注的焦点。例如，2018年的Facebook数据泄露事件，不仅严重侵犯了数百万用户的隐私权，还引发了对社交媒体平台数据管理能力的信任危机，凸显出加强数据保护的紧迫性。面对数据收集、存储和处理过程中存在的诸多风险，如数据泄露、滥用和未经授权的访问，特别是在人工智能系统中，由于其自动化和智能化特性，使得隐私保护工作更为复杂。脑机接口技术的突破让人们担忧“思想窥探”或“人类机械化”。

为应对这些挑战，欧盟通过《通用数据保护条例》(GDPR)，建立了严格的数据保护法规，要求企业明确数据处理规则，为全球数据保护树立了标杆。技术层面上，苹果公司采用端到端的加密技术，确保用户数据在传输和存储过程中的安全。此外，用户教育计划如Google的安全检查工具，增强了公众对个人数据保护的意识和能力。

**2. 算法透明度与可解释性**

人工智能算法的“黑箱”特性，即决策过程缺乏透明度和可解释性，是导致公众不信任和道德法律争议的根源之一。例如，信用评分系统若采用不透明的算法，可能会因无法解释的评分结果而引起公平性质疑。对于复杂算法如深度学习模型，其内部逻辑的晦涩难懂，更是增加了透明度实现的难度。人工智能的“黑箱”特性是许多伦理争议的根源。

为提高透明度，美国某大型银行引入了可解释人工智能模型，使贷款审批过程的决策依据更加清晰，增强公众的理解和信任。同时，IBM的AI Fairness 360工具套件，通过算法审计，帮助检测和缓解偏见，确保决策的公正性。此外，通过公开讲座、在线教育资源等方式，普及人工智能工作原理。例如，微软的人工智能商学院项目，有效提升了公众对人工智能技术的理解和接纳。通过提高算法透明度(如可视化决策路径)、要求开发者披露数据来源与模型偏差，公众可以更好地理解并监督人工智能行为。例如，欧盟《人工智能法案》要求高风险人工智能系统提供详细的技术文档。

**3. 伦理准则与法律监管**

人工智能技术的伦理和社会价值考量，是其可持续发展的基石。例如，自动驾驶汽车在遇到紧急情况时的决策，触及生命伦理与法律责任的边界，凸显了制定伦理准则和法律监管的紧迫性。然而，技术的飞速进步往往让现有法规显得滞后。技术伦理与生命价值的冲突是人工智能在涉及生命安全的场景下面临的经典伦理困境。例如，自动驾驶车辆在紧急情况下需选择“避让儿童”还是“保护乘客”；医疗AI在资源有限时如何分配救治优先级。这些问题无法单纯通过“损失最小化”算法解决，因为它们触及人类对生命权的根本认知。

2023年7月，我国互联网信息办公室发布《生成式人工智能服务管理暂行办法》，旨在促进生成式人工智能健康发展和规范应用，维护国家安全和社会公共利益，保护公民、法人和其他组织的合法权益。国际组织如电气电子工程师学会(Institute of Electrical and Electronics Engineers，简称IEEE)发布的《合伦理设计：人工智能与自主系统伦理标准》，为人工智能伦理提供了框架性指导。在法律监管方面，新加坡政府推出的《人工智能治理和道德使用框架》，展现了前瞻性的法律适应性尝试。同时，跨学科合作论坛，如全球人工智能治理委员会，促进了技术、伦理、法律等多领域专家的对话与合作，共同探索人工智能伦理和法律的新路径。2017年的《阿西洛马人工智能原则》提出23条纲领，强调人工智能发展需以“增进人类福祉”为核心，保障透明性、安全性与可控性。例如，医疗AI的设计必须遵循“不伤害原则”，自动驾驶系统需优先保护行人安全。传统法律框架难以适应人工智能的快速迭代。新加坡采用“沙盒监管”模式，允许企业在限定范围内测试新技术，同时积累监管经验；我国则通过《生成式人工智能服务管理暂行办法》规范人工智能内容的生成。未来需建立更具弹性的法律体系，平衡创新激励与风险防控。

**4. 法律责任与责任主体模糊**

以自动驾驶为例，当车辆发生事故时，责任应由谁承担？是车辆所有者、软件开发者、制造商，还是算法本身？根据《中华人民共和国产品质量法》，若事故由系统缺陷引发，生产者需承担无过错责任；而《中华人民共和国道路交通安全法》则强调过错责任原则。这种法律冲突凸显了人工智能技术对传统责任体系的挑战。

思考：当人工智能决策过程不透明时，如何界定“过错”？是否需要为人工智能设立独立的法律主体身份？

**5. 知识产权与创作归属**

人工智能生成的诗画、音乐甚至科研论文，其版权应归属于算法开发者、训练数据提供者，还是人工智能本身？例如，麻省理工学院学生训练的人工智能创作的比萨食谱，或谷歌 Magenta 项目生成的艺术作品，均引发了关于“原创性”的争议。

思考：如果人工智能的创作基于人类已有知识库，其成果是否属于“二次创作”？如何平衡创新激励与知识共享？

**6. 人机协同中的责任边界**

在医疗领域，人工智能辅助诊断系统已覆盖我国 5 万家基层医疗机构，修正诊断数达 148 万次。然而，若人工智能给出错误建议导致医疗事故，医生是否应承担全部责任？当前的主流方案是“人工智能辅助，人类决策”，但这一模式可能因医生的过度依赖而失效。

思考：如何确保人类在关键决策中保持主导权？是否需要为“人机协同”制定更细化的责任分配规则？

**7. 强人工智能的潜在风险**

强人工智能若具备自主意识，可能引发“机器权利”之争。霍金、马斯克等科技领袖曾警告，失控的人工智能可能威胁人类生存。

思考：在技术尚未成熟时，是否应设定研究禁区？如何预防技术被滥用？

### （四）伦理原则与实践路径

面对上述挑战，全球学界、产业界与政策制定者正积极探索解决方案，并逐步形成以下伦理共识：

**1. 以人为本的伦理准则**

人工智能发展需以“增进人类福祉”为核心，保障透明性、安全性与可控性。

**2. 技术透明与算法可解释性**

通过提高算法透明度、要求开发者披露数据来源与模型偏差，公众可以更好地理解并监督人工智能行为。

**3. 多元共治与社会参与**

人工智能伦理不能仅由技术专家定义，而需纳入公众讨论。教育领域则需加强人工智能伦理通识教育，培养公民的“人工智能素养”。

**4. 动态监管与适应性法律**

未来需建立更具弹性的法律体系，平衡创新激励与风险防控。

### （五）技术向善与人类责任

人工智能伦理的终极目标并非限制技术，而是引导其服务于人类共同利益。这一目标的实现需要多方协同努力：

- 技术开发者需秉持“负责任创新”理念，在设计阶段嵌入伦理考量。
- 政策制定者应推动跨学科合作，构建兼顾伦理与效率的监管框架。
- 普通公众则需提升人工智能素养，既避免盲目抗拒技术，也警惕过度依赖。

正如无人驾驶不可能完全消除交通事故，人工智能技术也无法彻底规避伦理风险。但正是这些挑战，推动我们不断反思技术与人性、效率与公平的关系。或许，人工智能伦理的真正意义在于提醒我们：在追求“智能”的同时，永远不能遗忘“智慧”——那种基于同理心、责任感与人文关怀的独属于人类的智慧。

我们还需要对人工智能伦理进行一些讨论与思考：

（1）如果人工智能创作了一幅媲美凡·高的画作，你认为版权应属于谁？为什么？

（2）在自动驾驶的伦理困境中，你认为“功利主义”（救更多人）和“义务论”（保护乘客安全）哪个更合理？

（3）脑机接口技术可能实现“记忆上传”，这是否侵犯了个人隐私？如何界定这类技术的伦理边界？

通过这些问题，我们希望每一位学习者意识到：人工智能伦理没有标准答案，但正是这种开放性，赋予我们以理性与温情塑造技术未来的可能。

人工智能技术的健康发展需要社会各界的共同努力。通过加强数据隐私保护、提高算法透明度、制定伦理准则和法律监管，可以确保人工智能技术在促进社会发展的同时，不损害个人权益和社会伦理。这不仅需要技术的进步，更需要法律、伦理和社会的全面支持。只有这样，人工智能技术才能在安全、公正和负责任的环境中茁壮成长，为人类社会带来更多的福祉。

### （六）政策与战略：全球竞争与合作

在全球人工智能领域飞速进步的今天，政策与战略规划构成了国家间竞争与合作的基石。国家层面的战略布局对于引导和支持人工智能技术的发展至关重要，这不仅体现在资金和政策的直接投入，更关乎法规制定、国际合作，以及人才的培养与教育等多方面的综合考量。

国家战略规划，作为推动人工智能技术前行的马达，各国政府纷纷加码，通过增加研发投资来激发大学和研究机构在基础及应用研究中的活力。例如，美国通过《美国人工智能倡议》明确了优先发展人工智能技术的国家战略，而中国则制定了《新一代人工智能发展规划》，旨在到 2030 年跻身世界人工智能创新的前列。这些规划涵盖了从研发资金支持、产业扶持政策、法规框架的建立，到数据政策的优化，以及积极参与国际协作，共同推进全球人工智能治理。

国际合作与交流是促进人工智能技术跨越国界、加速发展的桥梁。国际组织如联合国、世界贸易组织等扮演了制定全球人工智能发展政策与标准的角色。国家间的双边协议促进了技术转移和市场准入的便利，同时，学术界的跨国合作与技术标准的共制，为人工智能技术的全球兼容与互操作性奠定了基础。面对全球性挑战，如气候变化和公共卫生危机，各国携手利用人工智能技术探索解决方案，既增强了技术的快速响应能力，又促进了不同文化与价值观的交融。

人才培养与教育普及是支撑人工智能持续发展的核心要素。各国政府和教育机构正在积极行动，从基础教育阶段开始纳入人工智能相关课程，逐步提升全民的人工智能素养。欧盟的"地平线 2020 计划"、印度的"国家人工智能战略"等项目，通过提供专业培训、研究项目参与机会、奖学金和资助，以及广泛的公众教育活动，为人工智能领域输送了大量专业人才，同时提升了公众对人工智能技术的认知和接受度。

总的来说，明智的政策导向、深入的国际合作和全面的人才培养体系，共同构成了推动人工智能发展的三大支柱。这些努力不仅塑造了当前人工智能技术的繁荣景象，更为未来构建一个更加智能、高效且公平的世界奠定了基础。通过持续的政策创新、深化的国际合作网络，以及不断优化的人才培养机制，全球正朝着更加和谐的人工智能时代迈进。

### （七）未来展望：人工智能与人类社会和谐共生

随着人工智能技术以惊人的速度向前推进，其与人类社会的联系愈发紧密，预示着一个崭新的人机共生时代即将到来。在未来展望中，人工智能与人类社会和谐共存，不仅是技术发展的必然趋势，也是全球社会共同努力的目标。

在人机协作的未来图景中，人工智能将不再是被动的辅助工具，而是人类的得力伙伴。在医疗领域，例如，阿里健康利用人工智能技术在肺结节诊断上取得了显著成效，辅助医生提高诊断精度，同时减轻医生的工作强度。在教育方面，个性化学习平台如智适应教育通过分析学生的学习行为，提供定制化的学习路径，让教育更加高效且具有针对性。在创意产业中，人工智能与艺术家携手，正如 Adobe 的 Sensei 平台，帮助设计师实现前所未有的创意表达。在日常生活中，智能家庭系统和自动驾驶汽车的普及，极大提升了生活品质和便捷度。这要求我们不断探索最适宜的合作模式，确保人工智能与人类优势互补，且尊重人类的主体地位。

人工智能作为社会经济发展的新引擎，正重塑各行各业。在制造业，富士康利用人工智能优化生产流程，显著提升了生产效率和降低了成本。在商业模式创新上，亚马逊的个性化推荐系统基于人工智能数据分析，极大地提升了用户体验。科学研究领域，IBM 的 Watson 在药物的发现上发挥了关键作用，缩短了新药研发周期。尽管人工智能可能替代某些岗位，但它也催生了人工智能工程师、数据分析师等新职业，促使劳动力结构转型，要求我们通过教育和培训适应这一变化。

综上所述，人工智能技术的飞速发展既带来了前所未有的机遇，也伴随着诸多挑战。国际社会需携手合作，在国家战略、国际合作、人才培养等方面下功夫，确保人工智能的健康前行。通过人机协作、创新驱动的发展模式，一个更高效、智能且公平的未来社会正向我们走来。同时，重视人工智能技术的可持续性和伦理责任，确保其正面影响最大化，是构建人类与人工智能和谐共生美好未来的必经之路。

## 《本章小结》

人工智能作为21世纪极具颠覆性的技术之一，已经在科技与社会的广阔舞台上占据了举足轻重的地位。本章通过追溯其起源至中国古代的《偃师献技》故事和古希腊的机械巨人塔洛斯，揭示了人工智能并非新兴概念，而是人类长久以来对智能机械追求的延续。随着20世纪中叶计算机科学的兴起，人工智能作为一门独立学科应运而生，旨在通过技术手段赋予机器类似人类的智能。

本章详细阐述了人工智能在医疗、交通、金融等领域的广泛应用，展现了其在提高效率、精确度及推动社会发展中的巨大潜力。同时，我们也深入探讨了伴随人工智能发展而来的伦理、法律及社会挑战，如隐私侵犯、数据偏见、就业变迁等问题，强调了构建伦理准则、法律框架和公众认知的重要性，以确保人工智能的健康与可持续发展。

全球范围内，各国政府和国际组织正积极制定战略规划，增加研发投入，建立国际合作，以促进人工智能技术的快速发展。从欧盟的人工智能协调计划到美国的人工智能倡议，从德国的人工智能战略到中国的《新一代人工智能发展规划》，这些举措不仅推动了技术创新，还促进了经济转型和社会福祉的提升。

尤其是2022年ChatGPT的出现，标志着“通用人工智能元年”开启，预示着人工智能正从专一任务处理向更广泛、更人性化的通用智能转变。这些进展不仅革新了人机交互模式，还为人工智能的未来应用开辟了新的可能性，同时提出了关于伦理、安全、法律监管等更为紧迫的议题。

综上所述，人工智能的发展历程是一部人类智慧与技术进步的交响曲，它既蕴含着无限机遇，也伴随着复杂挑战。面对未来，我们需要在深入理解人工智能技术的基础上，培养跨学科的思维，创新应用场景，同时积极构建符合人类价值观的伦理与法律框架，确保人工智能技术服务于全人类的福祉，共创一个更加智能、高效、公平且可持续发展的未来社会。

## 《章节练习》

### 一、选择题

1. 人工智能的诞生可以追溯到哪一年代？（　　）

A. 19世纪　　B. 20世纪初

C. 20世纪50年代　　D. 21世纪初

2. 下列哪项不是人工智能的主要应用领域？（　　）

A. 医疗诊断　　B. 自动驾驶

C. 农业监测　　D. 餐厅服务员

3. 以下哪个事件标志着人工智能作为一门独立学科的起点?(　　)

A. 图灵测试的提出

B. 达特茅斯会议的召开

C.《人工智能:一种现代的方法》出版

D. IBM 深蓝战胜国际象棋冠军

4. 以下哪项是人工智能在医疗领域的一个重要应用?(　　)

A. 智能客服　　B. 自动驾驶

C. 医疗影像诊断　　D. 物流配送

5. 以下哪项是人工智能技术在教育领域的具体应用?(　　)

A. 自动驾驶汽车　　B. 智能客服

C. 智能评测系统　　D. 金融风险评估

6. 人工智能技术的伦理考量中,哪一项是确保技术公平性的重要因素?(　　)

A. 数据隐私保护　　B. 算法透明度

C. 避免技术加剧不平等　　D. 个人隐私加密

7. 国际上哪个组织发布了《合伦理设计:人工智能与自主系统伦理标准》?(　　)

A. 联合国　　B. 世界贸易组织

C. 电气电子工程师学会　　D. 全球人工智能治理委员会

## 二、填空题

1. 深度学习是通过构建__________结构,模仿人脑处理信息的方式。

2. 在智能医疗领域,__________技术被用于自动分析医学影像。

3. __________是智能金融中评估客户信用风险的关键工具。

4. 在智能驾驶中,__________技术能够感知周围环境并做出决策。

5. 为了确保人工智能技术的健康发展,需要加强__________保护和提高算法透明度。

6. 在人机协作的未来,人工智能将成为人类的__________。

## 三、简答题

1. 请解释什么是图灵测试,并说明其在人工智能发展史上的重要意义。

2. 简述智能医疗在疾病预测方面的应用,并指出其对医疗行业的影响。

3. 简述人工智能在教育领域中的应用,并说明这些应用如何改变了传统教学模式。

4. 讨论智能金融技术在风险管理中的作用,并举例说明。

5. 描述智能驾驶技术如何提高交通效率并减少事故风险,并指出其未来发展方向。

# 第二章

# 人工智能基础

## 本章引言

欢迎来到“人工智能基础”这一章！在今天的世界中，人工智能已经成为一项改变我们生活的重要技术。无论你是想了解当前人工智能的基本概念，还是对未来科技发展充满好奇，这一章都将为你打开一扇新的大门。

人工智能简称 AI，是指通过计算机程序让机器具备类似人类的智能。这些能力包括学习、推理、解决问题、理解语言和感知环境。简而言之，人工智能就是让机器变得“聪明”的技术。人工智能的发展历程可以追溯到 20 世纪中期。1956 年，达特茅斯会议标志着人工智能作为一门独立学科的诞生。此后，人工智能经历了几个重要阶段，从最初的专家系统到现在的深度学习，每一步都推动了科技的进步。

如今，人工智能技术已经渗透到我们生活的方方面面。我们每天使用的语音助手、购物时的推荐系统、拍照时的图像识别，都离不开人工智能的支持。它不仅让我们的生活更加便捷，也在医疗、金融、交通等领域发挥着重要作用。

通过本章的学习，你将了解人工智能的基本概念以及它在现实中的应用。希望你能在探索人工智能的过程中，发现科技的无限可能，激发对未来的无限憧憬。

# 第一节 机器学习简介

**学习目标**

- 了解机器学习的基本概念、分类和应用领域。
- 了解常见的机器学习算法，如线性回归、决策树和支持向量机。
- 了解深度学习的概念及其与机器学习的关系。
- 理解强化学习的基本概念，如状态、动作和奖励。

在当前的时代背景下，人工智能技术逐步渗透进各行各业，不仅便利了我们的日常生活，也大大地提高了人们的工作效率。机器学习作为人工智能技术的重要分支，是了解人工智能算法的基础，接下来就从机器学习、深度学习、强化学习三个部分对人工智能相关基础算法进行介绍。

## 一、机器学习

### （一）机器学习的基本概念

机器学习(Machine Learning)是人工智能的一个分支，它使计算机系统能够从数据中学习并改进其性能，而无需明确编程。机器学习通过训练模型从数据中提取模式，并利用这些模式进行预测和决策。

数据集是机器学习的基础。数据集就像是机器学习的“课堂笔记本”。这个笔记本里包含许多“问题”及其对应的“答案”。一个典型的数据集通常包含多个样本，每个样本由若干特征(属性)组成“问题”，并且在监督学习(机器学习的一种)中，每个样本还会有一个标签，标签就像是数据集里的“答案”。

例如，有一个人员性别识别数据集见表 2-1，该数据集记录了 100 条真实的人员属性信息，其中“问题”包括身高、体重、头发长度和是否穿裙子这四个属性，对应的“答案”是人员的性别。机器学习通过对这 100 条记录进行分析，从而获取一个能够最接近真实答案的模型或公式。最后，只需要将 101 号的“问题”输入训练后的模型中，模型就会给出它所获取的“答案”，这就是机器学习中的一种典型分类应用。

表 2-1　人员性别识别数据集

| 序号 | 问题 | | | | 答案 |
|---|---|---|---|---|---|
| | 身高/cm | 体重/kg | 头发长度/cm | 穿裙子(1是2否) | 性别 |
| 1 | 160 | 50 | 30 | 1 | 女 |
| 2 | 176 | 79 | 2 | 2 | 男 |
| 3 | 165 | 65 | 3 | 2 | 男 |
| ... | ... | ... | ... | ... | ... |
| 100 | 165 | 60 | 15 | 2 | 女 |
| 101 | 180 | 80 | 5 | 2 | ??? |

机器学习模型可以看作计算机根据数据进行学习和决策的策略。通过数据训练模型，它能学会根据特征来获取标签，就像我们学会根据人物特征来判断人员性别一样。训练就像是学习过程，通过让计算机不断分析问题和答案的关系来训练它，使它可以在新问题中获取正确的答案。

机器学习采用不同的学习策略来训练和处理数据，主要分为以下四类：

**1. 监督学习**

监督学习就像是有老师在旁边指导。计算机通过带有答案的问题来学习，知道每个问题对应的正确答案。例如，如果要教计算机识别猫和狗，就需要给它很多张标记好答案的猫和狗的图片，通过训练使模型学会如何准确地区分它们。

**2. 无监督学习**

无监督学习就像是没有老师的自学。计算机通过观察数据本身的结构和模式来学习，而不是依赖于事先标记好的答案。例如，如果要计算机自动分类一堆照片，那么它可以通过图片中的相似性和差异性来分组，而不需要手动标记每一张图片的内容是什么。

**3. 半监督学习**

半监督学习是介于监督学习和无监督学习之间的方法。它结合少量带标签的数据和大量未标记的数据进行学习。例如，如果我们只有一部分猫和狗的标记图片，但是还有很多未标记的图片，半监督学习可以帮助计算机从少量的标记数据中学习，并在未标记数据上进行推广。

**4. 强化学习**

强化学习就像是训练不同的宠物学习新技能。训练师在训练猫和狗做不同的动作和指令的时候，都会给猫和狗对应的惩罚和奖励，这样的过程类似强化学习中的“策略”。计算机通过与环境的互动学习最佳行为策略，以最大化获得的奖励，从而使模型进化。例如，如果我们要教计算机玩一个游戏，我们会让它尝试不同的动作，根据游戏中的奖励(得分)来调整它的行为，以便它学会如何在游戏中取得最好的成绩。

### （二）机器学习基础算法介绍

机器学习中包含大量的算法模型，现实生活中用得比较多的是监督学习算法。接下来用一些简单的案例来介绍三种常见的算法：线性回归、决策树和支持向量机。

**1．线性回归**

线性回归是一种用来预测连续数值的算法。例如，房价预测或者销售额预测。如图 2-1 所示，假设我们已有一个关于房价的数据集，数据集包含了房子的面积特征及对应的房价。线性回归的目标就是找到一条直线，这条直线最好地拟合了这些数据点，让我们能够根据房子的面积来预测价格。

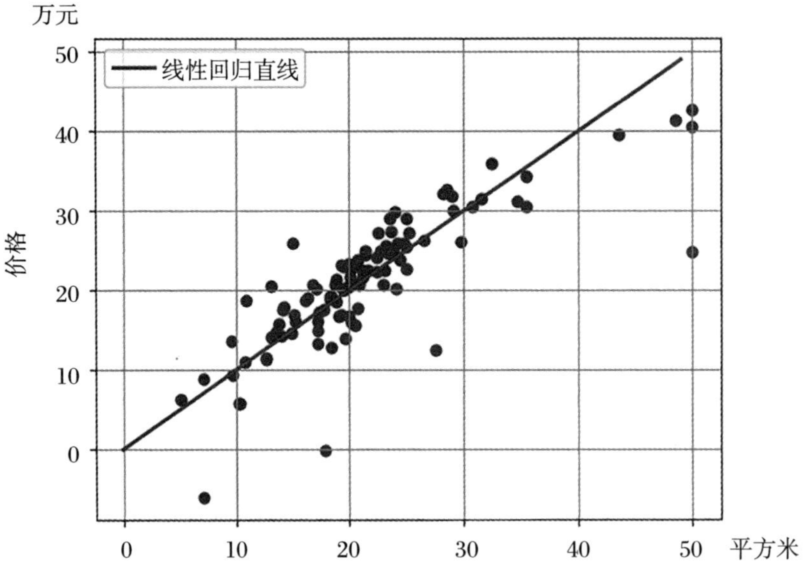


**图 2-1　房价预测图**

数据集：我们有很多不同房子的数据，每个数据包括房子的面积和对应的实际价格。

模型：线性回归模型会通过学习这些数据，找到一条直线，这条直线能够最好地描述面积和价格之间的关系。这条直线的方程类似于：价格 = 斜率 × 面积 + 截距。

训练：计算机通过观察许多房子的数据来学习。它会调整直线的斜率和截距，直到这条直线尽可能地接近所有数据点，也就是尽可能准确地预测价格。

预测：当有新的房子出现时，我们可以把这个房子的面积代入这个学到的直线方程，计算机就能预测出这个房子的价格了。

适用场景：线性回归算法通常适合那些特征和目标之间是线性关系的情况。例如，预测学生平时学习量投入与课程成绩的变化关系，预测商品销售量与广告投入量的变化关系，预测房价与房屋特征的变化关系等。它简单直观，计算速度快，但对数据的分布和异常值比较敏感。

需要注意的是，为方便大家理解线性回归，这里房价数据集仅采用了面积这一个特征，而在实际应用案例中，特征数据往往是一组相关数据，如面积、地段、购房政策等。但无论特征数据有多少，线性回归算法的本质是不变的：找到一条能够最佳拟合所有数据点的一条直线，从而实现模型的训练。因此，数据集量的大小不同，即训练数据的量不同，训练出来的模型通常是不同的。

**2. 决策树**

决策树可以理解为一种决策游戏，类似树状结构，通常用来做分类或预测的算法。如图2-2所示，想象我们面前有许多苹果、橙子和香蕉，每个水果都有不同的特征，如颜色和形状。决策树的目标就是通过这些特征来做出决策，判断出这个水果是苹果、橙子还是香蕉，并实现分类。

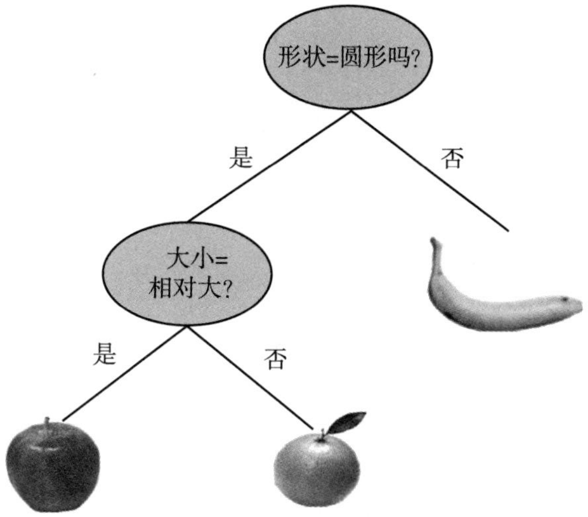


图2-2　水果分类图

数据集：我们有很多不同水果的数据，每个数据包括水果的颜色、形状和实际种类（苹果、橙子或香蕉）。需要注意的是，水果的实际种类与它们的属性数据之间不具备显著的线性关系。例如，苹果不会因为形状大小的变化而改变种类，香蕉也不会因为长短的变化而改变种类。

模型：决策树模型通过学习这些数据，构建一个树形结构。每个节点代表一个特征，如颜色是红色还是橙色，每个分支代表该特征的一个可能取值。叶子节点代表最终的分类结果，即水果的种类。

训练：计算机通过训练许多水果的数据来学习。它会根据每个特征的重要性，逐步划分数据，直到每个叶子节点都是同一种水果。

预测：当有新的水果出现时，计算机会根据水果的特征，沿着决策树的分支做出判断，最终确定这个水果属于什么种类。

适用场景：决策树适合处理复杂的决策过程和非线性关系的数据。例如，在医学诊断中根据病人不同的检测数据值来判断病情，在金融领域中根据客户不同的行为结果来预测信用评分等。决策树算法通常能够处理大量数据和多种类型的特征，容易理解和解释，但在处理不平衡数据时需要注意。

**3. 支持向量机**

支持向量机（Support Vector Machine，简称SVM）是一种强大的分类算法，特别适合处理复杂的数据集。支持向量机的目标是找到一个最佳的决策边界，来区分不同类别的数据点。如图2-3所示，它的工作原理有点像在众多数据点中找一条清晰的分界线，把不同类别的数据点分开。

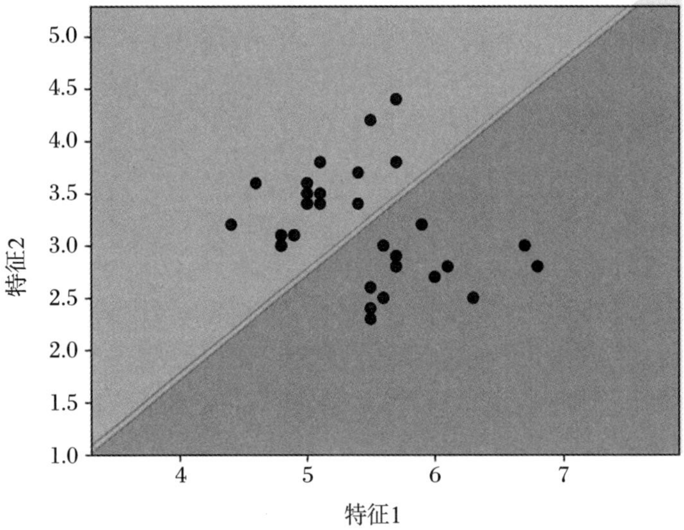


**图 2-3 数据点划分示意图**

数据集:我们选用鸢尾花数据集,该数据集是机器学习中经典的数据集,鸢尾花类别有山鸢尾、变色鸢尾、弗吉尼亚鸢尾。不同种类的莺尾花的花萼长度、花萼宽度、花瓣长度、花瓣宽度是不同的。选择其中两个特征对莺尾花进行分类,我们有很多数据点,每个数据点有两个特征。我们希望通过这些特征来预测每个数据点属于哪个类别。

模型:支持向量机算法会找到一个最佳的超平面,这个超平面能够在数据空间中把不同类别的数据点分开得最好。超平面就像是一面墙,把两类数据点完美分隔开来。

训练:计算机会根据已知的数据点来学习。它会找到离超平面最近的一些数据点,这些点被称为支持向量。通过调整超平面的位置,使得支持向量到超平面的距离最大化。

预测:当有新的数据点出现时,计算机会把这个点放到超平面上方或下方,从而确定它属于哪一类。

适用场景:支持向量机算法适合处理复杂的数据集和高维度的特征空间,如文本分类、图像识别等。它能有效地处理非线性问题,具有很强的泛化能力,但对大数据集和特征的选择比较敏感,需要仔细调节参数。

总结一下,线性回归、决策树和支持向量机是三种常见的机器学习算法,每种算法都有自己的特点和适用场景。在实际应用中,选择合适的算法取决于数据特点本身及相关预测需求,合理使用这些算法能够帮助我们更准确地分析数据并做出预测。

## 二、深度学习

### (一) 全连接神经网络

全连接神经网络(Fully Connected Neural Network,简称 FCNN),也叫多层感知器

(Multilayer Perceptron,简称 MLP),是最基本的一种人工神经网络结构。我们可以把它看作一组数学函数的组合,用来从输入数据中找到特定的模式,并且根据这些模式来做出预测或者分类。如图 2-4 所示,为了更容易地理解神经网络,我们用一个简单的例子来说明。

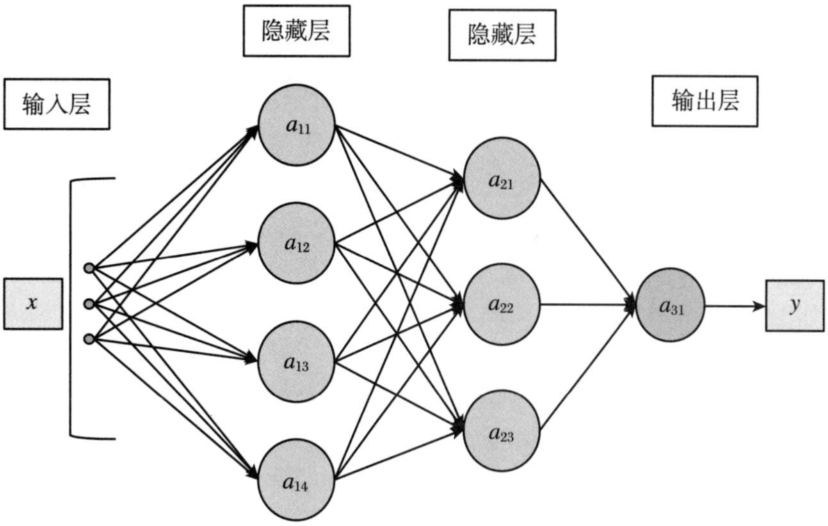


**图 2-4 全连接神经网络模型图**

神经元:神经网络的基本单位是神经元,类似于人脑中的神经细胞。每个神经元接收输入信号,进行一些计算,然后输出一个结果。我们可以把它想象成一个灯泡,根据输入的电流决定亮度。

层:神经元通常不是单独工作的,而是成层地排列。每一层神经元都接收前一层所有神经元的输出,并将计算结果传递给下一层。简单来说,这些层就像是多个灯泡串联起来,一个灯泡的亮度会影响下一个灯泡。

输入层:这是网络的第一层,直接接收外部数据。就像第一个灯泡,直接连接到电源,开始整个亮灯过程。

隐藏层:输入层和输出层之间的所有层都叫作隐藏层。它们负责处理和转换输入数据。就像灯泡串联中的中间灯泡就相当于隐藏层。

输出层:这是网络的最后一层,它产生最终结果。就像最后一个灯泡,它的亮度代表了我们想要的结果,如预测一个数字或者分类一个图像。

熟悉了一些基本术语后,接下来我们来具体了解一下全连接神经网络工作流程:

输入数据:输入层接收原始数据,例如一张图片的像素值或一段文字的词向量。

加权求和:每个神经元对输入数据进行加权求和,然后加上一个偏置(Bias)项。我们可以把权重(Weight)想象成电线的粗细,影响电流的传导,偏置项就像是一个基础电流,保证即使没有输入电流,灯泡也会有一点亮度。

激活函数:神经元对加权求和的结果应用一个激活函数,决定输出的强度。激活函数就像是灯泡的开关,决定灯泡是否亮以及亮的程度。

传播:处理后的数据从一个层传递到下一层,重复上述过程,直到到达输出层。

输出结果:由输出层给出结果,如识别出图片中的数字是几。

## (二)卷积神经网络

卷积神经网络在 1998 年被提出,由于当时计算机性能偏低,卷积神经网络的性能很难被发挥,因此该算法一直没有被广泛利用。直到 2012 年 AlexNet 取得 ImageNet 比赛的分类任务的冠军,并且分类准确率远远超过利用传统方法实现的分类结果,从此深度学习在计算机视觉领域中的发展一发不可收拾。

既然卷积神经网络多用于图像的特征提取,那么在进行卷积神经网络模型的学习之前,需要弄清楚图像在计算机中呈现的本质是什么。如图 2-5 所示,众所周知,红色、绿色和蓝色这三种颜色又被称为三原色,将三原色的色光以不同的比例相加,可产生多种多样的色光。因此,如图 2-6 所示,在计算机中彩色图片就是通过叠加这三色的数字矩阵表示的。

图 2-5 图像组成原理

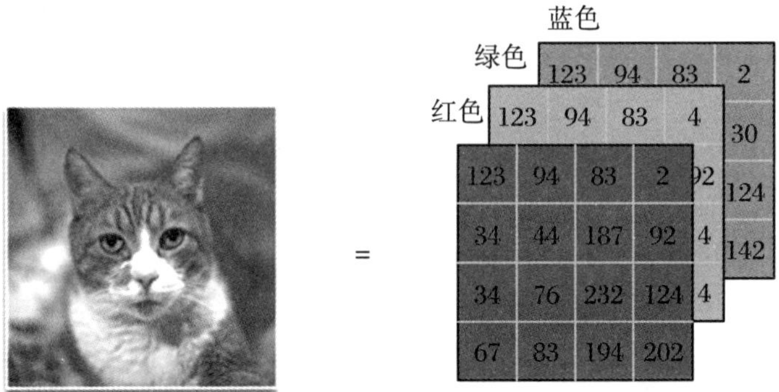


图 2-6 计算机中图像的矩阵组成方式

### 1. 卷积运算

卷积神经网络的核心就是卷积运算,卷积运算相当于图像处理中的滤波运算,因此卷积核又被称为滤波器。如图 2-7 所示,通过一个具体的例子来理解卷积运算。

卷积计算的基本步骤:

选择滤波器(核):一个滤波器是一个小矩阵,如 2×2 或 5×5 的矩阵。

确定步幅(Stride):这是滤波器每次移动的步长,通常为 1 或 2。

应用填充(Padding):在输入图像的边缘填充额外的像素值,通常为零,以确保滤波器能够覆盖图像的边缘。

滑动滤波器并计算:将滤波器从输入图像的左上角开始滑动,每次移动“步幅”个像素,进行逐元素相乘并求和操作，结果作为特征图中的一个像素值。

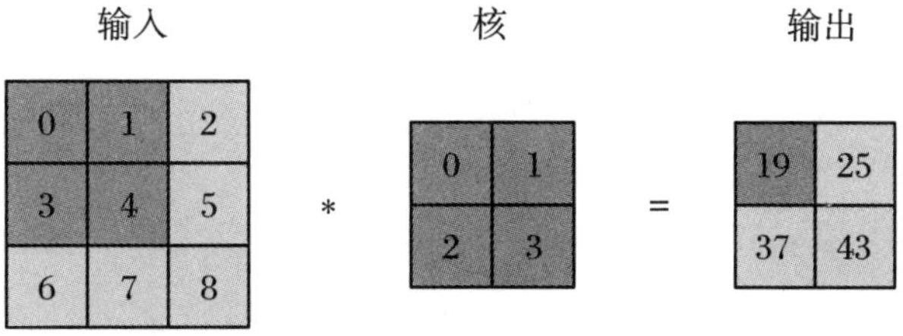


图 2-7 卷积运算过程图

**2. 多通道数据卷积运算**

图像往往都为彩色图，因此通道方向有多个特征图时，按通道对输入数据和卷积核进行卷积运算，并将结果相加，从而得到输出特征图。如图 2-8 所示，采用一个 3 通道的数据来演示多通道数据的卷积运算的过程。

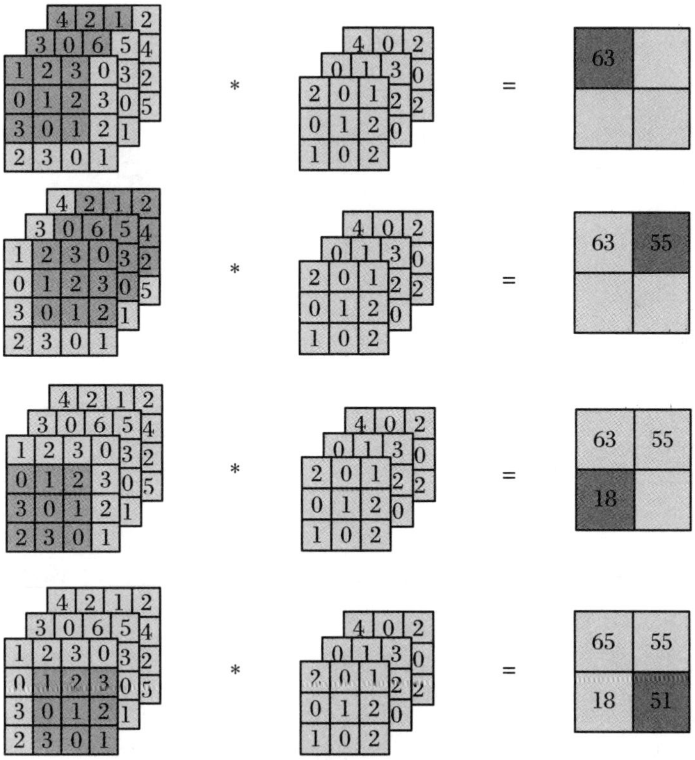

图 2-8 多通道卷积运算过程图

**3. 池化计算**

池化层是卷积神经网络中的重要组成部分。它的主要功能是通过降低特征图的尺寸，从而减少计算量和参数数量，同时保留重要的特征信息。例如，你正在处理一个 4×4 的图像，并且你想要应用 2×2 的最大池化(Max Pooling)。在这种情况下，你的图像将被划分为四个 2×2 的区域，每个区域中的最大值将被选取作为输出。这样，原始图像的尺寸从 4×4 降低到了 2×2。这种降采样有助于减少计算量，同时保留最重要的特征信息。

池化层所要做的事情是在目标区域中提取像素的最大值，或者计算平均值。因此，池化计算通常有两种方式：最大池化和平均池化（Average Pooling）。图 2-9 所展示的是最大池化计算过程。图 2-10 所展示的是平均池化计算过程。

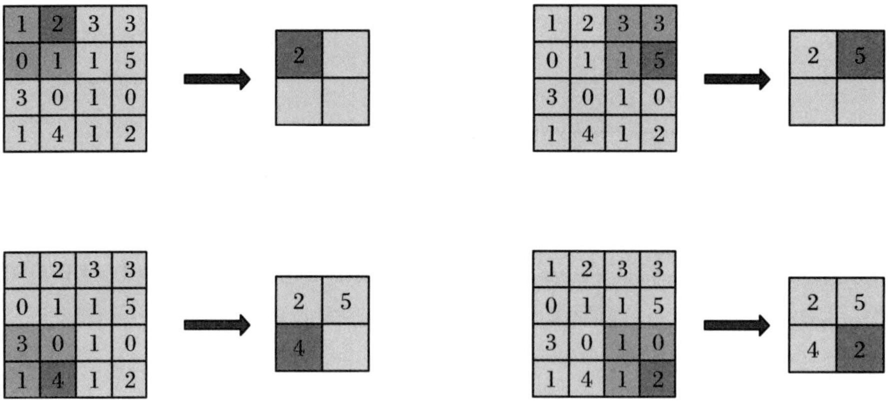

图 2-9　最大池化计算过程

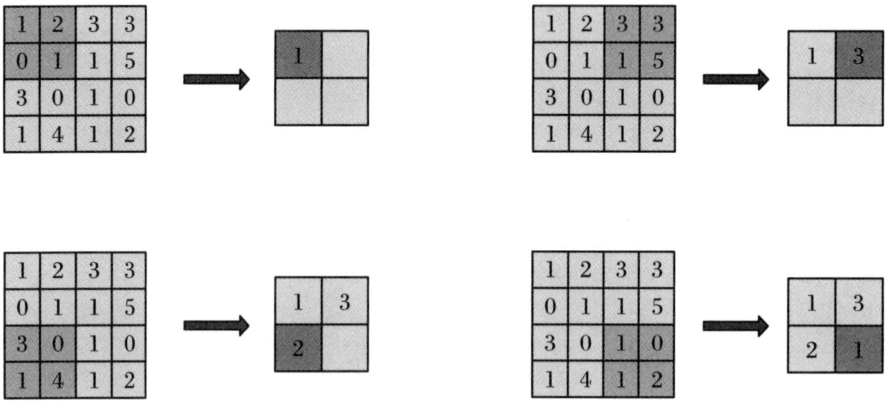

图 2-10　平均池化计算过程

最大池化是从池化窗口覆盖的区域中取出最大值。顾名思义，平均池化就是从池化窗口覆盖的区域中取出平均值。池化操作通过在特征图上滑动窗口来简化特征图的尺寸和计算量。最大池化保留窗口内的最大值，而平均池化则计算窗口内的平均值。无论是哪种池化操作，都可以有效减少模型的计算负担和参数数量，同时保留重要的特征信息。

卷积神经网络是深度学习中极其重要的神经网络模型，在此基础上发展成计算机视觉领域，目前计算机神经有图像分类、目标检测、图像分割等分支，其落地项目也有很多。其中大部分算法都是在卷积神经网络的基础上进行改进而成的，而想学习好卷积神经网络需要配合各种网络模型图去理解。本节也是在大量模型图的基础上对卷积神经网络进行讲解，方便大家进行理解和学习。

## （三）循环神经网络

相比图像这类数据在空间上有一定的特点外，还有一类数据是在时间上有一定的特点的，这类数据称为时间序列数据。从定义上来说，就是一串按时间维度索引的数据。例如，自然语言就是一个很典型的时间序列数据，每个字或者每个词根据时间维度不断输出，具有很强的先后时间顺序。除了自然语言数据之外，还有天气数据、车流量数据、电力负荷数据等，这类数据都是按时间维度索引的数据。

时间序列数据有一个最重要的特征是前一段时间维度的数据对后面一段时刻的数据有很大的影响，如自然语言，有这样一句话："我在中国生活了很多年，因此我会很流利地说出__________。"很显然这里的空格应该填"中文""汉语""普通话"等和中文相关的词。如果这时候在空格里面填"日语""英语"等其他国家语言的话，则会出现前后语义矛盾的问题，毕竟上文语义铺垫为"我在中国生活了很多年"，很显然，这句话应该对后面的话语产生较强的影响。又如天气数据，某地的天气数据集中包含当地每天的温度、湿度、气压、风速等气象特征，前一段时间的气象特征数据必然影响后面一段时间的气象数据。

对于这样的时间序列数据，全连接神经网络和卷积神经网络都不能很好地考虑到时间序列数据之间的序列关系。而循环神经网络模型的前一个时刻最终输出可以作为下一个时刻的输入，从而学习到前面时刻的信息，因此循环神经网络可以很好地学习到时间序列数据中的序列关系，从而在处理时间序列数据的时候往往有较好的效果。

**1．RNN 神经网络**

循环神经网络中比较经典基础的神经网络是 RNN 神经网络，这个网络基本上阐述了循环神经网络的运行原理，因此，想弄懂循环神经网络中其他改进的神经网络，如长短期记忆(LSTM)神经网络的话，必须要首先弄懂 RNN 神经网络。

如图 2-11 所示，从网络结构上来说，这个网络结构图比全连接神经网络和卷积神经网络难懂多了。难懂的原因是这个图貌似太简单了，反而很难从图中理解什么是循环神经网络。

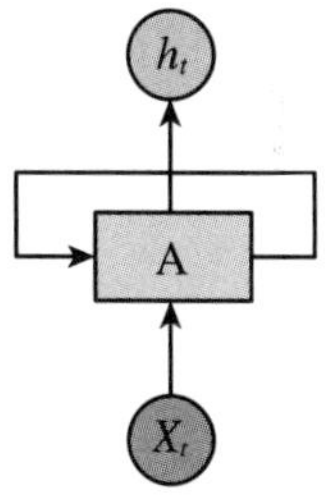


图 2-11　RNN 模型结构图

其实，RNN 神经网络的运行过程图可以展开成图 2-12 所示的形状。这里需要特别提示的是，看这个图最好不要从全局去看，这样容易将你带入理解的误区，而是应该从左往右去看一个一个的计算单元。这样才能更好地理解 RNN 神经网络是逐个时刻进行计算的，因此前面时刻对后面时刻的输出是有影响的。

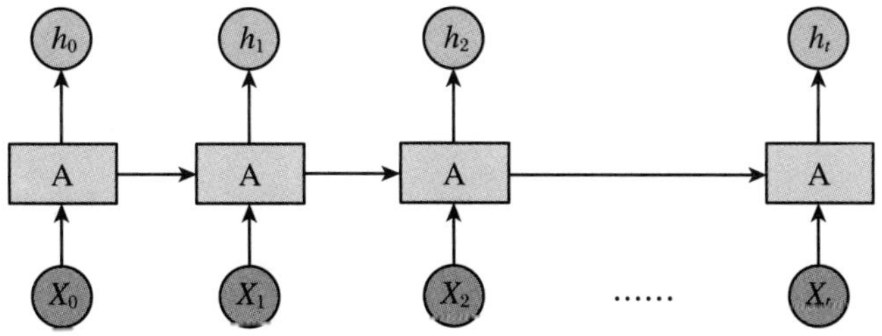


图 2-12　RNN 模型结构展开图

RNN 的基本结构：

输入层：接收序列数据的一部分。

隐藏层：处理当前输入和前一个时间步的隐藏状态。

输出层：产生当前时间步的输出。

记忆的概念：RNN 通过隐藏层的状态将信息在时间步之间传递。例如，在处理一个句子时，RNN 可以通过每个时间步的隐藏状态记住之前的词，从而更好地理解当前的词。

RNN 的运作方式：

假设一个例句的内容为“I love dogs”，将整句中的单词逐个输入 RNN 中。RNN 会按时间步处理每个单词，并将信息传递到下一时间步。

第一个时间步：输入“I”，RNN 产生一个隐藏状态。

第二个时间步：输入“love”，RNN 处理当前输入和前一个隐藏状态，产生新的隐藏状态。

第三个时间步：输入“dogs”，RNN 处理当前输入和前一个隐藏状态，产生新的隐藏状态。

最终，RNN 可以通过隐藏状态将整个句子的上下文信息传递到最后，从而理解整个句子的意思。

**2. LSTM 神经网络**

目前，只要提到循环神经网络一般都是指 LSTM 神经网络。LSTM 神经网络相对 RNN 神经网络只是在神经网络单元中多了一些控制门的计算，因此，只要在 RNN 神经网络的基础上搞清楚这些控制门的计算，就可以理解 LSTM 神经网络了。为了证明 RNN 到 LSTM 的转变的确就是神经网络单元中出现了一些控制门的相对复杂运算，我们可以将上述 RNN 神经网络图转化为图 2-13 所示。

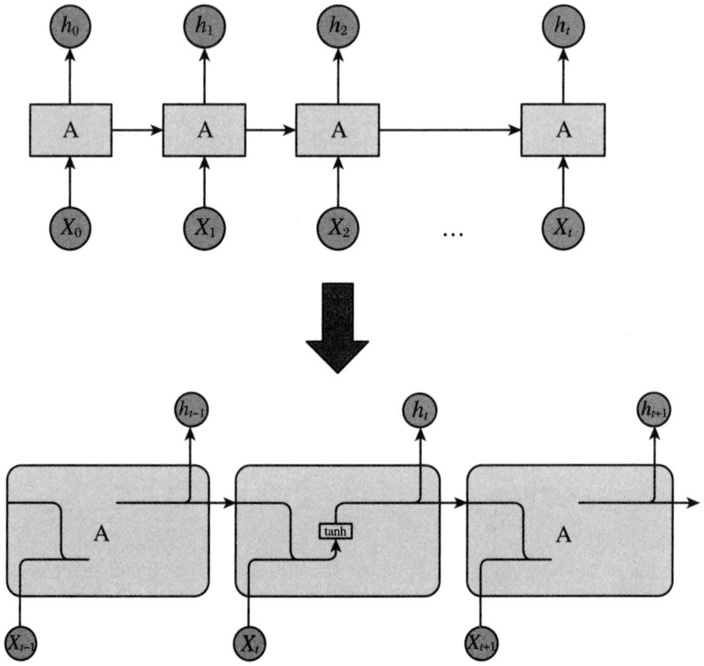


**图 2-13　RNN 模型结构图**

而从 RNN 神经网络改进后的 LSTM 神经网络的结构图可以如图 2-14 所示。

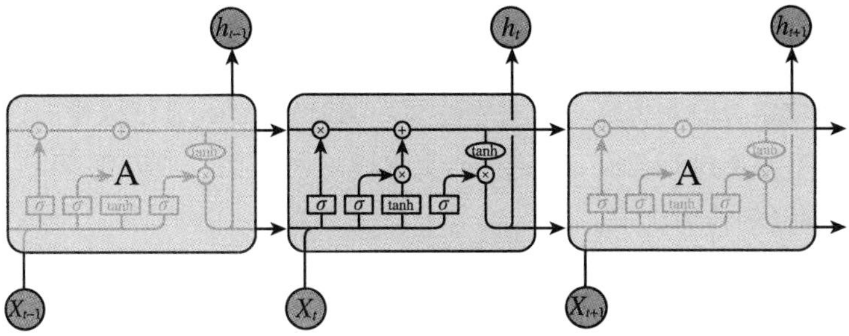


**图 2-14 LSTM 模型结构图**

从 RNN 神经网络结构图和 LSTM 神经网络结构图的对比中可以发现，除了神经网络单元计算复杂了一点以外，其他的基本上和 RNN 是一样的。相对于 RNN 来说，LSTM 多了遗忘门、输入门、输出门和传送带结构，使模型具有能够将有用信息进行保留、无用信息进行去除的能力，进而具备更好的记忆时间序列信息的能力。

## 三、强化学习

### （一）强化学习简介

强化学习(Reinforcement Learning，简称 RL)，又被称为再励学习、评价学习或增强学习，是一种通过模拟大脑神经细胞中的奖励信号来改善行为的机器学习方法。其模型也已经应用于机器人研究、数据分析预测等人工智能领域。强化学习的目标是学习一个最优策略，使智能体(人、动物或机器人)通过接收奖励信号并将其作为回报(一般这个过程是将状态映射为动作)，进而获得一个整体度量的最大化奖励。

强化学习训练时，需要环境给予反馈及对应具体的反馈值。它不是一个分类的任务，不是金融反欺诈场景中如何分辨欺诈客户和正常客户。强化学习主要是指导训练对象每一步如何决策，采用什么样的行动可以完成特定的目的或者使收益最大化。例如，一战成名的 AlphaGo 人工智能机器人，在下围棋时，AlphaGo 就是强化学习的训练对象，AlphaGo 走的每一步不存在对错之分，但是存在“好坏”之分。当前这个棋面下，下得“好”，这是一步好棋；下得“坏”，这是一步臭棋。强化学习的训练基础在于 AlphaGo 的每一步行动环境都能给予明确的反馈，是“好”是“坏”？“好”“坏”的具体值可以量化。强化学习在 AlphaGo 这个场景中最终训练目的就是让 AlphaGo 所持的棋子占领棋面上更多的区域，赢得最后的胜利。

打一个不是很恰当的比喻，有点像街头演出驯猴一样。驯兽师敲锣，训练猴站立敬礼，猴就是驯兽师的训练对象。如果猴完成了站立敬礼的动作，就会获得一定的食物奖励；如果没有完成或者完成得不对，就没有食物奖励，甚至会接受惩罚。时间久了，每当驯兽师敲锣，猴自然而然地就知道要站立敬礼，因为这个动作是当前环境下获得最大收益的动作。

### （二）强化学习的主要特点

试错学习：强化学习需要训练对象不停地和环境进行交互，通过试错的方式去总结每一步的最佳行为决策，整个过程没有任何指导，只有冰冷的反馈。所有的学习基于环境反馈，训练对象去调整自己的行为决策。

延迟反馈：在强化学习训练的过程中，训练对象的"试错"行为会获得环境的反馈，而这个时间是不确定的。有时候可能需要等到整个训练结束后才会得到一个反馈，如失败或成功。遇到这种情况，通常会在训练时进行拆解，尽量将反馈分解到每一步。毕竟反馈得越及时，行为调整的方向性越明确。

时间因素：时间是强化学习的一个重要因素，强化学习的一系列环境状态变化和环境反馈等都与时间强挂钩，整个强化学习的训练过程是一个随着时间变化而状态和反馈也在不停变化的过程。因此，时间是强化学习的一个重要因素。

当前行为对后续接收到的数据的影响：在强化学习的过程中，当前状态以及采取的行动，将会影响下一步接收到的状态。数据与数据之间存在一定的关联性。之所以将该特点提出来，也是为了与监督学习、半监督学习进行区分。在监督学习和半监督学习中，每条训练数据都是独立的，相互之间没有任何关联。

强化学习的灵感来源于心理学里的行为主义理论（行为主义理论是一种基于刺激和反应这一核心概念的心理学框架，由华生在巴甫洛夫条件反射学说基础上创立。该理论主张心理学研究应摒弃意识、意象等主观元素，专注于可观察、可测量的行为）：

（1）一切学习都是通过条件作用，在刺激和反应之间建立直接联结的过程。

（2）强化在刺激和反应之间的建立过程中起着重要的作用。在刺激和反应联结中，个体学到的是习惯，而习惯是反复练习与强化的结果。

（3）习惯一旦形成，只要原来的或类似的刺激情境出现，习得的习惯性反应就会自动出现。

基于上述理论，强化学习就是训练对象如何在环境给予的刺激下，逐步形成对刺激的预期，产生能获得最大利益的习惯性行为。

### （三）强化学习的实际应用

尽管强化学习目前还存在各种各样的棘手问题，但并不影响工业界开始尝试，并应用强化学习到实际场景中。

自动驾驶：目前国内百度在自动驾驶领域中就使用了一定的强化学习算法，但是因为强化学习需要和环境交互试错，现实世界中这个成本太高，所以真实训练时都需要加入安全员进行干预，及时纠正智能体采取的错误行为。

游戏：游戏可以说是目前强化学习应用范围最广阔的，目前市场上的一些游戏基本都有了强化学习版的 AI 在里面，最出名的就是王者荣耀 AI。游戏环境下可以随便交互，随便试错，没有任何真实成本。

推荐系统：目前一些大型互联网企业在推荐系统中尝试加入强化学习来进行推荐，如百度搜索、美团 APP。使用强化学习去提高推荐结果的多样性，和传统的协同过滤预估模型（协同过滤预估模型是一种基于用户行为数据的算法，用于预测和推荐用户可能感兴趣的物品。它主要通过分析大量用户的行为数据，找到相似用户或相似物品，从而进行精准的推荐）等进行互补。

# 第二节　智能语音

**学习目标**

- 了解语音合成与识别技术，理解其工作原理。
- 了解语音合成技术的多领域应用及其双刃剑特性，提升技术应用的安全意识。
- 掌握语音评测的基本概念与流程，了解其在提升服务质量和用户体验中的价值，推动技术实践应用。

当你驾车时，只需简单说出目的地，导航系统就能以悦耳的声音为你指路；当你阅读电子书时，人工智能合成的声音能模拟真人朗读，让你仿佛置身于书中的世界；当你回到家中时，只需说出一个“名字”便能激活家中的智能家居。这一切，都离不开智能语音技术。智能语音，就像一位无形的助手，通过语音合成与识别技术，让机器不仅能“听懂”你的话，甚至还能流畅地给予“回应”。在这一节中，我们将一起揭开智能语音的神秘面纱，探索它的工作原理，了解更多智能语言技术的应用场景。

## 一、语音合成

在生活中，很多时候我们听到的声音不一定是人类发出的。例如，阅读软件可以自动朗读书籍内容；智能播报可以自动反馈接收到的提问；导航软件可以自动提醒行车路线。这些通过合成播放出来的声音，有些听起来没有音调，而有些听起来却抑扬顿挫。图 2-15 所示是多角色语音合成平台。那么，机器是如何合成声音并“说”出来的呢？语音合成技术有什么优缺点呢？语音合成技术会给我们带来什么样的机遇与挑战呢？

### （一）生活中的语音合成

我们通过体验个性语音导航的案例来感受生活中的语音合成。如图 2-16 所示，进入任意地图软件，选择各式的语音包，听一听语音包中的语音。结合平日使用地图导航软件的经

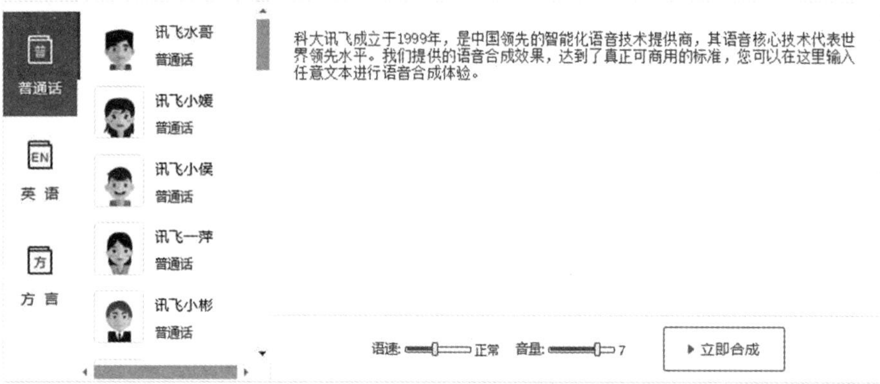


图 2-15　多角色语音合成平台

历，思考一个问题：软件在进行导航时说出的每一句话都是事先录制好的吗？

图 2-16　语音包

答案当然是否定的！导航软件中的语音并不是提前把每一句话都录制好，而是机器在采集了不同人的声音后，通过专业的技术处理合成了声音并使用合成的声音说出给定的文本内容。

语音合成，也称为文语转换（Text to Speech，简称 TTS），是指利用机器产生语音，包括有限词汇语音合成和无限词汇语音合成。通过语音合成，可以将计算机自己产生的或外部输入的文字信息转变为可以听得懂的、流利的口语输出。语音合成是一项涉及声学、语言学、数字信号处理、计算机科学等多个学科的前沿技术。与传统的声音回放设备通过预先录制声音然后回放来实现"让机器说话"不同，语音合成可以在任何时候将任意文本转换成具有一定自然度的语音。

基于体验生活中个性语音合成的使用，我们来体验语音合成技术实现的过程。如图 2-17 所示，使用多角色语音合成实验平台，通过在不同的角色框中输入文字，感受不同声音的合成效果。思考两个问题：① 不同角色的声音是如何实现的？② 如何区分语音合成的声音与人真实的声音？

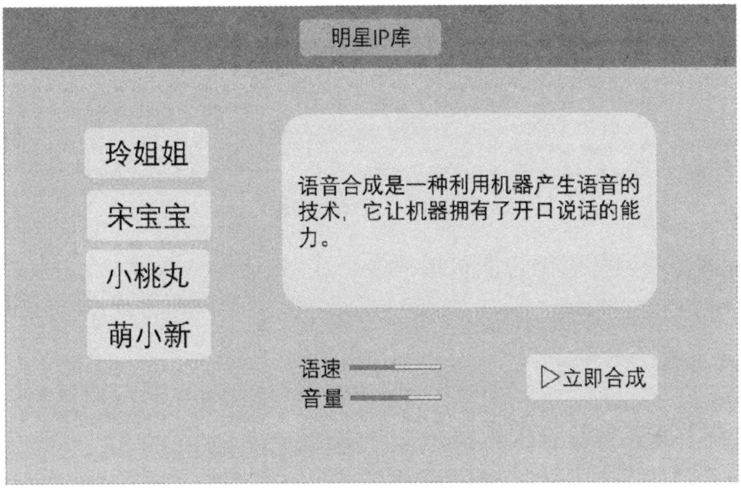


**图 2-17　多角色语音合成界面**

语音合成技术之所以能够合成符合不同群体特征的声音，是因为采用了与人发声原理类似的方法。人能够发出不同的声音主要是基于不同个体发出声音的音调、音色差异，所以，机器通过调整合成过程中信号的周期或强度来改变合成语音的音色、音调、重音等，从而实现不同角色声音的合成。

纵观语音合成技术的发展历史，高自然度、丰富的表现力、低技术复杂度和多语种的文语转换是一直在追求突破的关键点。以自然度和表现力为例，目前合成语音在表达单字和词组时和人声无太大差异，但是在表达句子乃至篇章时，合成语音的机械性仍然明显。与真实人声的对比可以发现，合成的声音在流畅度、断词断句、语气等方面仍然不如人声自然。所以，让机器拥有自然、有情感、高表现力的声音，依旧是语音合成技术需要克服的一大难点。

### （二）语音合成的工作原理

(1) 思考一下实现语音合成的工作原理是什么？下面介绍一下使用波形拼接法进行语音合成，如图 2-18 所示，使用多角色语音合成实验平台，录制自己的语音数据库。例如，将"人工智能包括语音合成"逐字输入并录入自己的声音。在实验过程中思考三个问题：① 语音合成的过程是什么？每个过程有什么作用？② 波形拼接法有哪些优缺点？③ 为什么要进行文本分析？

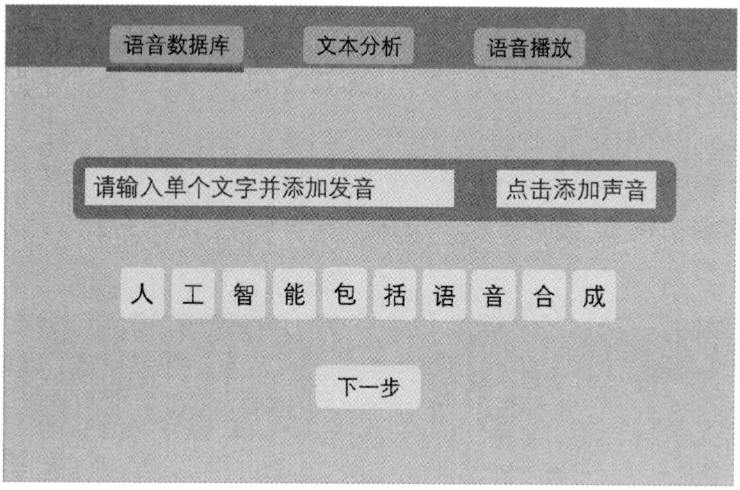


图 2-18 语音数据库

（2）进行文本分析：将“人工智能包括语音合成”填入输入框中，点击“文本分析”，再点击“合成语音”，如图 2-19 所示。

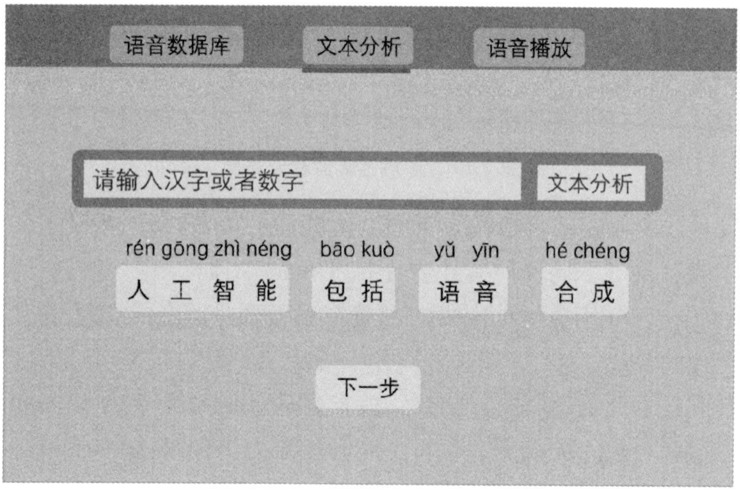


图 2-19 文本分析

（3）播放合成的声音，如图 2-20 所示。

语音合成分为两个阶段，分别是训练阶段与合成阶段。

训练阶段分为四步：第一步是采集足够多的音频数据；第二步是把样本进行切分形成音频片段，标注每个片段的音素，并把切分好的数据分为训练数据和测试数据；第三步是利用深度学习等方法对训练数据进行训练，从而建立模型；第四步是利用测试数据验证模型是否准确，不准确则重新训练，准确则得到“音素（音素对）-音频片段”模型。

合成阶段同样分为四步：第一步是输入文本；第二步是根据分词库对文本进行拆分；第

三步是根据音素字典将词转成音素；第四步是根据训练得到的模型查找音素对应的音频片段，从而将音素转成音频合成语音。

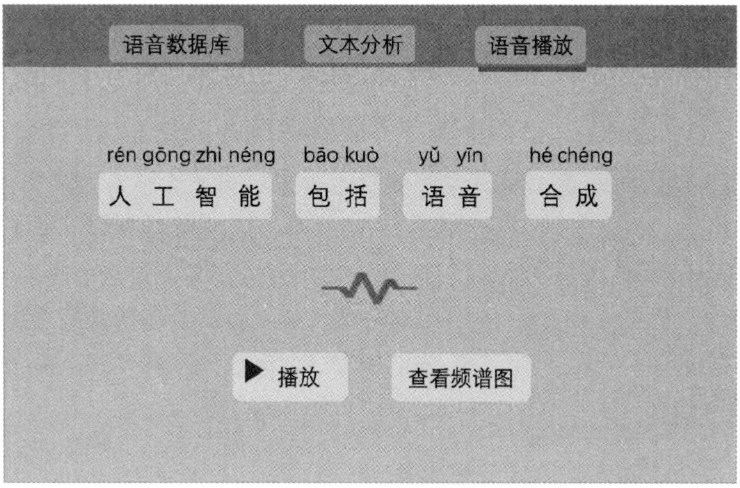


图 2-20　演示画面

语音合成的详细过程如图 2-21 所示。

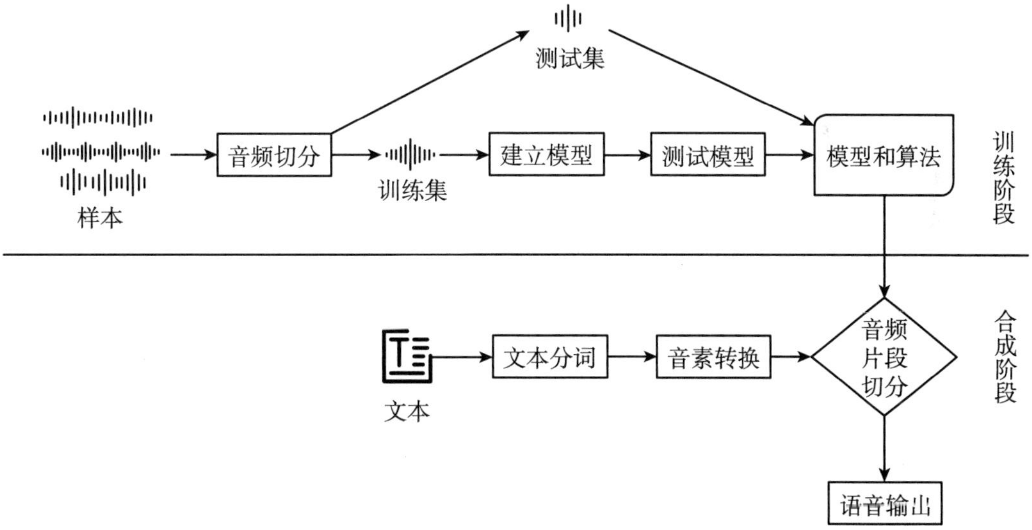


图 2-21　语音合成的详细过程

语音合成的方法有参数合成法和波形拼接法。在语音合成技术的发展过程中，早期的研究主要是采用参数合成法，后来随着计算机技术的发展又出现了波形拼接法。参数合成法中的参数是指变量，如声音的音色、频率等。参数合成是指分析参数特征进行训练得到模型，通过调整相关参数来合成不同特征的声音。波形拼接法是对输入的文本进行文本规范化、分词和词性标注、字音转换等文本分析操作，再加上韵律标注，生成携带文本标注、发音和韵律信息的中间表示，根据中间表示从录制的语音数据库中选择合适的语音片段，将各语音片段波形拼接得到最终合成语音，如图 2-22 所示。波形拼接法的优点是思路简单、方法简便，但是合成的语音自然度差，多音字难以处理，录制的工作量大。

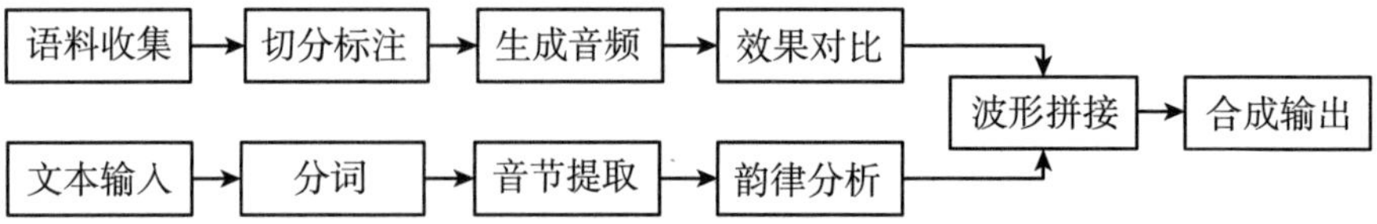


图 2-22　波形拼接法流程图

语音合成中涉及文本分词。分词就是将文本中可以表达完整含义的词语提取出来，其中中文分词(Chinese Word Segmentation)指的是将一段汉字切分成一个个单独的词。由于英文表达的基本单位之间有天然的分割单词，而中文语句是由连续的汉字组成的，词与词之间的分割不明显，因此在词这一层上，中文分词比英文分词要复杂和困难得多。例如，“北京市长春桥”可能的切分路径就有三种，分别是“北京/市/长春/桥”“北京市/长春桥”“北京/市长/春桥”。

### （三）语音合成的应用场景及安全性

学习语音合成实现的相关技术和工作原理后，讨论一下语音合成的应用场景及安全性。如图 2-23 所示，机器人读小说、机器人报天气、手机语音助手、纪录片配音、智能客服等，这些在日常生活中数见不鲜。结合生活中的应用实例，思考三个问题：① 身边的语音合成应用还有哪些？② 它们分别实现了哪些功能？③ 在语音合成技术使生活更加便利的同时，它带来了哪些安全隐患？

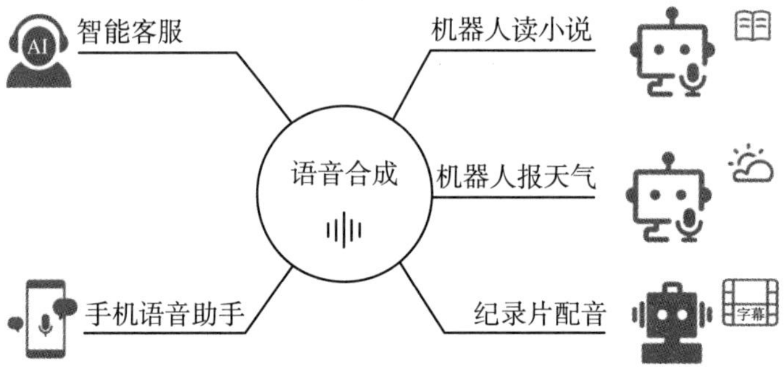


图 2-23　语音合成的应用场景

随着语音合成技术愈加成熟，可应用场景也越来越多。例如，在辅助软件中增加语音合成技术，使得文本查阅变成流畅语音播放，各类软件支持语音查询、音乐播放、闹钟设定，人机互动高效便捷。

但是语音合成技术也是一把双刃剑，使用不当会造成人民财产损失，甚至危害国家利益。语音合成技术的安全隐患见表 2-10。典型的利用语音合成技术进行不法活动的例子就是电信诈骗。近几年来，有关电信诈骗的新闻报道层出不穷。越来越发达的语音合成技术使得身份确认越来越困难，所以我们在面对所有金钱事宜时，一定要有辨别能力，并提高识别假象的警惕意识。

**表 2-2　语音合成技术的安全隐患**

| 不安全的语音合成案例 | 造 成 的 安 全 问 题 |
|---|---|
| 伪造声音进行欺诈 | 语音合成技术可被攻击者用于伪造声音，实施电话诈骗，诱骗受害者泄露信息或转账，导致经济损失与隐私泄露 |
| 恶意语音注入 | 语音控制系统易受恶意指令攻击，攻击者可广播、录音注入指令，操控智能家居如开锁、调温，威胁用户安全与隐私 |

## 二、语音识别

目前语音识别技术已广泛应用于工业、家电、医疗、家庭服务、消费电子产品等各个领域（图 2-24），为我们的生活提供了极大的便利。

**图 2-24　语音识别的应用场景**

那么，计算机是如何实现语音识别的？机器在做语音记录方面有哪些优劣势？语音识别在生活中有哪些重要的应用呢？

## （一）认识语音识别

（1）下面通过体验“识别你的话”来认识语音识别，使用图 2-25 所示的语音识别体验平台。点击麦克风图标开始朗读。朗读内容可以是某一段课文内容，时间不要超过 30 秒。

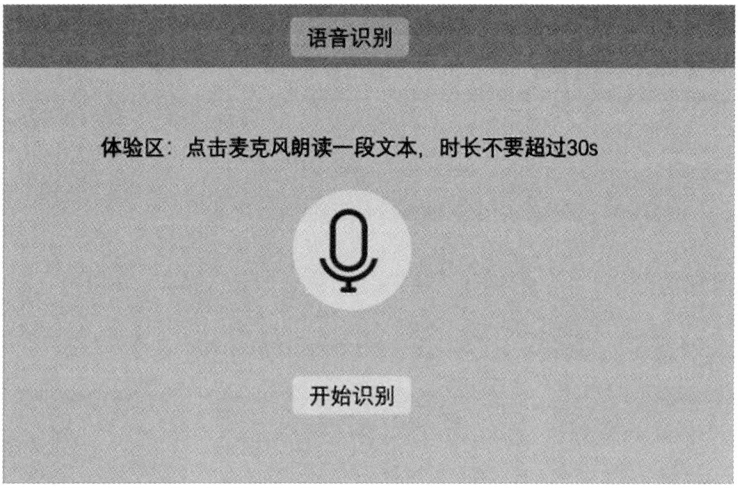


图 2-25 语音识别体验平台

（2）录音完成后，点击“开始识别”，获取识别文本，将得到的识别文本与课文内容进行对比。

通过上述操作，思考三个问题：① 机器如何识别输入的语音？② 机器转写的文本结果和你口述的内容完全相合吗？③ 哪些因素可能影响了识别准确率？

语音识别技术是指机器通过识别和理解将输入的音频信号转换为对应的文字信息的技术。不同于声纹识别技术，语音识别技术更加注重对声音传达内容的识别和理解。影响语音识别的因素有很多，包括说话人的口音差异、音频质量、噪声影响、多人同时发声和音频时长等。这些因素导致计算机转换出来的文本和实际文字在正确性、准确度、语句完整性等方面还有差距。

## （二）语音识别的工作原理

在体验语音识别的应用后，探究孤立词识别过程的原理。孤立词就是孤立音的字或者词语，“好的”“天气”这些词语都是孤立词。孤立词识别属于语音识别。

（1）使用图 2-26 所示的语音识别原理平台。进入“声音输入”界面，点击麦克风说出要识别的内容，如破釜沉舟、天气、好的，查看波形图和频谱图。

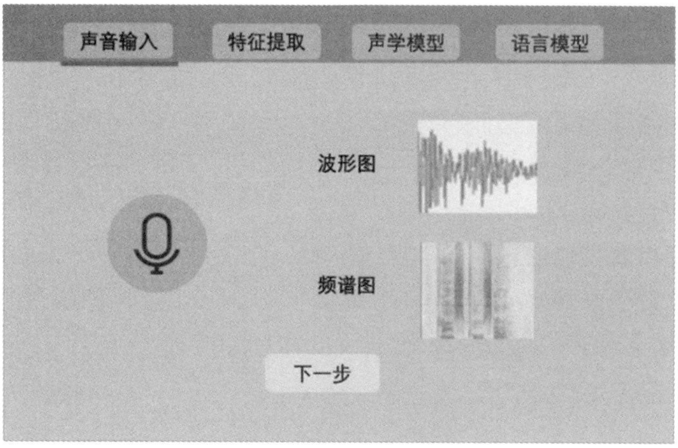


图 2-26　语音信号采集完毕

（2）点击“特征提取”按钮，查看特征提取的过程和显示结果，如图 2-27 所示。

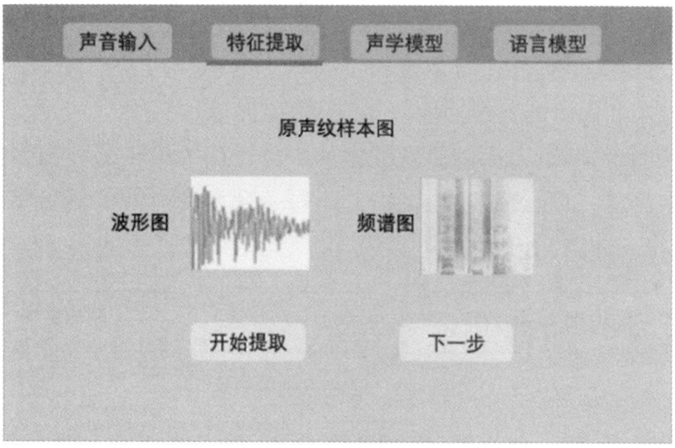


图 2-27　特征提取

（3）特征提取完成后，进入声学模型匹配步骤。点击“开始匹配”，观察匹配结果，如图 2-28 所示。

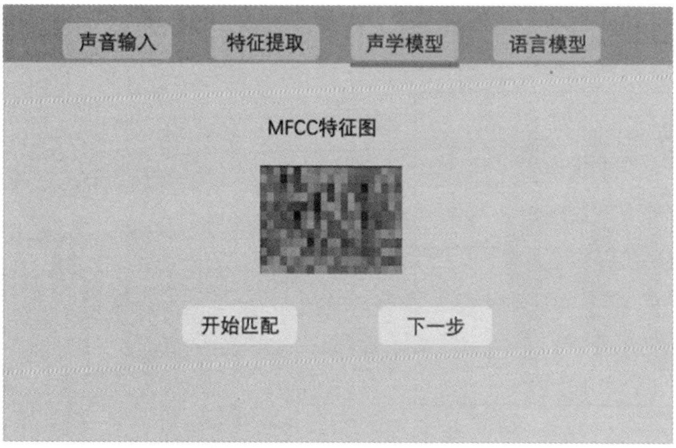


图 2-28　声学模型匹配

(4) 进行语言模型匹配步骤。点击“开始匹配”,得到转写的文本结果。如果结果令人不满意,那么可以点击“重新匹配”,如图 2-29 所示。

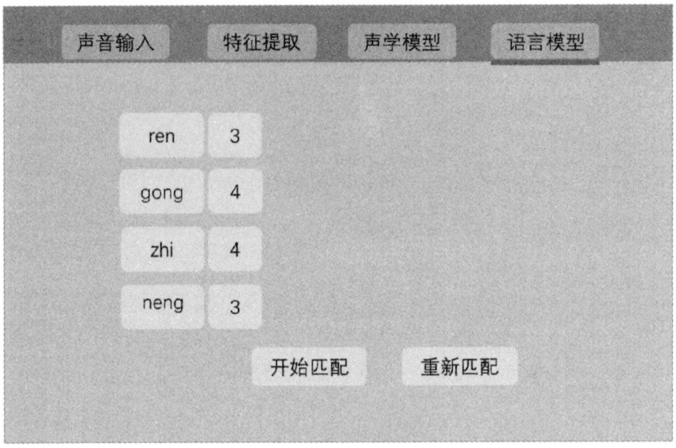


图 2-29 语言模型匹配

结合实验,你可以尝试描述语音识别的过程吗?

如图 2-30 所示,语音识别要经历声纹识别、特征提取、声学模型匹配和语言模型匹配这四个步骤。经过这四个步骤,人类的声音数据从声波转换为电信号,经过特征提取得到便于计算机处理的数据信息,再通过声学模型识别出每一个声音可能的同音字,最后经过语言模型进行文字匹配,得到通顺的语句。

图 2-30 语音识别的过程

思考一下,在进行特征提取之前,我们为什么要对语音信号进行预处理呢?

其实原因很简单,大家都知道,声音在空气中以波的形式传播。因此,语音输入设备在接收到声音后,将其转换为语音信号数据存储在计算机中。我们可以通过波形图和语谱图来观察这些信号数据,如图 2-31 和图 2-32 所示。通过波形图可以观察到一段语音随着时间的幅度变化,通过语谱图可以观察到这段语音的频率变化和能量强度。

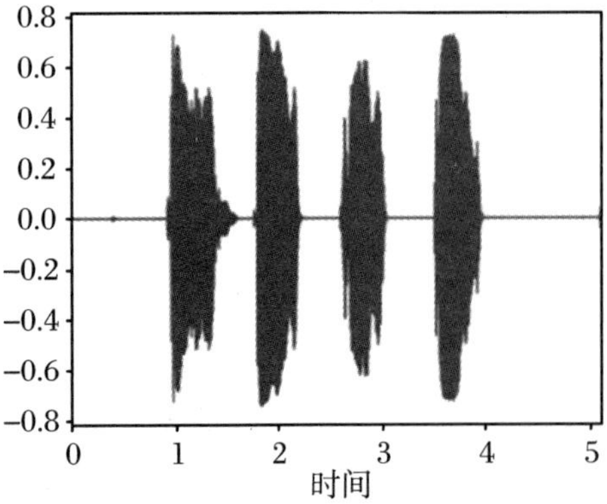


图 2-31 波形图

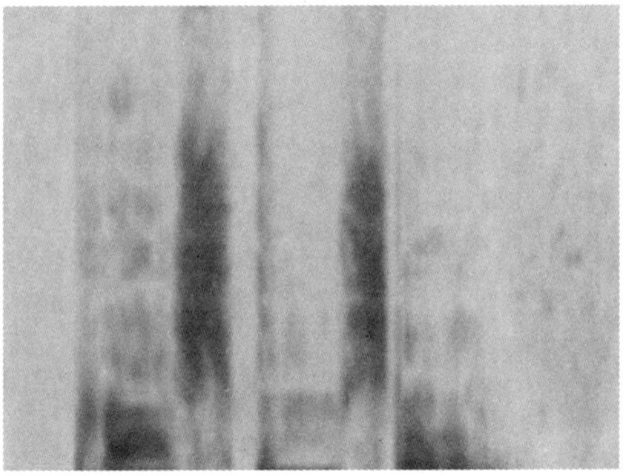

图 2-32 语谱图

在获得语音信号数据后，需要对原始的语音数据进行一系列处理，如消除开始和结尾的静音、录音中的噪声、回声等。经过这些操作后，我们就获得了较为“纯净”的数据，便于后续模型的处理。

语音信号包含可以表征其特性的变量，这些变量被称为特征参数。不同的特征参数代表着不同的物理和声学意义，选择一个好的特征参数对于语音识别的效果意义非常重大。有一种常见的语音特征是梅尔频率倒谱系数(Mel-Frequency Cepstral Coefficients，简称MFCC)，它是根据人类听觉系统的特性提出的，模拟了人耳对不同频率声音的感知。提取过程中，计算机将每一帧的数据变换为一个特征向量，这个向量包含了这一帧语音的信息。如图 2-33 所示。

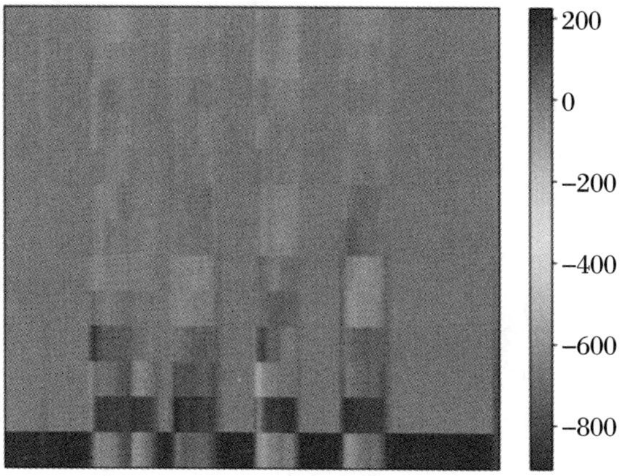


**图 2-33 MFCC 特征图**

再思考一个问题，声学模型是怎样识别出每一个声音可能的同音字的呢？

在了解这个原理之前，先掌握几个基本概念。音素：根据语音的自然属性划分出来的最小语音单位。音节：音位组合构成的最小的语音结构单位。例如，“啊”字有一个音节“a”，也仅有一个音素为“a”；“你”字有一个音节“ni”，有两个音素分别为“n”“i”。

(1) 每一种发音会对应很多可能的汉字，机器是如何推测出正确结果的？

(2) 如果有人发音不够准确，或平翘舌不分，那么机器是否能够帮助纠错？

声学模型是语音识别系统非常重要的部分之一，它的主要任务是通过前面获取的MFCC 特征来得到语言的音素信息。声学模型在分析过程中，每一帧特征数据首先被声学模型处理成状态，而后将状态再拼接成音素，最后再将音素拼成单字。状态是比音素更小的单位，一般一个音素可划分为三个状态，即起始状态、中间状态和结束状态。声学模型中最困难的部分在于如何将分帧的特征数据识别为状态。声学模型的工作流程如图 2-34 所示。

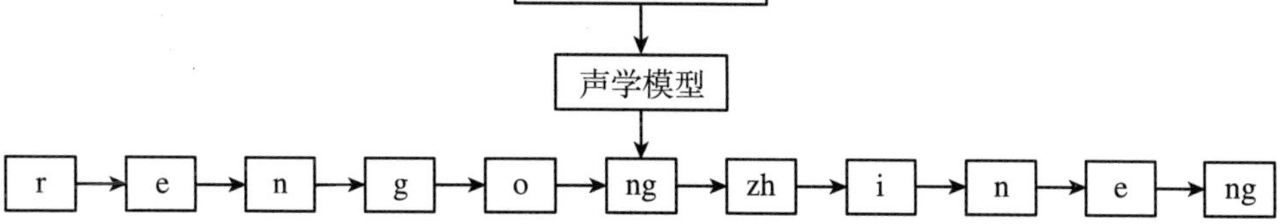


**图 2-34 声学模型的工作流程**

语言模型主要负责从声学模型分析的同音字中，挑选出符合原句意思的字，并将其拼接成句子。通常，语言模型通过深度学习对大量的语言数据集训练后，可以在同音字集中选出最大可能符合人类语言习惯的句子，即最大概率正确的语句。例如，一个四字词语经声学模型分析后，得到同音字集：(人，仁，壬)，(工，功，宫)，(智，至，志)，(能)。这些同音字集可以组合成多个句子，如人工智能、仁宫至能、壬功志能等。这些组合中，“人工智能”这种组合的可能性最大，最符合人类的语言习惯。因此，语言模型最终将输出：人工智能。语言模型的工作流程如图 2-35 所示。

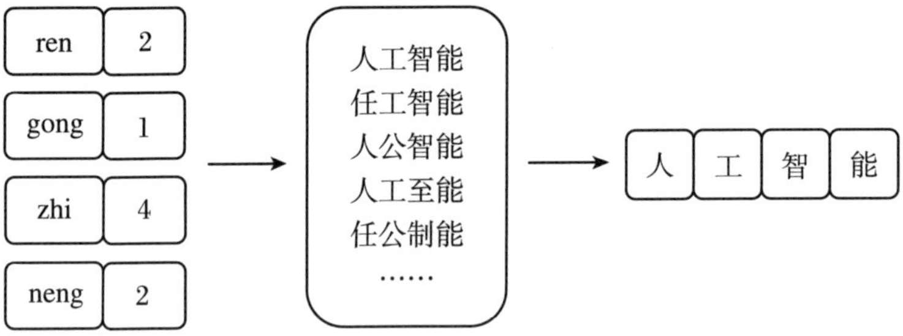


**图 2-35 语言模型的工作流程**

一个完整的语音识别系统在使用过程中可以划分为训练和识别两个阶段(见图 2-36)，前文具体介绍了识别阶段。训练阶段主要是利用已有的语音数据库和文本数据库对声学模型和语言模型进行训练，使声学模型更准确地识别文字，语言模型输出的词句更符合逻辑。

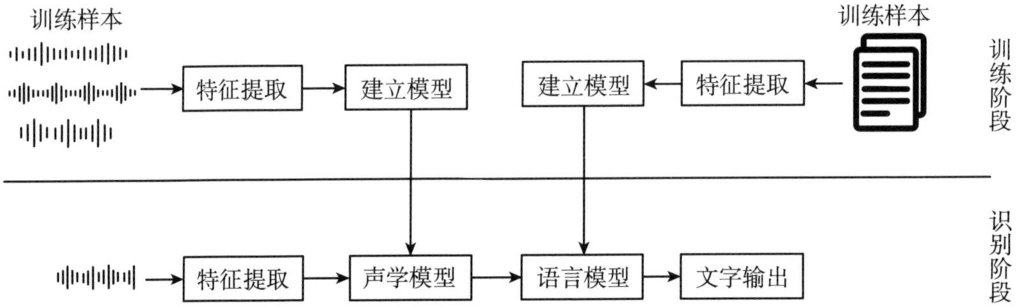


**图 2-36 语音识别的流程**

利用体验语音识别应用中“识别你的话”的实验程序在以下几个场景中进行语音识别的实验，观察语音识别的效果，探究语音识别技术的难点。

场景 1：使用方言说出一句话，内容不限，例如，“今天书店不开门”。

场景 2：说出两句含有同音字的话，例如，“书店今天不营业”“输电铁塔建成”。

场景 3：使用中英文混合表达，例如，“这台电脑有 3 个 USB 插口”“这篇 paper 写得很好”。

根据上述三种不同场景的语音识别结果，思考两个问题：① 在上述场景活动中语音识别技术面临的难点有哪些呢？ ② 除了上述难点，语音识别技术还面临别的挑战吗？

尽管语音合成技术发展已经突飞猛进，但仍然有很多难关需要继续去克服。例如，部分语音识别系统已初步具有方言识别功能，但是因为不同种类的方言表达方式差别较大，发音音调有异，所以系统仍难以识别口音较重的语音。以安徽省某地方言为例，该地普通话中的

“鞋子”在方言中发音为“孩子”，这样完全不同发音的词语，模型系统无法找到匹配的特征。同时，汉语中发音相同的汉字有很多，语音识别系统可能难以正确地识别出同音字。又或者当我们接触到不熟悉领域中的专有名词时，也会存在认知困难，语音识别系统当然也会存在同样的问题。更不用说多语言混合表达，这种表述方法在生活中很常见，但可以精准识别它们的多语言混合语音识别系统却难以实现。而且，连续语音识别也是语音识别的一个极具挑战的课题，它的词误识率是孤立词识别词误识率的 50 倍左右。

### （三）语音识别的应用场景

语音识别技术在生活中早已实现广泛应用(见图 2-37)。例如，可以实现智能开关的功能：不再需要任何触碰行为，只要对着电视、音箱等电子产品说出特定的词语，就可以“唤醒”它们；可以实现控制功能：通过语音发出命令就能够控制游戏操作；可以完成声音到文字的识别：语音输入法、电子病历、录音转写软件等应用使得语音转换成文字更有效率，大大地解放了我们的双手。

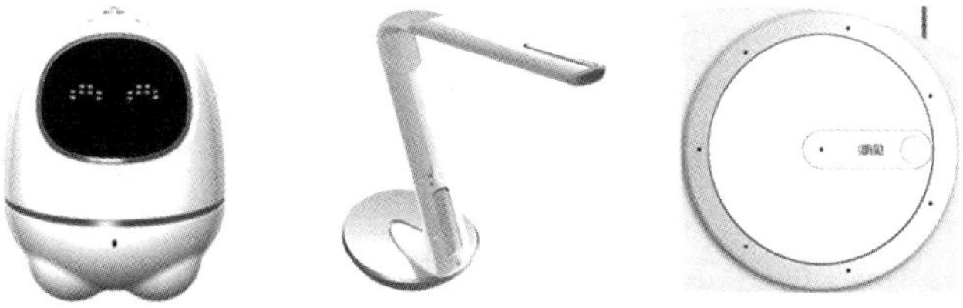

语音唤醒　　语音控制　　语音转写

**图 2-37　语音识别的应用场景**

## 三、语音评测

### （一）认识语音评测

(1) 通过体验“评测你的话”认识语音评测，使用图 2-38 所示的语音评测体验平台。选

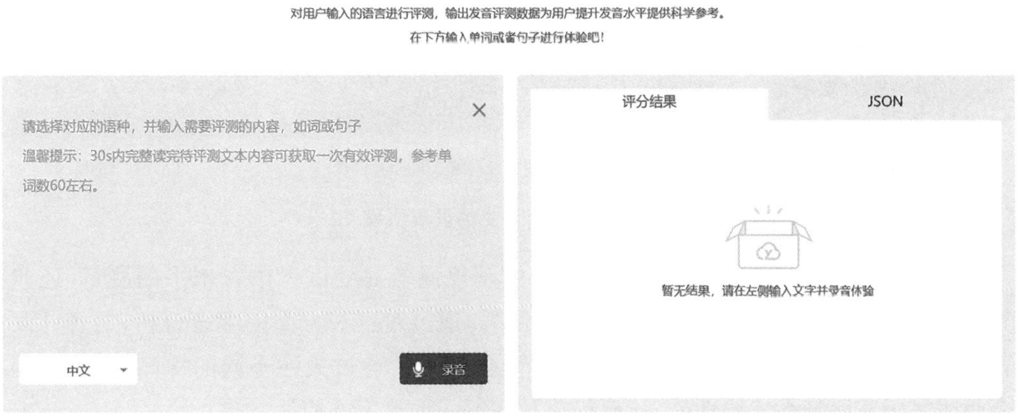


**图 2-38　语音评测体验平台**

择对应的语种,输入需要评测的内容,如词或句子,在 30 秒内完整读完待评测文本内容,即可获取一次有效评测。

(2) 录音上传完成后,得到语音样本的评测结果,如图 2-39 所示。

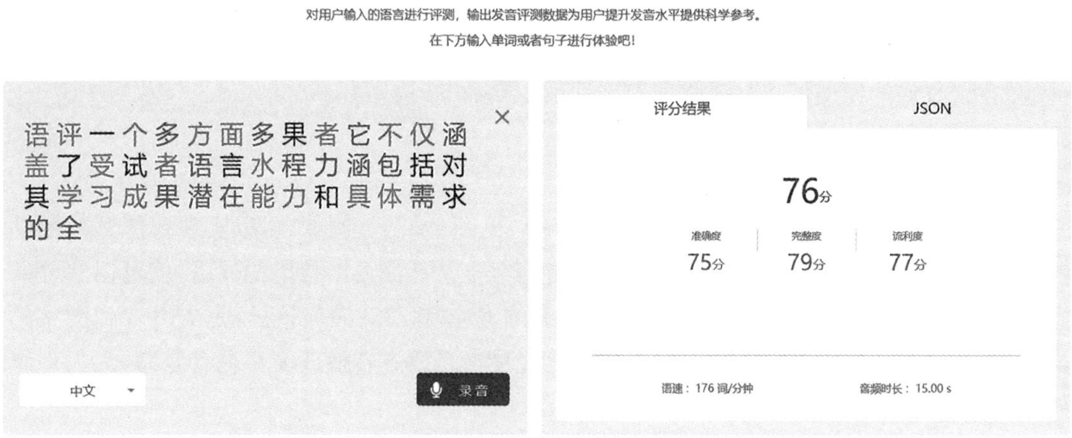


**图 2-39 语音样本的评测结果**

通过上述操作,思考三个问题:① 语音评测的起源以及发展历程是什么? ② 什么是语音评测? ③ 语音评测的核心技术包含哪些?

语音评测的发展历程(见图 2-40)可以追溯到 20 世纪 60 年代,随着计算机辅助语言学习(Computer-assisted Language Learning,简称 CALL)系统的兴起,语音识别技术开始应用于发音检测。在随后的几十年里,随着技术的不断进步,CALL 系统逐渐具备了发音检错和朗读评分等功能。进入 21 世纪后,深度学习技术在语音评测中崭露头角,使得评测更加准确和高效。此后,研究逐渐深入,虚拟老师的功能也得到了开发和完善,语音评测技术朝着智能化的方向发展。

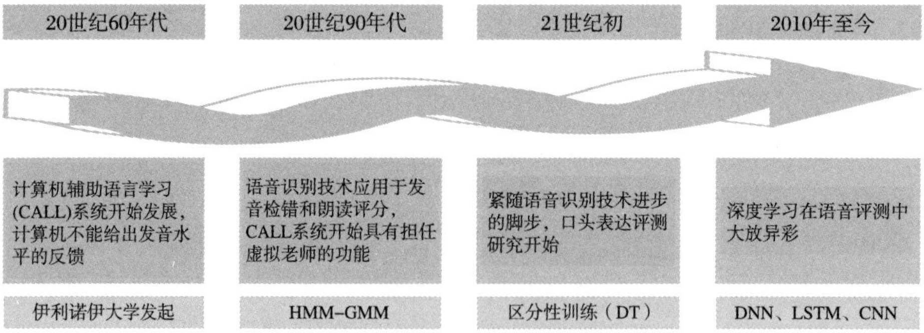


**图 2-40 语音评测的发展历程**

语音评测是一个多方面、多层次的过程,它不仅涵盖对受试者语言水平的测量,还包括对其学习成果、潜在能力和具体需求的全面评估。通过对这些方面的综合分析,语音评测在教育、人才选拔、个人能力提升等领域发挥着重要作用。通过关注不同的评测指标,我们可以全面评估语音评测系统的性能,从而优化其在不同场景下的应用效果。

## （二）语音评测的工作原理

语音评测的实现是在语言学习和评估过程中，利用特定的技术、方法和工具，对个体的语音能力进行全面、客观和准确的评价。它涵盖了口语表达、听力理解、阅读理解、写作能力和语法词汇等多个方面，旨在通过科学的评测流程，为学习者提供有针对性的反馈和建议，以促进其语言能力的持续提升。

### 1. 概念简述

语言评测是通过一系列标准化或非标准化的测试手段，对个体掌握某一语言的能力进行测量和评估的过程。它包括对受试者语言水平、学习成果、诊断问题以及语言潜能的分析，图 2-41 所示为语音评测主要包含的内容及分类。

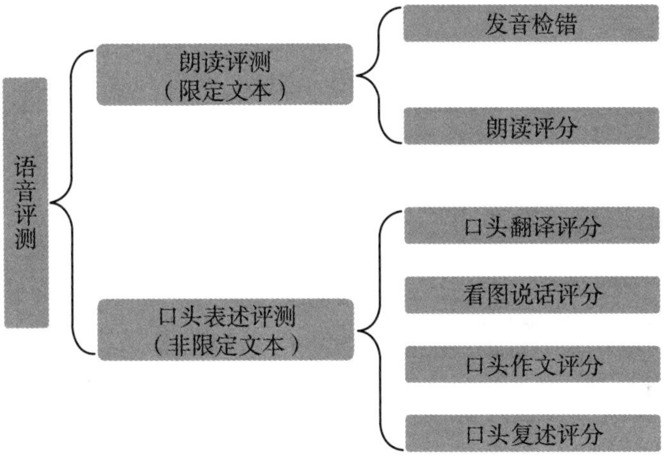


图 2-41　语音评测主要包含的内容及分类

### 2. 技术原理

语音评测技术通过自动化流程，实现对语音的全面、精准评测。如图 2-42 所示，语音评测技术基于深度学习，涵盖预处理、特征提取、模型训练和后处理。预处理提升语音质量，特

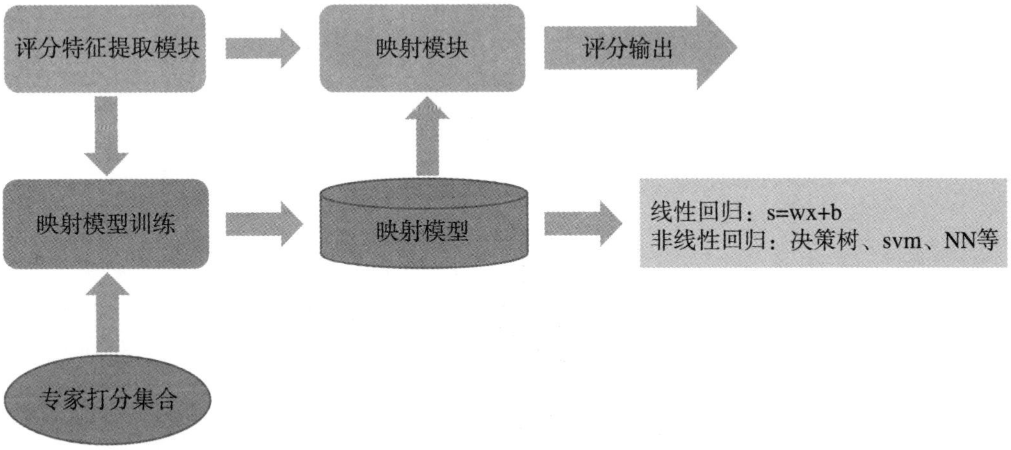


图 2-42　语音评测技术原理

征提取捕捉关键信息，模型训练确保准确识别，后处理优化识别结果。该技术实现原理主要基于特征到机器分的映射。以朗读评测为例，我们需要根据特征值计算各维度分数，以反映朗读者的发音水平，用这种方式计算出来的分数，称为机器分。机器分的高低主要代表了发音准确性、语音质量、流利度和连贯性、语义理解及情感表达等多个方面的评估结果。这些评估结果有助于对被测者的口语能力进行全面的了解和评价。

语音评测是一门比语音识别更为复杂的交叉学科，想要实现语音评测目标，需要历经语音采集、声学信号处理、评价特征提取及评价与反馈等复杂的处理过程（见图 2-43）。目前所涉及的核心技术主要分为两大类：中文普通话发音水平自动评测技术、英文发音水平自动评测技术。

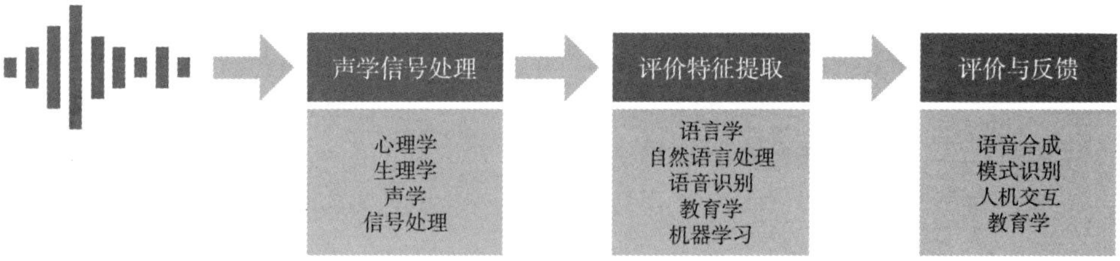


**图 2-43　语音评测处理过程**

**3. 评测方法**

语音评测的方法多种多样，涵盖口语表达、听力理解、阅读理解等多个方面。这些方法各有特点，能够满足不同场景的评测需求。例如，口语表达能力评估通常采用口语面试、对话对答、演讲或朗读等方式进行，以考查受试者发音准确性、流利度、词汇量、语法运用等能力；听力理解能力评估则主要包括听力测试、听力选择题、听力填空等形式，以评价个人对听力材料的理解程度；阅读理解能力评估主要从阅读速度、语境理解及分析结果等方面评价对文章的理解。

**4. 评测流程**

实现语音评测通常包括准备阶段、实施阶段、评分阶段和反馈阶段四个部分。在准备阶段，需要确定评测目标和需求，选择合适的评测工具和方法。在实施阶段，需要按照选定的评测工具和方法进行实际语言能力的测试。在评分阶段，可以根据评测结果，给出客观的分数或等级。在反馈阶段，需要向受试者提供评测结果，并给出改进建议。这一流程确保了评测的规范性和有效性，使得评测结果更加准确和可靠。

## （三）语音评测的应用场景

语音评测的实际应用非常广泛，下面介绍一些语音评测技术的常用场景。

**1. 英语学习软件**

在线英语学习软件可以通过使用自动化的语音识别技术来评估用户的口语发音准确度和流利度。用户可以对着手机或电脑读出给定的句子，软件会即时给出评分和反馈，指出发音不准确或语调不自然的单词，并可能提供正确的发音示例。这种实时反馈帮助用户及时纠正错误，提高口语水平。

**2. 外语口语考试**

许多正式的外语考试，如托福口语部分，都采用了语音评测技术来评估考生的口语能力。考生对一系列话题进行录音回答，评测系统会分析他们的发音、语法、词汇以及流利度，并由专业的考官进行审核评分。这些评分帮助学术机构和雇主客观地了解考生的语言水平。

**3. 辅助语言教学**

在语言教学领域，一些智能语言学习平台利用语音评测技术为学生提供个性化的学习体验。例如，平台可能会要求学生重复某个句子或短语，然后通过自动语音识别系统来评估学生的发音并提供反馈。教师也可以利用这些评测数据来了解学生的语言学习情况，动态调整教学计划。

**4. 口语诊断与干预**

在特殊教育或语言治疗中，语音评测工具被用来诊断和干预语言障碍。例如，对于患有口吃或其他言语障碍的个体，语言病理学家可能会使用语音分析软件来评估其言语模式，并根据软件提供的数据设计个性化的治疗计划。

**5. 客服质量评估**

在呼叫中心或客户服务行业，语音评测技术可以用来监控和评估员工的语言沟通能力。通过自动分析客服代表的语音，企业可以确保他们使用正确的语调、速度和清晰发音，从而保持服务质量标准。

语音评测在不同场景下的应用展示了语音评测技术如何帮助个人提高语言技能、标准化考试评分、提升教学质量、支持语言治疗以及优化业务流程。随着技术的不断进步，语音评测的精度和应用范围将继续扩大。

## 第三节 计算机视觉

**学习目标**

- 了解文本识别项目的整体流程。
- 了解人脸识别项目的整体流程。
- 了解图像理解的基本分类流程。

计算机视觉是人工智能和机器学习的一个重要分支，旨在让计算机像人类一样“看”并“理解”图像或视频。通过计算机视觉，机器可以从视觉数据中提取有意义的信息，从而实现自动化分析和决策。这一技术在多个领域都有广泛的应用，包括自动驾驶、医疗影像分析、安防监控、娱乐等。

## 一、文本识别

### （一）文本识别简介

文本识别又称文字识别，也称为光学字符识别（Optical Character Recognition，简称OCR），是指计算机利用光学技术对输入图像中的文字进行提取，将其转换成计算机可以处理和存储的形式并能够输出用户所需要的文字信息。文字识别可以分为印刷体文字识别和手写体文字识别。

我国关于印刷体汉字识别技术的研究可大致分为以下三个阶段：

1979—1985年：探索阶段。这个时期国内有少数研究人员对汉字识别方法进行探索，研制了少量模拟识别系统。

1986—1988年：研制阶段。这三年中汉字识别技术掀起了一场研究的热潮，研究成果颇丰，是识别系统从研制到实用化的转折点。

1989年至今：实用阶段。这一阶段里中国科学院计算所智能中心等多家单位分别研制并开发出了实用化的印刷体汉字识别系统。

我国的手写体文字识别研究可以追溯到20世纪80年代，当时主要集中于手写体汉字的识别。从最初的基于规则和模板匹配的方法，到后来的统计方法，再到现代的深度学习技术，我国在这一领域的研究不断深化，取得了显著的成果。以下是我国手写体文字识别研究历史的详细介绍：

20世纪80年代：这一时期主要依赖于基于规则的方法，研究者试图通过分析笔画、结构等特征来设计识别算法。这种方法虽然在一定程度上有效，但需要大量的手动干预，且难以适应不同的字体和书写风格。

20世纪90年代：隐马尔可夫模型和动态时间规整等统计方法被应用于手写文本的识别，这些方法在处理时序数据方面显示出优势。

21世纪初：支持向量机和人工神经网络等机器学习技术被广泛应用，提高了识别的准确性和效率。

进入21世纪后，深度学习技术尤其是卷积神经网络和循环神经网络在手写体识别上取得了显著进展，大幅提高了识别精度。

那么，当我们将视角转向更为规范化但在实际应用中同样充满挑战的文字识别领域——车牌识别时，我们会发现，虽然车牌字符相较于手写体更为标准化，但车牌识别技术面临的环境变化、光线影响以及实时性要求，都为这一领域带来了全新的挑战和机遇。下面我们将详细介绍车牌识别项目。

### （二）车牌识别项目介绍

车牌识别（License Plate Recognition，简称LPR）是一种计算机视觉技术，旨在通过图像处理和模式识别算法自动识别车辆的牌照号码。这项技术在交通管理、智能停车场、电子收费、高速公路监控等方面具有广泛应用。车牌识别系统可以极大地提高车辆管理的效率和安全性,已成为现代交通系统的重要组成部分。接下来,就以车牌识别为例,通过实践操作加深对文本识别的理解。

(1) 使用图 2-44 所示的车牌识别实验平台,体验车牌识别的过程。打开输入图像界面,可以选择实验平台自带的车牌图片或者自行拍照,采集完毕后等待图片上传。

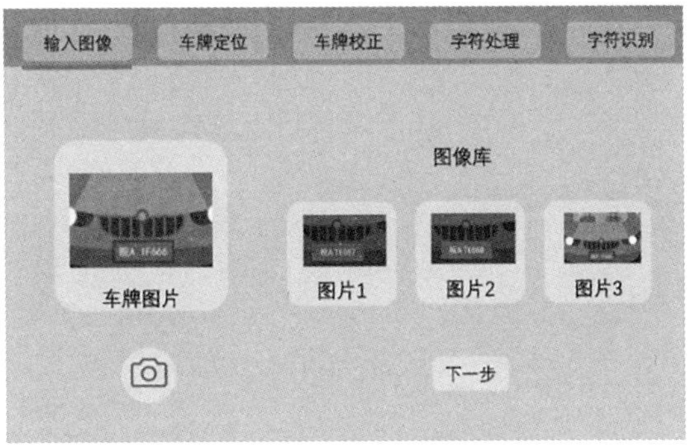


图 2-44　车牌识别实验平台

(2) 点击"开始定位"按钮,进行车牌定位。如果发现车牌定位有误,点击"重新定位"按钮。如图 2-45 所示。

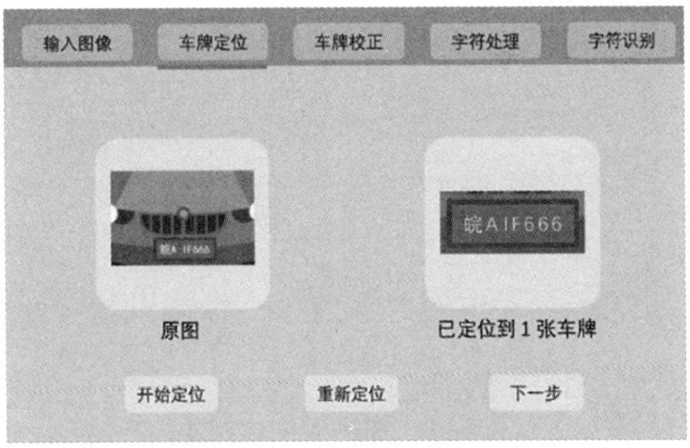


图 2-45　车牌识别过程 1

(3) 点击"开始校正"按钮处理倾斜或者变形的图片,得到精细定位的车牌。如果校正有误,点击"重新校正"按钮再一次进行校正。如图 2-46 所示。

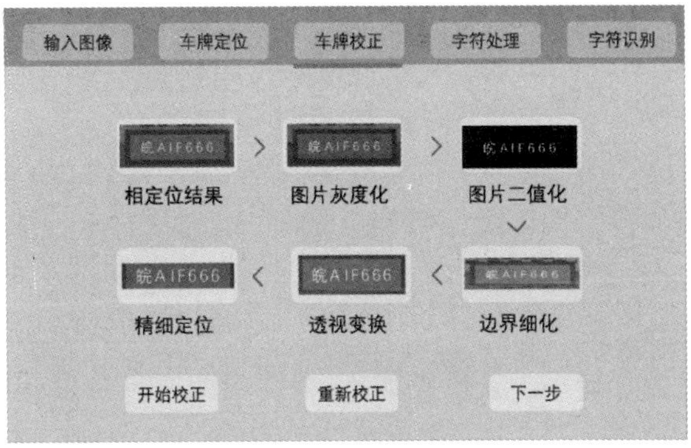


图 2-46　车牌识别过程 2

(4) 点击“开始处理”按钮对车牌进行字符处理。平台会展示两种处理方式:字符分割和整体识别。如图 2-47 所示。

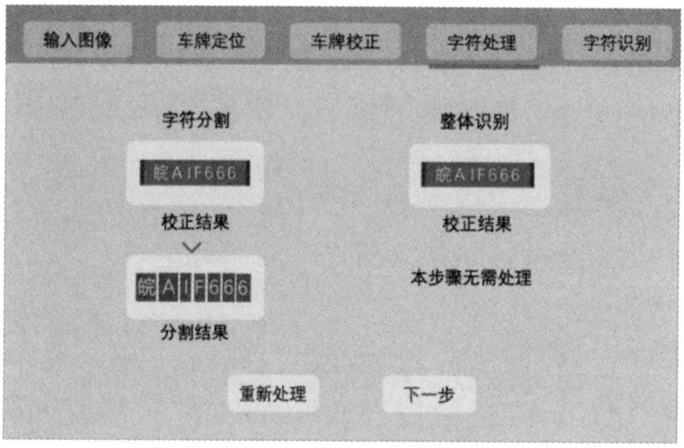


图 2-47 车牌识别过程 3

(5) 点击“下一步”按钮进入字符识别阶段,系统会对进行字符处理后的结果进行识别并输出最终结果。如图 2-48 所示。

图 2-48 车牌识别过程 4

通过车牌识别过程可以清晰地看到,文字识别分为文字检测和文字识别两个阶段。文字检测阶段是指从图像中找到文字区域,并将文字区域从原始图像中分离出来。文字识别阶段是指从分离的图像上进行文字识别,它的基本步骤包括图像预处理、版面处理、图像切分、字符识别和结果输出。

## (三) 文字识别项目流程

### 1. 图像预处理

由于采集设备和物体自身原因的影响,输入系统中的文字会发生畸变,如断笔、有污点等。在进行文字识别之前,要对带有干扰信息的文字图像进行预处理。预处理一般包括灰度化、二值化、边界细化和透视变换。

灰度化是指将彩色图片转换为灰度图像;二值化指的是把灰度图像转化成只有黑(1)和白(0)的黑白图像,从而将背景分离开;边界细化是指用一条较细的线条来表示物体较粗的边缘；透视变换是指将图片投影到一个新的视平面(过视点的水平面称为视平面，视平面与画面的交线称为视平线)，使图像的视觉效果更好。

**2. 版面处理**

版面处理时先将文字图像切分为不同部分，并标定各部分属性，如文本、图像、表格。接着获取各部分的逻辑结构，如文字之间的层次关系和阅读顺序。在此基础上重构出包含文字信息和版面信息的电子文档。

**3. 图像切分**

图像切分包括行(列)切分和字切分。在切分处理后，对单个文字进行识别处理更加方便。字符分割主要基于预处理中二值化的结果，利用字符的结构特征、相似性、间隔等信息，提取单个字符并把宽、高相似的字符归为一类。

**4. 字符识别和结果输出**

字符识别是指把经过预处理、版面处理和图像切分后得到的结果和字符数据库中原有的训练样本进行匹配，最后选取匹配度最高的结果作为识别结果，并输出该识别结果。

## 二、人脸识别

### （一）人脸识别简介

随着科技进步和通信设备的更迭，如今"刷脸"在日常生活中越来越常见。移动支付时，刷一刷脸就可以免密支付；车站安检时，刷一刷脸就可以快速进站；办理银行业务时，刷一刷脸就可以认证身份……"刷脸"这一看似简单的动作，实际上有多种人工智能技术作为支撑。那么计算机究竟如何采集、检测、处理和识别人脸图像呢？人脸识别的优势和应用前景如何？人脸识别又会给我们带来哪些挑战呢？

人脸识别(Human Face Recognition)是一种基于人的脸部特征信息进行身份识别的生物特征识别技术，也称为人像识别、面部识别。具体而言，人脸识别是指给定一个场景的静态图片或者动态视频，利用数据库中存储的若干已知身份的人脸图像来验证和鉴别场景中单人或者多个人的身份。

人脸识别的准确度通常受诸多因素影响，如光线强弱、有无遮挡、年龄变化、着装穿戴、化妆整容等，但是人脸识别技术凭借非强制性、非接触性、可并行识别、设备造价成本较低的优势，仍然在众多生物特征识别技术中脱颖而出。

### （二）人脸识别项目介绍

以人脸识别平台为例，通过实验操作感受人脸识别工作流程。

(1) 使用图 2-49 所示的人脸识别实验平台。开始采集图像：点击"图像采集"，上传自备照片文件素材或利用摄像头等设备现场采集人脸图片，并给图片中的人物标记名字。请至少上传三张照片，完成采集相册制作。

(2) 进行人脸检测：选中相册中的一张图片，点击"扫描人脸"，观察扫描框在图片上的

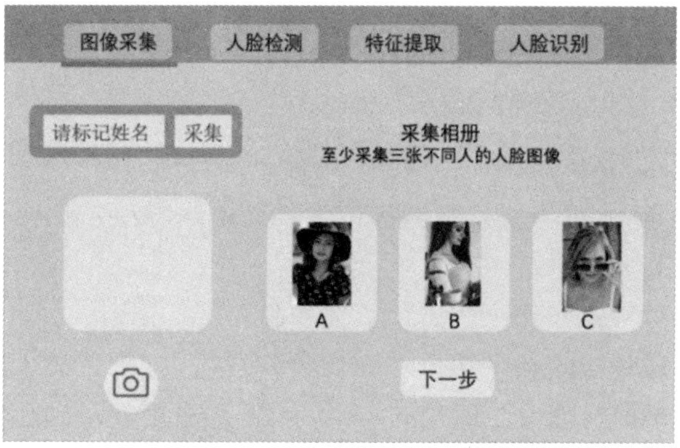


图 2-49　人脸识别实验平台

运动以及框选出的小图片。并继续通过人脸分类器检测、依次扫描采集相册中的所有照片，观察检测结果。如图 2-50 所示。

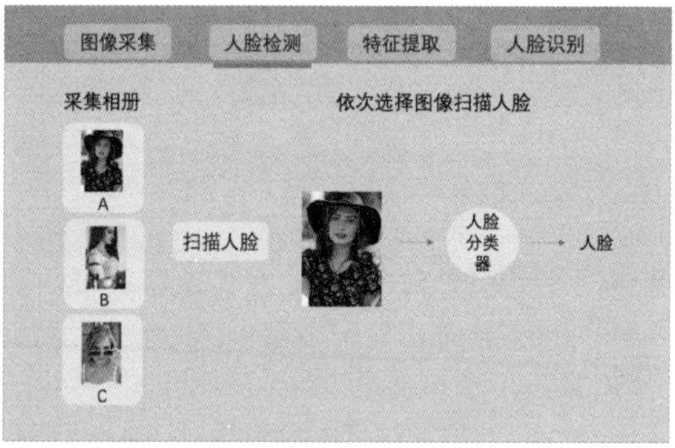


图 2-50　人脸识别过程 1

(3) 进行人脸特征提取：选中一张图片，点击“特征提取”，提取人脸图像特征后，观察五官关键点的连线轮廓，并点击“显示特征向量”，观察人脸特征点向量的坐标序列数据。如图 2-51 所示。

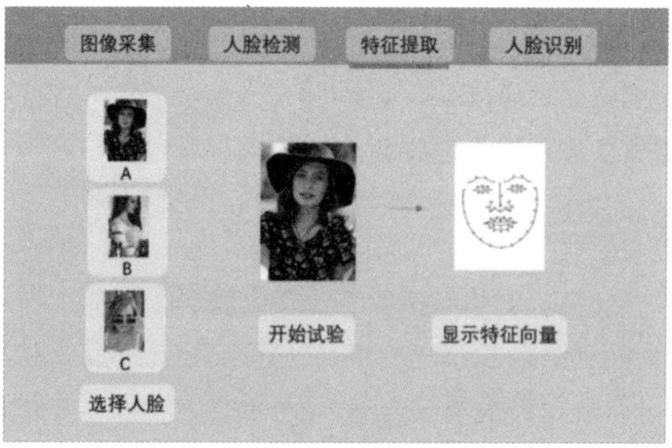


图 2-51　人脸识别过程 2

（4）进行人脸匹配实验：上传一张照片或直接用摄像头采集人脸，点击“人脸识别”，自动比对采集相册中的所有照片，观察分析新照片或新采集的人脸与现有人脸资料库（在建立人脸识别系统之前，系统中已经保存了大量不同人脸的数据，这些数据即人脸资料库）中的人脸匹配结果，不断修改差异度阈值，记录相似度分析结果。如图 2-52 所示。

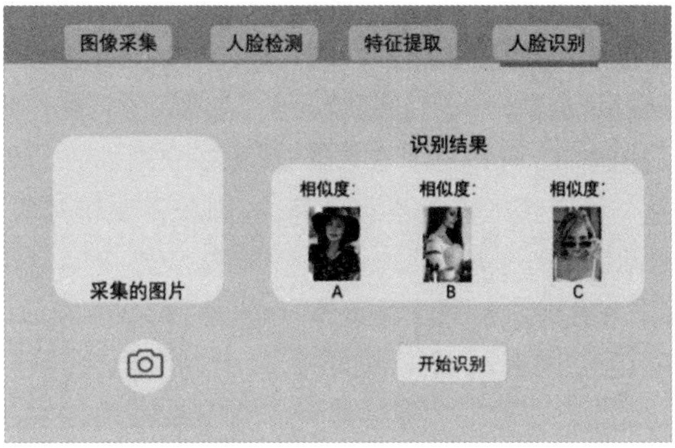


图 2-52 人脸识别过程 3

一般来说，人脸识别过程包含四个步骤：人脸图像的采集和检测、人脸图像预处理、人脸图像特征提取及匹配与识别。

## （三）人脸识别项目流程

### 1. 人脸图像的采集和检测

当对象处于采集设备的拍摄范围内时，采集设备会自动搜索并拍摄人脸图像。静态或动态、不同位置、不同表情的图像都能通过摄像头采集下来。人脸图像中包含的模式特征十分丰富，如颜色、轮廓等。人脸检测技术则可把这其中有用的信息挑出来，并利用这些特征实现人脸检测，在图像中准确标定出人脸的位置和大小。

主流的人脸检测方法常采用 Adaboost 学习算法。该算法是一种迭代算法，即可以不断地使用上一步得到的变量值来计算本次变量值。它的核心思想是针对同一个训练集训练不同的弱分类器（识别时容易出现错误的分类器），然后把这些弱分类器集合起来，构成一个强分类器（可以迅速正确地进行识别的分类器）。

### 2. 人脸图像预处理

在人脸识别时获取到的原始图像，由于采集条件的限制和随机干扰往往不能直接使用（如采集人像时不是正面采集，光线过强或者过弱等），需要对图像进行适当的处理，使它具有的特征能够在图像中明显地表现出来。

图像预处理采用的主要操作包括光线补偿、图像灰度校正、图像对比度增强、锐化等预处理，以获得有效的人脸图像。光线补偿是指使用算法消除图像中存在的色彩偏差，如照片偏冷或者偏黄等现象；图像中的每个像素都有一个灰度值，表示该像素的亮度，灰度校正就是调整这些亮度值，以便图像看起来更加均衡和自然，或者使其符合特定的视觉标准；图像对比度增强是指增大图像中不同颜色之间的反差，使得图像的视觉效果更好；锐化是指增强图像边缘使模糊的图像变得更加清晰，以便于提取目标物体的边缘。

### 3. 人脸图像特征提取

人脸由眼睛、鼻子、嘴、下巴等局部构成，可以对这些局部和它们之间的结构关系进行几何描述，得到的几何特征可作为识别人脸的重要特征。计算机利用这些特征形成识别参数，从而建立模型。这一过程就是人脸图像特征提取，也被称为人脸特征建模。

人脸特征提取的方法之一是通过器官的形状以及器官之间的距离来获得有助于人脸分类的特征数据。可以通过算法估计人脸面部特征点，完成人脸特征点定位，从而知道器官的位置。根据特征点间的距离、曲率和角度等数据，就可以获取器官的形状大小、器官之间的距离等人脸特征的信息。由于特征点是不可计算的，因此需要将其转换成数字向量。人脸特征数值化表示如图 2-53 所示。

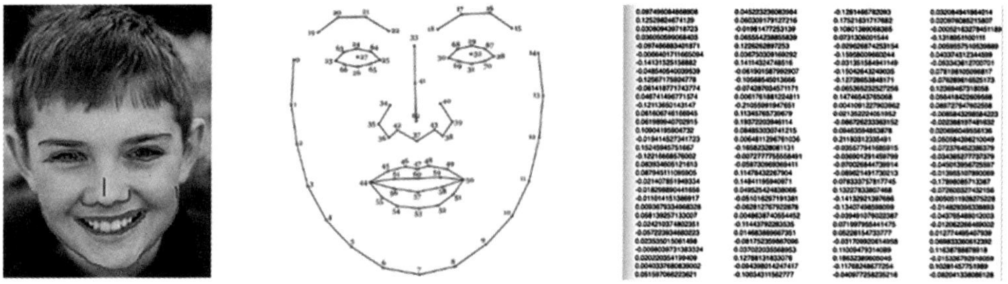

图 2-53　人脸特征数值化表示

### 4. 匹配与识别

匹配与识别就是将提取的人脸特征识别参数与数据库中所有的原始参数进行比对、匹配，并完成判断和确认过程。在查询对象身份时，需要将人脸特征识别参数与数据库中存储的特征模板进行搜索匹配。这时通常会设定一个阈值，当相似度超过这一阈值时，则把匹配得到的结果输出，从而对人脸的身份信息得出判断结论。

人脸识别系统的后台数据库中往往存放着海量数据，这对人脸识别的成功率起到至关重要的作用。目前，国家相关行政、执法部门利用警用数据库、二代身份证的各类人脸识别系统，正逐渐向居民提供更加高效、准确和安全的人脸识别服务。

## 三、图像理解

### （一）图像理解简介

图像理解是人工智能和计算机视觉（Computer Vision）的核心任务之一。其目标是将输入图像分配到预定义的类别中。通过图像分类，计算机能够识别和区分不同的物体、场景或事件。通俗点解释，图像理解的核心功能就是从图像中提取有意义的信息，使计算机能够“看见”并“理解”图像。

图像理解是通过计算机算法自动分析和解释图像内容的过程。与简单的图像处理（如裁剪、旋转、缩放）不同，图像理解需要对图像中的物体、场景和事件进行识别和理解。这包括图像分类、物体检测等任务。就目前市场应用而言，图像理解在自动驾驶、医疗诊断、人脸识别、安防监控等领域有着广阔发展前景。

## （二）图像理解的具体流程

图像理解通常是利用深度学习卷积神经网络模型对图像中的信息进行理解，常见的卷积神经网络模型有 LeNet、AlexNet、YOLO 等。而图像分类则是图像理解中的基础任务之一。如图 2-54 所示，假设现在有一张原始的动物图片，通过阐述图像理解的具体流程，了解图像分类的实现过程。

图 2-54　原始的动物图片

卷积网络进行图像分类的大致流程分为三步，分别是输入图像、特征提取层和结果分类。

输入图像：将原始的动物图片输入图像分类系统中，系统接收到图片后，会将这个图像转换成像素值矩阵（计算机中所有的图像都会以数字的形式体现，如一个 100×100 的图像在计算机中就是由 100×100 像素值矩阵表示的）。

特征提取层：首先，图像会通过多个卷积层。这些卷积层就像是在图片上移动的小窗口，每个卷积核会提取图片中的某些特征，如边缘、纹理等。不同的卷积核提取不同的特征。接下来是池化层，通常使用最大池化。池化层会对卷积层的输出进行降采样，减少数据量并保留重要特征。例如，每次只保留一个小区域内的最大值。其次是全连接层，在经过多个卷积层和池化层后，图像会变成一组特征向量。然后这些特征向量会被展平，并传递给全连接层。全连接层就像传统的神经网络，它会把特征向量映射到最终的分类结果上。最后一层是输出层，通常使用 Softmax 函数，将最终的输出变成概率分布。例如，如果我们有三类（狗、猫、鸟），输出层可能会输出[0.7,0.2,0.1]，表示这张图片有 70%的可能性是狗，20%的可能性是猫，10%的可能性是鸟。

结果分类：根据输出层的概率分布，选择概率最大的那个类作为最终分类的结果。例如，在动物图片理解这个例子中，模型会把这张图片分类为“狗”。如图 2-55 所示。

总的来说，卷积神经网络通过一层层地提取图像中的特征，逐步将复杂的图像数据转换为可以分类的特征向量,最终输出分类结果,实现对图像的理解。

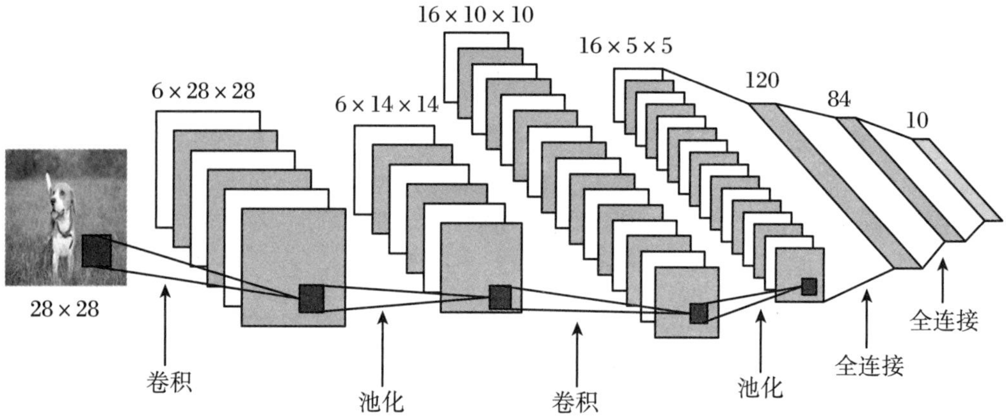


图 2-55　卷积神经网络进行图像分类模型

# 第四节 自然语言处理

**学习目标**

- 了解文本匹配、知识图谱、机器翻译的核心概念及技术原理。
- 了解文本匹配、知识图谱、机器翻译的工作流程。
- 了解文本匹配、知识图谱、机器翻译在不同领域的应用案例。

在浩瀚的数字海洋中,你是否曾对信息的汪洋大海感到迷茫?想象一下,当你想从数百万条文本中找出与你心意相通的那一句,是不是就像大海捞针?但别担心,自然语言处理(NLP)这位聪明的"翻译官"正悄然改变这一切。让我们一起走进 NLP 的奇妙世界,探索文本匹配的奥秘。它不仅能让机器理解人类的语言,还能让信息的筛选与匹配像变魔术一样简单有趣。从基于规则的精确匹配,到深度学习的语义洞察,文本匹配技术正逐步揭开语言理解的神秘面纱,让我们的信息生活更加智能、高效。准备好了吗?让我们一起踏上这场语言与技术的奇妙之旅吧!

## 一、文本匹配

### (一)认识文本匹配

文本匹配是指对文本内容进行相似性或差异性比较。文本匹配作为自然语言处理(NLP)中的核心任务之一,涉及对两个或多个文本字符串的比较分析,以衡量它们之间的相似度或差异。这一过程不仅包括简单的字面匹配，如精确匹配和模糊匹配，更涵盖了基于语义层面的深层次比较，即语义匹配。在自然语言处理的广阔领域中，文本匹配技术广泛应用于信息检索、数据挖掘、机器翻译、问答系统等多个方面，为处理海量文本数据提供了强有力的支持。

## （二）文本匹配的工作原理

### 1. 文本匹配的技术

(1) 基于规则的文本匹配

基于规则的文本匹配是 NLP 的基础方法，依赖字符串匹配和正则表达式。基于规则的文本匹配主要由精确匹配、模糊匹配、通配符匹配和正则表达式匹配等技术实现，见表 2-3。精确匹配适用于要求完全一致的场景，如密码验证。模糊匹配容忍一定差异，适用于处理拼写错误等宽松匹配需求。通配符匹配利用特殊字符表示任意字符或序列，适合固定格式文本。正则表达式匹配通过定义复杂规则来搜索、匹配和替换文本，构建精确搜索模式，灵活且功能强大。这些技术共同构成了文本匹配的基础框架。

表 2-3 基于规则的文本匹配的分类

| 方法 | 描述 | 优势 | 局限性 | 示例 |
|---|---|---|---|---|
| 精确匹配 | 要求字符串完全匹配，精确无误 | 实现简单，运算速度快 | 不容任何文本变异，严格匹配 | 密码验证需比对用户输入与数据库存储密码是否全同 |
| 模糊匹配 | 用编辑距离或余弦度评估文本相似差异 | 处理拼写错误、同义词，适应实际语言 | 计算复杂，速度或逊于精确匹配 | 拼写检查、语义搜索，用编辑距离算法比较字符串相似度 |
| 通配符匹配 | 特殊字符匹配特定模式文本 | 擅长处理预定格式文本，快速模式识别 | 灵活性较低，仅限于特定模式的匹配 | 路径匹配、日期校验，通配符检索日志，搜寻特定日期条目 |
| 正则表达式匹配 | 定义规则搜索、匹配、替换文本模式 | 灵活强大，满足多样文本处理需求 | 学习难，语法繁，运算速度或受限 | 数据清洗、日志分析、HTML 标签或 URL 地址处理 |

(2) 基于统计学习的文本匹配

随着统计学习方法的崛起，基于统计学习的文本匹配技术开始得到关注和应用。基于统计学习的文本匹配主要由朴素贝叶斯和支持向量机(SVM)等统计学习方法实现，见表 2-4。朴素贝叶斯技术是通过朴素贝叶斯算法来评估两个或多个文本之间的相似性或关联性。朴素贝叶斯算法基于贝叶斯定理，并假设特征之间相互独立(尽管这个假设在现实中往往不成立，但它在很多情况下仍然能够给出很好的结果)。支持向量机(SVM)技术用于评估两个或多个文本之间的相似性或关联性。支持向量机(SVM)是一种监督学习算法，它通过分析数据，找到一个超平面来作为决策边界，以区分不同类别的数据点。

表 2-4 基于统计学习的文本匹配的分类

| 方 法 | 优 点 | 缺 点 | 示 例 |
|---|---|---|---|
| 朴素贝叶斯 | 实现简单，鲁棒性强 | 特征独立，参数敏感 | 自动标签生成，助力博客、论坛内容组织与检索 |
| 支持向量机（SVM） | 高效处理高维数据 | 参数敏感，计算复杂 | 分类文本数据，应用包括垃圾邮件检测、新闻分类及情感分析 |

（3）基于深度学习的文本匹配

与传统的基于规则的方法相比，基于深度学习的文本匹配技术能够捕捉文本中的深层语义信息，提高匹配的准确性和效率。基于深度学习的文本匹配主要由循环神经网络（RNN）、长短期记忆网络（LSTM）、Transformer 模型、预训练模型等方法实现，见表 2-5。RNN 通过引入循环连接来处理序列数据，使得网络能够捕捉序列中的依赖关系。在文本匹配中，RNN 可以逐词处理文本序列，将每个词表示为一个向量，并通过隐藏层传递这些信息以捕捉整个序列的上下文信息。LSTM 是 RNN 的一种变体，通过引入门控机制（遗忘门、输入门和输出门）来解决梯度消失或梯度爆炸的问题。这些门控机制允许网络在需要时保留长期信息，而在不必要时忘记这些信息。Transformer 模型基于自注意力机制，能够并行处理整个序列中的信息，而不需要像 RNN 或 LSTM 那样顺序处理。它通过多层自注意力机制和前馈神经网络堆叠而成，以捕捉文本中的复杂关系。预训练模型是在大量无标注文本上预先训练得到的，它们能够学习丰富的语言表示，并在下游任务（如文本匹配）中进行微调以适应特定任务的需求。

表 2-5 基于深度学习的文本匹配的分类

| 方 法 | 特 点 | 优 势 | 挑战/问题 | 示 例 |
|---|---|---|---|---|
| 循环神经网络（RNN） | 捕捉序列中的时序依赖关系 | 循环处理，长序依赖强 | 梯度消失和梯度爆炸问题 | 文本分类：RNN 单词分类处理 |
| 长短期记忆网络（LSTM） | RNN 变体门控解梯度 | 更好地捕捉长期依赖关系 | 计算复杂度较高 | 机器翻译：LSTM 编解码做翻译 |
| Transformer 模型 | 基于自注意力机制的模型 | 高效并行，宜处理长文本 | 需要大量数据进行训练 | 文本摘要：使用 Transformer 模型生成摘要 |
| 预训练模型（如 BERT、GPT 等） | 无标注文本，预训语言模型 | 丰富的语言知识，适用于多种 NLP 任务 | 需要大量计算资源进行预训练 | 情感分析：使用 BERT 模型对评论进行分类 |

文本匹配技术从规则驱动迈向统计学习与深度学习的智能化阶段，显著提升了处理精度与效率，赋能自动标签、垃圾检测、情感分析等多元应用。未来，随着算力增强与技术革新，深度学习驱动的文本匹配将更加成熟，为社会生活与工作带来前所未有的便捷与智能。

### 2. 文本匹配的任务

在自然语言处理(NLP)中,文本匹配任务的一个关键组成部分是语义相似度计算。它旨在评估两个或多个文本片段在语义层面上的相似性或相关性。这对许多 NLP 应用来说至关重要,如信息检索、问答系统、文档聚类等。语义相似度计算的任务是量化两个或多个文本片段在语义上的接近程度。与传统的基于字符串或词汇的相似度计算不同,语义相似度考虑的是文本背后的深层含义。这意味着即使两个文本片段在词汇或语法上有所不同,只要它们在语义上相似或相关,它们就应该被视为相似。见表 2-6。

**表 2-6 文本匹配应用**

| 案　　例 | 字符相似度<br>(算法计算) | 语义相似度<br>(基于模型) |
|---|---|---|
| "我很开心"与"我不开心" | 75%<br>(示例值) | 0%<br>(基于模型评估) |
| "我爱读书"与"我很喜欢去图书馆" | 较低<br>(算法计算) | 较高<br>(基于模型评估) |

文本匹配的任务的实现有多种算法类型,主要由基于词袋模型、词嵌入、深度学习、预训练模型、知识图谱等算法实现,见表 2-7。词袋模型是一种将文本表示为单词频率向量的简单文本表示方法,忽略了单词间的顺序和上下文关系,仅关注单词是否出现及其频率。词嵌入是一种将单词表示为连续、低维、稠密向量的技术,这些向量能够捕捉单词之间的语义关系,使得语义相似的单词在向量空间中的距离相近。深度学习是一种利用深度神经网络自动学习数据表示(特征)的方法,它能够通过多层非线性变换从原始数据中提取高层次的抽象特征,并在多种任务中展现出强大的学习能力。预训练模型是指在大量未标注或弱标注数据上进行预先训练,以学习通用知识或特征表示的深度学习模型,之后可以通过微调或迁移学习应用于各种具体任务中。知识图谱是一种结构化的语义网络,用于表示实体之间的关系,并允许以图形方式组织和查询这些关系信息。

**表 2-7 文本匹配的任务实现算法分类**

| 算法类型 | 性能特点 | 案　　例 |
|---|---|---|
| 基于词袋模型的算法 | 词频统计局限,难适应同义多义语境 | 文本分类:如垃圾邮件检测等 |
| 基于词嵌入的算法 | 上下文学习,语义捕捉性能提升 | 情感分析:如电影评论的情感倾向判断等 |
| 基于深度学习的算法 | 自动学习复杂特征、适应多模态数据 | 机器翻译:如英语到中文的翻译等 |
| 基于预训练模型的算法 | 可使用无标注文本训练,语言知识丰富,低资源跨语言任务效果好 | 问答系统:如智能助手回答用户问题等 |
| 基于知识图谱的算法 | 实体关系属性,语义相似度高,文本处理效果优秀 | 推荐系统:如根据用户兴趣推荐相关书籍等 |

语义相似度计算是自然语言处理中的一个重要任务,不同算法在语义相似度计算任务

上的性能表现各有优劣，我们需要根据具体任务和数据集的特点进行权衡，从而选择合适的算法。

**3. 文本匹配任务中的文本蕴含识别**

文本蕴含(Textual Entailment)是自然语言处理中的一个重要概念，它描述了两个文本片段之间的推理关系。具体来说，文本蕴含关系指的是当一个文本(前提文本)为真时，另一个文本(假设文本)也必然为真的情况。这种关系在逻辑上类似于“如果……那么……”的结构，即如果前提文本成立，那么假设文本也必然成立。例如，前提文本：一只狗在雪地中接飞盘玩。假设文本：一个动物正在寒冷室外玩塑料玩具。在这个例子中，前提文本描述了一个具体的场景，即一只狗在雪地中接飞盘玩。而假设文本则是一个更为一般性的描述，它指出了一个动物在寒冷室外玩塑料玩具。从逻辑上看，如果前提文本为真(即确实有一只狗在雪地中接飞盘玩)，那么我们可以推断出假设文本也为真，因为狗是动物的一种，飞盘可以视为塑料玩具的一种，雪地则是寒冷室外环境的一个实例。因此，这里前提文本与假设文本之间就构成了文本蕴含关系。

目前，文本蕴含的识别方法主要分为基于规则的方法和基于机器学习的方法两大类，见表 2-8。基于规则的方法通过人工定义的规则和逻辑推理来判断文本蕴含关系，依赖于词义消歧、词语推理等手工设计的规则来捕捉语义和逻辑信息。基于机器学习的方法利用机器学习算法训练模型，从大规模数据中自动学习文本蕴含关系，常用的方法包括支持向量机、逻辑回归和深度学习模型(如循环神经网络和 Transformer)。

**表 2-8　文本蕴含识别的方法分类**

| 方法类型 | 描　述 | 优　点 | 缺　点 | 示　例 |
|---|---|---|---|---|
| 基于规则的方法 | 结合语言学与专家规则，分析文本词汇、语法、语义，识别蕴含关系 | 在某些特定场景下可能有效 | 依赖人工，泛化弱，准确度受经验影响 | 法律文件与专业文本 |
| 基于机器学习的方法 | 深度学习模型(CNN、RNN、LSTM、Transformer)，自动学习文本深层语义，识别文本间蕴含关系 | 泛化强，准度高，文本蕴含识别为主流方法 | 依赖于大量的标注数据和适当的模型选择 | NLP 广泛用于情感分析、翻译等领域 |

基于机器学习的方法，因其强大的泛化能力和准确性，已成为文本蕴含识别的主流方法。这种方法的成功依赖于大量的标注数据和适当的模型选择，使其能够有效捕捉并理解不同文本之间的蕴含关系。

## (三) 文本匹配的应用场景

文本匹配技术广泛应用于各种自然语言处理场景，极大地提高了信息检索和文本处理的效率。以下将通过具体案例，详细展示文本匹配技术的实际应用及其积极影响。

**1. 搜索引擎中的查询词与文档匹配**

搜索引擎是人们获取信息的重要工具，目前国内市场上较为主流的搜索引擎有百度、

360 搜索、搜狗搜索等。文本匹配技术在搜索引擎中起到至关重要的作用。当用户输入查询词时，搜索引擎会利用文本匹配技术，将查询词与文档库中的文档进行匹配，从而找到与用户需求最相关的文档并返回给用户。

假设用户在搜索引擎中输入“人工智能的最新进展”，搜索引擎会首先提取出查询词中的关键信息，如“人工智能”和“最新进展”。然后，搜索引擎会利用文本匹配技术，在文档库中搜索包含这些关键信息的文档，并按照一定的排序算法（如 PageRank、BM25 等）对文档进行排序，最终按照相关度排序结果将文档依次呈现给用户。

文本匹配技术使得搜索引擎能够更准确地理解用户需求，并快速找到相关信息。这不仅提高了用户的信息检索效率，也丰富了用户的知识获取渠道，促进了知识的传播和共享。

**2. 推荐系统中的用户兴趣与商品描述匹配**

推荐系统在电商平台中扮演着重要的角色，它能够帮助用户快速发现感兴趣的商品，提高用户的购物体验和满意度。文本匹配技术在推荐系统中能够将用户的兴趣和商品描述进行匹配，从而推荐更符合用户需求的商品。

假设某电商平台拥有一套完善的用户画像系统，该系统能够完整记录用户的浏览历史、购买数据等信息，并据此推断出用户的兴趣偏好。当用户在平台上浏览防晒服时，推荐系统会利用文本匹配技术，给用户推送防晒相关的用品，如防晒帽、防晒霜、防晒袖等。

文本匹配技术使得推荐系统能够更准确地理解用户需求，并推荐更符合用户兴趣的商品。这不仅提高了用户的购物体验和满意度，也增加了商品的销售量，为电商平台带来了商业价值。

**3. 智能客服中的意图识别与问题解答**

智能客服是近年来兴起的一项技术，它能够为用户提供 24 小时不间断的在线客户服务，提高用户服务效率和质量。文本匹配技术在智能客服中能够帮助系统识别用户的意图，并给出相应的解答或建议。

假设常用的智能客服 APP 或小程序，在接收用户的文本咨询时，可自动进行意图识别和问题解答。当用户输入一个问题时，智能客服会利用文本匹配技术，将用户的问题与预设的问题库进行匹配，从而找到最相似的问题及其答案，并返回给用户。

文本匹配技术的运用，赋予智能客服系统更加精确地解读用户意图的能力，从而能够提供恰当的答复或建议。这种技术不仅显著提升了客户服务的效率与质量，同时也有效减少了企业的客服支出，并增强了企业的市场竞争力。

综上所述，文本匹配技术在搜索引擎、推荐系统及智能客服等多个领域均展现出其广泛的应用价值。该技术使我们能够更加精准地把握用户需求，从而提升信息检索与处理的效率，极大地丰富和便利了人们的日常生活与工作。

## 二、知识图谱

在浩瀚的信息海洋中，你是否曾梦想过有一个智慧向导，能帮你轻松驾驭知识的风浪？

知识图谱，正是这样一位神奇的“导航员”。它像一张错综复杂的网络，将现实世界中的点点滴滴——人名、地名、组织机构，以及它们之间的微妙关系，巧妙地编织在一起。通过这张图，机器不仅能“看”懂文字背后的故事，还能进行智能推理，为我们的生活带来前所未有的便捷。

### （一）认识知识图谱

知识图谱，顾名思义，是一种将现实世界中的事物、概念及其相互关系以图的形式进行表示的知识库。这里的“图”并非传统意义上的几何图形，而是指由节点（代表实体或概念）和边（代表实体或概念之间的关系）构成的网络结构（见图 2-56）。这种结构化的表示方式使得知识图谱能够清晰地描述物理世界中的复杂概念和它们之间的交互关系。

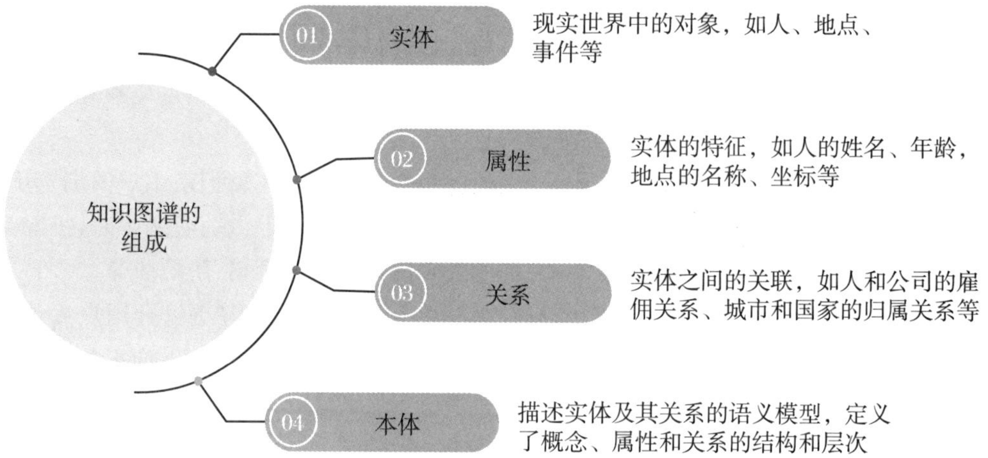


图 2-56 知识图谱的组成

知识图谱在自然语言处理中扮演着至关重要的角色，它通过结构化地表示文本中的实体、概念及其关系，极大地提升了机器对文本深层含义的理解能力。

具体来说，知识图谱中的每个节点代表一个实体或概念，如人名、地名、组织机构等。而节点之间的边则代表这些实体或概念之间的关系，如父子关系、隶属关系、因果关系等。这些关系可以是直接的，也可以是间接的，它们共同构成了一个庞大的知识网络。

### （二）知识图谱的构建

在自然语言处理中，知识图谱的构建是一项至关重要的任务，它涉及从海量数据中提取和整合信息，以形成结构化的知识库。知识图谱的构建方法主要包括自顶向下和自底向上两种，主要由数据收集、实体抽取、关系抽取、数据融合和知识表示构成，如图 2-57 所示。

知识图谱作为文本深层理解的桥梁，帮助机器识别关键信息并理解实体间的复杂关系，从而推断出文本的真正含义，为语义推理提供了坚实的基础，使得机器能够利用图谱中的丰富语义信息进行准确的回答和预测。在实现和构建的过程中涉及多项关键技术，主要有自然语言处理、机器学习、深度学习、数据挖掘及图计算等，如图 2-58 所示。

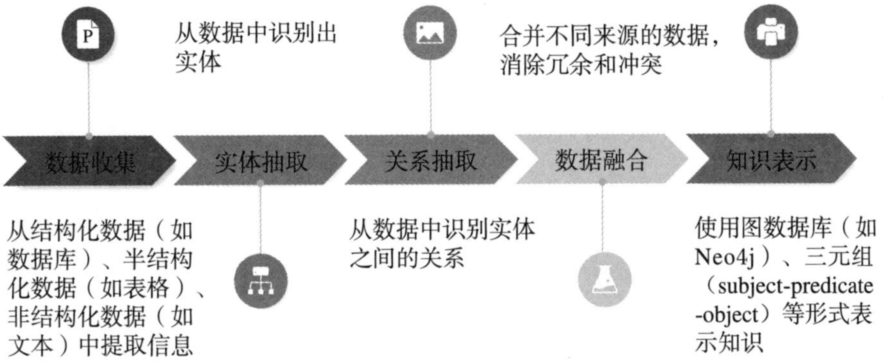


**图 2-57 知识图谱的构建方法**

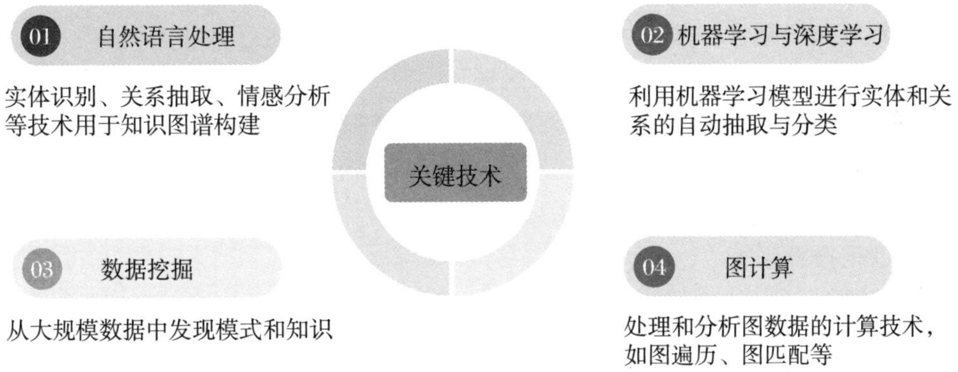


**图 2-58 知识图谱构建的关键技术**

总之，知识图谱的构建是一个复杂而富有挑战性的任务，需要综合运用多种技术和算法。随着人工智能技术的不断发展，相信未来的知识图谱将能够更加智能化、自动化地构建和应用。

## （三）知识图谱的应用场景

知识图谱的应用显著提高了实体识别和关系抽取的准确性，这对情感分析、文本摘要、机器翻译等 NLP 应用来说至关重要。通过整合跨领域的知识，知识图谱使机器能够全面理解文本内容，进行更准确的推理和决策。在智能客服系统等领域，这种跨领域知识的整合应用为提供准确、有用的信息回答提供了可能。

下面介绍一下知识图谱的主要应用场景：

### 1. 文本信息抽取

在大量文本数据中，实体识别技术可以自动抽取出具有特定意义的实体，如人名、地名、机构名等。这对信息抽取、信息检索等任务来说至关重要。通过构建知识图谱，这些实体可以被有效地组织和链接，形成结构化的数据表示，便于后续的查询和分析。

### 2. 多语言问答系统

跨语言知识图谱使得多语言问答系统成为可能。用户可以用自己的母语提出问题，系统通过翻译将问题转化为其他语言，在跨语言知识图谱中搜索答案，并将答案再翻译回用户的母语。这不仅极大地提高了用户体验，还使得知识能够在不同语言之间无缝流通。

**3. 智能翻译与辅助翻译**

在翻译领域，跨语言知识图谱为机器翻译和辅助翻译提供了有力支持。通过图谱中的实体和关系，机器可以更好地理解原文的语义和上下文，从而生成更准确、更自然的译文。同时，辅助翻译工具也可以利用图谱中的知识，为翻译人员提供更丰富的背景信息和术语支持。

**4. 多模态情感分析**

在情感分析任务中，多模态知识图谱能够结合文本、图像和声音等多种信息，更准确地判断用户的情感倾向。例如，在分析社交媒体上的帖子时，系统可以综合考虑文本内容、图片中的表情符号及音频中的语调等因素，提高情感分析的准确性。

**5. 跨领域知识融合与推理**

多模态知识图谱还支持跨领域的知识融合与推理。通过将不同领域的知识整合到统一的多模态知识图谱中，系统可以实现跨领域的知识共享和推理。例如，在医疗领域，系统可以结合患者的病历文本、医学影像及医生的语音诊断等信息，进行更准确的疾病诊断和治疗方案推荐。

**6. 个性化推荐系统**

在个性化推荐系统中，持续学习知识图谱能够不断学习和更新用户的兴趣和行为模式。通过分析用户的实时反馈和行为数据，系统能够动态调整推荐策略，提供更符合用户需求的个性化推荐。在电商、视频、音乐等应用场景中，持续学习知识图谱能够提升推荐系统的准确性和用户满意度。

**7. 智能助手和虚拟角色**

智能助手和虚拟角色需要具备与人类相似的认知能力和适应性，以更好地与人类进行交互。持续学习知识图谱能够为这些角色提供最新的知识和信息，使其能够更准确地理解人类的意图和需求，并提供更智能、更人性化的服务。在智能家居、智慧医疗、虚拟现实等场景中，持续学习知识图谱能够提升智能助手和虚拟角色的智能化水平。

知识图谱在自然语言处理中具有重要的作用和广泛的应用价值。它不仅为自然语言处理提供了丰富的语义信息和背景知识，还提高了系统的信息处理能力、推理能力和决策支持能力。随着人工智能技术的不断发展和应用，知识图谱在自然语言处理中的作用和价值将会越来越凸显。

## 三、机器翻译

你是否曾为语言不通而烦恼？在全球化的大潮中，跨越语言障碍成为人类的共同梦想。想象一下，如果有一个神奇的“翻译官”，能随时随地为我们翻译各种语言，那该有多方便！没错，这个“翻译官”就是机器翻译。从《圣经》中的巴别塔故事到如今的神经机器翻译，科学家们不断探索，用技术搭起了一座座语言的桥梁。机器翻译，这位新时代的“语言大师”，正悄然改变着我们的生活，让沟通无界限，让信息自由流通。

### （一）认识机器翻译

《圣经》中的巴别塔故事展示了因语言差异而产生的隔阂，象征着人类对于沟通和理解的追求。在这个故事中，上帝通过让人类说不同的语言来阻止他们建造通往天堂的高塔，从而强调语言在人类沟通中的重要性。

随着全球化的推进，人们越来越意识到语言多样性带来的挑战。尽管人类努力学习和掌握不同的语言，但仍然难以实现完全的无障碍沟通。因此，科学家们开始思考如何利用机器来帮助人们解决沟通问题，于是机器翻译应运而生。

机器翻译（Machine Translation，简称 MT）是指利用计算机技术和自然语言处理方法，自动将一种自然语言文本转换为另一种自然语言文本的过程。这一技术旨在实现不同语言之间的无障碍交流，消除语言障碍，促进全球信息的流通和理解。它的基本流程可以分为三个阶段：预处理、核心翻译和后处理，如图 2-59 所示。预处理是对输入的源语言文本进行初步处理，如分词、词性标注、句法分析等，为翻译做准备；核心翻译是利用翻译模型将源语言文本自动转换为目标语言文本的过程，是机器翻译的核心环节；后处理则是对翻译结果进行润色、校对和调整，以提高翻译质量和可读性。

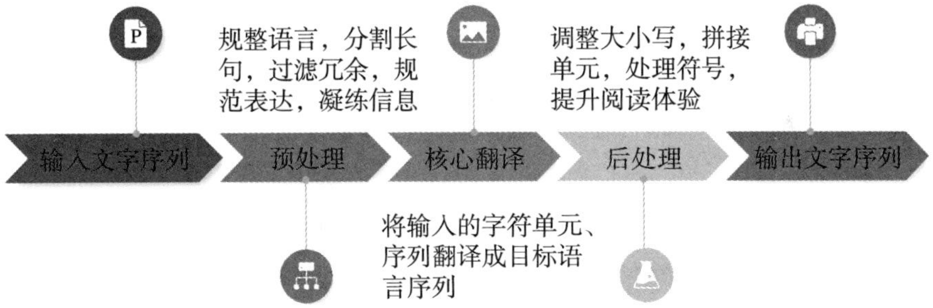


图 2-59　机器翻译的过程

机器翻译的核心在于建立源语言与目标语言之间的映射关系。这通常通过语言学知识、统计方法或深度学习模型来实现。随着技术的不断发展，基于深度学习的神经机器翻译（Neural Machine Translation，简称 NMT）已成为主流方法，通过训练大量的双语语料库，模型能够自动学习语言之间的复杂规则和映射关系。

### （二）机器翻译的主要技术

机器翻译面临源语言与目标语言体系差异、句法顺序不一的挑战，直接翻译效果欠佳。科研人员引入句法分析，提升翻译准确性，但依赖语言规则性。在进一步探索中，提出借助人类翻译思维，引入中间语言作为桥梁，然而语言的复杂性限制了其精确性。在此基础上，机器翻译技术不断演进，主要包括基于规则的翻译、统计机器翻译及神经机器翻译等，见表 2-9。基于规则的翻译依赖预设的语言规则库进行文本转换；统计机器翻译利用大规模双语语料学习翻译模型，通过统计概率优化翻译；神经机器翻译则通过深度学习模型自动学习语言特征，实现更自然流畅的翻译。

表 2-9 机器翻译的主要技术

| 主要技术 | 核心原理 | 优势 | 挑战 | 示例 |
| --- | --- | --- | --- | --- |
| 基于规则的机器翻译（RBMT） | 利用预设的语言学规则和词典进行语法分析、重排和词汇翻译 | 直观、可解释；特定领域效果较好 | 需要大量语言学专家；跨领域效果欠佳；难以迁移至新语言或领域 | 早期多用于专业领域的翻译系统，如法律文件翻译 |
| 统计机器翻译（SMT） | 通过统计学习方法自动学习翻译规则和模型 | 能够处理语言的复杂性和多样性；可以利用大规模语料库提高翻译质量 | 需要大量双语语料库；语法正确性可能不如 RBMT；低资源语言和领域数据稀疏性问题 | 广泛应用于新闻机构、网站内容翻译等 |
| 神经机器翻译（NMT） | 使用编码器-解码器结构、注意力机制和 Transformer 模型等深度学习技术 | 翻译质量和速度显著提高；能够更好地捕捉语言的上下文信息 | 需要大量计算资源；对数据质量和量有较高要求 | 被 Google Translate 等主流翻译服务采用，适用于多种语言和领域 |

机器翻译技术经历了从基于规则的翻译、统计机器翻译到神经机器翻译的发展。特别是神经机器翻译，它通过深度学习模拟人脑的翻译过程，自动学习语言规则和上下文关系，显著提高了翻译质量和流畅性，成为当前机器翻译领域的主流技术。

### （三）机器翻译的应用

在自然语言处理中，机器翻译作为一个核心子领域，其应用广泛且面临着多方面的挑战。下面介绍关于机器翻译的主要应用，以及它所面临的问题和挑战。

**1. 在线翻译服务**

机器翻译提供了在线文本和网页翻译服务，如谷歌翻译、百度翻译等，帮助用户快速翻译不同语言的内容。

**2. 社交媒体**

在社交媒体平台上，机器翻译可以帮助用户理解和参与跨语言讨论，使得语言不再成为交流障碍。

**3. 国际贸易和商务**

在国际商务会议、合同签署等场景中，机器翻译可以辅助双方进行语言沟通，促进业务发展。

**4. 旅游和导航**

旅游者可以使用机器翻译工具来理解当地的标志、菜单和其他信息，使旅行更加便捷。

**5. 教育和学习**

学生和教育工作者可以利用机器翻译来学习新语言或翻译学术材料，提高学习效率。

**6. 客户服务**

在多语言客户服务中，机器翻译可以支持多语言查询，提高服务效率。

**7. 文献翻译和研究**

研究人员可以使用机器翻译来理解和翻译不同语言的学术文献，促进全球科研合作。

**8. 应用程序和软件本地化**

机器翻译可以快速将应用程序和游戏本地化为多种语言，满足全球用户的需求。

机器翻译在自然语言处理领域具有广泛的应用前景，但同时也面临着多方面的挑战。机器翻译面临的主要挑战包括语言和文化障碍、句子结构差异、文本多义性、缺乏内容背景、数据稀疏性和不平衡性、模型泛化能力不足及实时性和效率要求等。这些挑战要求机器翻译系统不断提升准确性、适应性和性能，以更好地满足多样化的翻译需求。

# 第五节 生成式人工智能

**学习目标**

- 理解文本、图片、视频生成的核心概念与实现技术。
- 理解文本、图片、视频生成技术的工作原理与生成流程。
- 了解文本、图片、视频生成技术在各领域的应用案例。

2022年注定是人工智能发展历史上不平凡的一年，随着ChatGPT在世界范围内火热兴起，生成式人工智能(Artificial Intelligence Generated Content，简称AIGC)也被大众所熟知。生成式人工智能之所以能够引起广泛关注，源于其独特的能力——模仿人类的语言创造过程。从简单的日常对话到复杂的文学创作，这项技术正在逐步改变我们与机器互动的方式，开启全新的人机交互时代。然而，这项技术的快速发展也带来了不少讨论，尤其是在伦理和责任问题上。生成式人工智能的应用虽然广泛，但其生成的内容的真实性和可靠性常常受到质疑。此外，随着技术的进步，如何确保这些智能系统不被滥用，以及如何处理它们可能引发的社会影响，成为了我们必须面对的问题。

## 一、文本生成

### （一）认识文本生成

文本生成是指利用计算机技术生成符合人类语言习惯的文本内容的过程，是生成式人工智能领域中的一项关键技术。它不仅展示了机器模拟人类语言的能力，也正日益成为人机交互、信息处理、内容创作等多个领域的基础工具。目前国内主流的文本生成工具有讯飞星火大模型、百度文心一言、阿里通义千问等，它们在语言理解与生成方面均已达到较高水准，能够胜任如自动问答、语义翻译、内容创作、数据报告生成，乃至代码生成等多样化的应用场景。

值得特别提及的是近年来发展迅速的DeepSeek系列大模型。DeepSeek由国内技术团队研发，定位为高性能、开源、可落地的大语言模型解决方案。下面以 DeepSeek 模型为例体验一下文本生成工具的使用，如图 2-60、图 2-61 所示。

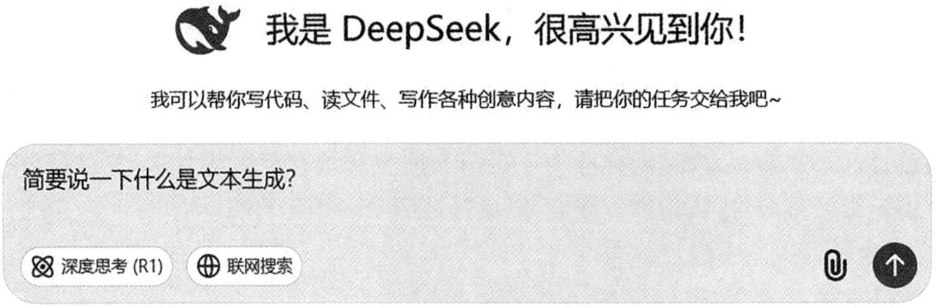


图 2-60　文本生成应用——提示词输入

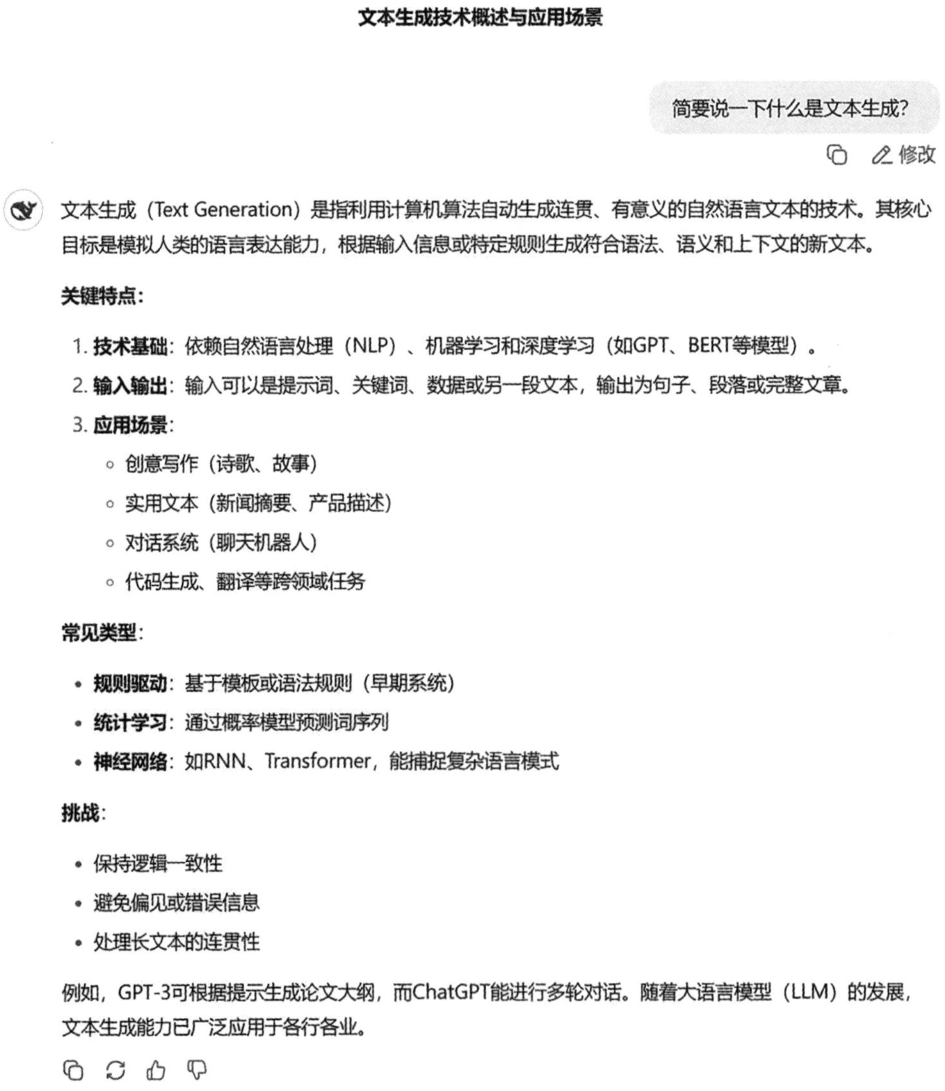


图 2-61　文本生成应用——生成对应内容

文本生成技术不仅体现了生成式人工智能的核心能力，即通过数据、知识和规则生成全新文本，还在多个领域展现出广泛的应用潜力。如图2-62所示，生成式人工智能模拟人类的文本创作过程，主要通过四个步骤实现，分别是数据收集与预处理、模型训练、文本生成及质量控制与评估。数据收集与预处理是收集相关文本数据并进行清洗、格式化等处理以供模型学习；模型训练是利用处理后的数据训练文本生成模型，使其学会生成文本的能力；文本生成是根据输入信息或条件，利用训练好的模型生成新的文本；质量控制与评估则是对生成的文本进行质量检查和效果评估，确保生成文本的准确性和实用性。

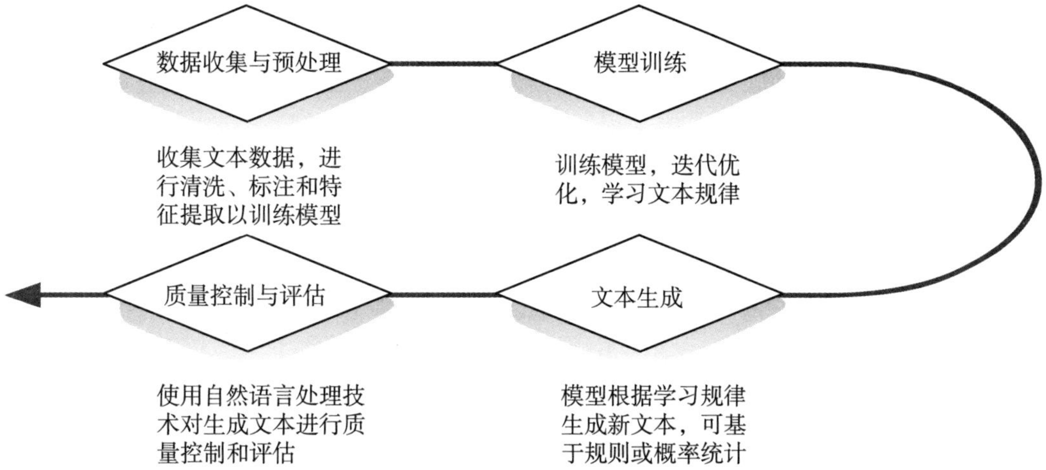


图2-62　文本生成的过程

## （二）文本生成的基本原理

文本生成是指通过计算机程序自动生成具有一定语言表达能力的文本。其基本原理基于统计语言模型和生成模型，通过训练大量数据，使模型学习到文本的统计规律和模式，从而能够生成新的、符合语言习惯的文本。文本生成实现所涉及的模型和技术有统计语言模型、生成模型、技术框架等，见表2-10。

表2-10　文本生成的技术

| 分　类 | 模　型 | 描　　述 | 实际应用案例 |
|---|---|---|---|
| 统计语言模型 | n-gram模型 | 基于统计的简单语言模型，假设当前词的出现只与前 $n-1$ 个词有关 | 文本预测、拼写检查 |
| | 神经网络语言模型 | 使用神经网络学习词语间关联，能处理复杂语言结构 | 语音识别、机器翻译 |
| 生成模型 | 循环神经网络（RNN） | 能够捕捉序列数据中长距离依赖关系的神经网络 | 文本生成、情感分析 |
| | 长短期记忆网络（LSTM） | RNN的变种，通过门控机制解决梯度问题，更好地捕捉长距离依赖 | 自动写作、聊天机器人 |

续表

| 分　类 | 模　型 | 描　　述 | 实际应用案例 |
|---|---|---|---|
| 技术框架 | 数据预处理 | 包括清洗、标注和特征提取等步骤，为模型训练准备数据 | 所有基于深度学习的NLP任务 |
| | 模型训练 | 使用深度学习算法对文本数据进行建模和学习 | 文本分类、命名实体识别 |
| | 生成过程 | 利用训练好的模型生成新的文本 | 新闻生成、故事创作 |
| 典型技术和模型 | 生成对抗网络（GAN） | 通过生成器和判别器的博弈关系生成逼真内容 | 图像生成、假新闻检测 |

### （三）文本生成的应用

生成式人工智能的典型应用之一就是文本生成，而深度学习和神经网络是文本生成不可或缺的一部分。下面将简单介绍一下深度学习和神经网络在文本生成中的应用，以及文本生成的常用工具。

**1. 深度学习在文本生成中的应用**

（1）神经机器翻译（NMT）

深度学习中的神经机器翻译模型，如基于循环神经网络（RNN）或 Transformer 架构的模型，可以自动将一种语言的文本翻译成另一种语言。这些模型在翻译质量上取得了显著进展，生成的翻译更加准确和自然。广泛应用于在线翻译工具、语言学习应用等领域。

（2）对话系统

深度学习技术使对话系统能够自动回复，并根据输入内容生成有逻辑、有语义的回复文本。对话系统变得更加智能和人性化，能够提供更加自然和流畅的交互体验，如智能客服、语音助手、聊天机器人等。

（3）语言模型

深度学习可以创建先进的语言模型，如 GPT（Generative Pre-trained Transformer），这些模型能够自动生成高质量的文本。语言模型在自动文档生成、内容创作、自动答题系统等领域取得了显著进展，如自动文章撰写、诗歌生成、小说创作等。

**2. 神经网络在文本生成中的应用**

（1）循环神经网络（RNN）

RNN 能够处理序列数据，捕捉文本中的上下文关系，从而生成连贯的文本。RNN 及其变种（如 LSTM、GRU）在文本生成任务中取得了良好的效果，如文本摘要、诗歌生成、情感分析等。

（2）Transformer 架构

Transformer 使用自注意力机制来处理文本，能够更好地捕捉文本中的长距离依赖关系。基于 Transformer 的模型（如 GPT、BERT）在文本生成领域取得了突破性进展，如机器翻译、对话系统、文本摘要等。

深度学习和神经网络在文本生成中发挥了至关重要的作用，通过模拟人类的文本创作过程，自动生成符合语言习惯的文本内容，极大地推动了文本生成技术的发展和应用。

**3. 文本生成的常用工具**

随着技术的不断进步，人工智能的浪潮涌动，国内外在文本生成领域涌现出许多优秀的工具和平台，它们在各自的应用领域内展现出了显著的技术成果和影响力。下面介绍一些主流的文本生成工具及其特点、技术成果和应用领域的影响。

(1) DeepSeek(https://www.deepseek.com)

DeepSeek 是深度求索公司推出的大规模语言模型系列，专注于高效、高质量的文本生成能力。其最新模型 DeepSeek-V3(截至 2024 年)在多项任务中表现出色，尤其在中文理解和生成方面具有显著优势。

DeepSeek 特别擅长处理中文和英文，在中文任务中表现尤为突出。它能准确理解成语、古诗词等复杂表达，也能处理科技、法律等专业术语。同时支持处理长达 128 K 字符(约 20 万汉字)的超长文本，相当于能记住并分析一整本书的内容，确保生成的文本前后逻辑一致。DeepSeek 还内置多重防护机制，能自动过滤不当内容，确保生成文本的合规性。

(2) 讯飞星火大模型(https://xinghuo.xfyun.cn/desk)

讯飞星火大模型结合了数万亿数据和数千亿知识，具备知识增强、检索增强和对话增强的技术优势。展示了星火通用能力赋能城市算力跃升、数据要素流通、数字政府创新等新技术、新应用、新平台。综合窗口等创新产品亮相，体现了星火大模型的强大实力。在智慧城市、医疗、工业等领域有广泛应用，推动了智慧城市的高质量发展，提升了城市治理水平和公共服务效率，促进了产业升级和数字化转型。

(3) Pixso AI(https://pixso.cn/)

Pixso AI 是集成在产品设计协作工具 Pixso 中的 AI 功能，支持多种语言和风格，适用于设计相关的文本生成。Pixso AI 通过提供两大触发入口，满足不同场景下的文本创作需求，从日常文案撰写到高级文本编辑都有出色表现。Pixso AI 被广泛应用于设计行业，帮助设计师提高生产效率，节省时间和减少工作压力。

(4) WPS AI(https://ai.wps.cn/)

WPS AI 是一款由金山办公开发的具备大语言模型能力的人工智能应用，其核心功能在于提升用户在办公、写作和文档处理等方面的效率。WPS AI 的功能特点包括但不限于 AI 文档生成与编辑、AI 演示文稿辅助、AI 表格分析，该应用与 WPS 及其他金山办公产品无缝衔接，为用户提供智能文档写作、阅读理解和问答、智能人机交互的体验。

生成式人工智能技术已在文本生成领域取得显著进展。这类工具不仅采用了先进的技术和算法，而且成功应用于多种场景，包括但不限于提升写作质量、自动化新闻报道及促进艺术创作等，展现了其多样化的实用价值。

## 二、图像生成

### （一）认识图像生成

你是否曾梦想过自己成为一位“魔法画师”，只需轻轻一挥笔，就能让脑海中的奇幻世界跃然纸上？或者，你是否曾经羡慕过那些艺术家，他们能轻松创作出令人惊叹的艺术作品？现在，这一切都不再是遥不可及的梦想！随着生成式人工智能的飞速发展，图像生成技术正逐步走进我们的生活，成为连接现实与想象的神奇桥梁。无论是艺术创作、游戏开发，还是工业设计、医学影像，图像生成技术都以其独特的魅力和无限的潜力，为我们打开了一个全新的视觉世界。

图像生成，简而言之，就是利用计算机技术生成符合人类视觉感知的图像内容。这一过程涉及深度学习、计算机视觉、图像处理等多个领域的技术。在生成式人工智能的框架下，图像生成技术通过学习和模拟真实世界的图像数据，能够生成逼真、多样化的图像内容，从而为各个领域的应用提供了丰富的素材和解决方案。

目前国内主流的图像生成工具有百度文心一格、阿里云通义万相、6pen Art 等。如图 2-63、图 2-64 所示，图像生成可以适用于不同需求的作图场景，如生成国风、油画、水彩、水粉、动漫、写实等多种风格的高清画作等。

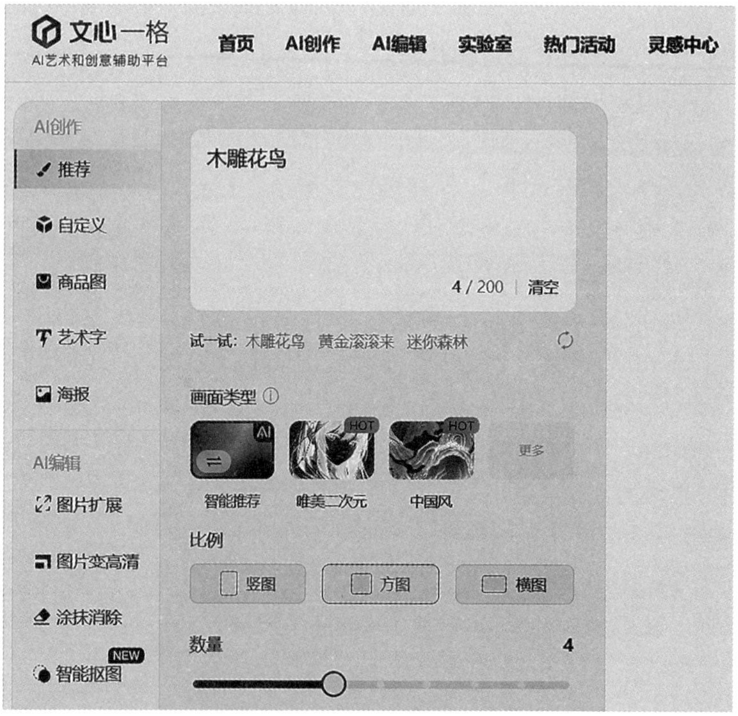


图 2-63 图像生成工具的应用——提示词输入

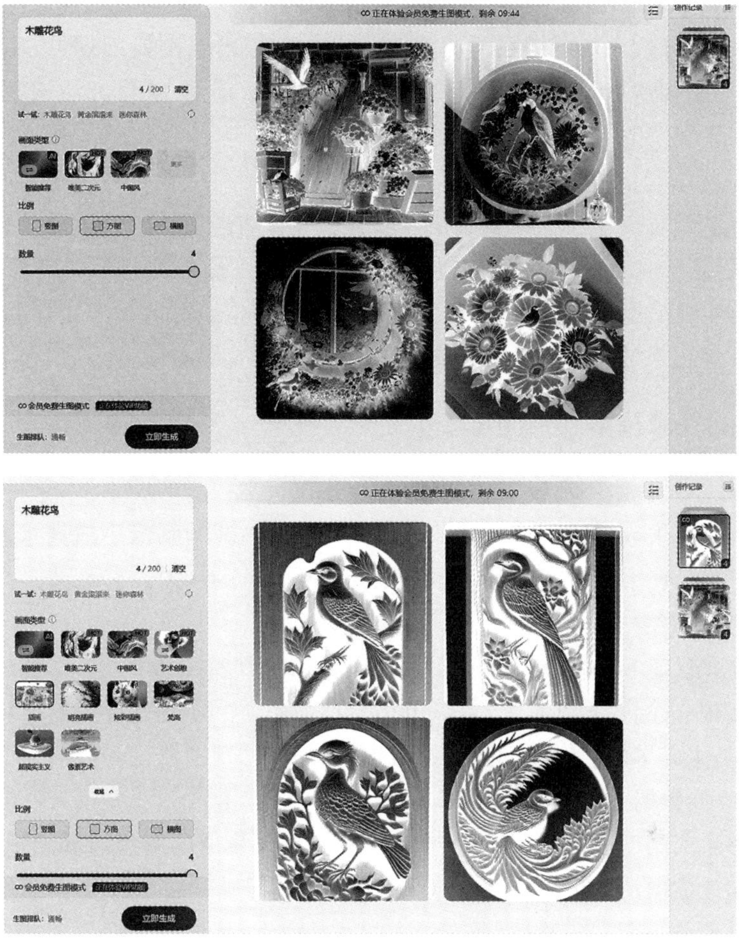


图 2-64 由生成工具生成的不同画风图片

在生成式人工智能的广阔领域中，图像生成技术占据了不可或缺的地位。它不仅是人工智能技术与艺术、设计、医疗等领域交叉融合的重要桥梁，更是推动生成式人工智能技术不断发展的重要动力。

## （二）图像生成的基本原理

图像生成是计算机视觉领域的一个重要研究方向，它涉及从高级描述符（如文本、音频等）生成低级描述符（如图像、视频等）的过程。随着深度学习技术的飞速发展，图像生成技术取得了显著的进步，能够生成质量越来越高的图像内容。图像生成技术广泛应用于虚拟现实、游戏、机器人、自动驾驶等领域，为人们提供了丰富的视觉体验。图像生成技术主要有基于规则的图像生成、基于统计的图像生成和基于深度学习的图像生成等。

### 1. 基于规则的图像生成

早期图像生成主要依赖于数学模型和算法来生成图像，这种方法通常基于一定的规则或公式来生成具有特定形状、纹理或颜色的图像。然而，这种方法生成的图像往往缺乏多样性和灵活性。

**2. 基于统计的图像生成**

统计方法通过分析大量图像数据的统计特性来生成新的图像。这种方法可以捕捉图像中的局部和全局结构信息,生成具有一定真实感的图像。但是,统计方法通常需要大量的训练数据,并且对于复杂的图像结构往往难以准确建模。

**3. 基于深度学习的图像生成**

近年来,深度学习技术在图像生成领域取得了显著的进展。深度生成模型,如生成对抗网络(GAN)、变分自编码器(VAE)等,通过训练大量的图像数据来学习图像的内在表示和生成规则,能够生成高质量、多样化的图像内容。这些模型通常包括生成器和判别器两个部分,通过竞争和优化来学习如何生成逼真的图像。

### (三) 图像生成技术

图像生成技术是一个不断发展的领域,尤其是在人工智能的助力下,这一领域的发展可谓突飞猛进。其中,生成对抗网络和扩散模型作为当前主流的图像生成技术,不仅拓宽了视觉内容创新的边界,还为各种商业和艺术应用提供了强大的动力。

**1. 生成对抗网络**

生成对抗网络(Generative Adversarial Networks,简称 GAN)是一类由两个神经网络组成的框架,其中一个网络是生成器(Generator),另一个网络是判别器(Discriminator)。生成器的任务是生成尽可能逼真的图像或数据,以"欺骗"判别器;而判别器的任务则是区分生成的数据和真实数据。

GAN 能够生成高度逼真的图像,甚至在某些情况下生成的图片能够超越人类艺术家的创作。GAN 的生成器从随机噪声中生成图像,而判别器则学习区分真实图像和生成图像。GAN 的训练过程是一个零和游戏(博弈论中的一个概念,指的是在一场游戏中,各方的得失相加总和为零,意味着一方的收益必然是另一方的损失,总体利益不变),生成器和判别器通过不断对抗和优化,最终使生成器能够生成高度逼真的图像。

GAN 在图像合成、风格迁移、超分辨率等领域有着广泛的应用。例如,DeepArt、CycleGAN 等都是基于 GAN 技术的成功应用案例。

**2. 扩散模型**

扩散模型(Diffusion Models)是一类基于噪声扩散和去噪过程的生成模型。它通过逐步向数据中添加噪声(前向扩散过程)和从噪声中恢复原始数据(反向扩散过程)来生成图像。

扩散模型在图像生成、语音合成、文本生成等领域都有广泛的应用。例如,OpenAI 的 DALL-E 2、Google 的 Imagen 和 Stability. ai 的 Stable Diffusion 等先进的文生图产品都是基于扩散模型完成的。

GAN 和扩散模型是当前图像生成领域的两大主流技术。GAN 通过生成器和判别器的对抗训练来生成逼真的图像,而扩散模型则通过噪声扩散和去噪过程来生成图像。这两种技术各有特点,并在不同的应用场景中发挥着重要作用。随着技术的不断发展,未来还将有更多的图像生成技术涌现,为人们带来更加丰富的视觉体验。

## （四）图像生成的应用

### 1. 图像生成的应用场景

图像生成技术被广泛应用于多个领域，下面介绍其应用场景及对应的应用案例。需要注意的是，随着图像生成技术的发展和应用，相关风险和道德要求也日益凸显，需要各方面的严格监管和考量。

（1）艺术创作

艺术家和设计师如今能够依靠图像生成技术，挖掘并实现他们独特的艺术愿景，从而开拓新颖的艺术风格与表现形式。通过图像生成工具所产生的图像在艺术创作界已经广泛应用。例如，艺术家们能够借助此技术创造出极为逼真的肖像画与风景画，这些作品在视觉上几乎无法与真实作品区分。

此外，艺术家们也利用风格迁移技术来创造意义深远的艺术作品，他们将一幅画的风格应用到另一幅画上，创造出具有全新风格的艺术作品。例如，将凡·高的风格应用到现代城市风景上，生成具有独特魅力的艺术作品。

然而，这种创作本身也存在较大争议，尤其当成果涉及商业用途或公共影响时，也带来了关于原创性和版权的问题，而且机器生成作品对传统艺术价值观可能产生影响。

（2）游戏开发

在当今的游戏开发领域，图像生成技术已成为提升游戏视觉效果和增强玩家互动体验的关键工具。通过利用深度学习和生成对抗网络等先进技术，开发者能够快速地设计出丰富多彩的游戏场景、角色和道具。

使用这些技术，开发者可以创建逼真的环境，如生动的森林、繁忙的城市或广阔的沙漠，每种场景都具备高水平的真实感，并且能够根据不同玩家的喜好进行个性化调整。这种能力不仅加快了开发流程，也使得游戏更加吸引玩家。

此外，图像生成技术使得角色和道具模型的设计变得迅速而高效。开发者可以利用这些技术来塑造具有各种风格和功能的角色，为玩家提供广泛的选择，并构建具有丰富视觉效果的装备系统。这样的方法不仅提升了游戏的可玩性，也提高了游戏的沉浸感和满意度。然而，充分个性化的同时，也可能会引发关于虚拟角色刻画多样性与性别歧视、种族刻板印象等之间的冲突。

（3）工业设计

在现代工业设计领域，图像生成技术已经成为加速产品开发和降低研发成本的重要工具。通过图像生成工具，设计师能够迅速构建出产品原型，这不仅加快了设计周期，也显著减少了设计阶段所需的资源消耗。

设计师可以使用这些技术来生成创新的产品原型，并对其进行视觉、功能及性能评估。这种快速迭代和优化的过程使得寻找最高效、最符合市场要求的设计变得可行。此外，图像生成技术为产品的个性化定制开辟了新的可能性。消费者现在可以根据个人喜好和需求，借助这项技术定制独一无二的产品外观和图案。

这种个性化的服务不仅增强了消费者的购买体验，也让品牌能够更有效地满足市场上对个性化产品的需求。极大地推动了产品设计的创新和多样性，同时也为企业带来了更高的竞争优势。然而，尽管如此，这种技术的应用亦需考虑到产品设计质量的责任，确保生成的设计符合安全标准并遵守相关法律法规。

(4) 计算机视觉

计算机视觉领域中，图像生成技术不仅彻底改变了视觉内容的创造方式，还在深度学习和数据预处理领域扮演了关键角色。特别是在目标检测、图像分类等任务中，应用这些技术生成的训练数据简单而有效，极大地丰富了模型训练的数据源，提高了模型的泛化能力和鲁棒性。

例如，当遇到图像数据部分受损或缺失的情况时，图像生成技术能够发挥其强大的修复功能。使用生成对抗网络等先进技术，可以自动地完成图像的修复过程，恢复图像的完整性，从而确保数据的一致性和可用性。

然而，尽管这些技术带来了便利和创新，我们也必须认识到其中潜藏的风险与挑战。例如，过度依赖生成的图像数据可能引入偏差，影响模型的客观性和公正性。同时，未经严格审核的自动修复过程可能导致数据失真，从而影响后续分析的准确性。因此，开发和应用这些技术时，需要严格的监管和质量控制，以确保技术的正面效应得以最大化，同时减少潜在的负面影响。

(5) 医学影像

在现代医学领域，图像生成技术正成为一项重要的辅助工具，特别是在辅助诊断和治疗方案设计方面表现出独特的价值。通过深度学习技术，医学专家能够生成逼真的医学影像数据，如 CT 和 MRI 扫描等。这些图像不仅帮助模拟患者的病变情况，还为医生提供了直观且准确的诊断依据。

此外，医生可以利用这项技术预测患者接受治疗后的潜在结果，这使得制订更加个性化和精准的治疗方案成为可能。通过比较治疗前后的图像差异，医生能够更好地评估治疗效果，优化治疗方案，从而提升患者的康复效率和成功率。

然而，尽管图像生成技术在医学应用中显示出巨大的潜力，我们还需关注随之而来的伦理和准确性问题。例如，确保生成图像的数据安全性和隐私保护是至关重要的，同时，因过度依赖技术而忽视医生专业判断的风险也不可忽视。因此，开发和使用这些技术时必须严格遵守医疗标准和伦理准则，以确保其正面效应得以最大化，同时减少潜在的负面影响。

**2. 图片生成的常用工具**

国内常用的图片生成工具众多，各具特色，并广泛应用于不同的场景。下面将介绍三个国内常用的图片生成工具及其特点。

(1) 百度文心一格(https://yige.baidu.com/)

百度文心一格依托百度强大的人工智能技术，支持多种风格与创作模式，能够根据用户输入的关键词或描述生成高质量图片，支持风格迁移功能，用户可以将喜欢的风格应用到其他图片上；图像编辑功能出色，满足用户进一步编辑和优化图片的需求。广泛应用于艺术创作、创意设计、广告营销等领域，帮助用户快速生成高质量的图片素材。

(2) 腾讯智影(https://zenvideo.qq.com/)

腾讯智影集成在腾讯生态中，使用方便，支持多种创作模式和社交分享功能；具备文字生成图像、风格迁移、图像编辑等功能；操作简单，用户只需输入关键词或描述即可快速生成图片。在艺术创作、创意设计、社交娱乐等方面均有广泛应用，帮助用户轻松生成高质量的图片并分享给朋友。

(3) 美图 AI 开放平台(https://ai.meitu.com/)

美图 AI 开放平台专注于图像处理领域，美图 AI 技术成熟，效果自然真实；涵盖人像美化、虚拟试妆、图像编辑等功能；自动识别照片中的人物并进行美化处理，如皮肤美白、祛斑等。满足用户对美化照片、尝试不同妆容的需求，广泛应用于个人娱乐、社交分享等场景。

## 三、视频生成

### （一）认识视频生成

如果有一天，你只需要动动手指，就能让计算机为你生成一部精彩绝伦的电影预告片，或者一段引人入胜的新闻播报视频，那该有多神奇！随着生成式人工智能技术的飞速发展，这样的梦想正一步步变为现实。视频生成技术正以惊人的速度改变着我们的视频创作和体验方式。它不仅让视频制作变得简单高效，更为我们非专业人士打开了一扇通往无限创意与想象的创作大门。

视频生成是指通过计算机技术来生成视频内容的过程。与传统的视频拍摄和剪辑方式截然不同，视频生成技术能够自动地从海量的视频数据中学习和提取有用的信息，进而生成全新的、具有实际意义的视频片段。这一技术不局限于简单的复制或模仿，而是通过学习数据的内在规律，预测并生成全新的、从未出现过的视频内容。

视频生成技术为创作者提供了无限的可能性。传统的视频拍摄和剪辑方式受限于人力、物力和时间等因素，往往难以满足创作者的需求。而视频生成技术则能够自动地生成全新的视频内容，使创作者能够更快地产出高质量的视频作品。这种技术不仅提高了创作效率，还降低了创作成本，为创作者带来了更多的创作空间。

目前国内主流的视频生成工具有腾讯智影、剪映 Dreamina 等。如图 2-65 所示，视频生成可以适用于不同需求的作图场景，如短视频制作、商业广告、课程微创、电影和动画制作等。

然而，视频生成技术也面临着一些挑战和问题。例如，如何保证生成视频的质量和逼真度、如何理解和模仿人类的创作意图等。这些问题需要我们在未来的研究中不断探索和解决。

### （二）视频生成的基本原理

视频生成技术基于人工智能，特别是深度学习和计算机视觉技术，实现了从文本、图像或其他媒体源自动生成视频内容的功能。视频生成技术的主要原理有深度学习和生成对抗

**图 2-65　由视频生成工具生成的不同视频片段**

网络。

**1. 深度学习**

深度学习是视频生成技术的核心。通过大量的训练数据，深度学习模型能够学习到视频内容的特征和规律。在视频生成中，深度学习模型通常采用循环神经网络（RNN）、长短期记忆网络（LSTM）或卷积神经网络（CNN）等结构。这些模型能够处理序列数据（如视频帧），并学习到帧与帧之间的时间依赖关系。

**2. 生成对抗网络**

生成对抗网络（GAN）是视频生成中特别重要的技术，主要由生成器和判别器两部分组成。生成器负责生成新的视频帧，它可以通过学习真实视频帧的分布来生成尽可能逼真的帧；判别器则负责判断生成的帧是否真实，它与生成器进行对抗性训练，通过不断迭代提高生成器的性能。生成对抗网络技术在视频生成中的应用包括生成连贯的视频帧、实现视频风格迁移等。

视频生成主要由数据预处理、深度学习模型训练、视频生成及后处理与优化四个步骤构成，如图 2-66 所示。

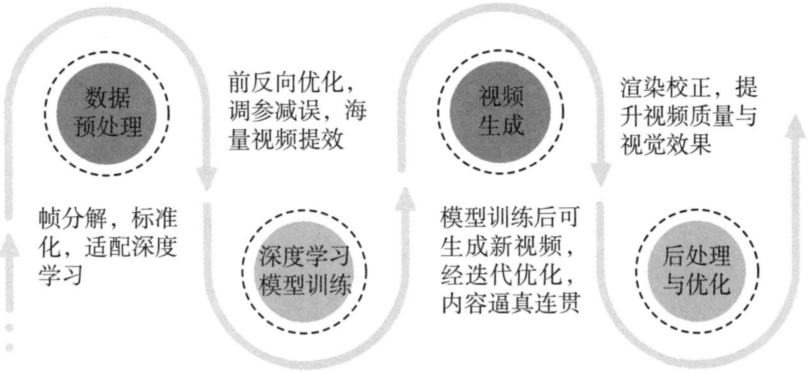


**图 2-66　视频生成的过程**

为实现视频自动生成的任务，需要通过四个关键步骤的处理，包括输入数据准备、内容解析与理解、视频生成及后处理与优化，如图 2-67 所示。输入数据准备是指整合并预处理图像、文本、音频等原始数据，确保它们的质量和格式符合视频生成的需求；内容解析与理解是指深入分析输入数据，提取关键信息和语义内容，理解其意图和情感，为视频生成提供指导框架；视频生成是指利用技术将解析后的内容转化为视频形式，包括构建场景、设计角色动画及添加特效，创造视觉叙事；后处理与优化是指对初步生成的视频进行精细编辑和效果提升，确保内容连贯且视觉吸引，最终生成高质量的视频作品。

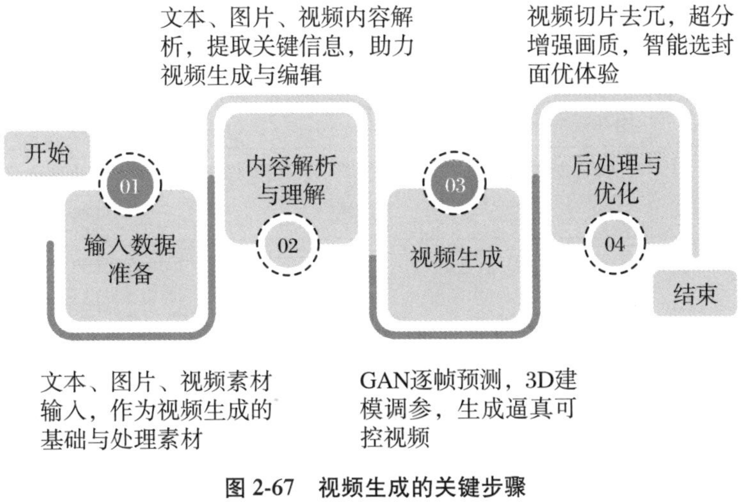


**图 2-67　视频生成的关键步骤**

视频生成的实现需要技术、算法和方法的支持，下面简单介绍几种视频生成的常用方法，见表 2-11。基于规则的视频生成方法，通过预设的规则和逻辑来生成视频内容。这种方法依赖于明确的算法步骤和条件判断，适用于特定场景下的视频制作。基于模板的视频生成方法，利用预先设计的视频模板，将用户提供的素材或数据填充到模板中，快速生成视频。这种方法简化了视频制作流程，提高了效率。基于插值的视频生成方法（特别是深度学习中的视频帧插值)，在已知的视频帧之间生成新的帧，以填补视频中的间隙，提高视频的帧率和流畅度。这种方法常利用深度学习技术，如卷积神经网络(CNN)或生成对抗网络(GAN)，来预测并生成高质量的插值帧。在视频处理中，3D CNN 能够捕捉帧间的时空关系，通过在三个维度(深度、高度、宽度)上进行卷积操作，提取视频中的时空特征，用于视频识别、分类、动作检测等任务，也为视频生成提供了强大的技术支持。尽管在视频生成中 RNN 不是最直接的方法(通常 LSTM 或 GRU 等 RNN 变体更常用于处理序列数据)，但 RNN 及其变体能够处理时间序列数据，理论上可以用于预测视频帧的序列。在实际应用中，生成对抗网络(GAN)等模型在视频生成方面通常表现更为出色。GAN 由生成器和判别器组成，通过对抗训练的方式学习生成逼真的视频内容。生成器负责生成视频帧或视频片段，而判别器则评估生成内容的真实性，通过不断优化生成器，GAN 能够生成高质量、连贯的视频内容。GAN 在视频超分辨率重建、视频插帧、视频风格迁移等方面都有广泛应用。

**表 2-11 视频生成的常用方法**

| 方 法 | 优 势 | 局限性 | 示 例 |
|---|---|---|---|
| 基于规则的视频生成方法 | 易于理解和实现，效果稳定且可预测 | 难以应对复杂场景和不确定性，维护困难 | 广告模板、教育视频等简单任务 |
| 基于模板的视频生成方法 | 提高生成效率和一致性，降低技术门槛 | 需要技术和创意设计模板，可能难以找到合适的模板 | 企业宣传、社交媒体内容等 |
| 基于插值的视频生成方法 | 生成流畅且自然的视频 | 快速运动或复杂场景可能出现模糊或失真 | 电影制作、动画制作等 |
| 3D 卷积神经网络(3D CNN) | 捕捉时空关系，广泛应用在视频分类等领域 | 计算资源需求高 | 体育动作分类、医学影像分析等 |
| 循环神经网络(RNN) | 处理序列数据，具有“记忆”能力 | 长序列可能导致梯度问题 | 自动驾驶系统预测、视频风格迁移等 |
| 生成对抗网络(GAN) | 高逼真度、多样性、动态性 | 训练过程不稳定，资源密集型 | Deepfake 技术、视频修复、全新视频内容生成等 |

近年来，GAN 在视频生成领域取得了许多令人瞩目的成果。例如，研究者们提出了一系列基于 GAN 的视频目标生成方法，如 Conditional GAN(CGAN)、Sequence GAN(SeqGAN)和 Progressive GAN 等。这些方法通过引入条件信息、序列建模和渐进训练等技术，提高了生成视频的质量和多样性。此外，还有研究者将 GAN 应用于视频目标跟踪任务中，以提高跟踪算法在复杂场景下的鲁棒性和准确性。

### (三) 视频生成的应用

从娱乐与创意产业到新闻报道，再到教育与培训、医疗健康等领域，视频生成技术都展现出了广泛的应用前景和巨大的潜力。然而，随着这些技术的深入应用，我们还必须注意可能存在的潜在风险，如隐私泄露、版权纠纷、伦理道德问题及对人类创造性工作的替代等，这些都需要我们提前做好准备和防范措施。

**1. 视频生成的应用场景**

（1）娱乐与创意产业

在电影与电视剧制作中，视频生成技术可用于快速生成特效、场景和角色动画，显著提高制作效率并降低成本。在游戏开发中，该技术则能够迅速生成游戏内的动画、背景和角色动作，丰富玩家的游戏体验。在广告营销领域，视频生成技术可助力生成创意广告视频，吸引观众眼球，提高品牌知名度。然而，这种自动化的生成方式可能会减少对传统手工艺人的需求，影响相关行业的就业情况。

（2）新闻报道

视频生成技术能够迅速将新闻事件转化为动画视频，直观呈现事件过程。此外，虚拟主播的应用也使得新闻报道更加灵活和多样化，提供24小时不间断的新闻服务。然而，过度依赖技术生成的内容可能会影响新闻的真实性和深度，削弱媒体的公信力。

（3）教育与培训

在无法实地操作的情况下，视频生成技术可生成虚拟实验视频，帮助学生理解实验原理。同时，在技能培训领域，该技术能够生成模拟操作视频，为各种技能的教学与培训提供有力支持。然而，这可能会减少实际学习过程中的直接实践经验，对于某些需要手工技能的领域可能不够有效。

（4）医疗健康

在手术模拟方面，视频生成技术可生成手术模拟视频，帮助医生进行手术前的规划与练习。在疾病诊断与预测方面，该技术可辅助医生进行医学影像分析，提高诊断准确性。然而，对于医疗AI的依赖可能会增加误诊的风险，尤其是在算法训练不足或数据不充分的情况下。

（5）谷歌Phenaki AI大模型

用户只需输入一段文字描述，即可迅速生成高质量的视频。例如，用户输入“一只逼真的泰迪熊正在潜水；随后它慢慢浮出水面；走上沙滩；这时镜头拉远，泰迪熊行走在海滩边篝火旁”，即可生成相应的视频内容。然而，这种自动化的视频生成可能会涉及版权问题，特别是当生成的内容基于现有的影视作品或其他受版权保护的材料时。

（6）数字人视频生成

通过人工智能技术生成虚拟数字人，用户输入文字即可驱动数字人说话，生成逼真的口播视频。例如，利用人工智能技术生成前苹果CEO乔布斯的虚拟形象，并结合人工智能拟声工具模拟其声音，生成逼真的乔布斯视频。然而，这可能引发关于数字身份盗用和伦理问题，尤其是在不经本人同意的情况下使用其形象。

（7）医疗影像分析视频

利用人工智能技术对医学影像进行分析，并生成视频展示病灶位置、形态、大小等信息，辅助医生进行疾病诊断。例如，人工智能生成的MRI视频能够清晰地显示大脑中的肿瘤位置和形态，为医生提供准确的诊断依据。然而，这种方法可能会增加对隐私的担忧，因为患者的医疗影像数据非常敏感，需要严格的数据保护措施。

尽管视频生成技术取得了显著进展，但仍面临一些挑战和问题。首先，视频生成对计算资源的需求巨大，这限制了其在大规模应用上的普及。其次，数据集稀少也限制了视频生成模型的训练效果和泛化能力。此外，确保生成视频的时序一致性和连贯性、遵守物理定律等方面仍需进一步研究和改进。

**2. 视频生成的常用工具**

国内常用的视频生成工具众多，各具特色，并广泛应用于不同的场景。下面介绍国内常用的视频生成工具及其特点。

（1）Dreamina（https://dreamina.jianying.com/）

Dreamina是由字节跳动抖音旗下的剪映推出的一款AI图片创作和绘画工具，旨在帮助图文和短视频创作者进行内容创作。它不仅支持AI绘图，还支持AI文生视频和图生视频功能。用户可以通过文字描述或上传图片，选择运镜、速度和比例等参数，快速生成视频。每天可免费生成5段视频，支持重新生成、编辑和下载。用户通过输入描述性文本或上传图片，Dreamina能够生成与之匹配的视频内容，适用于短视频创作、广告制作等多种场景。

（2）Vidu（https://pw.shengshu-ai.com/）

Vidu是国内第一个真正意义上媲美Sora的AI视频生成模型，也是国内首个长时长、高一致性、高动态性视频大模型。它融合Diffusion与Transformer技术，只需一句自然语言描述，就能一键生成长达16秒、1080P的高清视频内容。Vidu的视频生成能力适用于广告制作、电影预告片制作等需要高质量视频内容的场景。

（3）可灵AI（https://kling.kuaishou.com/）

可灵AI是由快手大模型团队自研打造的文生视频大模型，采用了与Sora相似的技术路线，并结合了多项自研技术创新。它能够生成具有合理运动和模拟物理世界特性的视频，视频分辨率最高可达1080P，时长最长为2分钟（帧率30fps），并支持自由的宽高比。可灵AI已应用于快手平台的视频创作，用户可以通过简单的文字描述生成高质量的短视频内容。

随着技术的不断创新和优化，视频生成技术将实现更高的生成质量和更低的计算成本。同时，随着数据集的丰富和模型的优化，视频生成技术将在更多领域展现出其独特价值。未来，视频生成技术将不仅局限于娱乐和创意产业，还将拓展到新闻报道、教育培训、医疗健康等多个领域，为我们的生活和工作带来更多便利和可能性。

## 《本章小结》

本章深入探讨了人工智能的基础知识，从定义、发展历程到当前应用，为我们揭示了人工智能技术的无限潜力。人工智能通过模拟人类智能，使机器具备了学习、推理、解决问题等多种能力，深刻改变了我们的生活与工作方式。特别地，机器学习作为人工智能的核心分支，通过从数据中提取模式并进行预测，推动了科技的飞跃。从简单的性别识别到复杂的图像处理和语言理解，人工智能技术不断突破边界，渗透到医疗、金融、交通等各个领域。深度学习、强化学习等算法的引入，更是为人工智能技术注入了新的活力。通过对本章的学习，我们全面了解了人工智能领域中的核心算法和技术，不仅理解了人工智能的基本概念，还激发了我们对未来科技发展的无限憧憬。

## 《章节练习》

### 一、选择题

1. 机器学习的主要任务不包括以下哪项？（　　）

A. 回归　　B. 分类

C. 聚类　　D. 图像编辑

2. 监督学习和无监督学习的主要区别是（　　）。

A. 数据的类型　　B. 数据的标注情况

C. 算法的复杂度　　D. 模型的结构

3. 深度学习中的“深度”主要指（　　）。

A. 数据集的大小　　B. 模型的复杂度

C. 网络层数的深度　　D. 训练时间的长短

4. 以下哪种神经网络主要用于处理序列数据？（　　）

A. 卷积神经网络(CNN)　　B. 生成对抗网络(GAN)

C. 循环神经网络(RNN)　　D. 自编码器

5. 卷积神经网络(CNN)主要应用于以下哪类任务？（　　）

A. 时间序列预测　　B. 图像分类

C. 文本生成　　D. 强化学习

6. 在卷积神经网络中，池化层的主要作用是（　　）。

A. 增加网络的非线性　　B. 减少参数数量和计算量

C. 提高特征图的分辨率　　D. 防止过拟合

7. 强化学习中，智能体的目标是（　　）。

A. 最大化即时奖励　　B. 最大化长期回报

C. 最小化即时奖励　　D. 最小化长期回报

8. 光学字符识别(OCR)技术的主要应用场景不包括以下哪一项？（　　）

A. 数字化图书和文档　　B. 自动车牌识别

C. 面部表情识别　　D. 手写笔记转换

9. 人脸识别系统通常基于哪种类型的数据进行训练？（　　）

A. 音频数据　　B. 视频数据

C. 图像数据　　D. 文本数据

10. 以下哪种任务不属于图像识别领域？（　　）

A. 图像分类　　B. 目标检测

C. 语音识别　　D. 图像分割

11. 下列关于语音合成的说法错误的是(　　)。
A. 语音合成是通过机械的、电子的方法产生人造语音的技术
B. 语音合成又称文语转换技术
C. 语音合成不能将任意文本转换成具有高自然度的语音
D. 语音合成的方法包括波形拼接法和参数合成法
12. 下列属于合成语音时使用的技术是(　　)。
A. 语音特征提取　　B. 波形拼接法
C. 语义理解技术　　D. 语音信号处理
13. 下列不属于语音合成的应用场景的是(　　)。
A. 机器人读小说　　B. 电子病历
C. 手机语音助手　　D. 纪录片配音
14. 语音识别的基本流程是(　　)。
A. 声音输入、特征提取、声学模型匹配、语言模型匹配
B. 声音输入、声音预处理、声音识别
C. 声音输入、声学模型匹配、语言模型匹配
D. 声音输入、语言模型匹配、声学模型匹配
15. 下列哪个应用没有用到语音识别技术?(　　)
A. 语音转写　　B. 语音输入
C. 声纹匹配　　D. 实时翻译
16. 语音评测在教学场景中的主要目的是(　　)。
A. 提高教师的教学速度
B. 评估教学方法的有效性
C. 增加学生的学习负担
D. 限制学生的学习自由
17. 在语音评测的工作原理中,不包括以下哪个方面?(　　)
A. 语法修正　　B. 口语表达
C. 听力理解　　D. 写作能力
18. 以下哪种场合不适用于语音评测技术的应用?(　　)
A. 英语学习软件的开发
B. 外语口语考试的评分
C. 监控员工的工作表现
D. 评估植物的生长环境
19. 文本生成的基本原理基于(　　)。
A. 简单的字符拼接技术　　B. 统计语言模型和生成模型
C. 人工编写的规则　　D. 随机词汇生成技术

## 二、简答题

1. 机器学习主要分为几类?分别说说每类的特点。

2. 请简要说说线性回归可以在哪些场景中应用。

3. 全连接神经网络一般由哪几个部分组成?

4. 请简要说明卷积神经网络如何进行特征提取。

5. 请简要说明 RNN 和 LSTM 之间的不同。

6. 请简要说明强化学习的流程。

7. 除了车牌识别系统之外,我们身边还有哪些场景中应用了文字识别技术?这些技术能够实现哪些功能?

8. 在这些应用场景中文字识别技术面临哪些识别难题呢?

9. 上网找一找,目前有哪些字符识别软件?掌握一种软件的使用方法并互相分享。

10. 说说人脸识别的整体识别流程。

11. 文本匹配技术在自然语言处理中主要用于什么?

12. 在智能客服系统中,文本匹配技术的主要作用是什么?

13. 持续学习知识图谱的主要特点是什么?

14. 神经机器翻译(NMT)与传统机器翻译方法的主要区别是什么?

15. 在图像生成技术中,哪种方法通过逐步向数据中添加噪声和从噪声中恢复原始数据来生成图像?

16. 视频生成技术的核心是什么?

**三、综合练习**

1. 你觉得智能语音交互会成为人机交互的主流方式吗?理由是什么?你对人机交互的发展路径有什么启示?人机交互还有可能怎样进一步发展?

2. 除了在家庭中和车上,语音交互应用还有哪些场景?在教育和学习领域会有哪些应用?

3. 智能语音技术的瓶颈在哪里?重点研究领域和方向是什么?

4. 知识图谱的关键技术是否会有新的突破?未来的发展方向是什么?

5. 生成式人工智能未来的发展会与哪些领域融合?思考一下其对融合领域的影响有哪些。

# 第三章 数据处理基础

## 本章引言

在数字化浪潮的推动下，我们迈入了一个数据驱动的时代。数据，作为新时代的“石油”，正逐渐成为科学研究、商业决策乃至日常生活的重要支撑。而数据处理，则是挖掘数据价值、释放其潜力的关键步骤。本章我们将探索数据处理的奥秘，从数据采集到数据清洗，再到数据标注，一步步揭开数据处理的神秘面纱。

数据处理基础不仅仅是一系列技术的堆砌，更是一种艺术，一种将混沌的原始数据转化为有价值信息的艺术。本章我们将学习如何有效地采集数据，如何巧妙地清洗数据，以及如何精确地标注数据，为数据分析和机器学习奠定坚实的基础。数据处理基础流程如图 3-1 所示。

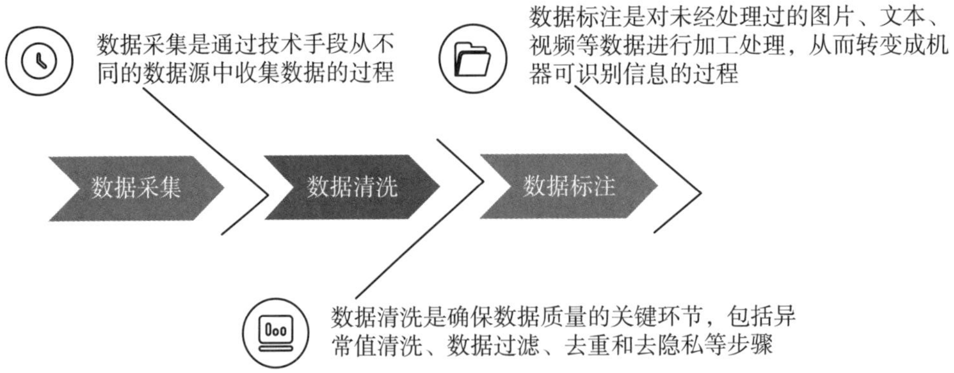


**图 3-1　数据处理基础流程**

数据处理的用途在于它能够将原始数据转化为对组织决策有用的信息。它可以帮助组织理解市场趋势、优化运营流程、提高客户满意度，并推动创新。通过数据处理，组织能够做出基于数据的客观决策，从而提高组织效率和竞争力。

# 第一节 数据采集

**学习目标**

- 理解数据采集的重要性。
- 学习开源数据集的特点，包括它们的可访问性、多样性和社区支持。
- 熟悉数据采集工具，掌握不同数据采集工具的使用。

数据采集是数据分析的起点，是数据分析和决策制定的基础。在当今信息爆炸的时代，数据无处不在，蕴含着巨大的价值。通过数据采集，可以从海量数据中提取有价值的信息，为进一步的分析和应用打下基础，从而做出更加明智的决策。

数据采集是指通过各种技术手段，从不同的数据源中收集数据的过程。这些数据源可能包括在线平台、传感器、日志文件、用户输入等。数据采集技术包括但不限于网络爬虫、应用程序编程接口（Application Programming Interface，简称 API）调用、数据库查询等。采集的数据可以是结构化的，如数据库中的表格数据；也可以是非结构化的，如文本、图片、视频等。数据采集是数据分析和机器学习流程中的首要步骤，它涉及收集原始数据并将其转换为可用于进一步处理的格式。在人工智能领域，数据采集尤其关键，因为高质量的数据是训练有效模型的基础。

## 一、开源数据集

在数据采集的整个过程中，开源数据集可以作为数据收集步骤的一个起点，在数据采集过程中扮演着重要的角色，尤其是在机器学习和人工智能领域。它们不仅为研究人员和开发者提供了丰富的数据资源，而且促进了知识的共享和技术的发展。

### （一）开源数据集的特点

开源数据集是指那些可以公开获取并具有各种用途的数据集合，它们广泛应用于机器学习、科学研究和教育领域。开源数据集通常由社区成员共同维护和更新，是人工智能和机器学习领域中非常重要的资源，它们具备以下特点：

可访问性：任何人都可以下载和使用这些数据集，无需特殊许可或授权，这为研究人员和开发者提供了便利。

多样性：开源数据集涵盖各种主题和领域，如图像识别、自然语言处理、医疗健康等，可满足不同的研究和应用需求。

社区支持：通常有活跃的社区围绕这些数据集，提供技术支持和最佳实践分享，这有助于用户更好地利用数据集并解决使用过程中遇到的问题。

### （二）主要开源数据集

开源数据集是公开可用的数据集合，允许任何人访问和使用。这些数据集不仅促进了算法的发展，也为学术研究和技术创新提供了丰富的资源。一些开源数据集罗列如下：

**1．BELLE 10M 数据集**

数据集简介：10M 中文数据集包含数个由 BELLE 项目产生的不同指令类型、不同领域的子集。数据是由 ChatGPT 生成的，未经严格验证，在事实性和其他方面还存在一些不足。

主要数据子集包括：

School Math：包含约 25 万条由 BELLE 项目生成的中文数学题数据，包含解题过程。

Multiturn Chat：包含约 80 万条由 BELLE 项目生成的用户与助手的多轮对话。

Generated Chat：包含约 40 万条由 BELLE 项目生成的给定角色的多轮对话。

train_2M_CN：包含约 200 万条由 BELLE 项目生成的多样化的指令任务数据。

train_3.5M_CN：包含约 350 万条由 BELLE 项目生成的多样化的指令任务数据。

数据集地址：https://github.com/LianjiaTech/BELLE/tree/main/data/10M。

**2．Chinese book 数据集**

数据集简介：这是一个广泛搜集爬取的中文图书分类数据集。数据采集自各大电子书网站。数据集包含的字段有书名、作者、出版社、关键词、摘要、中国图书分类号、出版年月 7 个字段。可用于数据挖掘、数据分析、自然语言处理、文献计量学、文本分类、图书情报研究与应用等领域。

数据集地址：https://github.com/JiangYanting/Chinese_book_dataset。

**3．CSL(Chinese Scientific Literature Dataset)中文科学文献数据集**

数据集简介：CSL 数据获取自国家科技资源共享服务工程技术研究中心，包含 2010—2020 年发表的期刊论文元信息（标题、摘要和关键词）。根据中文核心期刊目录进行筛选，并标注学科和门类标签，分为 13 个门类（一级标签）和 67 个学科（二级标签）。数据总量为 396209 条。

数据集地址：https://github.com/ydli-ai/CSL。

**4．Chinese-Poetry 中华古诗词数据库**

数据集简介：最全的中华古典文集数据库，包含 5.5 万首唐诗、26 万首宋诗、2.1 万首宋词和其他古典文集，包括唐宋两朝近 1.4 万位诗人和两宋时期 1564 位词人。

数据集地址：https://github.com/chinese-poetry/chinese-poetry。

**5．CLUECorpus2020 中文预训练语料数据集**

数据集简介：通过对 Common Crawl 的中文部分进行语料清洗，最终得到 100 GB 的高质量中文预训练语料。实验产出的模型为高质量中文预训练模型，大号、超小和相似度预训练模型。可直接用于预训练、语言模型或语言生成任务，发布专用于简体中文 NLP 任务的小词表。

数据集地址：https://github.com/CLUEbenchmark/CLUECorpus2020/。

**6. MNBVC(Massive Never-ending BT Vast Chinese corpus)中文语料集**

数据集简介:MNBVC 语料集数据均来源于互联网。目前总数据量 33091 GB,目标是达到 ChatGPT 3.5 的 40 T 数据,目前进度 83%。MNBVC 数据集不但包括主流文化,也包括各个小众文化甚至火星文的数据。MNBVC 数据集包括新闻、作文、小说、书籍、杂志、论文、台词、帖子、wiki、古诗、歌词、商品介绍、笑话、糗事、聊天记录等一切形式的纯文本中文数据。

数据集地址:https://github.com/esbatmop/MNBVC。

**7. MOSS 数据集**

数据集简介:MOSS 是一个支持中英双语和多种插件的开源对话语言模型,moss-moon 系列模型具有 160 亿参数,在 FP16 精度下可在单张 A100/A800 或两张 3090 显卡运行,在 INT4/8 精度下可在单张 3090 显卡运行。MOSS 基座语言模型在约 7000 亿中英文以及代码单词上预训练得到,后续经过对话指令微调、插件增强学习和人类偏好训练具备多轮对话能力及使用多种插件的能力。局限性:由于模型参数量较小和自回归生成范式,MOSS 仍然可能生成包含事实性错误的误导性回复或包含偏见/歧视的有害内容,请谨慎鉴别和使用 MOSS 生成的内容。

数据集地址:https://github.com/OpenMOSS/MOSS。

**8. THUCNews 中文文本分类数据集**

数据集简介:THUCNews 是根据新浪新闻 RSS 订阅频道 2005—2011 年的历史数据筛选过滤生成的,包含 74 万篇新闻文档(2.19 GB),均为 UTF-8 纯文本格式。我们在原始新浪新闻分类体系的基础上,重新整合划分出 14 个候选分类类别:财经、彩票、房产、股票、家居、教育、科技、社会、时尚、时政、体育、星座、游戏、娱乐。

数据集地址:http://thuctc.thunlp.org/#%E4%B8%AD%E6%96%87%E6%96%87%E6%9C%AC%E5%88%86%E7%B1%BB%E6%95%B0%E6%8D%AE%E9%9B%86THUCNews。

**9. WuDaoCorpora 文本预训练数据集**

数据集简介:WuDaoCorpora 是北京智源人工智能研究院(智源研究院)构建的大规模、高质量数据集,用于支撑大模型训练研究。目前由文本、对话、图文对、视频文本对四部分组成,分别致力于构建微型语言世界、提炼对话核心规律、打破图文模态壁垒、建立视频文字关联,为大模型训练提供坚实的数据支撑。WuDaoCorpora 自 2021 年 3 月 20 日首次发布后,获业界瞩目。目前已有 450 多个"产、学、研"单位的研发团队下载使用。采用 20 多种规则从 100 TB 原始网页数据中清洗得出最终数据集,注重隐私数据信息的去除,源头上避免 GPT-3 存在的隐私泄露风险;包含教育、科技等 50 多个行业数据标签,可以支持多领域预训练模型的训练,数据总量 5 TB。

数据集地址:https://data.baai.ac.cn/datadetail/WuDaoCorporaText。

**10. 千言中文开源数据集**

数据集简介:千言中文开源数据集是百度联合中国计算机学会自然语言处理专委会、中国中文信息学会评测工作委员会共同发起,由来自国内多家高校和企业的数据资源研发者共同建设的中文开源数据集。

数据集地址：https://www.luge.ai/#/。

**11．天池数据集**

数据集简介：天池是阿里集团对外开放的科研数据平台，由阿里巴巴集团业务团队和外部研究机构联合提供，覆盖了电商、娱乐、物流、医疗健康、交通、工业、自然科学、能源等10多个行业。

数据集地址：https://tianchi.aliyun.com/dataset/。

**12．清华大学NLP实验室开放数据集**

数据集简介：这是清华大学自然语言处理与社会人文计算实验室维护的中文自然语言处理共享平台，提供了大量的中文文本数据集，包括新闻、论坛、微博、问答等。开源数据集对于机器学习研究和教育尤为重要，因为它们可以共享、修改，并且通常由社区成员共同维护和更新。这些数据集为人工智能的发展提供了丰富的资源和可能性。

数据集地址：http://thuocl.thunlp.org/。

**13．COCO数据集**

数据集简介：COCO数据集是包含日常对象的图像数据集，常用于目标检测、图像分割等任务。

数据集地址：http://cocodataset.org/#home。

**质疑问难**

(1) 为什么数据采集过程中需要考虑数据的隐私和合规性?

(2) 如果采集的数据质量不高,会对数据分析结果产生哪些影响?

答案:

(1) 数据采集过程中考虑隐私和合规性至关重要,因为不当的数据收集和处理可能侵犯个人隐私权,违反数据保护法规,如欧盟的《通用数据保护条例》(GDPR)。这可能导致法律诉讼、罚款和声誉损失。确保数据采集合法、透明,并尊重用户隐私,是维护企业信誉和用户信任的基础。同时,合规的数据管理有助于企业避免潜在的法律风险,确保可持续发展。

(2) 数据质量直接影响分析结果的准确性和可靠性。如果采集的数据质量不高,譬如存在错误、冗余、不一致或过时的信息,分析结果就可能会出现偏差,导致错误的业务决策。低质量数据还可能增加数据处理的复杂性和成本,因为需要额外的清洗和验证工作。此外,不准确的数据分析可能损害企业的信誉,误导市场策略,降低客户满意度,甚至造成经济损失。因此,确保数据采集的质量是实现有效数据分析的关键。

**勤学苦练**

开源数据集的特点包括以下哪项？（ ）

A. 可访问性 B. 多样性 C. 社区支持 D. 专有性

答案：ABC。

## 二、数据采集常用工具

数据采集是数据分析和处理流程中的关键步骤，涉及从不同来源收集数据并将其转换为可用格式。数据采集工具可以帮助用户自动化数据收集过程，提高效率并减少人为错误。

### （一）DataX

DataX 是阿里巴巴开源的离线数据同步工具，支持包括关系型数据库、HDFS、Hive、ODPS、HBase、FTP 等异构数据源之间的数据同步。主要用于数据迁移和同步，提供丰富的插件生态，支持自定义数据转换功能。解决了不同数据库和大数据平台之间的数据迁移问题，支持高效的全量或增量数据同步。

优势：部署简单，开源且无成本，支持高并发数据同步。

劣势：开源版本只支持单机模式，缺少自动化能力和任务管理功能。

适合场景：适合数据量不是特别大，需要快速进行数据迁移或同步的业务场景。

### （二）Flume

Flume 是 Apache 的一个分布式、可靠且高可用的服务，用于有效地收集、聚合和移动大量日志数据。设计用于处理流式数据，如日志文件，支持高速地处理大量数据到 Hadoop 系统中。适合从各种源头获取数据并存储到 Hadoop 系统中，保证数据的可靠传输。

优势：高度定制化，具有良好的扩展性、良好的可靠性和可恢复性。

劣势：配置相对复杂，对于简单的任务可能过于复杂。

适合场景：适合需要处理高吞吐量数据流的大型系统，尤其是大数据场景中。

### （三）Logstash

Logstash 是一款强大的数据处理工具，常用于日志处理，具有实时流水线能力，可以将数据标准化到你选择的目标输出。提供大量插件，帮助解析、丰富、转换和缓冲任何类型的数据。动态统一不同来源的数据，支持数据的标准化和格式化输出。

优势：可伸缩性、弹性，强大的插件生态系统。

劣势：资源消耗较大，运行时占用较多的 CPU 和内存。

适合场景：适合日志数据收集、存储和查询的场景，尤其是与 Elasticsearch 和 Kibana 结合使用时。

### （四） Sqoop

Sqoop 是 Apache 的一个工具，主要用于在 Hadoop 和结构化数据存储系统（如关系型数据库）之间传输大量数据。支持将数据从关系型数据库导入 Hadoop，以及将数据从 Hadoop 导出到关系型数据库。可以很好地解决 Hadoop 与关系型数据库之间的数据迁移问题。

优势：提供了丰富的功能，包括数据导入和导出、支持多种数据库。

劣势：在处理非结构化数据或复杂的 ETL 场景时可能不够灵活。

适合场景：适合需要在 Hadoop 与关系型数据库之间批量数据迁移的场景。

### （五） Maxwell

Maxwell 是一个 MySQL 到 Elasticsearch 的连接器，它可以捕获数据库的变更并将这些变更实时同步到 Elasticsearch 中。实现增量数据同步，保持 Elasticsearch 与数据库的同步。适合需要实时数据同步的场景，尤其是数据库变更需要及时反映在搜索引擎中的情况。

优势：支持实时数据同步，配置简单。

劣势：主要针对 MySQL 和 Elasticsearch，对其他数据库的支持有限。

适合场景：适合需要将 MySQL 数据库的变更实时同步到 Elasticsearch 进行搜索和分析的场景。

### （六） Canal

Canal 是一个基于 MySQL binlog 的增量数据订阅和消费组件，用于捕获增量数据变更。主要作用是实现增量数据的实时订阅、消费和同步，支持数据的实时分析和处理。解决了实时捕获和处理数据库增量变更的需求，适用于需要实时数据同步和流式处理的场景。

优势：提供实时性高、可靠性强的增量数据捕获能力，支持断点续传，减少数据丢失风险。

劣势：相对于简单数据同步工具，Canal 的部署和配置较为复杂，且有一定的资源消耗。

适合场景：Canal 适合于需要实时同步数据库变更到数据仓库、进行业务监控、数据同步或与流处理系统集成的复杂大数据架构场景。

### （七） Kafka

Kafka 是一个分布式流处理平台，主要用于构建实时数据管道和流式应用程序。支持高吞吐量的数据发布和订阅，适合实时分析。适合需要构建复杂实时数据处理流程的场景。

优势：高吞吐量、分布式、可扩展、持久性。

劣势：配置和维护相对复杂，对于简单的数据采集需求可能过于复杂。

适合场景：适合需要构建复杂实时数据处理流程的大型分布式系统。

### （八）网络爬虫

网络爬虫是一种自动获取网页内容的程序，常见的有 Scrapy、BeautifulSoup 等。从互联网上抓取数据，用于数据采集和信息抽取。解决了从非结构化网络资源中提取有用数据的需求。

优势：能够自动化地从网页中提取信息，支持用户自定义抓取规则。

劣势：可能面临反爬虫机制的挑战，且对于动态网页的处理可能需要额外的技术。

适合场景：适合需要从互联网上抓取公开数据的场景，如市场分析、客户洞察等。

每种数据采集工具都有其特定的优势和限制，选择时应根据具体需求和场景来决定。

**旁征博引**

数据采集的起源可以追溯到 19 世纪的统计学发展初期，当时的学者通过手工记录数据，为后来的数据分析奠定了基础。20 世纪随着计算机技术的发展，数据采集逐渐自动化。例如，IBM 的霍尔瑞斯制表机在 1890 年的美国人口普查中发挥了重要作用，它标志着自动化数据采集的开始。数据采集不仅是一项技术活动，也是一门艺术。历史上，许多伟大的发现和创新都始于对数据的敏锐洞察。例如，谷歌的创始人拉里·佩奇和谢尔盖·布林通过采集和分析网络数据，创建了改变我们获取信息方式的搜索引擎。在生物学领域，基因组项目的研究人员通过采集和分析 DNA 序列数据，揭示了生命的基本构成。

## 第二节 数据清洗

**学习目标**

- 掌握数据清洗的步骤和流程。
- 熟练使用数据清洗工具和技术。
- 具备识别和处理缺失数据的能力。

数据是人工智能系统的原油，人工智能系统的成功在很大程度上取决于数据的质量。随着数据量的快速增长，数据质量问题也逐渐凸显出来。数据清洗（Data Cleaning）是对脏数据进行检测和纠正的过程，是进行数据分析和管理的基础。原始数据往往包含错误、重复、不完整或不一致的信息，这些缺陷会影响数据分析的准确性和可靠性。通过数据清洗，我们可以去除噪声、纠正错误、标准化数据格式，从而提升数据的可用性和价值。

数据清洗也称为数据预处理，是确保数据质量的关键环节，包括异常值清洗、数据过滤、

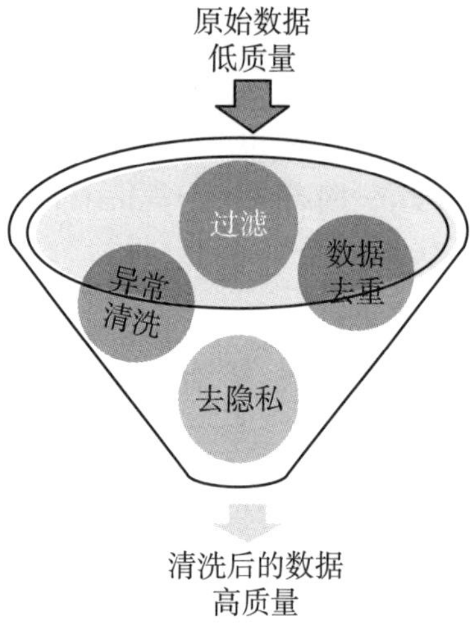


图 3-2 数据清洗流程

去重和去隐私等步骤。数据清洗确保了数据的一致性、准确性和完整性,为后续的数据分析和建模打下坚实的基础。数据清洗对于任何依赖数据驱动决策的领域都是至关重要的。它提高了数据分析结果的可信度,帮助组织避免基于错误数据做出的决策。在机器学习和人工智能领域,清洗后的数据可以训练出更精确的模型。在商业领域,数据清洗有助于识别潜在客户、优化营销策略、提高运营效率等。在科学研究中,数据清洗确保了研究结果的有效性和可重复性。数据清洗流程如图 3-2 所示。

以下是一个简化的用户表数据清洗流程,以及一个数据示例表(表 3-1)和相应的清洗步骤说明。

表 3-1 数据示例表

| 用户 ID | 姓名 | 年龄 | 邮箱地址 | 手机号码 | 注册日期 |
|---|---|---|---|---|---|
| 1 | 张三 | 28 | zhangsan@example. com | 13056196666 | 2024-01-10 |
| 2 | 李四 | 30 | | | 2024-02-15 |
| 3 | 王五 | 22 | wangwu@exmple. com | 13556096666 | 2024-03-20 |
| 4 | 赵六 | 25 | zhao6@example. com | 13615686666 | 2024-04-25 |
| 5 | 孙七 | 19 | sun7@exam_ple. com | 13915686666 | 2024-05-30 |

数据清洗流程:

(1) 异常值清洗:年龄字段中的值都在合理范围内,没有异常值;邮箱地址应统一格式,例如,wangwu@exmple. com 应更正为 wangwu@example. com。

(2) 数据过滤:筛选出必要的字段,例如用户 ID、姓名、年龄、邮箱地址和注册日期。

(3) 数据去重:检查是否有重复记录,本示例中没有重复记录。

(4) 数据去隐私:检查是否有去隐私字段,本示例中手机号码需要去隐私,手机号码 4~7 位数字数据脱敏,确保只有授权的用户才能访问原始数据。

数据清洗后的用户数据表见表 3-2。

表 3-2 数据清洗后的用户数据表

| 用户 ID | 姓名 | 年龄 | 邮箱地址 | 手机号码 | 注册日期 |
|---|---|---|---|---|---|
| 1 | 张三 | 28 | zhangsan@example. com | 130****6666 | 2024-01-10 |
| 3 | 王五 | 22 | wangwu@example. com | 135****6666 | 2024-03-20 |
| 4 | 赵六 | 25 | zhao6@example. com | 136****6666 | 2024-04-25 |
| 5 | 孙七 | 19 | sun7@example. com | 139****6666 | 2024-05-30 |

注:实际的数据清洗过程可能更加复杂,需要根据具体的数据集和业务需求进行调整。

> **旁征博引**
>
> 在19世纪的英国，查尔斯·巴贝奇在处理天文计算数据时，意识到了数据错误对结果的重大影响。他提出了"误差分析"的概念，这可以被看作数据清洗的早期形式。巴贝奇的工作预示了数据清洗在科学研究中的重要性。

## 一、数据清洗的基本概念

数据清洗的基本概念涉及对原始数据进行预处理，以提高数据质量，确保数据分析的准确性和有效性。它包括以下几个关键步骤：

(1) 异常清洗：识别、修复或删除数据集中错误、不一致和不完整的数据。

(2) 数据过滤：按照一定的规则从数据集中选取或排除数据。

(3) 数据去重：识别并合并或删除数据集中的重复数据项。

(4) 数据去隐私：又称数据脱敏，是一种保护个人信息的技术，通过去除或替换敏感数据，防止个人身份泄露。

数据清洗对数据分析至关重要，原因如下：

(1) 提高数据准确性：通过识别并纠正数据中的错误和不一致性，确保了数据的准确性，为分析提供了可靠的基础。

(2) 增强数据完整性：通过填补缺失值，使数据更加完整和可用，从而提高了分析结果的全面性。

(3) 减少数据噪声：清除不规范的文本、异常值和离群点等噪声数据，提高了数据的可靠性和稳定性。

(4) 提升分析效率：清洗后的数据更加整洁有序，可以加快数据分析过程，减少在错误数据上浪费时间。

(5) 确保数据质量：定期进行数据清洗有助于持续监控和维护数据质量，确保数据分析和决策始终基于最佳可用数据。

(6) 支持更好的决策：高质量的数据支持更准确的分析和预测，从而帮助企业和组织做出更明智的业务决策。

(7) 满足合规性要求：在去隐私的过程中，数据清洗还有助于确保数据的合规使用，保护个人隐私。

数据清洗是一个系统化的过程，旨在提高数据质量，确保数据分析和机器学习模型的准确性。在清洗数据时，应优先清洗关键数据，确保对业务分析最为关键的数据元素准确无误。此外，自动化清洗流程在数据清洗过程中也发挥着重要作用。通过编写脚本或使用专业的ETL工具来处理常见的数据问题，如数据去重、异常数据处理、格式标准化、空值处理等，以提高清洗的效率和效果。数据清洗的典型流程如图3-3所示。

数据清洗的重要性不言而喻。首先，它确保了数据的准确性，消除了数据重复、错误和不一致等问题，为后续的数据分析和决策提供了可靠的基础。其次，数据清洗提高了数据的完整性，填补了缺失值，使数据更加完整和可用。此外，数据清洗还减少了数据噪声，清除了不规范的文本、异常值和离群点等噪声数据，提高了数据的可靠性和稳定性。数据清洗是确保数据质量的关键环节。通过采用合适的数据清洗方法和策略，我们可以有效地提高数据质量，为企业决策和业务分析提供有力支持。同时，我们还需要持续关注数据质量的变化，定期进行数据清洗和验证，以确保数据质量。

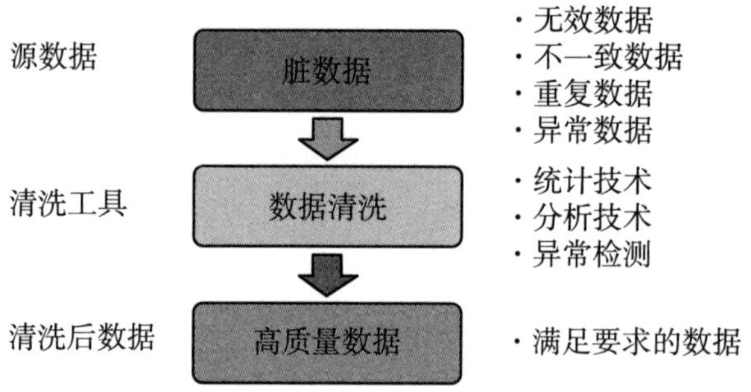


**图 3-3 数据清洗的典型流程**

## （一）异常清洗

数据清洗流程中的异常清洗步骤是指识别、分析和处理数据集中的异常值或不规范数据点的过程。异常值可能是由测量误差、数据录入错误或真实但非典型的事件造成的。异常清洗的重要性体现在以下几个方面：

（1）提高数据质量：通过识别和处理异常值，可以提高数据集的整体质量，确保数据的准确性和可靠性。

（2）避免分析偏差：异常值如果不被妥善处理，可能会导致数据分析结果出现偏差，从而影响决策的准确性。

（3）增强模型性能：在机器学习中，异常值可能会对模型训练产生负面影响。通过异常清洗，可以提高模型的泛化能力和预测准确性。

（4）确保数据一致性：异常清洗有助于确保数据集中的记录在格式和测量标准上的一致性。

（5）减少数据噪声：异常值往往被视为数据噪声，通过清洗可以减少噪声，提高数据的信号质量。

异常清洗是数据清洗过程中的关键步骤，目的是识别并处理数据集中的异常值或不规范的数据点。它直接影响数据集的质量和后续分析的有效性。通过这一步骤，数据分析师可以确保数据集更加干净，为数据分析和机器学习模型提供坚实的基础。如图 3-4 所示，异常清洗的配置项数量为 6，且处理状态已标记为“已完成”，这表明该步骤已经被执行完毕，清洗明细如图 3-5 所示。

异常清洗的详细配置项包括：

（1）移除网页标识符：这里指的是删除 URL、域名或页面特定的标签，以避免对文本分析造成干扰。

(2) 换行转换：将文本中的换行符转化为统一的格式，如空格或特定的分隔符，以便进行文本处理。

(3) 多空格转单空格：将连续的多个空格转化为单个空格，以简化文本数据并减少存储空间。

(4) 制表符转化：将制表符(Tab)转化为一定数量的空格，以统一文本的格式。

(5) 移除不可见字符：移除 ASCII 表中控制字符集中的不可见字符，如 0～32 范围内的字符。

(6) 简繁体转换：将繁体中文字符转化为简体中文，以适应特定的语言环境或分析需求。

图 3-4 数据异常清洗

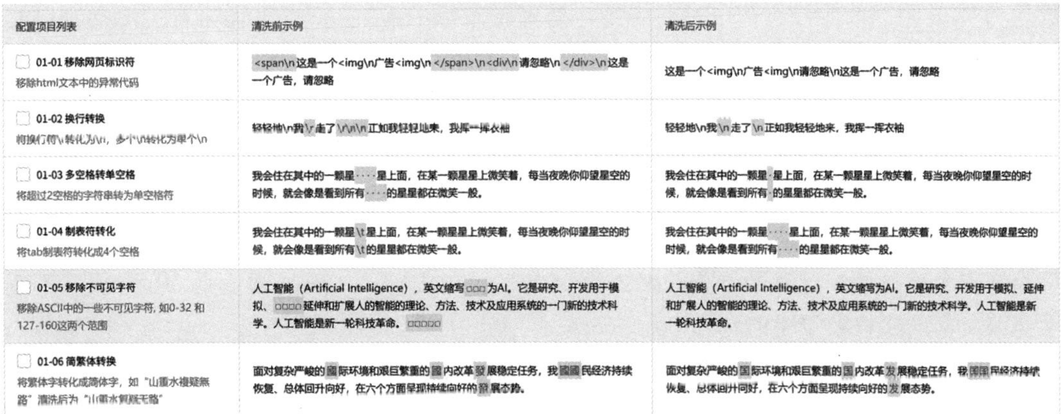

| 配置项目列表 | 清洗前示例 | 清洗后示例 |
| --- | --- | --- |
| 01-01 移除网页标识符<br>移除html文本中的异常代码 | <span\n这是一个<img\n广告<img\n</span>\n<div\n请忽略\n</div>\n这是一个广告，请忽略 | 这是一个<img\n广告<img\n请忽略\n这是一个广告，请忽略 |
| 01-02 换行转换<br>将换行符\r转化为\n，多个\n转化为单个\n | 轻轻地\n我\r走了\r\n\n正如我轻轻地来，我挥一挥衣袖 | 轻轻地\n我\n走了\n正如我轻轻地来，我挥一挥衣袖 |
| 01-03 多空格转单空格<br>将超过2空格的字符串转为单空格符 | 我会住在其中的一颗星····星上面，在某一颗星星上微笑着，每当夜晚你仰望星空的时候，就会像是看到所有····的星星都在微笑一般。 | 我会住在其中的一颗星·星上面，在某一颗星星上微笑着，每当夜晚你仰望星空的时候，就会像是看到所有·的星星都在微笑一般。 |
| 01-04 制表符转化<br>将tab制表符转化成4个空格 | 我会住在其中的一颗星\t星上面，在某一颗星星上微笑着，每当夜晚你仰望星空的时候，就会像是看到所有\t的星星都在微笑一般。 | 我会住在其中的一颗星····星上面，在某一颗星星上微笑着，每当夜晚你仰望星空的时候，就会像是看到所有····的星星都在微笑一般。 |
| 01-05 移除不可见字符<br>移除ASCII中的一些不可见字符，如0-32 和 127-160这两个范围 | 人工智能（Artificial Intelligence），英文缩写□□□为AI。它是研究、开发用于模拟、□□□□延伸和扩展人的智能的理论、方法、技术及应用系统的一门新的技术科学。人工智能是新一轮科技革命。□□□□□ | 人工智能（Artificial Intelligence），英文缩写为AI。它是研究、开发用于模拟、延伸和扩展人的智能的理论、方法、技术及应用系统的一门新的技术科学。人工智能是新一轮科技革命。 |
| 01-06 简繁体转换<br>将繁体字转化成简体字，如“山重水複疑無路”清洗后为“山重水复疑无路” | 面对复杂严峻的國际环境和艰巨繁重的國内改革發展稳定任务，我國國民经济持续恢复、总体回升向好，在六个方面呈现持续向好的發展态势。 | 面对复杂严峻的国际环境和艰巨繁重的国内改革发展稳定任务，我国国民经济持续恢复、总体回升向好，在六个方面呈现持续向好的发展态势。 |

图 3-5 数据异常清洗明细

异常值可能会对模型训练产生负面影响。清洗步骤如下：

(1) 识别异常值:使用箱型图、标准差方法或基于分位数的方法。

(2) 分析原因:确定异常值产生的原因。

(3) 处理方法:删除异常值、用均值/中位数替换、使用模型预测或保留并进行特殊标记。

### (二) 数据过滤

数据清洗流程中的数据过滤步骤是指根据特定的规则或条件,从数据集中选取或排除某些数据的过程。这一步骤的目的是在数据集中保留对分析和决策有用的信息,同时去除不相关或不符合特定条件的数据。

数据过滤步骤的重要性如下:

(1) 确保数据相关性:通过过滤,可以确保数据集仅包含与分析目标紧密相关的数据,去除无关信息,提高分析的针对性和效率。

(2) 提高数据质量:过滤掉那些不符合特定条件的数据,如异常值、重复记录或不完整的数据,有助于提升数据集的整体质量。

(3) 支持决策制定:数据过滤确保决策者能够基于最相关和最准确的数据进行决策,从而提高决策的质量。

(4) 优化数据存储:通过过滤掉不必要的数据,可以减少数据存储的需求,节省存储空间和成本。

(5) 提高分析性能:数据过滤可以减少需要处理的数据量,从而加快数据分析和处理的速度。

(6) 满足合规性要求:在某些情况下,数据过滤还有助于确保数据的收集和使用符合法律法规和隐私保护的要求。

通过数据过滤,数据科学家和分析师能够确保数据集的清洁和一致性,为后续的数据分析和机器学习建模打下坚实的基础。数据过滤是数据清洗过程中的一个环节,目的是去除不符合特定条件的数据,保留对分析和决策有用的信息。如图 3-6 所示,数据过滤的配置项数量为 7,表明当前阶段有 7 个过滤规则。处理状态标记为“已完成”,意味着过滤规则已经设置完毕,或者数据集已经根据预设规则进行了过滤。过滤配置项列出了多种过滤条件,每个条件都有一个“阈值”作为过滤的阈值,具体如下:

(1) 按字符所占比例过滤:当中文字符占整体字符的比例低于设定值时,整篇文本会被过滤掉。这里的阈值是 0.6,意味着中文字符至少需要占到文本的 60%。

(2) 按是否含不正常连续文本过滤:存在连续的数字、大小写字母、点号或者百分号时,整篇文本会被过滤。这有助于去除格式错误或非标准文本。这里的阈值是 50,意味着不正常连续文本的字符数量不能超过 50。

(3) 按数字字符串是否合理过滤:当数字占比大于设定值时,整篇文本会被过滤。这里的阈值是 0.4,意味着数字不能超过文本的 40%。

(4) 按政治敏感词过滤:当文本中出现的政治敏感词汇的种类超过设定值时,整篇文本会被过滤。这里的阈值是 3,即政治敏感词的种类不能超过 3 种。

(5) 按色情敏感词过滤：与政治敏感词过滤类似，色情敏感词的种类超过设定值时，文本会被过滤。这里的阈值是 2，即文本中不能出现超过两种色情敏感词。

(6) 按字符数量过滤：字符数量超出设定的范围时，整篇文本将被过滤掉。这里的阈值是一个范围(50,500000)，意味着文本的字符数量需要在 50～500000。

(7) 按词重复率过滤：词的重复比例超过设定值时，整篇文章会被过滤掉。这里的阈值是 0.6，即任何词的重复比例不能超过 60%。

**图 3-6　数据过滤**

图 3-7 展示了一个详细的数据过滤规则设置，这些规则有助于确保数据集的质量和相关性。通过设置合理的阈值，可以有效地过滤掉不符合要求的数据，从而为后续的数据分析和机器学习提供更加准确和有用的信息。数据过滤是一个动态的过程，需要根据项目的具体需求不断调整和优化过滤规则。通过这些步骤，可以确保数据的质量和一致性，为数据分析和决策提供坚实的基础。

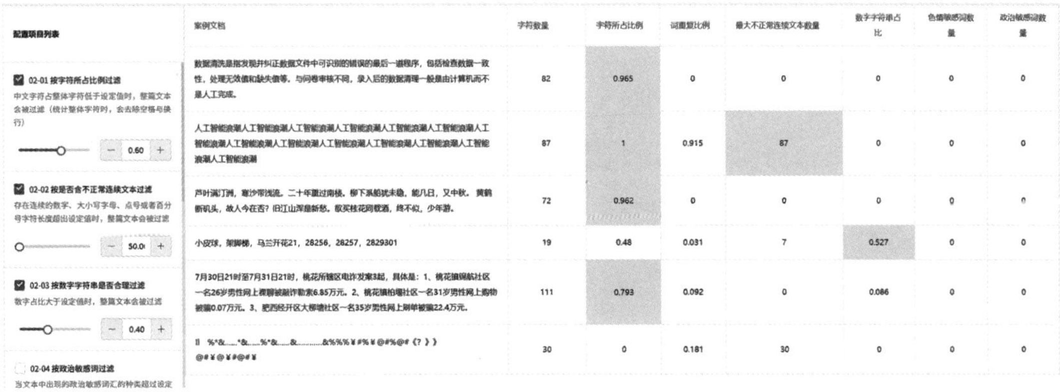

**图 3-7　数据过滤规则设置**

数据过滤的一般步骤包括：

(1) 需求分析：明确过滤的目的和需要保留的数据类型。

(2) 规则制定：根据需求制定过滤规则和阈值。

（3）工具选择：选择合适的工具和技术来实现过滤规则。

（4）实施过滤：执行过滤操作，去除不符合规则的数据。

（5）结果验证：验证过滤结果，确保数据质量满足要求。

（6）文档记录：记录过滤规则和结果，便于复查和审计。

## （三）数据去重

数据清洗流程中的数据去重步骤是指识别并合并或删除数据集中的重复数据项的过程。这一步骤对于确保数据集的质量和准确性至关重要。

数据去重步骤的重要性如下：

（1）提高数据质量：通过去除重复记录，可以减少数据冗余，确保数据集的每个记录都是唯一的，从而提高数据质量。

（2）增强分析准确性：重复数据可能导致分析结果的偏差，因为它们可能会被错误地计入统计分析多次。去重确保了分析结果的准确性。

（3）优化存储使用：删除重复的数据项可以减少数据存储的需求，从而节省存储空间和相关成本。

（4）提升处理效率：数据去重可以减少数据的总体大小，从而加快数据处理和分析的速度。

（5）确保数据一致性：去重步骤有助于确保数据集中的数据一致性，避免因重复数据导致的混淆或错误。

（6）支持更好的决策：基于清洁且无重复的数据进行的决策更加可靠，有助于提高业务决策的质量。

数据去重是数据清洗中不可或缺的一环，它直接影响数据集的质量，进而影响数据分析、报告生成和决策制定的有效性，如图 3-8 所示。通过去重，数据分析师可以确保他们工作的基础数据是干净、准确和可靠的。

**图 3-8　数据去重**

去重部分描述了一个数据处理流程中的关键环节，即通过相似度去重来提高数据的质量和准确性。具体来说，该流程涉及以下几个关键点：

(1) 相似度去重:该步骤旨在识别并去除内容高度相似的文章。如果两篇文章的相似度超过设定的阈值,那么系统将自动去除后一篇文章。这有助于减少数据集中的重复信息,确保分析结果的可靠性。

(2) 阈值设定:相似度去重的关键在于设定一个合适的阈值。图 3-8 中的阈值为 0.5,这意味着只有当两篇文章的相似度达到或超过 50%时,才会触发去重机制。

(3) 处理状态:图 3-8 中显示了去重配置项的数量和处理状态。具体来说,有 1 个配置项已完成,这表明去重流程已经取得了一定的进展。

(4) 处理文章数量:图 3-8 中处理文章数量为 3,这可能指的是已经通过去重流程处理的文章总数。

(5) 数据去重的重要性:去重是数据预处理中的一个重要环节,它有助于避免数据冗余,减少存储空间的浪费,并提高数据分析的效率和准确性。

数据去重的一般步骤如下:

(1) 确定去重规则:根据数据集的特点和分析需求,确定哪些字段或记录组合将用于识别重复项。

(2) 识别重复项:通过比较数据集中的记录,使用算法或工具来识别重复的数据项。

(3) 决策处理:对于识别出的重复项,需要决定是保留一个、删除所有重复项还是合并重复项成为一个综合记录。

(4) 执行去重:应用去重规则,从数据集中删除或合并重复项。

(5) 验证去重结果:检查去重后的数据集,确保重复项已被妥善处理,且数据的完整性和准确性未受影响。

(6) 记录去重过程:记录去重的规则和执行过程,以便复查和未来的数据清洗工作。

总的来说,去重强调了在数据处理流程中通过相似度去重来确保数据集的清洁和一致性的重要性。通过设定阈值并监控处理状态,可以有效地去除重复内容,从而提高数据的质量。

### (四) 数据去隐私

数据清洗流程中的数据去隐私步骤是指从数据集中识别并处理或移除个人身份信息(PII)的过程,以保护个人隐私并遵守数据保护法规。这一步骤对于维护数据的合法性和伦理性至关重要。

数据去隐私步骤的重要性如下:

(1) 遵守法律法规:许多国家和地区都有严格的数据保护法律,如欧盟的《通用数据保护条例》(GDPR)。数据去隐私确保数据处理活动符合这些法律法规的要求。

(2) 保护个人隐私:通过去除或匿名化个人身份信息,可以防止个人隐私泄露,保护数据主体的隐私权益。

(3) 增强公众信任:透明的数据处理和隐私保护措施可以增强公众对组织处理数据的信任。

(4) 避免法律风险:未妥善处理个人数据可能导致法律诉讼和罚款,数据去隐私有助于降低这些风险。

(5) 提高数据安全性:去除敏感信息可以降低数据泄露时的风险,增强数据的安全性。

(6) 支持数据共享和合作:去隐私后的数据可以更安全地共享和用于研究、分析等目的,促进知识的传播和合作。

数据去隐私是数据清洗流程中的关键步骤,它不仅有助于保护个人隐私和遵守法律要求,还能够提升数据的安全性和组织的社会责任感。一个旨在保护个人隐私和遵守数据保护法规的数据处理流程如图 3-9 所示。该流程涉及以下几个关键步骤:

(1) 去隐私配置项:图 3-9 中去隐私配置项的数量为 3,这指的是已经设定好的规则或工具,用于识别和处理个人隐私信息。

(2) 处理状态:去隐私的处理状态显示为“已完成”,这表明相关的隐私信息已经被成功地从数据集中移除或替换。

(3) 处理文章数量:图 3-9 中处理文章数量为 0,这意味着目前还没有文章需要进行去隐私处理,或者所有相关文章的隐私信息已经被处理完毕。

(4) 替换规则:包括 4 种替换规则,用于去除数据中的个人隐私信息。

① 替换 IP 地址:将 IP 地址替换,以防止追踪个人或设备的网络活动。

② 替换电子邮箱地址:将电子邮箱地址替换,以保护个人通信信息。

③ 替换数字:这可能包括电话号码、银行卡号等敏感数字信息。

④ 替换 P 地址:这里的“P 地址”可能是一个笔误,应该是“IP 地址”,但根据上下文,它可能指的是其他类型的地址或标识符。

图 3-9 数据去隐私

整个去隐私流程的目的是确保在数据处理和分析过程中不会泄露任何个人隐私信息,从而保护用户的隐私权益。

数据去隐私的一般步骤如下:

(1) 识别个人数据:检查数据集中包含的所有字段,识别出个人身份信息,如姓名、地址、电话号码、电子邮件地址、IP 地址等。

(2) 制定去隐私策略:根据数据使用的上下文和相关法律要求,制定去隐私的策略,确定哪些数据需要匿名化或删除。

(3) 执行去隐私操作:应用去隐私策略,通过技术手段如数据掩码、哈希、泛化等方法处理个人数据。

(4) 验证处理结果:确保去隐私操作正确执行,个人数据得到适当处理,无法被恢复。

(5) 记录和审计:记录去隐私的过程和结果,以便审计和复查。

(6) 持续监控和维护:定期检查数据集,确保新收集的数据也符合去隐私的标准,并及时更新去隐私措施。

总的来说,去隐私强调了在数据处理中保护个人隐私的重要性,并通过一系列替换规则来实现这一目标。这不仅有助于遵守数据保护法规,还能增强用户对数据处理流程的信任。

**勤学苦练**

1. 以下哪项不是数据清洗的步骤?(　　)

A. 异常值清洗　　B. 数据去重

C. 数据加密　　D. 数据去隐私

2. 数据清洗的目的是什么?(　　)

A. 提高数据的准确性和可用性　　B. 增加数据量

C. 减少数据处理时间　　D. 自动化数据分析过程

3. 数据清洗中,"数据过滤"是指什么?(　　)

A. 按照规则选取或排除数据　　B. 识别并删除重复记录

C. 填补缺失值　　D. 纠正错误

答案:1. C;2. A;3. A。

## 二、数据清洗常用工具

数据清洗是确保数据质量和准确性的重要过程,涉及去除重复、修正错误、处理缺失值等步骤。常用的数据清洗方法包括数据去重、数据校验、异常值检测、数据转换和归一化。数据清洗流程是一系列系统化的步骤,旨在提高数据质量,确保数据分析的准确性和可靠性。数据清洗的一般流程如图 3-10 所示。

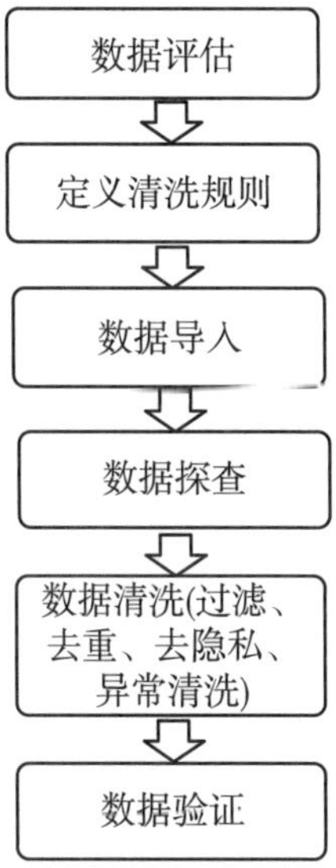


图 3-10　数据清洗的一般流程

其中,数据评估阶段评估数据集的当前状态,包括数据的完整性、 致性、准确性和可访问性;定义清洗规则阶段根据业务需求和数据评估结果,定义数据清洗的规则和标准;数据导入阶段将原始数据导入数据清洗工具或环境中;数据探查阶段进行数据探索,识别数据中的模式、异常值和潜在问题;数据清洗阶段主要包括数据过滤、去重、去隐私和异常清洗,识别并删除重复的记录,确保数据的唯一性;数据验证阶段对清洗后的数据进行验证,确保数据清洗的质量和效果。

数据清洗是一个涉及多个步骤的过程,包括数据预处理、转换、验证和优化等。常用的数据清洗工具各有特点,适用于不同的数据清洗任务和场景。在选择数据清洗工具时，需要考虑数据的类型、大小、预期的处理复杂性及用户的技术熟练度。通过有效的数据清洗，可以显著提升数据分析的质量和机器学习模型的性能。常用的数据清洗工具如下：

### （一）表格处理

特点：用户界面友好，强大的公式函数、数据透视表和图表功能，支持直观操作和灵活数据处理。

优势：易用性高，无需编程知识；成本效益好，尤其适合个人和小企业；普及性强，易于获取帮助和资源。

劣势：性能受限于数据规模，不适合处理大数据；自动化程度有限；多人协作和数据安全性较弱。

适用场景：适合小规模数据清洗、个人或小企业数据分析、初步数据探索和报告制作。

### （二）Kettle（Pentaho Data Integration）

特点：开源 ETL 工具，提供可视化设计界面，支持多种数据源和数据处理操作。

优势：免费开源，功能强大，社区支持好。

劣势：对于初学者来说，界面可能较为复杂，学习曲线陡峭。

适用场景：适用于需要进行复杂 ETL 操作的中型和大型项目。

### （三）Talend

特点：提供全面的 ETL、数据集成、数据质量管理和数据科学平台。

优势：功能全面，支持云服务，具备强大的数据质量管理工具。

劣势：高级功能可能需要付费，部分用户反映界面不够直观。

适用场景：适用于大型企业的数据集成和数据质量管理需求。

### （四）Informatica Power Center

特点：企业级数据集成工具，提供高级的数据清洗和转换功能。

优势：高性能，高可靠性，适合大规模数据集成项目。

劣势：成本较高，可能需要专业知识进行配置和维护。

适用场景：适用于大型企业和高端市场的数据集成需求。

### （五）Microsoft SQL Server Integration Services（SSIS）

特点：微软的数据集成工具，与 SQL Server 紧密集成，提供 ETL 功能。

优势：与 SQL Server 集成良好，支持多种数据源，用户界面友好。

劣势：主要针对微软生态系统，对非微软数据源的支持可能有限。

适用场景：适用于使用微软 SQL Server 的企业环境。

### （六）Apache Nifi

特点:易于使用的数据处理和分发系统,支持数据流的自动化处理。

优势:强大的数据流处理能力,易于操作和监控。

劣势:相对较新,社区和插件生态可能不如一些成熟工具完善。

适用场景:适用于需要灵活处理数据流和实时数据分发的场景。

**拓展阅读**

**大模型预训练中的数据清洗**

近年来,大模型技术热潮中对数据质量的要求提升到了一个新的高度。数据是人工智能的原油,人工智能系统的成功在很大程度上取决于数据的质量,这一点已经被广泛认同。一个人工智能系统80%的工作量集中在前期的预训练数据准备和后期的数据飞轮迭代上。

做好预训练数据的数据清洗是预训练大模型成功的关键一环。大模型行业落地的预训练、微调等各个环节都需要数据清洗。通过集成多种数据处理工具和算法,如规则清洗、敏感词过滤、广告过滤、去重和质量评估,大模型能够显著提升数据质量。在预训练过程中,数据工程尤为重要,因为数据的丰富性和质量直接影响模型性能。大模型能够处理多维度数据,包括高质量文本和互联网上的多样化数据资源。此外,随着真实数据资源的减少,合成数据的重要性日益凸显,大模型需要能够适应并利用这些数据。大模型本身也能作为数据清洗的工具,帮助进行错误修正、数据补全和合规性检查,尽管目前这一应用还处于起步阶段,但其潜力巨大,有望解决复杂数据清洗场景中的决策规划问题。

## 第三节 数据标注

**学习目标**

- 理解数据标注的重要性。
- 掌握不同类型的数据标注。
- 熟悉数据标注的工具和技术。

数据标注是对未经处理过的图片、文本、视频等数据进行加工处理,从而转变成机器可识别信息的过程。数据标注是人工智能算法得以有效运行的关键环节,想要实现人工智能就要先让计算机学会理解并具备判断事物的能力。数据标注的过程就是通过人工贴标的方式,为机器系统提供大量学习的样本。没有标注数据,模型就无法从海量信息中提取出有价值的知识。通过大量标注数据的训练，人工智能模型逐渐学会了如何分析和处理信息，进而实现各种智能化应用。

数据标注对于机器学习模型的训练至关重要。高质量的标注数据可以帮助模型更好地学习，从而提高其在实际应用中的准确性和效率。在自动驾驶汽车中，准确的图像标注可以帮助车辆识别行人和障碍物；在医疗领域，精确的医疗影像标注可以辅助疾病诊断。数据标注是实现智能系统理解和处理复杂数据的基础，涉及将原始数据分类、标记和转换为结构化格式。常见的标注类型如下：

（1）文本标注：对文本数据进行分类、情感分析或实体识别，如标注人名、地点或情感倾向。

（2）图像标注：在图像中进行识别和标记，如面部识别、物体检测或场景分割。

（3）视频标注：对视频帧进行标注，识别和追踪视频中的对象、活动或事件。

数据标注是机器学习模型能够从数据中学习和提取有用信息的基础，它直接影响模型的训练效果和最终性能。高质量的数据标注是实现高效、准确机器学习模型的关键。

## 一、文本标注

文本标注是数据标注的一种形式，它涉及对文本数据进行结构化标记，以便机器学习模型可以识别和处理。文本标注帮助机器学习模型识别文本中的实体、情感、关键词等，从而进行准确的语义分析和信息提取，包括但不限于文本分类、命名实体识别(NER)、情感分析和语言模型训练。

文本标注广泛应用于搜索引擎、推荐系统、自动摘要、机器翻译、情感分析等领域，目的是使机器能够理解自然语言，从而提高信息检索、自动摘要和机器翻译等应用的性能。文本标注通常涉及以下几个步骤：预处理(如分词、去除停用词)、定义标注类别、手动或半自动标注以及质量控制。其应用场景有名片自动识别、证照识别等。

### （一）文本标注类型

文本的数据标注包括命名实体标注、情感标注、关系标注、意图标注和语义标注等类型。

**1. 命名实体标注**

实体标注需要将一句话中的实体提取出来，如电视、足球、门等。有时候还需要划分这句话的类别，如音乐、百科、新闻等，或者是标注出文本中的动作指令(开门、播放等)，许多企业会在各种应用场景中应用命名实体标注功能。

**2. 情感标注**

情感标注通常需要判定一句话包含的情感，如三级情感标注(正向、中性、负向)，要求高的会分成六级甚至十二级情感标注。为了获得这些数据，经常要用到人工标注，因为他们可以评估所有网络平台(包括社交媒体和电商网站)上的情绪和评论内容，并能够标记和报告其中辱骂、敏感的关键字或新词。

**3．关系标注**

关系标注是对复句的句法关联和语义关联做出重要标示的一种任务，是复句自动分析的形式标记。下面对涉及关系标注的知识图谱做简要介绍。知识图谱也叫知识库，客户用来做查询和推理。知识图谱的结构包括实体、属性和关系。例如，用户提问“北纬 39°56′、东经 116°20′的城市在哪个国家”，机器回答“这个城市是北京，且在中国”。

**4．意图标注**

随着人们越来越多地使用人机交互进行交流，机器必须能够理解自然语言和用户意图。多意向数据收集和分类可将意向划分为若干关键类别，包括请求、命令、预订、推荐和确认。如客户要明确查询天气，里面有“查询天气”“查询气象　雨”“查询气象　雾”“查询气象　气温”等意图。

**5．语义标注**

语义标注既可以改进产品列表，又可以确保客户能够找到想要的产品。这有助于把浏览者转化为买家。语义标注服务通过标记产品标题和搜索查询中的各个组件，帮助训练算法，以识别各组成部分，提高总体搜索相关性。

### （二）文本标注应用场景

文本标注的应用范围很广泛，具体来说，文本数据标注应用比较多的场景包括客服行业、新零售行业、金融行业、广告行业和医疗行业等。应用类型主要有数据清洗、语义识别、实体识别、场景识别、情绪识别和应答识别等。

**1．客服行业**

在客服行业中，文本标注是提升客户体验和效率的关键技术。通过场景识别和应答识别，智能客服系统能够快速理解用户需求并提供精准服务。人工客服的细分，如文字、视频和语音客服，进一步丰富了服务模式。电商平台的智能客服机器通过文本标注，建立应答体系，对用户咨询进行分类和模型匹配，实现自动化问题解决。文本标注不仅帮助构建机器人知识库，还提升了对用户指令的识别和响应能力，优化了客户服务流程。

**2．新零售行业**

新零售行业通过结合线上数据和线下体验，对商品生产、流通和销售过程进行创新。文本标注在此行业中发挥着至关重要的作用，它帮助企业精准定位客户问题，实现个性化服务。通过对顾客问题的标注，企业能够提炼共性需求，同时满足个体差异，从而提升客户满意度和忠诚度。文本标注的应用，让新零售企业能够更好地理解市场动态和消费者需求，实现产品和服务的持续优化。

**3．金融行业**

金融行业的文本标注主要集中在线上平台和线下文档，尤其是商务合同中的关键信息提取。企业签约过程中，合同中的关键信息如公司名称、合同编号、金额等，对甲乙双方至关重要。通过建立企业合同分析模型，利用文本标注技术自动识别和提取合同信息，金融企业能够显著降低人力成本，提高工作效率，并减少因人工操作导致的错误。文本标注在金融行业中，是提高数据处理效率和准确性的重要手段。

**4．广告行业**

广告行业中，文本标注的应用有助于提升广告设计工作的效率和质量。通过对已有广告文案进行综合分析，标注出文案中的“精华”与“糟粕”，广告设计工作者可以快速提取优秀元素，进行创意综合。这种方法不仅提高了广告创作的工作效率，还有助于保持广告内容的创新性和吸引力。文本标注在广告行业中，是优化广告内容创作和提升市场竞争力的有效工具。

**5．医疗行业**

医疗行业的文本标注要求较高专业度，通常涉及病例中的关键字段提取。病例中的检查项和既往病史通常有固定模板，易于识别和标注。而主诉和医生描述则因个案而异，需要特别关注。在标注过程中，明确每个词的属性和语境中的作用是至关重要的。这种细致的文本处理方式，有助于提高医疗文档的可用性和理解度，对提升医疗服务质量和效率具有重要意义。文本标注在医疗行业中，是实现医疗信息化和提升诊疗精确度的关键技术。

### （三）文本标注工具

文本标注工具是用于识别和标记文本中重要信息的软件。它通过自然语言处理技术，帮助用户快速提取关键词汇、短语或概念，并生成摘要。这些工具通常具备关键词提取、主题识别和自动摘要生成等功能，以辅助研究、数据分析和信息管理。使用文本标注工具可以节省时间，提高信息筛选和处理的效率。常用的文本标注工具如下：

（1）NLTK 和 spaCy：自然语言处理库，提供分词、词性标注等功能。

（2）GATE：通用架构文本工程，支持复杂的文本处理和标注任务。

（3）Prodi. gy：一个协作式文本标注平台，支持多种语言和自定义标注任务。

## 二、图像标注

图像标注是为图像数据添加标签的过程，以便机器学习模型的训练和验证，是机器学习和计算机视觉研究中的一项基础工作，涉及对图像数据进行分类、定位和描述，目的是训练计算机视觉模型以识别和分类图像中的不同对象。这可以包括物体检测、图像分割、面部识别和场景理解。图像标注示例如图 3-11 所示。

**图 3-11　图像标注示例**

图像标注一般要求标注人员使用不同的颜色来对不同的目标标记物进行轮廓识别，然后给相应的轮廓打上标签，用标签来概述轮廓内的内容，以便让算法模型能够识别图像中的不同标记物。图像标注常用于人脸识别、自动驾驶车辆识别等应用。

### （一）图像标注类型

（1）分类标注：识别图像中的对象并将其归类到预定义的类别中。

（2）边界框标注：在图像中的对象周围绘制矩形框，以确定其位置和大小。

（3）语义分割：对图像中的每个像素进行分类，区分不同的对象和背景。

（4）实例分割：不仅区分图像中的不同对象，还识别同类对象的不同实例。

（5）关键点标注：识别图像中对象的关键部位或特征点，如人体姿态估计中的关键关节点。

### （二）图像标注应用场景

（1）自动驾驶：用于道路、车辆、行人等的检测和分类。

（2）医学图像分析：辅助医生进行病变识别、肿瘤分割等。

（3）安全监控：用于异常行为检测、人流统计等。

（4）电子商务：商品图像的分类和检索。

### （三）图像标注工具

图像标注是构建高质量训练数据集的关键步骤，对于提高机器学习模型的性能至关重要。选择合适的标注工具可以显著提高标注效率和数据质量。图像标注工具是专门用于图像识别和分类的软件，它允许用户在图像上添加标签或注释，以便于识别和检索。这些工具通常结合了机器学习和人工智能技术，能够自动识别图像中的对象和场景，并提供相应的标签建议。用户可以手动添加或修改标注，以提高识别的准确性。图像标注工具广泛应用于数据科学、机器学习训练、内容管理和图像数据库构建等领域，是图像处理和分析的重要辅助工具。常用的图像标注工具如下：

（1）LabelImg：一个图形化界面的图像标注工具，支持多种标注类型。

（2）MakeSense：一个在线的图像和视频标注平台，支持团队协作。

（3）VGG Image Annotator（VIA）：由牛津大学视觉几何组开发的轻量级图像标注工具。

（4）CVAT（Computer Vision Annotation Tool）：一个开源的 Web 标注工具，支持图像和视频的标注。

（5）Labelbox：一个企业级的标注平台，提供高级的协作和自动化功能。

## 三、视频标注

视频标注是为视频内容添加描述性信息的过程，它涉及对视频内容进行时间序列上的标注，以识别和分类视频中的事件、动作和对象。视频标注比图像标注更为复杂，因为它需要处理动态变化和时间连续性。视频标注对于监控系统、行为分析、体育赛事分析和视频内容推荐系统等领域非常重要。视频标注是视频分析领域的一个复杂任务，需要对视频帧进行标注，以支持动作识别、事件检测等应用。本节将探讨视频标注的技术和工具。视频标注是为视频数据添加描述性标签的过程，这在视频内容分析、行为识别等领域非常重要。

### （一）视频标注类型

视频标注是计算机视觉和机器学习中为训练人工智能模型而对视频数据进行标记的过程。

**1. 按时间维度划分**

(1) 帧标注：对视频中的每一帧图像进行标注，通常用于简单场景或对象识别。

(2) 片段标注：对视频中的连续帧序列进行标注，通常用于复杂行为或事件识别。

**2. 按标注对象划分**

(1) 目标检测标注：标注视频中特定物体的位置和类别（如人、车、动物），用矩形框或任意形状框标出目标。

(2) 语义分割标注：逐像素标注物体的类别，区分不同区域，对视频每一帧的像素进行分类涂色。

(3) 关键点标注：标记物体的关键特征点（如人体关节、面部特征），在目标上标出点状标记并连线。

(4) 行为/动作标注：标注视频中人物或物体的动作类别（如跑步、挥手、摔倒），对片段打标签或标注时间区间。

(5) 事件标注：标注视频中发生的特定事件（如交通事故、火灾），标注事件类型及发生时间区间。

### （二）视频标注应用场景

(1) 安全监控：实时监测异常行为或事件。

(2) 自动驾驶：理解车辆周围环境，识别行人、车辆等。

(3) 医疗影像分析：辅助诊断，如手术过程中的动作分析。

(4) 体育分析：运动员动作分析，比赛策略制定。

(5) 内容创作与管理：自动标注视频内容，便于检索和管理。

### （三）视频标注工具

视频标注工具是一种利用人工智能技术对视频内容进行分析和标记的软件。它能够识别视频中的对象、场景、活动等，并允许用户添加自定义标签或注释。这些工具支持时间轴上的标注，使得用户能够快速定位到视频的特定部分。视频标注工具广泛应用于视频内容管理、安全监控、教育和研究领域，帮助用户更有效地组织、检索和分析视频数据。通过自动化和用户交互的结合，提高视频处理的效率和准确性。常见的视频标注工具如下：

(1) OpenPose：用于实时人体姿态估计的工具。

(2) DAVIS：用于视频对象分割的基准和工具集。

(3) MakeSense：一个在线协作平台，支持视频和图像的标注。

(4) Labelbox:提供高级的标注功能,支持自定义工作流程。

(5) CVAT:一个开源的 Web 标注工具,适用于视频和图像。

(6) Vatic:一个简单的视频标注工具,支持在视频帧上绘制边界框。

(7) Video Annotator:一个开源的视频标注工具,支持复杂的视频分析任务。

(8) Deep Learning-based Tools:如 AVA(动作识别数据集)提供的工具,利用深度学习模型辅助视频标注。

在进行数据标注时,需要确保标签的一致性和准确性,以便生成高质量的训练数据集。通过标注数据,机器学习模型能够学习到数据的特征和规律,进而实现分类、识别、预测等任务。通过标注不同领域、不同场景的数据,可以使模型适应更多的应用场景,从而拓展其应用范围。数据标注在机器学习和人工智能领域扮演着至关重要的角色,它不仅是提升模型性能的关键步骤,也是推动数据驱动决策的重要基础。

**基础练习**

数据标注的重要性体现在以下哪个方面?(　　)

A. 降低模型性能

B. 提高模型训练成本

C. 直接影响机器学习模型的性能

D. 减少数据的多样性

答案:C。

**拓展阅读**

**数据标注的发展趋势**

数据标注是指对图片、语音、文本、视频等数据进行处理,标记对象的特征,生成满足机器学习训练要求的可读数据编码。数据标注的意义在于为机器学习算法提供准确、可靠的训练数据,从而提升模型的性能和精度。大模型时代的到来,正加速推动人工智能开发从以模型为中心向以数据为中心转变。这使得数据标注的重要性更加凸显。

相关机构根据国内需求方与供应方营收增长情况推算,预计 2025 年数据标注市场规模为 200 亿~300 亿元。市场规模逐渐扩大以及重要性日益显著,使得数据标注行业愈发受到行业及投资机构的青睐。2023 年,包括像星尘数据、标贝科技、整数智能、柏川数据、曼孚科技、恺望数据等企业均获得新一轮融资。此外,像阿里巴巴、百度、京东、字节跳动、科大讯飞等头部企业也与地方持续深化合作,加快推动数据标注产业基地的建设。大模型的出现,使得数据标注逐渐向 AI 辅助标注和自动标注方向发展,行业开始进入技能密集时代。不仅如此,随着大模型逐渐走向垂直化、专业化,高质量、高效率、规范化和定制化服务在数据标注市场将占据更大比例。未来,"基础模型 + 微调"将成为人工智能开发的新范式,定制化的数据标注服务将成为市场需求的主流。

**分析思考**

数据标注是机器学习和人工智能领域中的一个重要环节，涉及将原始数据分类、标记和转换为结构化格式以供模型训练使用。数据标注通常需要大量的人力和时间投入，因此在实践中，人们也在探索自动化或半自动化的标注方法来提高效率，考虑在面对需要大量人力和时间的大规模数据集时，如何利用自动化工具和技术来提高标注效率。

## 《本章小结》

本章为读者提供了数据处理的全面基础知识，深入探讨了数据采集、数据清洗和数据标注这三个核心阶段。这些阶段是数据分析流程中不可或缺的环节，对于确保数据分析的准确性和有效性至关重要。

**1. 数据采集**

数据采集是数据分析项目的起点，它强调了从各种来源获取数据的重要性。本节介绍了开源数据集的特点，包括它们的可访问性、多样性和社区支持，并提供了如何评估和选择适合项目需求的开源数据集的指导。此外，还介绍了数据采集工具的使用，如网络爬虫、API 等，这些工具可以帮助用户自动化数据收集过程，提高效率并减少人为错误。

**2. 数据清洗**

数据清洗包括数据过滤、异常清洗、数据去重和数据去隐私。本节描述了数据清洗的基本概念和流程，以及如何使用各种工具来提高数据质量。数据清洗是一个系统化的过程，旨在提高数据质量，确保数据分析和机器学习模型的准确性。

**3. 数据标注**

数据标注是人工智能算法得以有效运行的关键环节，包括文本标注、图像标注和视频标注等类型。本节探讨了不同类型的标注任务，以及使用专业标注工具和平台进行高效标注的方法。数据标注的过程就是通过人工贴标的方式，为人工智能提供大量学习的样本，是一个需要高度注意细节和准确性的任务。

关键点回顾：

- 数据采集是确保数据分析项目成功的起点，需要合法合规地进行。
- 数据清洗对于提高数据质量至关重要，它直接影响数据分析的结果。
- 数据标注是训练机器学习模型的基础，需要准确和一致的标注来提高模型性能。

随着技术的发展，自动化和半自动化的数据处理工具将越来越普及，它们可以大大提高数据处理的效率。数据隐私和安全性是数据处理中不可忽视的问题，需要采取适当的措施来保护个人隐私和敏感数据。持续学习新的数据处理技术对于数据分析师来说非常重要。

# 《章节练习》

## 一、选择题

1. 数据处理的主要目标是(　　)。

A. 确保数据的安全性

B. 将原始的、杂乱无章的数据转换成干净、有序、有用的信息

C. 增加数据的复杂性

D. 减少数据的可用性

2. 数据采集在数据分析和机器学习流程中扮演什么角色?(　　)

A. 最后步骤　　B. 首要步骤

C. 中间步骤　　D. 不重要步骤

3. 开源数据集的特点不包括以下哪项?(　　)

A. 可访问性　　B. 多样性

C. 社区支持　　D. 专有性

4. 数据清洗的目的是(　　)。

A. 降低数据的准确性　　B. 提高数据的准确性和可用性

C. 增加数据量　　D. 自动化数据分析过程

5. 数据标注在机器学习和人工智能领域中的作用是(　　)。

A. 降低模型性能　　B. 直接影响机器学习模型的性能

C. 减少数据的多样性　　D. 提高模型训练成本

6. 数据采集工具 DataX 的优势不包括以下哪项?(　　)

A. 部署简单　　B. 开源且无成本

C. 支持高并发数据同步　　D. 支持自动化能力和任务管理功能

7. 数据清洗中异常清洗的目的是(　　)。

A. 降低数据质量　　B. 提高数据质量

C. 增加数据量　　D. 自动化数据清洗过程

8. 数据过滤在数据清洗中的作用是(　　)。

A. 填补缺失值　　B. 纠正错误

C. 按照规则选取或排除数据　　D. 增加数据复杂性

9. 数据去重在数据清洗中的必要性是(　　)。

A. 增加数据量　　B. 降低数据质量

C. 提高数据质量　　D. 减少数据处理时间

10. 数据去隐私在数据处理中的重要性是(　　)。

A. 降低数据安全性　　B. 遵守法律法规

C. 减少公众信任　　D. 增加法律风险

11. 数据处理的基础包括哪些关键步骤？（　　）

A. 数据采集和数据存储

B. 数据清洗和数据标注

C. 数据采集、数据清洗和数据标注

D. 数据分析和数据可视化

## 二、判断题

1. 数据处理是确保数据分析项目成功的起点。（　　）
2. 数据采集只需要从单一来源获取数据。（　　）
3. 开源数据集不具备可访问性。（　　）
4. 数据清洗包括增加数据量这一步骤。（　　）
5. 数据标注对于训练机器学习模型没有作用。（　　）
6. DataX 是一个支持自动化能力和任务管理功能的开源数据同步工具。（　　）
7. 异常清洗在数据清洗中是不必要的步骤。（　　）
8. 数据过滤的目的是识别并删除重复记录。（　　）
9. 数据去重会降低数据质量。（　　）
10. 数据去隐私是为了遵守法律法规和保护个人隐私。（　　）

## 三、简答题

1. 描述数据采集的重要性及它在数据分析和机器学习流程中的作用。
2. 解释开源数据集的可访问性、多样性和社区支持这三个特点。
3. 列举并简要描述至少三种常用的数据采集工具。
4. 数据清洗的基本概念是什么？它为什么对数据分析至关重要？
5. 描述数据清洗流程中的异常清洗步骤，并解释它的重要性。
6. 解释数据过滤的目的和它在数据清洗中的作用。
7. 数据去重在数据清洗中扮演什么角色？为什么它是必要的？
8. 描述数据去隐私的概念，并解释它在数据处理中的重要性。
9. 解释数据标注对于训练机器学习模型的作用。
10. 描述数据采集工具 DataX 的主要用途和优势。

# 第四章 大模型应用技术

## 本章引言

本章将带领读者深入探索大模型应用技术，这是人工智能领域中快速发展的一个重要方向。大模型，特别是基于深度学习的语言模型，展现出了超越传统算法的卓越能力，能够在复杂任务中提供更加精准和智能的解决方案。无论是在自然语言处理、计算机视觉，还是在其他人工智能应用领域，大模型的应用正在逐步扩展，展现出巨大的潜力。

首先，本章将介绍提示词工程，探讨其在艺术、医疗、教育等各行业中的实际应用。通过这些应用实例，读者将了解如何利用提示词工程提高生成内容的质量和多样性。

其次，本章将深入阐述智能体的设计方法和原理，帮助读者理解如何构建和优化具有高度自主性的智能系统。

最后，本章将介绍模型微调的基本原理和方法。通过一个实际案例，详细展示模型微调的整个过程，使读者能够亲身体验如何通过微调提升模型在特定任务上的性能。

希望通过本章的学习，读者能够全面掌握大模型应用技术，并在未来的工作和研究中找到更多的创新灵感。

# 第一节 提示词工程

**学习目标**

- 了解提示词工程的基本概念并理解其重要性。
- 理解提示词编写的基本原则。
- 掌握有效提示词的编写技巧。

提示词工程作为一项前沿而强大的技术，正逐渐从科幻走向现实，深入我们的日常生活。通过精心设计的提示词，能够引导人工智能模型更加精准地执行任务。无论是语言纠正、信息处理还是其他复杂的人机操作，提示词工程不仅提高了人工智能的实用性，还推动了人机协作的无限可能。它像是催化剂，帮助机器更加智能地理解和响应各种需求，促使真人世界与人工智能虚拟世界之间实现更高效的交互。

## 一、提示词工程概述

在信息化快速发展的今天，人工智能技术的持续进步已经成为推动社会前进的核心力量。特别是在自然语言处理领域，提示词工程的重要性不言而喻。通过精心设计和优化提示词，可以有效地指导人工智能模型产生符合预期的输出，从而提高其工作效率和准确性。

2022年底ChatGPT爆火，紧随其后，国内市场发布了一系列人工智能大模型，这些模型不仅展示了惊人的能力，还极大地影响了我们的工作和日常生活方式，如科大讯飞的星火大模型(图4-1～图4-5)、百度的文心一言、字节跳动的豆包等。随着各大平台和厂商纷纷推出自家的大型人工智能模型，越来越多的人开始认识并体验到这些先进技术所带来的便捷。

### （一）基本概念

提示词工程(Prompt Engineering)也称作上下文提示(In-Context Prompting)，是生成式人工智能技术中用于设计和优化提示词的学科，旨在通过结构化文本等方式完善提示词，以引导大语言模型(Large Language Model，简称LLM)输出期望的结果。其中，如何设计和优化提示词是引导人工智能模型生成符合预期输出的重要环节。提示词工程的出现正在不断改变众多行业的运作模式，如画师、客服、翻译、程序员等职业。

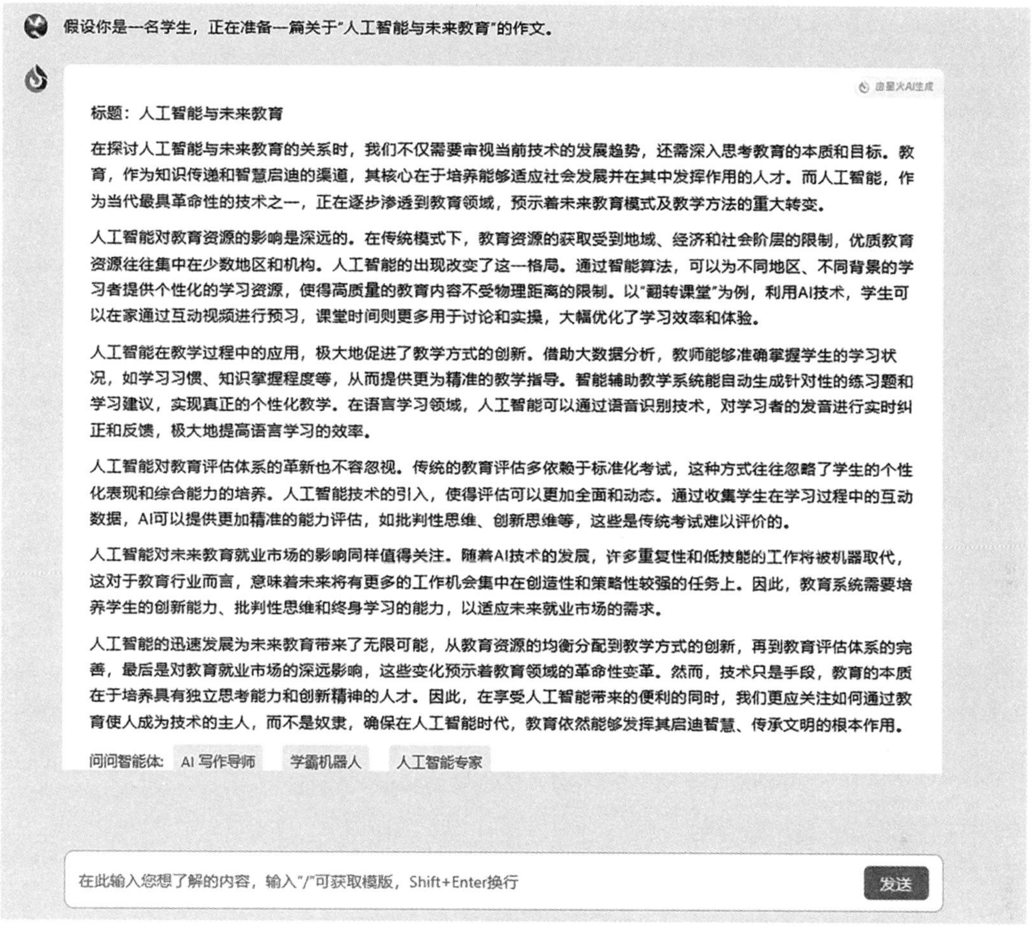


图 4-1　讯飞星火提示词界面

图 4-2　讯飞星火绘画大师

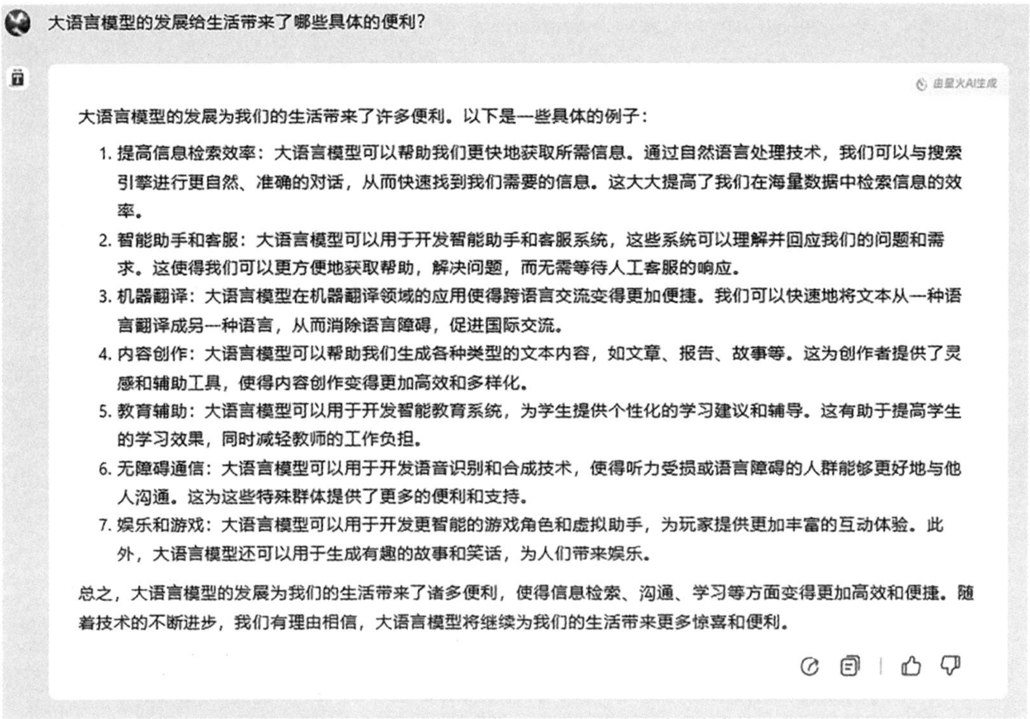

大语言模型的发展给生活带来了哪些具体的便利?

由星火AI生成

大语言模型的发展为我们的生活带来了许多便利。以下是一些具体的例子:

1. 提高信息检索效率：大语言模型可以帮助我们更快地获取所需信息。通过自然语言处理技术，我们可以与搜索引擎进行更自然、准确的对话，从而快速找到我们需要的信息。这大大提高了我们在海量数据中检索信息的效率。
2. 智能助手和客服：大语言模型可以用于开发智能助手和客服系统，这些系统可以理解并回应我们的问题和需求。这使得我们可以更方便地获取帮助，解决问题，而无需等待人工客服的响应。
3. 机器翻译：大语言模型在机器翻译领域的应用使得跨语言交流变得更加便捷。我们可以快速地将文本从一种语言翻译成另一种语言，从而消除语言障碍，促进国际交流。
4. 内容创作：大语言模型可以帮助我们生成各种类型的文本内容，如文章、报告、故事等。这为创作者提供了灵感和辅助工具，使得内容创作变得更加高效和多样化。
5. 教育辅助：大语言模型可以用于开发智能教育系统，为学生提供个性化的学习建议和辅导。这有助于提高学生的学习效果，同时减轻教师的工作负担。
6. 无障碍通信：大语言模型可以用于开发语音识别和合成技术，使得听力受损或语言障碍的人群能够更好地与他人沟通。这为这些特殊群体提供了更多的便利和支持。
7. 娱乐和游戏：大语言模型可以用于开发更智能的游戏角色和虚拟助手，为玩家提供更加丰富的互动体验。此外，大语言模型还可以用于生成有趣的故事和笑话，为人们带来娱乐。

总之，大语言模型的发展为我们的生活带来了诸多便利，使得信息检索、沟通、学习等方面变得更加高效和便捷。随着技术的不断进步，我们有理由相信，大语言模型将继续为我们的生活带来更多惊喜和便利。

图 4-3　讯飞星火文本扩写

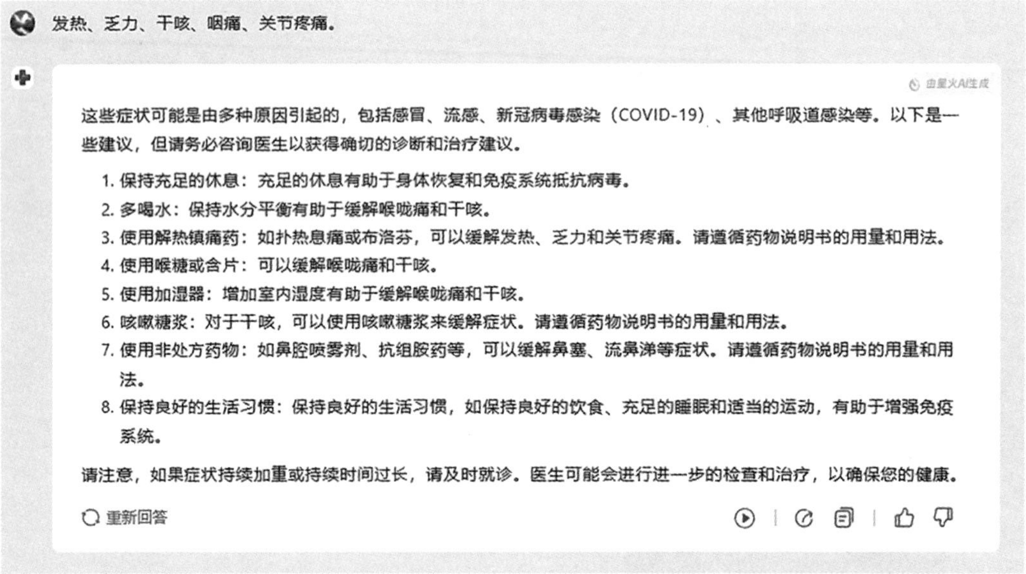

发热、乏力、干咳、咽痛、关节疼痛。

由星火AI生成

这些症状可能是由多种原因引起的，包括感冒、流感、新冠病毒感染（COVID-19）、其他呼吸道感染等。以下是一些建议，但请务必咨询医生以获得确切的诊断和治疗建议。

1. 保持充足的休息：充足的休息有助于身体恢复和免疫系统抵抗病毒。
2. 多喝水：保持水分平衡有助于缓解喉咙痛和干咳。
3. 使用解热镇痛药：如扑热息痛或布洛芬，可以缓解发热、乏力和关节疼痛。请遵循药物说明书的用量和用法。
4. 使用喉糖或含片：可以缓解喉咙痛和干咳。
5. 使用加湿器：增加室内湿度有助于缓解喉咙痛和干咳。
6. 咳嗽糖浆：对于干咳，可以使用咳嗽糖浆来缓解症状。请遵循药物说明书的用量和用法。
7. 使用非处方药物：如鼻腔喷雾剂、抗组胺药等，可以缓解鼻塞、流鼻涕等症状。请遵循药物说明书的用量和用法。
8. 保持良好的生活习惯：保持良好的生活习惯，如保持良好的饮食、充足的睡眠和适当的运动，有助于增强免疫系统。

请注意，如果症状持续加重或持续时间过长，请及时就诊。医生可能会进行进一步的检查和治疗，以确保您的健康。

重新回答

图 4-4　讯飞星火讯飞晓医

图 4-5　讯飞星火陪学助手

伴随提示词工程而产生的新兴职业是提示词工程师，他们专注于设计和优化提示词，以引导人工智能模型产出更高质量的结果。如果将人工智能模型比喻成一台新型计算机，那么提示词工程师就是为这台计算机编程的程序员。作为一名提示词工程师，其职责主要包含多个方面。他们需要持续研究和理解人工智能模型的运作原理，只有深入掌握模型特性，才能设计出更为精确的提示词。根据项目需求，他们需巧妙设计提示词，这不只是简单撰写文本，而是创造性地表达，以唤起模型对特定话题的深刻理解。总的来说，提示词工程师作为人工智能领域的新职业，他们运用自身的技术和创造力，为人工智能系统提供指导，帮助其产出预期结果，从而推动人工智能技术在多个行业中的创新和应用。

说了这么多，那么什么是提示词呢？提示词是用于指导人工智能模型，尤其是生成式人工智能模型产出特定内容或达成特定任务的词语或短语。这些提示词通过特定的指令、问题或陈述，指引人工智能在生成文本、图片或其他形式内容时遵循一定的结构或展现某种风格。提示词本身没有固定语态，它可能是一段需求描述，也可能仅仅是一个简单的问题，甚至可能只是几个关键词的组合。一组好的提示词能够为人工智能模型提供丰富而准确的上下文信息，以及清晰的操作指南。因此，精心挑选词汇、构思短语以及安排合理的结构，构成了提示词工程的核心内容。

请选择任意一款生成式人工智能模型工具，通过设计和使用提示词，感受不同提示词引导下人工智能的不同响应（见表 4-1）。这种实践不仅能增强对人工智能行为模式的理解，还能加深对人机交互细微之处的洞察。在尝试不同的提示词时，你会发现某些词语能显著提升人工智能的输出质量，而某些则可能导致输出结果与预期相悖。通过这种实验，可以细致观察人工智能如何根据不同的提示词调整其输出内容和风格。这样的动手实践是理解提示词工程重要性的直接方式，并能实际体验到调教人工智能模型所带来的成就感。

表 4-1 大模型使用调研

| 需求目标 | 提问语句 | 生成的内容 |
| --- | --- | --- |
| 例：希望了解大模型为生活带来的便利有哪些。 | 大语言模型的发展给生活带来了哪些具体的便利？ | 大语言模型的迅速发展，为我们的日常生活带来了极大的便利。这种技术的进步在多个方面都有所体现。例如，在信息检索领域，大语言模型能够快速准确地提供用户所需的信息；在自然语言处理方面，它能够理解和生成接近人类水平的语言，使得人机交互更为流畅；此外，在教育、医疗、金融等众多行业中，大语言模型的应用都在提高效率和准确性。这些只是冰山一角，大语言模型正逐步渗透到我们生活的每一个角落，极大地丰富了我们的生活体验。 |

## （二）应用领域

### 1. 艺术领域

在艺术领域，原创性一直是创作者们追求的核心。现在，通过人工智能，艺术家们可以以全新的方式实现这一目标。他们巧妙地运用关键词与情感描述，引导人工智能生成富含意图的艺术作品，例如，使用“夕阳海滩的温柔”“梦幻星空的深邃”作为提示词。

艺术家不只是精准地控制作品的色彩和线条，更是通过这些提示词融入特定的情感氛围，赋予作品独特的灵魂。在调整提示词的过程中，艺术家轻松驾驭不同风格与主题，例如，通过简单的提示创造出印象派的朦胧美，使人工智能成为探索不同风格的得力助手。这样的技术运用显著提升了艺术创作的效率，艺术家可以在众多由人工智能生成的作品中挑选出佳作，进一步加工，从而激发无限的创意。同时，提示词工程也促进了艺术的跨界创作，融合了古典技法与现代人工智能技术，创作出传统与现代交织的独特艺术风貌，极大地拓展了艺术的边界与想象。

然而，在利用人工智能进行创作时，艺术家与技术实践者应加强原创意识，并重视版权问题。人工智能生成的艺术作品虽然快速且多样，但原创性与版权安全风险同样需要关注。在人工智能辅助的创作过程中，必须确保使用的资料库、素材和生成的作品不侵犯他人的知识产权，同时要确保所创作作品的版权得到有效注册和管理，以保护创作者的合法权益。

综上所述，合理的提示词设计不仅能高效地激发人工智能生成引人注目的艺术作品，还展现了科技与艺术完美结合的无限可能，开辟了艺术表达的新天地。在这个过程中，艺术家与人工智能的合作不仅仅是技术的应用，更是对艺术原创性追求的一种全新演绎，同时也需警觉与尊重原创性与版权的法律界限。

资料卡片

**Stable Diffusion Web UI**

Stable Diffusion Web UI(图 4-6)基于扩散模型,通过加噪去噪过程生成高质量图像。其核心在于提示词,作为用户与人工智能的沟通桥梁,引导生成所需艺术作品或设计。提示词涵盖颜色、形状、风格等,精准传达创作意图。该技术广泛应用于艺术创作、广告设计、图像修复等领域,例如,艺术家创造独特风格作品,设计师快速生成品牌视觉元素。Stable Diffusion Web UI 不仅提升了创作效率,还丰富了表现形式,成为各行业创新的强大工具。

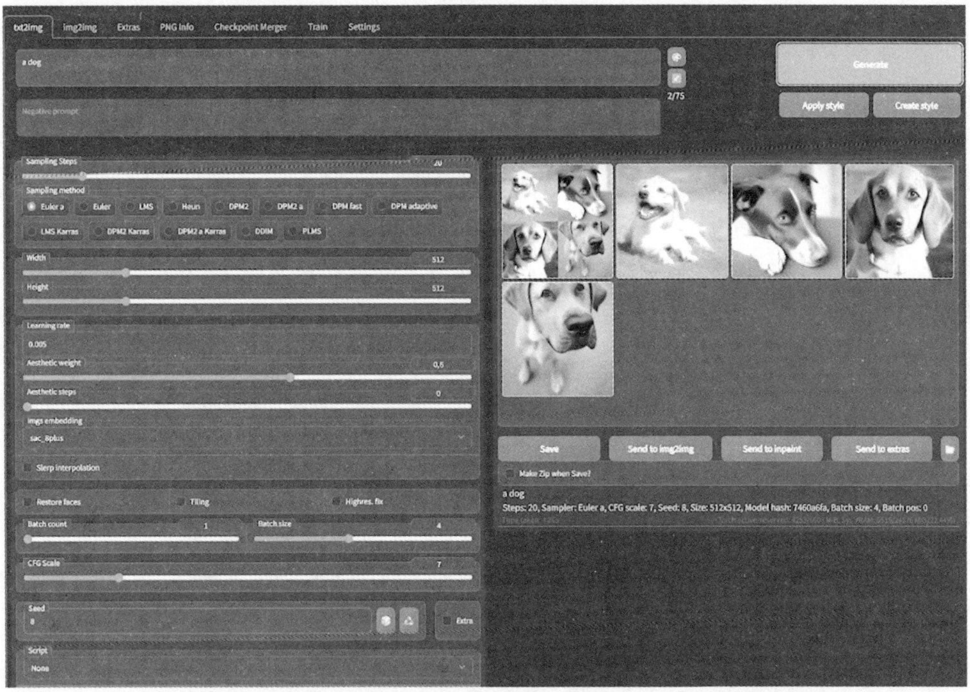


图 4-6 Stable Diffusion Web UI

### 2. 医疗领域

在医疗领域,提示词工程展现了其广泛的应用潜力。它不仅助力医疗诊断,通过优化人工智能模型输入,使医生能更精准地理解患者症状与病史,提升诊断的准确性和效率;还革新了病历管理,结合语音识别与自然语言处理技术,自动生成详尽的电子病历,既减轻了医生负担,又确保了病历的准确与完整,为医疗质量与科研提供了坚实支撑。

此外,提示词工程在医学研究与论文撰写中同样不可或缺,引导人工智能辅助生成论文框架,并高效筛选整理文献,激发研究创新。在药物研发与个性化治疗领域,它更是加速了进程,通过精确设定提示词,促进药物筛选与靶点验证,为患者量身定制治疗方案。最后,在医学教育上,智慧医疗教育系统利用提示词工程,模拟真实诊疗情境,实时反馈评估,有效提升了医学生的临床思维与问诊技能,为医疗人才培养注入了新动力。

然而，尽管提示词工程带来了许多优势，但过度依赖这一技术也存在一定的风险。在医疗诊断和管理过程中，如果完全依赖人工智能生成的信息，可能会忽视医生与患者之间的直接互动和沟通，从而影响对患者情感和社会因素的考虑。此外，人工智能生成的数据和决策需要经过专业医生的最终审查和确认，以避免潜在的错误和偏见。

因此，虽然提示词工程在提高医疗工作效率和准确性方面显示出巨大潜力，但在实际应用中应谨慎，确保技术辅助与专业医疗判断之间保持适当的平衡。这样，才能充分发挥人工智能技术的潜力，同时保障患者的安全和医疗质量。

**资料卡片**

**智能导诊机器人**

智能导诊机器人(图 4-7)是现代医疗的创新技术，融合了自然语言处理、语音识别、激光导航及智能避障等技术，为患者提供高效导诊服务。患者可通过语音或触摸屏与机器人互动，快速查询医院信息、医生排班及科室位置等，得到准确回应，更好地了解医院环境和就医流程。同时，机器人拥有强大的导航能力，能基于精确的地图定位和导航算法，为患者规划出最优路线，节省寻找时间，避免迷路。此外，智能导诊机器人还具备自我学习和优化能力，通过收集用户反馈和就医数据不断完善服务，提高准确性和效率。

图 4-7　智能导诊机器人

### 3. 教育领域

在教育领域，提示词工程正引领着一场个性化与智能化的变革。通过精心设计个性化的提示词，学习体验得以深度定制，每位学生都能获得与其学习需求、兴趣及能力相匹配的独特学习路径，极大地激发了学习兴趣与积极性，学习效果显著提升。同时，智能辅导系统借助提示词工程的优化，更精准地捕捉学生问题，提供定制化解答与辅导，使学习支持更加贴心与高效。

在教学内容生成方面，提示词工程携手生成式人工智能，自动化产出丰富多样的教案、课件与练习题，不仅减轻了教师负担，更促进了教学材料的创新。在内容优化方面，教师灵活调整提示词，动态调整教学难度与重点，确保教学材料始终贴合学生实际，教学效果显著增强。

此外，提示词工程还优化了教育问答系统，使其能准确理解学生疑问，快速生成高质量回答，助力解惑释疑。在线讨论与课堂互动中，启发性提示词激发了学生的深度思考与积极交流，促进了知识的共享与碰撞。

然而，尽管提示词工程带来了许多优势，但重要的是要认识到教育的核心——人的主体地位。机器和技术的辅助虽然能够提高效率和实现个性化学习，但不能取代教师的直觉、同理心和对学生个体差异的敏感理解。教师的角色不仅仅是信息的传递者，更是引导者、激励者和学生情感与社会技能发展的促进者。因此，在使用这些先进技术时，应保持人机协作的平衡，确保技术的应用增强而非取代人的教育功能。

总之，提示词工程为教育带来了创新的解决方案，提升了教学质量和效率。然而，教育的本质是人文关怀和知识传承，必须确保技术应用不会影响这一核心价值，而是通过科技赋能，进一步彰显教育本体“人”的重要性。

**资料卡片**

**智能教辅材料**

智能教辅材料是当下教育领域的一大创新，它们正在逐步替代传统的教辅书籍。借助先进的提示词技术，这些智能教辅材料能够深度分析学生的学习状况，从学习速度、知识点掌握情况等多个维度进行评估。根据这些评估结果，智能教辅材料会为学生量身打造个性化的学习指导和建议，确保每位学生都能在最适合自己的学习路径上前行。这不仅提升了学生的学习效率，还使得学习过程更加贴合学生的实际需求。通过这样的智能辅助，学生可以更加高效地掌握知识，同时也培养了他们的自主学习能力。智能教辅材料的出现，无疑是教育领域技术革新的一大里程碑，预示着更加个性化、高效的学习时代的到来。图 4-8 所示是讯飞 AI 学习机。

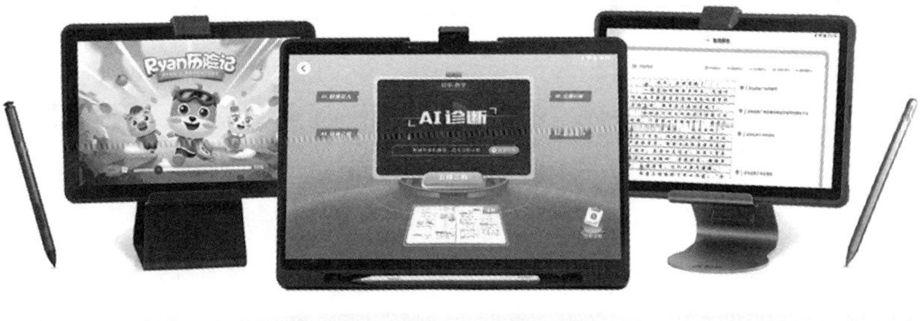


图 4-8 讯飞 AI 学习机

## 二、提示词编写技巧

科技进步与互联网普及彻底重塑了信息获取方式，提示词作为导航工具，广泛渗透于手机应用、网站、广告及产品说明中。然而，并非所有提示词都能有效引导用户，过度复杂、缺乏针对性及吸引力不足等提示词问题频现。在此背景下，提示词编写技巧的重要性愈发显著。业界积极探索，力求使提示词简洁易懂、个性化且高度准确化。这些技巧旨在精准捕捉用户需求，通过优化语言设计，引导用户行为，提升信息传递效率，提高用户满意度。

提示词编写技巧的内容如下：

**1. 明确目标与意图**

在提示词编写的初始阶段，确立清晰、明确的目标与意图是整个工作流程的基础。这一步骤的重要性在于它为后续所有工作设定了航向标，确保所有努力都聚焦于实现既定的愿景。目标与意图的明确性，直接关系到模型输出内容的类型、风格及最终效果，是确保内容质量符合预期的首要前提。它不仅为提示词工程师提供了明确的创作方向，还促进了团队内部的有效沟通与协作，确保每位参与者都朝着同一目标迈进。

明确的目标和意图是编写有效提示词的关键，它们使工程师能够精确选择词汇和句式，从而最大限度地引导模型生成符合预期的内容。相比之下，模糊或不明确的目标会导致提示词表述含糊，增加模型理解偏差的风险，最终生成的内容可能与预期大相径庭。因此，在开始编写提示词之前，确立清晰、明确的目标和意图不仅是减少偏差和误解的关键，还能显著提升工作效率和优化工作流程，确保模型生成内容的准确性和质量。这种精确的提示词设计不仅提升了模型的性能，还加强了工程师对生成过程的控制，使得人工智能输出更加可靠和符合需求。

**2. 简洁与清晰**

在信息爆炸的时代，模型需要迅速、准确地捕捉关键信息。冗长复杂的句子如同迷宫，阻碍模型快速定位有效信息。相反，简洁明了的提示词如同明灯，指引模型快速理解所需内容。简短直接的语言风格是编写优秀提示词的关键，它能提高模型的响应速度和准确性，确保信息的高效传递。

在描述过程中，为了避免不必要的逻辑复杂性，建议避免使用反问式、双重否定等表达方式。例如，"产品说明书怎么改才能让小学生看明白呢"可以改为"使用小学生能够理解的表述方式修改产品说明书"。又如，"这幅画也不是不能接受使用紫色背景"可以简化为"这幅画可以使用紫色背景"。这样的表述更加直接明了，有助于清晰传达信息和意图。通过这种方式，可以提高语言的明确性和效果，确保信息被正确理解。

在编写提示词时，追求简洁性与清晰度是核心原则。明确的词汇选择可以减少模型理解的歧义，确保信息传递的准确无误。避免使用模糊或多义的词汇，使每个词语都如同清晰的拼图碎片，共同构成一幅明确无误的信息画面，从而精确地引导模型做出响应。这样的做法不仅提高了与模型交互的效率，还优化了整体的工作性能和模型的输出质量。通过坚持简洁性与清晰度原则，我们能够实现与模型之间的高效、精确通信，有效提升工作流的顺畅度和模型的性能表现。

**3. 结构化与重点突出**

在编写提示词时,结构化和重点突出是关键策略。一个结构明晰的提示词能够显著提升模型的理解效率和处理速度。通过有条理地组织信息,可以帮助模型更快地捕捉到要点,并理解信息的内在逻辑和层次结构。采用分段、标题和项目符号等方法,将复杂信息分解为独立且相互关联的部分,是实现结构化的有效手段。

然而,在冗长或复杂的提示词中,关键信息的突出能帮助模型迅速定位到最关键的信息点以做出准确响应。为此,提示词可以利用加粗、不同颜色等视觉辅助手段来强调关键文字,使模型一眼便能识别出重要内容。

结构化和重点突出是提示词编写的两大支柱。通过合理的信息组织和关键信息的视觉强调,能够创造出既清晰又高效的提示词。这不仅提升了模型的理解能力,还加快了处理速度,确保了指令的准确传达和执行。在编写过程中,也应关注这两方面,力求打造出最优化的提示词。

**4. 具体化与细节丰富**

在引导模型生成内容时,具体化是确保精准输出的首要要素。由于模型依赖具体、明确的指令来执行任务,需要将模糊或笼统的需求转化为具体描述。例如,将“设计一个漂亮的网站”转化为包含具体设计元素和要求的描述,如色调、设计风格、页面布局等。这样的具体化过程帮助模型准确理解并响应需求。

细节丰富是具体化的深化,它为模型提供了更加全面、多层次的参考框架。通过提供颜色、形状、尺寸等视觉元素,以及语气、风格、情感等文本特征,为模型构建一个丰富的细节环境。这些细节不仅增强了指令的明确性,还使得模型在生成内容时能够有更丰富的依据和灵感,从而生成更加贴合需求的内容。

在具体化和细节丰富的共同作用下,能够显著提升模型生成内容的准确性和贴合度。无论是设计网站、创作画作还是其他任何形式的内容生成,通过为模型提供具体、明确的指令和丰富的细节信息,都能引导其生成出既满足需求又富有创意和独特性的内容。因此,在引导模型生成内容的过程中,应始终关注具体化和细节丰富的应用,力求达到最佳效果。

**5. 使用正面词汇**

在编写提示词时,选择积极、正面词汇具有举足轻重的地位。这些词汇蕴含的正能量,能够无形地感染并影响模型的输出,其背后依托的是语言学与心理学的深刻原理,即词汇选择对思维与情感有着塑造作用。设定积极基调的提示词,能引导模型在生成内容时展现更为乐观、正面的特质。使用正面词汇的益处显著,首要便是提升用户体验。积极、正面的反馈能为用户带来愉悦与满足感,进而增强对模型的信任,并激发其使用热情。这种正面体验是推动模型广泛应用与持续发展的关键动力。

此外,正面词汇还有助于规避模型产生负面或消极的输出。鉴于模型输出深受输入数据影响,确保提示词中充满正面词汇,能引导模型在生成内容时更加积极向上。因此,作为提示词的内容,应严谨选词,确保每一个词汇都充满积极力量,以优化模型输出并满足期望。

**6. 避免负面词汇**

编写提示词时,避免负面词汇是一项核心原则。负面词汇携带的消极情绪可能触发模型的负面反应,损害输出质量和情绪倾向。编写时需谨慎选择词汇,确保提示词中不出现负面元素,以维护模型的积极性和客观性。当需描述负面情境时,可采用替代策略,如使用中性或积极词汇重新表述。例如,将"项目进度缓慢"转换为"需要加快任务的进度",这样可以更明确地指出需要改进的具体方面,从而更有效地调整计划和资源将"错误"转化为"优化环节"。这种方法不仅传达了相同信息,还避免了负面词汇的消极影响,提升了沟通效果。

避免负面词汇有助于保持模型输出正面的情绪,提升用户体验;同时,减少情绪干扰,使模型更准确地响应提示词核心。从心理学角度看,积极沟通氛围有助于用户保持开放态度,促进人机和谐互动。

因此,避免在提示词中使用负面词汇是一种值得推广的做法。作为提示词研究人员,应深刻认识到其重要性,并在实践中坚持应用,以引导模型产生最优输出效果,构建积极的人机交互环境。

**7. 提供示例与类比**

在探讨复杂或难以言喻的概念时,编写提示词的关键技巧在于融入具体示例与生动类比。这种方法通过呈现贴近生活的实例或形象比喻,极大地促进了模型对抽象概念的直观理解。示例以其具体性和直观性为模型提供了明确的参照点,使得模型能够由此及彼,理解并推断更广泛的概念范畴。例如,在某产品推广策划书编写过程中,通过向人工智能模型提及华为的5G通信技术或比亚迪的新能源汽车,模型能够通过示例快速捕捉到"创新"这一概念在当前产品推广策划书中的核心内涵。

类比则是另一种有效的策略,它通过将新概念与已知事物相比较,搭建起两者之间的桥梁,使得模型能够利用已有知识快速吸收新知识。例如,通过人工智能模型搭建某智能系统框架时,将人工智能系统比作大型图书馆,其中不同功能模块相当于图书馆中的各个分馆,算法模型扮演图书管理员角色,数据就类似是图书馆里的书籍,通过这样的类比,模型能够清晰理解当前智能系统框架中各个属性的角色定位与它们之间的关系。这种思维转换不仅简化了理解过程,还增强了模型的认知灵活性。

编写提示词时融入示例与类比,不仅使抽象概念变得易于模型掌握,还激发了其创造性和联想能力。在面对类似问题时,模型能够迅速调取先前的示例或类比经验,灵活应对,从而输出更加精准高效的结果。

**8. 反馈与调整**

编写提示词是一个复杂且动态的过程,需要在持续反馈与调整中精益求精。工程师作为核心角色,需实时评估模型响应与输出,以验证提示词的有效性,并根据实际反馈做出精准调整。反馈机制在此至关重要,它让工程师得以洞察提示词执行效果,识别问题所在,为优化提供方向。

调整环节紧随反馈之后,工程师需细致入微地修改提示词,这可能涉及词汇替换、句子重构或逻辑顺序调整。每次调整都是向理想状态迈进的一步,旨在提升提示词的精准度和效率,确保模型输出与预设目标高度契合。这一过程充满迭代,需要工程师保持耐心与细致，通过反复尝试与优化，逐步逼近最佳效果。

此外，编写提示词还考验着工程师的综合素质，包括深厚的语言功底、敏锐的观察力和持续改进的精神。这种精神是推动提示词不断进化的动力，确保它们能够紧跟时代步伐，灵活应对模型与用户需求的变化。

**9．针对特定模型调整**

不同的人工智能模型因设计与功能的独特性而展现出显著差异，这一特性直接决定了同一提示词在不同模型中的效果大相径庭。作为提示词研究人员，深入理解和把握所使用模型的特性成为首要任务。在实践过程中，发现模型对提示词的偏好各不相同，有的偏好结构清晰、逻辑严密的表述，而有的则青睐自由灵活、富有创意的语言风格。这些差异不仅左右着模型的响应速度与准确性，也提供了优化提示词的明确方向。

为了最大化模型的优势，需通过实践积累经验，不断尝试多样化的提示词，并细致观察模型的响应。记录并分析哪些因素促使输出成功，哪些导致失败，这一过程是摸索与优化提示词策略的关键。通过反复试验与总结，逐步掌握在特定模型中更为高效的编写方式。

总之，构建高效的提示词是一门融合艺术，它要求在确立清晰目标与意图的基石上，追求语言的精练与明了，强调信息的层次化与核心要点的凸显。同时，确保内容具体化且细节饱满，是引导人工智能模型精准反馈的关键。采用积极词汇、规避消极表述，并融入实例与类比等策略，对于提升模型响应的精确性至关重要。此外，持续的反馈循环与适应性调整，以及针对特定人工智能模型进行的个性化优化，是确保提示词与模型性能同步进化、不断提升模型表现力的必要环节。通过不懈的实践与迭代，这一过程能促使提示词愈发精准高效，从而推动人工智能技术在广阔领域实现更加深远的应用与更加出色的成果。

**案例**

讯飞星火大模型是科大讯飞公司推出的一款基于大规模语料库和深度学习技术的自然语言处理模型。它具备强大的语义理解、文本生成、情感分析等多项能力，可广泛应用于智能客服、内容创作、教育辅导等多个领域。以下通过一个简单的例子来体验星火大模型的功能。

场景：假设你是一名大学生，正准备撰写一篇以“人工智能与未来教育”为主题的作文。你希望借助讯飞星火大模型来辅助你的写作，获取一些灵感和素材。

步骤：

(1) 进入讯飞星火大模型官网 https://xinghuo.xfyun.cn/(图 4-9)，选择“开始对话”。

(2) 将自己的需求转为相应的描述。首先要清晰表述当前角色身份，帮助模型建立身份认知；其次详细阐述需求背景，帮助模型充分理解成果目标；最后简明扼要地列出最终成果需求。

图 4-9　讯飞星火大模型官网

(3) 在图 4.10 所示对话界面输入如下提示语描述：

你现在是一名市场营销专业的大学生，正准备撰写一篇以“人工智能与未来教育”为主题的作文。希望能够从市场营销专业视角来写，主要突出人工智能如何帮助市场营销专业的学生高效完成学业，列出作文框架。

图 4-10　对话界面

(4) 查看生成结果。

标题:人工智能与未来教育——市场营销专业学生的视角

一、引言

1. 简述人工智能技术的兴起及其在各行各业中的应用。

2. 引入主题:探讨人工智能如何革新市场营销专业的教育模式。

二、人工智能在教育领域的应用现状

1. 概述人工智能技术在教育领域的普遍应用,如智能教学系统、个性化学习计划等。

2. 举例说明人工智能如何辅助教师进行教学管理和学生学习效果评估。

三、人工智能对市场营销专业学生的具体帮助

1. 知识获取与管理:

• 介绍人工智能如何通过大数据分析帮助学生获取最新的市场营销知识和趋势。

• 讨论人工智能在整理和归纳市场营销案例、理论等方面的优势。

2. 技能训练与实践:

• 分析人工智能模拟市场环境、消费者行为等,为学生提供实战演练的平台。

• 探讨人工智能如何通过虚拟现实(Virtual Reality,简称 VR)、增强现实(Augmented Reality,简称 AR)技术提高学生的营销实践能力。

3. 创新思维与解决问题:

• 论述人工智能在激发学生创新思维、解决复杂市场问题中的作用。

• 举例说明人工智能工具如何协助学生进行市场分析、策略规划等。

四、人工智能对未来市场营销教育的长远影响

1. 预测人工智能将如何改变市场营销专业的课程设置、教学方法和职业路径。

2. 讨论人工智能带来的机遇与挑战,以及市场营销专业学生应如何准备迎接这些变化。

五、结论

1. 总结人工智能技术在提升市场营销专业学生学习效率、深化专业知识理解方面的积极作用。

2. 强调市场营销专业学生应积极拥抱人工智能技术,利用其优势为自己的职业生涯打下坚实的基础。

总结:通过上述步骤,可以快速体验到讯飞星火大模型在作文写作方面的辅助功能。它不仅能够根据你的要求生成相应的文本内容,还能够通过多轮对话来不断完善和丰富你的作文,有效提高工作效率。

## 三、提示词编写示例

提示词的编写直接关系到模型是否能够准确理解意图，并生成符合期望的输出。因此，编写清晰、具体、结构化的提示词对于实现高效的人机交互至关重要。以讯飞星火大模型为例，旨在通过具体的方法和策略，引导编写出更具针对性和影响力的提示词。注意，示例中所涉及的技巧与方法同样适用于其他大模型工具，但由于不同大模型的训练语料不同，因此针对同一问题，生成的结果也会不同。大家可以多试用几种工具，对比所生成答案的区别和相同之处，挑选出更适用于自己的大模型工具。

### （一）提示词在人工智能对话中的应用

从用户的角度看，星火大模型的互动形式就类似于一个对话机器人，准确地说是“续写”机器人。从技术上来讲，它从来都不是一个专门为问答和对话设计的系统。星火大模型是一个语言模型，语言模型就是刻画语言最基本的规律。那么如何去建立语言模型呢？可以只做一件事情，即掌握词汇间的组合规律，而掌握这种规律最直接的表现就是让语言学会“续写”，类似于人类的“接话茬”。当给出前 $N$ 个词汇的时候，如果一个模型能够告诉人们第 $N+1$ 个词汇大概率会是什么，就认为该模型掌握了语言的基本规律。星火大模型就是这样一个语言模型。虽然星火大模型看起来能完成各种任务，但它本质上只做这一件事情——续写，告诉你第 $N+1$ 个词是什么。

### （二）向 AI 提问的技巧和方法

#### 1. 告诉 AI 你是谁

在进行一段对话前，首先让 AI 进行角色定位，告诉 AI 它现在要扮演的角色，可以回答我哪些方面的问题，这样会使得它的回答更为专业。例如，人们跟 AI 对话的第一句是：“你现在扮演一位本科学段的计算机老师，明白角色请回复明白。”这样 AI 就会以一位计算机老师的身份跟人们进行对话（图 4-11）。

图 4-11 身份确认

**2．设置个性化的提示词模板**

提示词模板包含了格式模板、文案模板、个人信息模板等。当你希望AI的回答结果是按你预想的格式进行回答的时候，可以采用格式模板。预先给AI一个相关格式的例子（图4-12），例如，输入以下内容：

问题：广东的省会是哪里？

答案：【广州】

问题：湖南的省会是哪里？

AI会回答以下内容：

答案：【长沙】

在上面的这个例子里，“【】”号就是设定的格式。

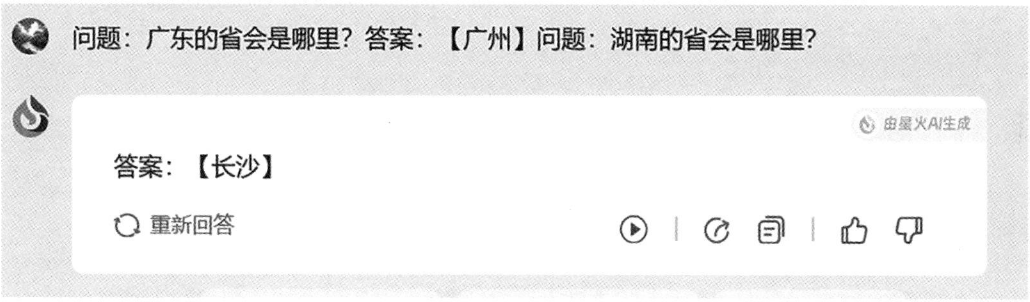


图4-12　格式模板

**3．对细节进行追问**

在跟AI进行对话的过程中，AI会对人们的提问做出一个基础的回答，但是这些答案并不一定是人们想要的答案，这个时候就要跟AI进行充分的沟通，例如，提示它：“在你回答这个问题之前，可以继续问我一些跟这个回答相关的问题。”如果对AI的回答不满意，可以跟它提出不满意的地方。例如，回答不够详细，用的词过于深奥等，让它修正它的答案。通过这样一步一步地引导，AI就会生成人们想要获取的满意答案。如果在对话的过程中，AI的答案跑偏了，人们也要及时对提的问题做出修正。例如，我需要AI帮我提取一篇文章的大纲，AI回答的时候有点发散，这时就增加一个条件，让它按照我给出的原文去进行提取，这样它的提取结果就会比较精确（图4-13）。

**4．提问时增加关键词**

在对AI进行提问的过程中，如果要使提问更有针对性，需要在提问的过程中增加一些关键词。例如，想要AI回答怎么完成这个过程，需要提示它，把实施的步骤罗列出来。对于一些比较专业的问题，AI一般只会对它进行名词解析，作为外行人很难去理解这些专业的名词解析。例如，询问AI：C语言、Python语言、易语言这三种语言之间的关系，AI的回答作为计算机专业的人员会比较容易理解，因为在以前学习的过程中已经学习了相关的知识（图4-14）。

帮我提取一篇文章的大纲

当然可以，但在开始之前，我需要您提供文章的内容或者链接。只有阅读了文章，我才能帮您提取出它的大纲。如果是长篇文章，请提供核心段落或主要思想，这样我能更准确地为您提取大纲。

燕子去了，有再来的时候；杨柳枯了，有再青的时候；桃花谢了，有再开的时候。但是，聪明的，你告诉我，我们的日子为什么一去不复返呢？——是有人偷了他们罢：那是谁？又藏在何处呢？是他们自己逃走了罢：现在又到了哪里呢？

我不知道他们给了我多少日子；但我的手确乎是渐渐空虚了。在默默里算着，八千多日子已经从我手中溜去；像针尖上一滴水滴在大海里，我的日子滴在时间的流里，没有声音，也没有影子。我不禁头涔涔而泪潸潸了。

去的尽管去了，来的尽管来着；去来的中间，又怎样地匆匆呢？早上我起来的时候，小屋里射进两三方斜斜的太阳。太阳他有脚啊，轻轻悄悄地挪移了；我也茫茫然跟着旋转。于是——洗手的时候，日子从水盆里过去；吃饭的时候，日子从饭碗里过去；默默时，便从凝然的双眼前过去。我觉察他去的匆匆了，伸出手遮挽时，他又从遮挽着的手边过去，天黑时，我躺在床上，他便伶伶俐俐地从我身上跨过，从我脚边飞去了。等我睁开眼和太阳再见，这算又溜走了一日。我掩着面叹息。但是新来的日子的影儿又开始在叹息里闪过了。

在逃去如飞的日子里，在千门万户的世界里的我能做些什么呢？只有徘徊罢了，只有匆匆罢了；在八千多日的匆匆里，除徘徊外，又剩些什么呢？过去的日子如轻烟，被微风吹散了，如薄雾，被初阳蒸融了；我留着些什么痕迹呢？我何曾留着像游丝样的痕迹呢？我赤裸裸来到这世界，转眼间也将赤裸裸的回去罢？但不能平的，为什么偏要白白走这一遭啊？

你聪明的，告诉我，我们的日子为什么一去不复返呢？

这篇文章是朱自清的《匆匆》，它表达了作者对时间流逝的感慨和对生活意义的思考。文章大纲可以提取如下：

1. **时间的循环与流逝**
   - 燕子、杨柳、桃花：自然界的循环再生
   - 对比人的时间：一去不复返
2. **个人时间的感知**
   - 意识到时间从手中溜走
   - 日子像水滴入海，默默无闻
   - 感受到时间的无声消逝
3. **日常生活中时间的流逝**
   - 描述日出至日落的时间流逝
   - 日常动作中时间的悄然逝去
   - 无法把握和挽留时间的无力感
4. **对生活意义的反思**
   - 在无尽的时光中寻找个人能做的事
   - 感到徘徊和匆忙，留下的痕迹寥寥
   - 反思人生旅程的终点和意义
5. **总结与再次提问**
   - 回到开篇的问题：我们的日子为什么一去不复返呢？
   - 强调时间的宝贵和生命的短暂

这篇文章通过描绘生活中的普通场景，深刻表达了作者对时间流逝的感慨，以及对人生意义的哲学思考。

重新回答

继续提问： 时间流逝的成语有哪些？ 《匆匆》第三自然段的主题是什么？ 如何用诗句描述岁月无情

图 4-13 文章大纲

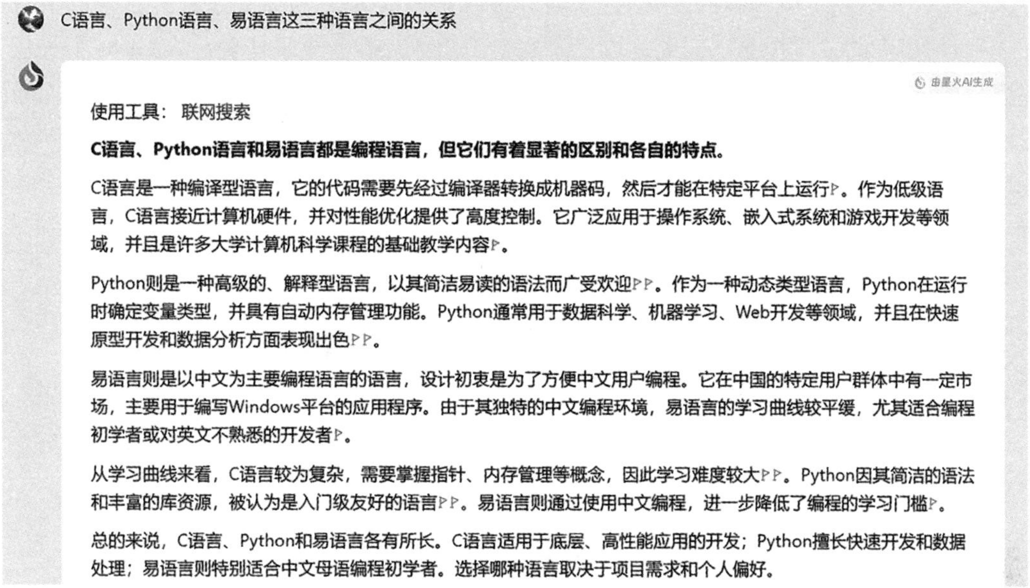
C语言、Python语言、易语言这三种语言之间的关系

由星火AI生成

使用工具：联网搜索

**C语言、Python语言和易语言都是编程语言，但它们有着显著的区别和各自的特点。**

C语言是一种编译型语言，它的代码需要先经过编译器转换成机器码，然后才能在特定平台上运行。作为低级语言，C语言接近计算机硬件，并对性能优化提供了高度控制。它广泛应用于操作系统、嵌入式系统和游戏开发等领域，并且是许多大学计算机科学课程的基础教学内容。

Python则是一种高级的、解释型语言，以其简洁易读的语法而广受欢迎。作为一种动态类型语言，Python在运行时确定变量类型，并具有自动内存管理功能。Python通常用于数据科学、机器学习、Web开发等领域，并且在快速原型开发和数据分析方面表现出色。

易语言则是以中文为主要编程语言的语言，设计初衷是为了方便中文用户编程。它在中国的特定用户群体中有一定市场，主要用于编写Windows平台的应用程序。由于其独特的中文编程环境，易语言的学习曲线较平缓，尤其适合编程初学者或对英文不熟悉的开发者。

从学习曲线来看，C语言较为复杂，需要掌握指针、内存管理等概念，因此学习难度较大。Python因其简洁的语法和丰富的库资源，被认为是入门级友好的语言。易语言则通过使用中文编程，进一步降低了编程的学习门槛。

总的来说，C语言、Python和易语言各有所长。C语言适用于底层、高性能应用的开发；Python擅长快速开发和数据处理；易语言则特别适合中文母语编程初学者。选择哪种语言取决于项目需求和个人偏好。

图 4-14　对三种语言的解释

但是对于非计算机专业的人员，就会感到生涩难解，这时我们给出另外的提示："请转换成 5 岁孩子都能明白的解释，带上足够有趣的案例让我理解。"这样 AI 就会尝试用用户要求的条件再次去回答这个问题(图 4-15)。

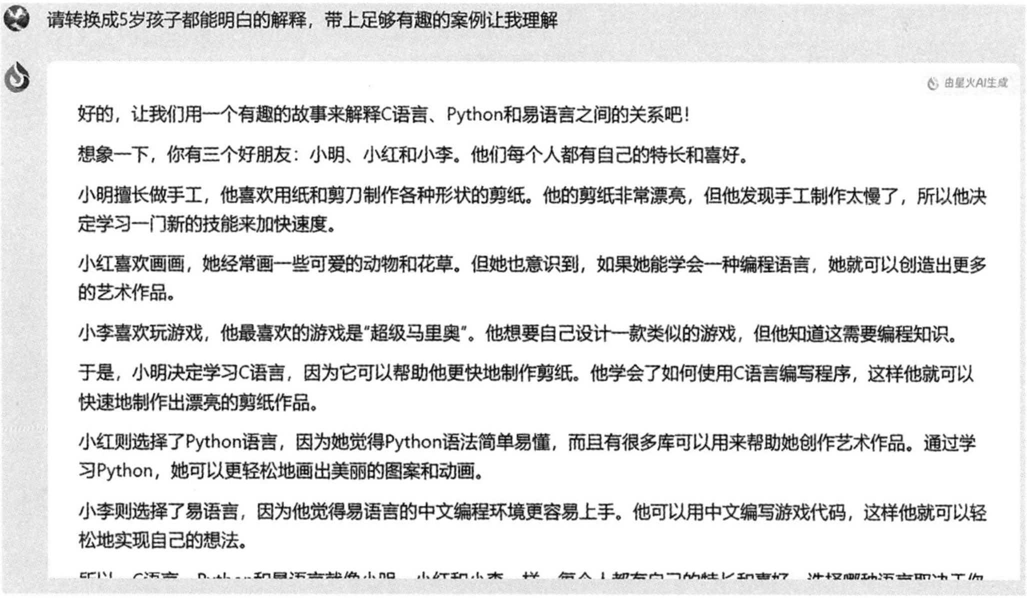
请转换成5岁孩子都能明白的解释，带上足够有趣的案例让我理解

由星火AI生成

好的，让我们用一个有趣的故事来解释C语言、Python和易语言之间的关系吧！

想象一下，你有三个好朋友：小明、小红和小李。他们每个人都有自己的特长和喜好。

小明擅长做手工，他喜欢用纸和剪刀制作各种形状的剪纸。他的剪纸非常漂亮，但他发现手工制作太慢了，所以他决定学习一门新的技能来加快速度。

小红喜欢画画，她经常画一些可爱的动物和花草。但她也意识到，如果她能学会一种编程语言，她就可以创造出更多的艺术作品。

小李喜欢玩游戏，他最喜欢的游戏是"超级马里奥"。他想要自己设计一款类似的游戏，但他知道这需要编程知识。

于是，小明决定学习C语言，因为它可以帮助他更快地制作剪纸。他学会了如何使用C语言编写程序，这样他就可以快速地制作出漂亮的剪纸作品。

小红则选择了Python语言，因为她觉得Python语法简单易懂，而且有很多库可以用来帮助她创作艺术作品。通过学习Python，她可以更轻松地画出美丽的图案和动画。

小李则选择了易语言，因为他觉得易语言的中文编程环境更容易上手。他可以用中文编写游戏代码，这样他就可以轻松地实现自己的想法。

图 4-15　追加要求后再次解释

## 5. 任务分解，用列表把需求拆分成子任务

任务可以设定 AI 要实现的具体目标，让 AI 清楚地理解任务对于设计有效提示词至关重要。任务描述应具体、简洁，避免歧义或模糊。清晰的任务描述有助于 AI 更好地理解它

应该做什么并提高生成内容的质量，这是设计提示词时要考虑的关键因素。在生成了总任务之后，用列表的方式把总任务细化成一个一个子任务。拆分成子任务后，对每一个子任务都清楚描述它的细节，必要的时候，要对任务增加一些限制的条件，这样 AI 才会对人们布置的任务有更深刻的认识(图 4-16)。

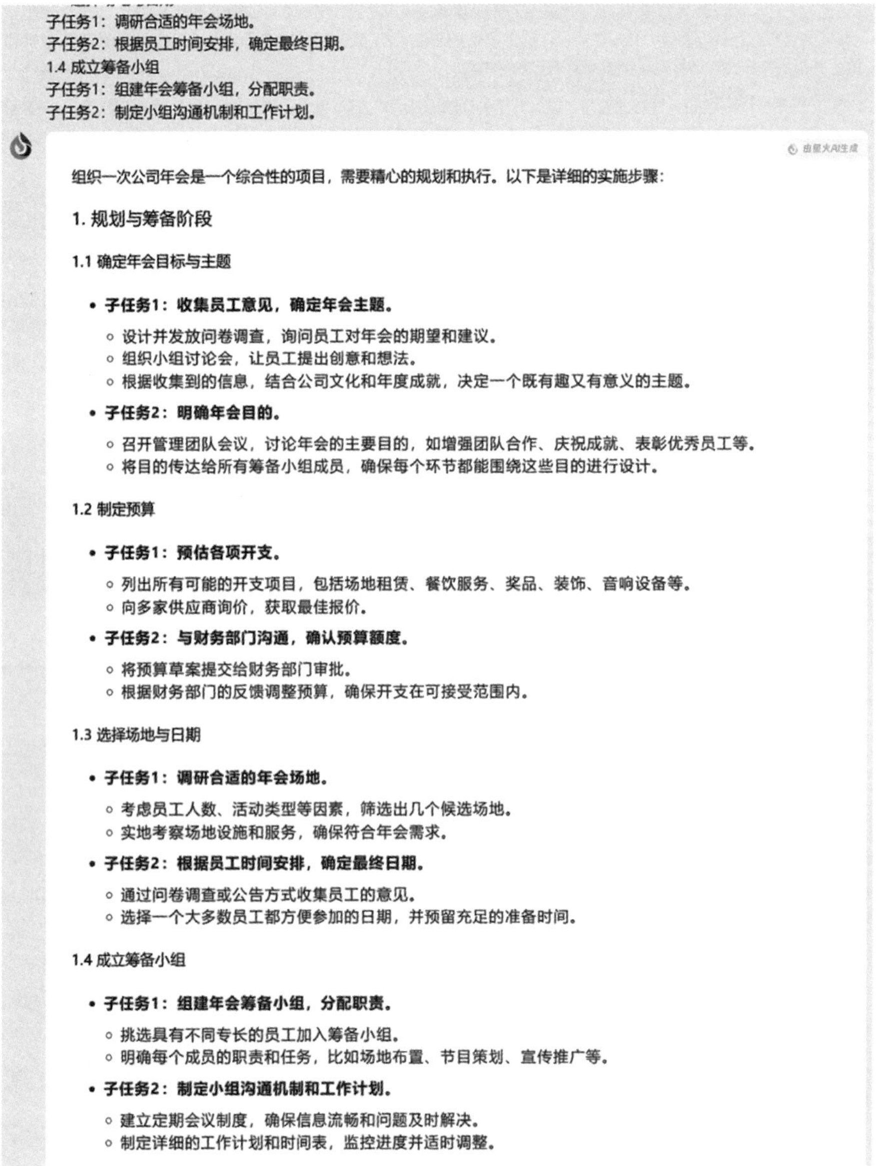
子任务1：调研合适的年会场地。
子任务2：根据员工时间安排，确定最终日期。
1.4 成立筹备小组
子任务1：组建年会筹备小组，分配职责。
子任务2：制定小组沟通机制和工作计划。

组织一次公司年会是一个综合性的项目，需要精心的规划和执行。以下是详细的实施步骤：

1. 规划与筹备阶段

1.1 确定年会目标与主题

- **子任务1：收集员工意见，确定年会主题。**
  - 设计并发放问卷调查，询问员工对年会的期望和建议。
  - 组织小组讨论会，让员工提出创意和想法。
  - 根据收集到的信息，结合公司文化和年度成就，决定一个既有趣又有意义的主题。
- **子任务2：明确年会目的。**
  - 召开管理团队会议，讨论年会的主要目的，如增强团队合作、庆祝成就、表彰优秀员工等。
  - 将目的传达给所有筹备小组成员，确保每个环节都能围绕这些目的进行设计。

1.2 制定预算

- **子任务1：预估各项开支。**
  - 列出所有可能的开支项目，包括场地租赁、餐饮服务、奖品、装饰、音响设备等。
  - 向多家供应商询价，获取最佳报价。
- **子任务2：与财务部门沟通，确认预算额度。**
  - 将预算草案提交给财务部门审批。
  - 根据财务部门的反馈调整预算，确保开支在可接受范围内。

1.3 选择场地与日期

- **子任务1：调研合适的年会场地。**
  - 考虑员工人数、活动类型等因素，筛选出几个候选场地。
  - 实地考察场地设施和服务，确保符合年会需求。
- **子任务2：根据员工时间安排，确定最终日期。**
  - 通过问卷调查或公告方式收集员工的意见。
  - 选择一个大多数员工都方便参加的日期，并预留充足的准备时间。

1.4 成立筹备小组

- **子任务1：组建年会筹备小组，分配职责。**
  - 挑选具有不同专长的员工加入筹备小组。
  - 明确每个成员的职责和任务，比如场地布置、节目策划、宣传推广等。
- **子任务2：制定小组沟通机制和工作计划。**
  - 建立定期会议制度，确保信息流畅和问题及时解决。
  - 制定详细的工作计划和时间表，监控进度并适时调整。

图 4-16　任务分解子任务

### 6. 提问中体现特殊性

提问的特殊性是指提示词的详细程度和精确度，对于设计提示词至关重要，因为它可以提高生成内容的质量和相关性。一般来说，提示词越具体，AI 就越有可能生成有针对性和准确的回答。模糊或笼统的提示词可能会导致来自 AI 的不相关或不一致的回复。例如，如果提问的内容是写一首诗，AI 写的诗歌可能并不是人们想要的，但把提问改为：写一首七言绝句，内容与春天有关，诗的每一句开头都要带“春”字。这样 AI 就能按人们所要求的生成诗歌(图 4-17)。

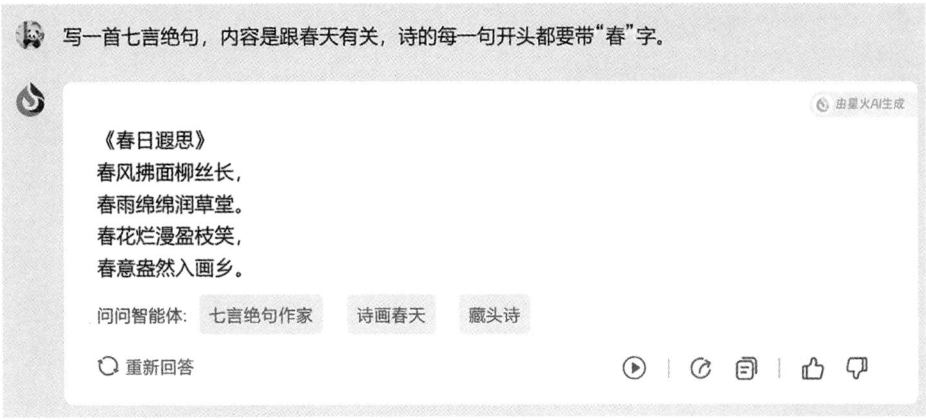


图 4-17　生成诗歌

**7. 提示词的迭代**

迭代是重复执行一系列操作的过程，每次执行都会根据之前的执行结果进行调整，是快速设计过程的关键部分。提示词设计是一个迭代的过程，可能需要多次尝试才能创建有效的提示。迭代通过设计、测试和测评的循环来提炼和改进提示词，每次迭代都应该以先前试验的结果为前置条件，目的在于解决遇到的任何限制。例如，当人们修改了提示词以提供更具体的说明或增加额外的上下文后，发现 AI 的回答变得模糊或它产生了偏离主题的回复，采用迭代方法可以持续改进和优化生成的内容。在设计有效、高质量和与结果一致的提示词时，迭代是重要的考虑因素。

## （三）提示词在 AI 绘画中的应用

讯飞星火大模型绘画大师智能体，化繁为简，革新创作体验。无需编程与安装，仅需输入寥寥数语作为提示词，即可引领智能模型绘制出你心中所想的图像。无论是奇幻梦境的描绘，独特物体的塑造，还是特定艺术风格的追求，它都能巧妙地将创意念头转化为视觉杰作。这一创新不仅简化了创作流程，更激发了无限的创造力与想象力，让每个人都能轻松畅游由图像生成的艺术殿堂，享受创造的乐趣，探索视觉世界的无限可能。

**1. 明确目标**

在使用绘画大师智能体生成图像时，首先需要清晰明确地设定目标。这意味着你需要确定想要创作的图像的主题、风格和整体感觉。例如，如果你想要一幅描绘春天花园的画作(图 4-18)，那么你的目标就应当细化到包括花园中的花朵种类、颜色搭配、光线透过树叶的方式等。明确目标有助于你在后续的步骤中更加有针对性地构建你的提示词。

**2. 将目标分解为具体元素**

一旦明确了目标，接下来就是将这个目标分解为具体的元素。对于春天花园的场景，你可以将元素分解为盛开的花朵(如玫瑰、郁金香)、绿色的草地、蓝天白云、柔和的阳光等。每个元素都可以进一步细化,如花朵的颜色、形状,草地的密度,阳光的照射角度等。这样的分解有助于你在构建提示词时更加全面和具体。

图 4-18 春天花园画作

### 3. 详细描述

详细描述是生成高质量图像的关键。你需要用尽可能详细的语言来描述你想要的图像。对于春天花园的场景,你可以描述为:"一片盛开的玫瑰和郁金香花园,各种颜色的花朵在阳光下闪闪发光,绿色的草地柔软而浓密,蓝天中飘着几朵白云,光线柔和而温暖地照耀着整个场景。"这样的描述不仅能为 AI 提供更多的信息,还能够激发它的创造力,生成更加生动和逼真的图像(图 4-19)。

图 4-19 详细描述生成结果

### 4. 使用关键词

在描述图像时,使用关键词是非常重要的。关键词可以帮助 AI 更好地理解你的意图,并生成符合你要求的图像。对于春天花园的场景,你可以使用如"玫瑰""郁金香""花园""阳光""蓝天""白云"等关键词。这些关键词不仅可以帮助你更准确地描述图像,还可以帮助智能体在生成图像时更加精确地匹配你的要求(图 4-20)。

**图 4-20　关键词生成图片**

### 5. 示例引用

当你对如何具体描述一个图像或风格感到困惑时,示例引用是一种非常有效的方法。你可以寻找一些已有的图像或艺术作品作为参考,并尝试描述这些作品中你希望 AI 模仿或借鉴的具体特点。例如,你可以找到一幅春天花园的绘画作品,并描述作品中的花朵种类、光线照射的效果、颜色搭配等细节。这样的描述能够为 AI 提供一个明确的视觉参考,帮助它生成更贴近你期望的图像(图 4-21)。

**图 4-21　凡 · 高风格的春天的花园**

**6. 结构组织**

构建提示词时,结构组织也是非常重要的。使用简单的句子结构来描述图像,避免复杂的语法,有助于 AI 智能体更好地理解你的意图。你可以将描述分为几个部分,每个部分描述一个特定的元素或方面。例如,你可以首先描述场景的背景,然后描述主要的对象,接着描述光线和颜色等细节。这样的结构组织能够让 AI 更加清晰地理解你的描述,并生成更加准确的图像(图 4-22)。

图 4-22 结构组织描述

**7. 避免模糊性**

在描述图像时,尽量避免使用模糊或含糊不清的描述。模糊的描述可能会让 AI 智能体产生误解,导致生成的图像与你的期望相去甚远。如果需要,你可以使用具体的数字或比例来量化描述。例如,你可以说"花朵占据了画面的三分之一",而不是简单地说"有很多花朵"。这样的具体描述能够帮助 AI 智能体更准确地把握图像的构图和元素分布。

**8. 尝试与迭代**

不要期望一次就能得到完美的结果。初始的提示词可能不会立即产生让你满意的效果,但你可以根据生成的图像进行调整和迭代。观察生成的图像,找出其中的不足之处,并尝试修改提示词中的相关部分。通过多次尝试和迭代,你可以逐渐完善你的提示词,并生成更加符合你期望的图像。

**9. 考虑上下文**

在描述图像时,考虑图像的上下文也是非常重要的。上下文包括背景、光线、气氛等元素，它们共同构成了图像的整体感觉。在描述春天花园的场景时，你可以考虑描述花园周围的自然环境、季节的氛围和光线的变化等。这些上下文元素可以帮助 AI 生成更加协调和完整的图像。

**10．创意激发**

最后，不要害怕尝试新的、独特的描述。AI 是一种非常灵活的工具，它能够处理各种创意和风格。你可以尝试使用不同的词汇、描述方式和结构来激发 AI 的创造力。通过不断尝试和探索，你可以发现更多有趣和独特的图像生成方式。图 4-23 所示就是 AI 创作的作品。

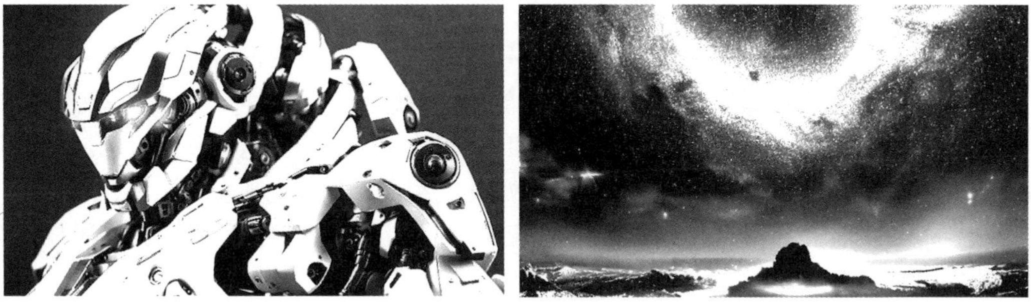

图 4-23　AI 创作的作品

**感知体验**

活动 1-1：体验星火大模型绘画功能

(1) 根据提示词技巧输入内容，按照程序的提示进行操作。

(2) 将结果记录下来(表 4-2)。

**表 4-2　体验星火大模型绘图功能记录表**

| 输入内容(提示词文字) | 模型输出的图片 |
|---|---|
| 例：帮我画一幅秋日麦田，辽阔，充满色彩，低像素卡通。 |  |

# 第二节 智能体开发

**学习目标**

- 了解智能体的基本概念。
- 了解智能体的框架结构。
- 掌握Coze平台智能体开发方法。

近年来，将大语言模型作为核心来构建智能体这一想法备受关注。智能体作为一种自主计算系统，可以感知环境变化，进行独立决策，并实施相应操作以达成预定目标。大语言模型为智能体配备了强大的“大脑”，使其能够处理自然语言、生成高质量文本和存储海量知识。结合人工智能、机器学习与自动化技术，智能体不仅能适应各种复杂的场景，还具备学习和适应能力。随着技术的持续发展，智能体将在自动驾驶、智能家居和医疗诊断等实际场景中扮演关键角色，进一步推动智能化、自动化和个性化的发展。

## 一、智能体概述

思考：为什么需要智能体？

先看一个案例：

**案例**

假如让AI完成以下任务：明天上午要从安徽省芜湖市去深圳市华为总部出差，会议共三天，帮我订好往返机票和住宿酒店。

对于人类助理来说，这是很简单的事情，但以目前大模型的能力，无论怎样更改提示词，都难以解决这个问题。

在上述案例中，大模型只充当了大脑的角色，没有额外的工具或者步骤，大模型是无法单独完成这个任务的。为了让大模型能够完成整个任务，需要使大模型具备人类的上网查询能力、使用工具能力、分解任务能力等，这就是智能体(AI Agent)。智能体不仅拥有大脑，而且能使用“工具”，是一个类人智能体。

再比如去某地旅游，想让大模型介绍景点信息，你需要不断地提问，大模型还不一定能给出满意的答案。智能体就不同了，事先按照景点情况设定好智能体，无论走到哪，智能体都会像随身导游一样介绍该处的信息。假如问智能体“厕所在哪里”，它还可以根据你的位置给你指定最近的厕所。

通过上述案例可以看出，智能体不同于大模型，大模型相当于可以咨询的大脑，而智能体相当于能够干活的机器。如果用一个比喻来解释大模型与智能体之间的关系，我们可以将大模型比作计算机系统中的底层操作系统，如 iOS 或 Android。在这样的框架下，智能体就像是运行在这些操作系统上的各种应用程序，它们依托于底层系统的强大功能来实现更具体的目标和任务。

### （一）什么是智能体？

智能体是一种基于大语言模型构建的先进智能系统，它被设计用来执行多种复杂任务并具备做出决策的能力。这种智能体拥有卓越的学习和推理能力，能够处理海量的数据和信息，并从中提炼出有价值的知识和模式。

在构建智能体时，大语言模型扮演着控制中心或“大脑”的核心角色，负责协调和管理完成特定任务或响应用户请求所需的一系列操作。智能体通过调用大模型的能力来执行任务，并依赖于规划、记忆和工具使用等关键模块来增强其功能。这些模块共同工作，确保智能体能够高效、准确地完成任务并提供满意的用户响应。

类似人的大脑、四肢、思考、执行，智能体是由规划、记忆、工具使用等几个部分构成的，有了这几个部分，智能体才能独立完成整个任务。图 4-24 是智能体框架结构图，表示了智能体的几个关键组成部分。

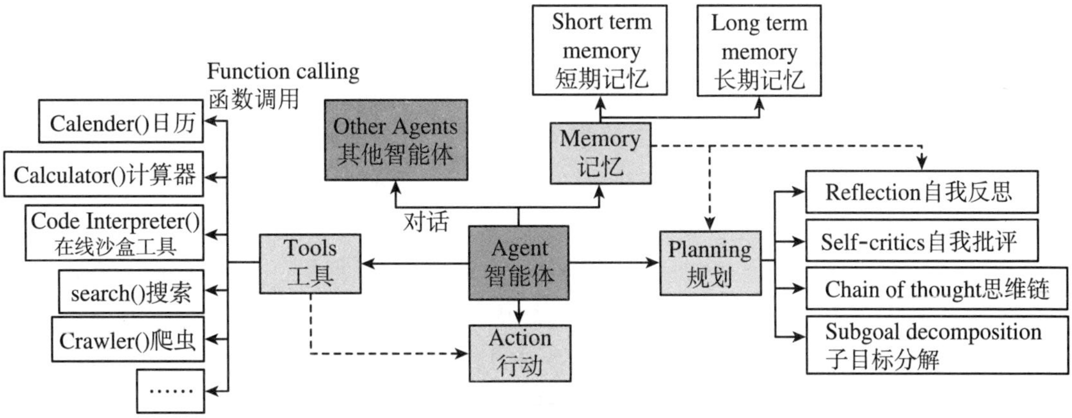


图 4-24 智能体框架结构

从图 4-24 中可以看到一个智能体组成公式：

智能体 = LLM（大模型）+ Planning（规划）+ Memory（记忆）+ Tools（工具）+ Action（行动）

智能体是一种高度先进的智能助手，其设计精髓在于模拟并超越人类执行复杂任务的能力。它集成了感知、学习、推理、决策、内容生成等多种 AI 能力，可以与人进行自然语言交互，根据人的需求提供个性化、多样化的服务。

下面是每一个组成部分的具体含义。

**1. 规划（Planning）**

规划，是指智能体为未来行动做规划。对需要更多步骤的复杂任务，智能体能够调用大模型通过思维链能力进行任务分解，通过提示模型逐步思考，将大型任务分解为较小的、可管理的子目标，以便高效地处理复杂任务，通过反思和自省框架，智能体还可以不断提升任务规划能力。

子目标分解：智能体将大型任务分解为较小的、可管理的子目标，从而能够有效处理复杂的任务。以开餐馆为例，总目标任务是开一家餐馆，分解就是把开餐馆这件事划分成不同的步骤或者任务，如取店名、选地址、装修、备货、营业，任务分解越细，工作就越简单，越容易达成目标。

反思和完善：智能体可以对过去的行为进行自我反思，从错误中吸取教训，并针对未来的步骤进行完善，从而提高最终结果的质量。

思维链：让智能体像人类一样一步一步思考，如计算数学题，一步一步推理计算，保证最后答案的正确性。这点在高效运用 AI 时非常常见，如不要 AI 直接给出最后的答案，而是让 AI 把推理过程一起写出来。

**2．记忆（Memory）**

结合短期记忆和长期记忆，管理智能体长期推理和经验积累能力，行动规划与记忆模块共同支持智能体在动态环境中的有效运作，使其能够回顾过去行为并规划未来动作。

短期记忆：短期记忆类似于对话现场记下来的内容。例如，我们与朋友沟通的过程中，是不是要记住沟通上下文，但是时间久远的一次对话，我们是不是又不会记住对话过程？

长期记忆：长期记忆类似于把久远的聊天整理成一个记忆点，让智能体能够随时回忆起当时说了什么重要的事。

**3．工具（Tools）**

智能体通过工具与外界环境互动，这些工具包括 Wikipedia 搜索 API（一个强大的维基百科数据接口，为开发者提供了一种简单而高效的方式，直接与维基百科的 MediaWiki API 进行交互，从而能够获取、检索和分析海量的百科知识）、代码解释器（一种能够直接执行源代码的程序，通常逐行或逐块地解析和执行代码，不需要事先编译成机器码或中间表示，为软件开发提供快速、灵活且易于调试的环境）和数学引擎（一种强大的工具，能够帮助用户解决各种数学问题，包括但不限于计算、可视化、教育和学习等方面）等。智能体利用这些工具执行任务，通过工作流程获取信息或完成子任务，以满足用户需求。例如，在处理健康查询时，代码解释器就是一个能够执行代码并生成所需图表信息的工具。

了解了智能体相关基础概念后，让我们回到最初的会议行程安排案例。假如现在需要开发一个智能体来实现这个案例任务，那么这个智能体需要包含哪些部分呢？

1. 规划：通过调用大模型的能力将任务分解，先分为出差行程安排和会议预约两个子任务

  1.1 出差行程安排继续分解为：

    1.1.1 从用户所在地到所在城市机场：

      a. 其中用户所在地通过感知环境信息获得（可以通过用户初始设置或过往历史存放在记忆组件里面）

      b. 决定出行时间

      c. 决定出行方式（如乘坐出租车），预约

1.1.2　从用户所在城市机场到A地机场：
a. 决定出行时间
b. 决定出行方式，预约
1.1.3　从A地机场到A地某酒店：
a. 预订A地某酒店，决定入住时间
b. 决定从A地机场到达酒店方式（如乘坐出租车），预约
1.2　会议预约继续分解为：
1.2.1　查看用户和X的日程，找到二者都空闲的时间段
1.2.2　确定会议时间，预约会议
2. 记忆：
2.1　用户所在地应存放在长期记忆中
2.2　根据规划的分解，后面的步骤会依赖前面步骤的结果，那么需要把前面步骤的执行结果存放在短期记忆中
3. 工具使用：
3.1　通过调用网约车平台接口预约出租车（需要用户授权，授权信息也可以存储在长期记忆中）
3.2　通过调用航班信息查询接口获取航班信息，调用航班预订接口订机票（需要用户授权，授权信息也可以存储在长期记忆中）
3.3　通过调用OTA平台接口完成酒店预订（需要用户授权，授权信息也可以存储在长期记忆中）
3.4　通过调用支付接口完成支付（需要用户授权，授权信息也可以存储在长期记忆中）
3.5　通过调用日历接口完成日程查询和会议预订

通过规划、记忆、工具等组件的紧密协作，智能体能够处理从简单到复杂的各类请求。它不仅能提供直接的答案，还能解决那些需要深度分析和多步骤操作的复杂问题。智能体所展现的能力，让它在处理复杂信息查询、数据分析和可视化表示等方面展现出了巨大的潜力。

### （二）智能体使用

假设把大模型想象成刚毕业的大学生，智能体就可以想象成某一个岗位的精英，能够完成该岗位负责的复杂工作任务。"刚毕业的大学生"能否变成某一岗位的"精英"，在于"大学生"所在单位对他的培养与实践，培养目标和方式不同，"大学生"的能力发展方向也不尽相同，自然，成为岗位"精英"的擅长方向也不相同。因此，根据应用市场需求目标不同，智能体的种类也有很多。以下列举了一些常见的智能体。

软文智能体助理：根据企业软文要求，全网收集相关内容并整理成营销软文。

数据分析智能体：给它企业数据，让它根据要求分析数据情况并做出相关报告。

行政智能体：按照行政审批流程，让 AI 做好入职审批工作。

客服智能体：让它服务客户，解决客户咨询的问题。

艺术创作智能体：让它辅助艺术家进行绘画、音乐、诗歌等艺术创作。

法律咨询智能体：基于法律数据库，让它为用户提供初步的法律咨询和文书生成服务。

个性化教育智能体：根据学生的学习进度和能力，提供定制化的教学内容和辅导。

智能监控智能体：实时分析监控视频，识别异常行为或特定事件。

智能物流智能体：在仓储和配送中心，让它优化库存管理、路线规划和包裹分拣。

智能农业智能体：监测作物生长、土壤状况和气候变化，指导农业生产。

环境保护智能体：监测环境质量，预测污染趋势，并提出保护措施。

…………

只有想不到，没有智能体做不到。虽然单独的智能体功能很强大，但是面对复杂任务时，通常需要多个智能体互相协作。

### （三）智能体与人工智能的关系

智能体与人工智能的关系紧密相连，可以说智能体是人工智能领域的一个重要分支。人工智能作为一个广泛的概念，涵盖机器学习、深度学习、自然语言处理等多个子领域，而智能体则是这些技术的综合应用。智能体具备自主决策、学习和适应环境的能力，这些能力正是人工智能所追求的目标。

然而，智能体与人工智能的关系并非单向的。智能体的发展也推动了人工智能技术的进步。例如，智能体在复杂环境中的自主决策能力，对机器学习算法提出了更高的要求，推动了算法的不断创新和改进。同时，智能体在实际应用中的反馈数据，也为人工智能的研究提供了宝贵的实验资源。

## 二、单智能体开发

### （一）智能体开发与传统软件开发对比

在讲述智能体开发之前，先深入探讨并理解智能体开发与传统软件开发之间的根本区别。

作为一种新型软件，智能体展现出许多传统软件所不具备的特征。不仅与传统软件的设计理念、方法、工具和技术栈有显著的差异，AI 原生（AI Native）的智能体还融入了多种新概念和技术。表 4-3 从开发方法、语言使用、工具和环境等多个维度分析并比较了智能体开发与传统软件开发的差异。这一对比不仅能够为开发者提供清晰的道路指引，还能帮助读者把握两者之间的微妙联系与显著差异。

表 4-3　智能体开发与传统软件开发比较

| 比较维度 | 传统软件开发 | 智能体开发 |
| --- | --- | --- |
| 开发方法 | Programming：主要通过编写具体的代码来定义程序的行为 | Prompting：主要通过设计提示来引导预训练的大语言模型生成期望的输出 |
| 语言使用 | 使用严格定义的编程语言，如 Python、Java、C/C++等 | 主要使用自然语言进行提示设计，语言的灵活性和模糊性更高 |
| 工具和环境 | 使用编译器或解释器来转换和执行代码 | 使用大语言模型驱动的智能体框架来管理和运行智能体 |
| 技能和知识需求 | 一般需要专业软件开发人员掌握编程语言、算法、数据结构等技术细节 | 不需要专业程序员，但需要理解人工智能模型的行为、局限性和如何设计有效的提示 |
| 控制程度 | 控制程度高，开发者精确定义程序每一步的执行 | 提示的控制程度较低，结果受大语言模型和框架机制的影响 |
| 应用领域 | 广泛应用于所有类型的软件开发，如网站、应用程序、系统软件等 | 主要用于需要自然语言理解、推理和生成的应用(如聊天机器人、内容生成等)，以及对性能要求不高的应用 |
| 结果的可预测性 | 结果可预测、确定且一致 | 结果可能变化，不一定一致，因为模型输出受多种因素影响 |
| 更新和维护 | 需要进行代码更新和维护以适应新的需求或技术变化 | 同样需要调整提示以适应新的数据或改进输出 |
| 调试和优化 | 通过调试工具和测试确定代码错误或性能瓶颈，并进行修复或优化 | 通过调整提示内容和格式，往往以实验的方式找到最优引导模型输出的方式 |
| 逻辑要求 | 明确编码，逻辑严密 | 提示设计灵活，更多关注对问题的定义和描述、给出参考案例和指导方法等。往往对具体任务的执行不做严格规定 |

由此可见，智能体开发相比传统软件开发，更看重的不是软件编程能力，而是综合规划理解能力。不管是不是程序员，面对智能体开发，都是新手。

## （二）Coze 平台介绍

目前，市场上已经涌现出多个智能体开发平台，如辰夫 AI 智能体开发平台(CDP)、百度智能云千帆 AgentBuilder、阿里云大模型平台百炼、科大讯飞星火智能体平台、Coze 智能体开发平台等。下面我们以 Coze 智能体开发平台为例，介绍智能体开发方法。

Coze 中文名为扣子，是由字节跳动推出的 AI 大模型智能体开发平台。在 Coze 里，智能体称为 Bot。无论是否有编程基础，都可以快速搭建出各种 Bot，并一键发布到各大社交平台，或者轻松部署到自己的网站。Coze 是集成插件(工具使用)、知识库(数据源)、数据库、记忆、工作流等多功能为一体的智能体开发平台。相比其他智能体开发平台，Coze 可以说是非常适合初学者练习的平台，不需要任何编程基础也可以轻松创建自己的 AI Bot。

Coze 有如下优势：

(1) 集成了丰富的插件工具：可以直接将这些插件添加到 Bot 中，丰富 Bot 能力，如新闻插件等。

(2) 支持丰富的数据源：可以上传各种类型的文档和数据源（如 PDF、Excel、Notion 等）作为知识库，Bot 可以使用知识库中的内容回答问题。

(3) 持久化的记忆能力：可持久记住用户对话的重要参数或内容，类似数据库。

(4) 灵活的工作流设计：提供了大量灵活可组合的节点，包括大语言模型 LLM、自定义代码、判断逻辑等，无论你是否有编程基础，都可以通过拖、拉、拽的方式快速搭建一个工作流。

(5) 创建的 Bot 可以轻松对接发布多个平台，如支持 Coze 商店、豆包、飞书、抖音、微信、掘金、自有渠道等。内置多个大模型，如豆包 Function call 32K、通义千问 Max 8K、智普 GLM-4 128K、MiniMax6.5（8K、245K）、Moonshot（8K、32K、128K）、百川智能 Baichuan4 32K 等主流模型，这里的 8K、32K 可以理解为能阅读多少数量的文本，越大上下文阅读能力就越强，但是不是所有的工作都选择越大越好，如问题简单、回答要快的，就不一定要用 128K 的模型。

(6) 创建的 Bot 不仅可以在电脑端使用，还可以在手机端应用，如发布到豆包 APP，在豆包中搜索 Bot 名称，就能使用，还可以语音交流，提高了用户体验。

**资料卡片**

**字节跳动**

字节跳动是一家全球知名的信息科技公司，成立于 2012 年 3 月，总部位于北京。该公司是很早将人工智能技术应用于移动互联网场景的科技企业之一，以“激发创造，丰富生活”为使命，目标是建设全球创作与交流平台。

字节跳动的全球化布局始于 2015 年，核心战略是“技术出海”。公司旗下拥有今日头条、抖音（国际版名为 TikTok）、西瓜视频等多款有影响力的产品，这些产品已覆盖全球 150 个国家和地区、75 个语种。下面将从不同角度深入了解字节跳动：

1. 创始背景与发展历史

成立初期：字节跳动由张一鸣于 2012 年创立。同年 8 月，公司首个旗舰产品今日头条上线，开创了通过智能算法推荐新闻和资讯的模式。

关键里程碑：2016 年，字节跳动推出抖音，并于 2017 年推出其国际版 TikTok。同年，设立人工智能实验室，专注于人工智能技术的长期探索。

快速发展：2018 年，字节跳动完成 Pre-IPO 轮融资，估值达到 750 亿美元。2020 年，TikTok 在美国面临政策挑战，但公司依然在全球市场迅速扩展。

2. 核心产品与技术创新

今日头条：作为字节跳动独立研发的移动资讯客户端，今日头条通过海量数据采集、深度数据挖掘和用户行为分析，为用户推荐个性化信息。

抖音与 TikTok：抖音及其国际版 TikTok 是字节跳动的另一款明星产品。这是一款音乐短视频应用，通过创新的视频内容和强大的推荐算法，吸引了全球数十亿用户。

人工智能实验室：字节跳动的人工智能实验室成立于 2016 年，致力于在人工智能领域进行长期性和开放性问题的探索，推动公司在人工智能领域的创新发展。

3. 企业文化与价值观

字节范：字节跳动强调"共同成长、始终创业、多元兼容、坦诚清晰、求真务实、敢为极致"六大核心价值观。这些价值观指导员工行为，促进公司整体发展。

诚信文化：高道德标准和诚信文化在字节跳动的发展中发挥着关键作用。公司制定了详细的行为准则，确保员工和合作伙伴遵循高标准的职业道德。

4. 社会责任与公益行动

推动科技普惠：字节跳动依托其产品和技术优势，推动科技普惠，助力解决社会问题。例如，字节跳动公益平台为用户提供便捷的公益参与渠道，结合抖音、今日头条等产品特色，高效连接公益信息与社会资源。

丰富文化生活：字节跳动致力于丰富公众的文化生活，开展多种文化保护和传承项目。例如，资助古籍修复、活化和数字化项目，以及推出无障碍影院，帮助视障人士"听懂"电影。

字节跳动凭借其创新的产品、先进的技术和强大的企业文化，迅速成长为全球信息科技行业的领导者。从今日头条到抖音，再到 TikTok 的全球成功，字节跳动不断突破边界，实现业务的多元化和全球化。

Coze 平台各个功能的具体作用与能力介绍如下：

**1. 插件**

插件，相当于人工智能使用的工具或者技能。例如，上网查询文章，要用到搜索插件（工具）；查询头条热点，要用到头条查询等。Coze 平台目前拥有超过 1 万个插件，是国内外插件数量最多的智能体开发平台。通俗来说，智能体开发平台具备的插件越多，能做的事就越多。Coze 的插件涵盖范围极广，有图像类、文本类、搜索类、数据分析、语音识别等，开发者可以根据实际需求选择不同的插件，满足不同的业务场景。Coze 还支持定制化插件开发，有些企业自己内部有系统或者网站，个人可能有自己的博客等，都可以打包成各自插件用于自己的业务。此外，插件商店还有便利生活插件，像私人 AI 助理，如帮我们查快递、查地图、查房价等，都可以调用这些插件实现，真正做到 AI 帮我们打点日常生活和工作。图 4-25 为 Coze 插件商店。

对于动手能力强的用户或者企业用户，常规的插件可能满足不了企业的特定需求，因此

图 4-25　Coze 插件商店

Coze 平台还开通了自定义插件功能，具体操作如图 4-26 所示。

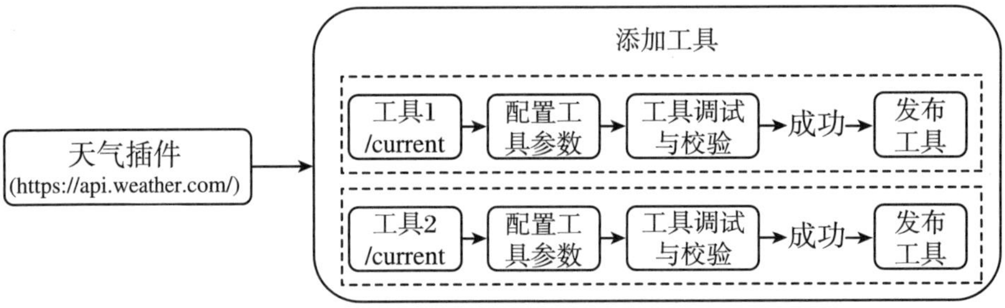


图 4-26　自定义插件操作流程

### 2. 知识库

Coze 平台集成了知识库功能，用来储存外部知识，并且还提供了检索增强生成技术(Relational Attribute Grammars，简称 RAG)的能力。知识库里包含文本格式、表格格式、图片类型，也就是说文本类和图片类的数据，都可以储存在知识库里面，随时供 AI 调用。在知识库创建时，需要注意根据检索增强生成技术检索分析数据的特点，上传一份文件到知识库，这份文件并不是单纯的储存，而是会将内容进行切片，切片后的内容更有助于 AI 检索信息，提升了 AI 回答内容的关联性。Coze 平台知识库界面如图 4-27 所示。

### 3. 数据库

传统软件开发所说的数据库是一门专业的学科，开发过程中所涉及的数据库也已经成熟，如 Oracle、MySQL、SQL Server 等数据库。对于非计算机专业人员而言，想利用数据库解决数据管理问题是非常有难度的。但 Coze 平台在 AI 加持下，数据存储不再是难事。在 Coze 平台进行智能体开发时，可以不需要了解任何专业数据库，只需要用自然语言告诉 AI 要记录哪些信息，它就能帮你转换成数据库的语言进行记录。Coze 数据有以下特点：

高效创建：让 AI 创建数据库格式，只需要告诉它想法，AI 就能把表建好。例如，帮我创建一个班级排名表，里面包含排名、班级、姓名、学号、科目、成绩等信息。

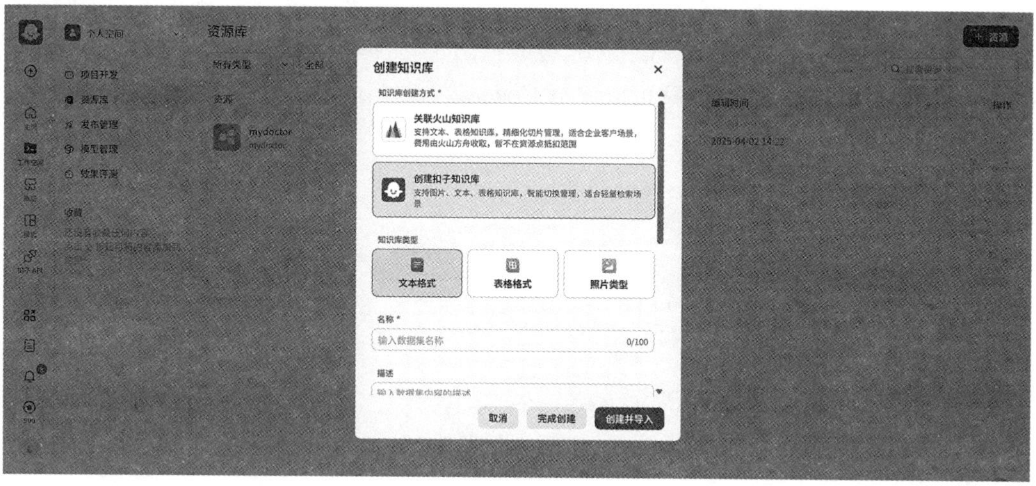


图 4-27 Coze 平台知识库界面

多种模式数据库：数据库有多种模式，单用户模式和多用户模式。单用户模式指一个数据库只能自己存储，如个人记账 AI。多用户模式就是同一个数据库可以多个 Bot 来用，如刚刚提的班级排名，可以是一个学校一个数据库，一拉全校的排名也出来了；再如开发一个漂流瓶游戏，所有人的漂流瓶都会记录到多用户数据库中，大家可以随时点开别人的漂流瓶查看里面的信息。

那么，数据库与知识库之间有什么区别呢？

数据库相当于可以随时更改数据的储存空间，如一个班级排名表，里面包含姓名、科目、班级、分数、排名，当老师告诉 AI“小明同学，语文，三班，18 分，55 名”等信息，AI 就会记录到班级排名的表格中，后面发现小明考了 59 分，告诉 AI“帮我改一下小明的分数，改成 59 分”，AI 就会对数据进行更新。数据库相当于 AI 可以随时调用改变里面内容的存储空间。

知识库与数据库相反，知识库相当于静态储存，只有新增或者删除，如你下载了好看的电影，存到硬盘里，要么存一个新电影，要么删除一个新电影，你不可能把电影片段进行更改。

因此，数据库类似电脑内存，知识库类似电脑硬盘，都是用来存储的，一个是电脑可以自己更新，一个是只能人为更新。

**4. 图像流**

Coze 图像流操作简单，界面如图 4-28 所示。只需要简单的拖、拉、拽操作，就能快速整理出一个具有确定图像目标的图片处理工具，主要功能如下：

智能生成：图像生成，也就是常见的文生图功能，通过自然语言描述生成想要的图片；图像参考，也就是图生图功能，给 AI 一个参考图片，让它基于参考图片生成想要的图片。

风格模板：风格滤镜，给照片创建风格化的滤镜，如毛毡、黏土、积木、玉石、搞笑涂鸦等风格；人像风格化，调整人物风格，凸显人物特性，适合人像场景使用；宠物风格化，与人物风格化类似，适合宠物场景使用。

智能编辑：提示词推理，给一张参考图，让 AI 推理出图片的提示词，便于复制使用；提示词优化，对已写的提示词进行优化，让 AI 更容易理解；智能换脸，替换图片中的人脸；背景替换，替换背景；还有光影融合、智能扩图、智能抠图、画质提升、美颜、拉伸修复、透视矫正等功能，具体怎么用，有什么用，大家可以参考 Coze 官方文档或者直接上手体验。

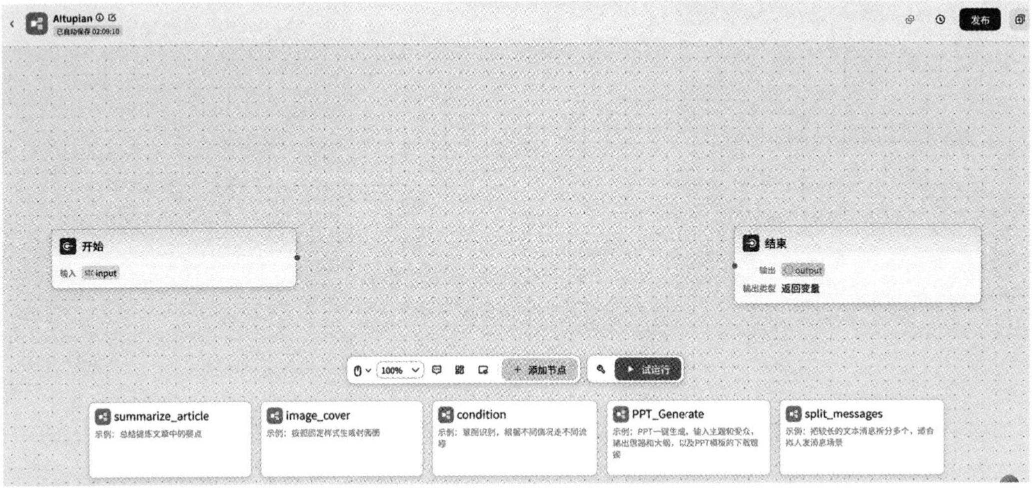


图 4-28　Coze 平台图像流界面

基础编辑：基础功能包含裁剪，添加文字，叠图，亮度调节，对比度调节，旋转和缩放。

### 5. 工作流

与图像流类似，工作流更加适用于更多复杂场景的任务。图 4-29 是 Coze 平台工作流界面。工作流的基本配置如下：

开始节点：表示一个工作启动节点，有了具体需要做的事才有后面产生的结果。

结束节点：一个具体任务完成后输出结果的地方。

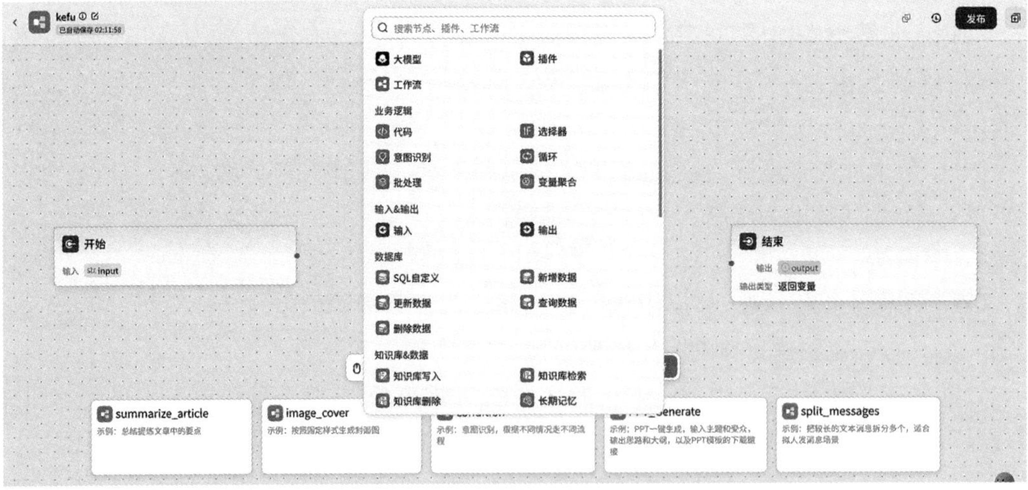


图 4-29　Coze 平台工作流界面

节点类型包含以下几种：

插件：和前面提到的插件是一样的，这里不再赘述。

大模型节点：可以调用具体模型解决问题，如标题撰写，就可以单独配置一个撰写标题的大模型。

代码节点：通过 IDE 编写代码处理输入参数，并通过自定义代码来返回输出值。

知识库节点：和前面提到的知识库是一致的，工作流可以调用知识库返回相关数据。

工作流节点：工作流嵌套工作流，实现更复杂的功能。

图像流：工作流嵌套图像流，可以执行嵌套子任务。

选择器节点：if-else 逻辑节点，链接多个下游分支，设定是/否条件，判断是否运行对应分支。

文本处理：用于处理多个字符串类型变量的格式。

消息：支持工作流中间过程的消息输出，支持流式和非流式两种方式。

变量：用于读取和写入 Bot 中的变量，变量名称必须与 Bot 中的变量名称相匹配。

数据库节点：用于对数据库进行增删改查操作，前提是需要先在 Bot 中添加数据库。

### （三）单智能体开发

下面详细介绍在 Coze 智能体平台进行单智能体开发的详细过程。

**1. 注册 Coze 账号**

国内版：www. coze. cn。

国际版：www. coze. com。

**2. 创建 AI Bot**

有两种方式创建机器人，推荐先通过对话式创建，然后再进行配置修改。

对话式创建：通过和扣子助手对话创建机器人，创建完成后会预设提示词等信息，如图 4-30 所示。

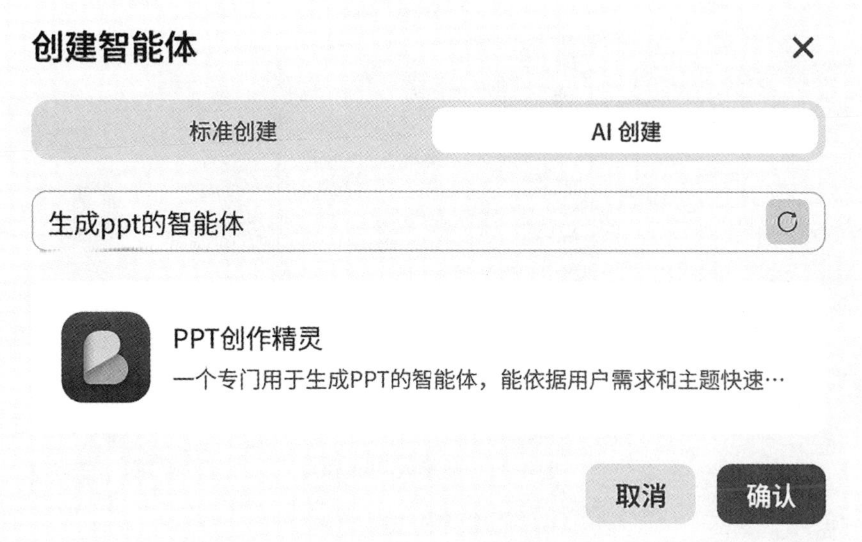


**图 4-30　对话式创建 AI Bot**

手动创建:填写工作空间、Bot 名称、Bot 功能介绍,如图 4-31 所示。

图 4-31　手动创建 AI Bot

## 3. 配置 AI Bot

在 AI Bot 的设置页面,可以编写提示词,让 Bot 根据大模型对提示词的理解来回答用户的问题,同时可以增加技能,以保证其可以按照预期完成目标任务。配置包括编排模式、人设与回复逻辑、技能、插件、工作流、图像流、触发器、知识库、记忆和对话体验等,如图4-32所示。

图 4-32　配置 AI Bot 界面

## 4. 测试 AI Bot

配置好 Bot 后,就可以在预览与调试区域中测试 Bot 是否符合预期,可查看 Bot 的运行日志和清除对话记录。

**5. 发布 AI Bot**

完成测试后，就可以将 Bot 发布到社交渠道中使用这个 Bot，支持图 4-33 中的发布渠道。配置后，勾选渠道点击发布按钮就可以了。

图 4-33 选择发布平台

## 三、多智能体开发

在 Coze 平台上，除了单智能体模式以外，还有多智能体模式，多智能体模式可以更加全面地处理更复杂的工作。单智能体模式设定的 Bot 只能单一解决某一个问题。例如，你想让图片处理 Bot 既处理文本又处理图片，不是不能实现，而是目前的 AI 会容易出现工作任务理解不清导致事情做错的问题。多个单智能体，每一个智能体都只负责某一个具体工作。例如，负责产品介绍的 Bot、负责处理售后的 Bot、负责品牌宣传的 Bot 统统放在多智能体模式下面，作为一个个独立的员工，在此基础上，配置一个管理者 Bot，让它根据用户提的问题判断出到底是谁的工作内容，谁来服务客户会更好等。管理 Bot 识别好任务后，就能把具体任务分配给具体 Bot，从而更加高效地完成任务。多智能体包含以下三个优势：

(1) 统一管理多个 Bot，让它们协同工作，避免工作内容冲突。

(2) 避免多个入口，假设没有多智能体模式，我们要用 Bot 制作海报，就要单独找到制作海报的 Bot，要写文案就要找写文案的 Bot，但是有了多智能体模式，只需要一个入口，就能把这些功能集合起来。

(3) 在多智能体模式下，不仅能够发挥出单个智能体的效果，还能单独调用数据库、插件等技能。

# 第三节 大模型微调

**学习目标**

- 掌握大模型调用的基本概念和方法，了解如何调用现有的人工智能大模型进行任务处理。
- 通过实践操作，熟悉大模型调用的流程和技术细节，提升在人工智能项目中的实际应用能力。

通过本节的学习，你将深刻认识到大模型调用的重要性，并学会如何在实践中精准微调大模型。这不仅是提升图像创作品质的关键，也是增强自然语言处理精度的有力手段。大模型微调技术将为你在人工智能应用的多个领域提供坚实的性能支撑。

## 一、大模型相关基本概念

### （一）大模型与小模型

大模型，基于深度神经网络构建，拥有海量参数与复杂计算结构，参数量可达数十亿至数千亿级别。其设计旨在增强模型表达与预测能力，以应对复杂任务与数据挑战。大模型广泛应用于自然语言处理、计算机视觉、语音识别及推荐系统等领域，通过海量数据训练，掌握复杂模式与特征，展现强大的泛化能力，对未知数据亦能精准预测。

大模型，犹如超级智能体，以海量数据为养料，不断学习与进化，实现智能涌现，展现出类似人类的归纳与思考能力。你可以想象大模型是超级聪明的“大脑”，它里面藏着超级多的“脑细胞”（参数）和复杂的“神经网络”。这个大脑通过不断学习海量的信息（数据），变得越来越聪明，能够理解和解决更复杂的问题。就像人类通过学习和经验积累变得更有智慧一样，大模型也通过不断训练，学会了从数据中提炼出更深层次的规律和特征。

转而谈及小模型，小模型通常指参数较少、层数较浅的模型，就像是轻便型的“计算器”，虽然功能没有大模型那么强大，但它简单、高效，适合处理一些不太复杂或者数据量不大的任务。例如，在你的手机或者小设备上，小模型就能很好地完成一些任务，而不需要太多复杂的计算和资源。

然而，将视线聚焦于大模型的更深层次，会发现一个更为震撼的现象——涌现能力的觉醒。随着训练数据与参数的持续累积，达到某一临界点时，大模型开始展现出那些原先未曾预料到的、更为复杂的能力与特性。它不再仅仅是执行既定任务的工具，而是能够自主地从数据中挖掘出新的、更高层次的特征与模式，这种创造力与发现力，正是大模型最为独特且强大的魅力所在。正如人类通过学习与经验积累逐渐获得智慧，大模型也在不断的训练中，学会了超越既有框架，探索未知领域，展现出一种类似于创造性思维的神奇力量。这种能力，正是小模型所难以企及的，也是大模型在人工智能领域独领风骚的关键所在。

### （二）模型泛化

模型的泛化能力是指一个模型在面对新的、未见过的数据时，能够正确理解和预测这些数据的能力。它不仅仅是一个技术术语，更是一个衡量智慧创造物——我们的模型——是否具备“举一反三”智慧的标尺。想象一下，如果你是一位训练有素的厨师，掌握了制作美味佳肴的秘诀（模型），那么你的泛化能力就体现在能否用这些技巧去烹饪从未尝试过的食材（新的、未见过的数据），并依然能创造出令人满意的佳肴（正确理解和预测）。同样地，在机器学习的世界里，一个拥有强大泛化能力的模型，就像是那位能够灵活应对各种食材、烹饪出美味佳肴的顶级大厨，它能够在面对千变万化的新数据时，保持稳定的性能输出，准确捕捉数据的本质特征，从而做出精准的预测或决策。因此，提升模型的泛化能力，就如同厨师不断精进技艺，学习更多烹饪技巧，以应对更多元化的食材和烹饪挑战。这不仅需要扎实的理论基础（如算法设计、数据预处理等），还需要丰富的实践经验。

### （三）模型微调

模型微调是机器学习与深度学习领域中的一种高效策略，它涉及对预训练模型进行适应性调整，以优化其在新任务或特定数据集上的性能。预训练模型，如同一位在广泛领域中积累了丰富经验的大师，已经掌握了处理各种复杂情况的基础技能。而微调，则是让这位大师针对具体任务进行特训，以更好地适应新环境或挑战。

相比起从零开始训练一个全新的模型，微调的过程犹如站在巨人的肩膀上。它不仅能够大幅节省计算资源和时间，因为无需从头学习所有基础知识，还能有效利用预训练模型已经学习到的通用特征表示，这些特征往往对多种任务都具有泛化价值。

微调的基本思想在于使用少量标注数据——这些数据如同新任务的“指南针”——来指导预训练模型进行微调，使其参数逐渐适应新的数据分布和任务要求。这一过程就像是大师在熟悉新领域规则的过程中，不断调整自己的策略和方法，以期达到最佳表现。

通过微调，模型能够在保持原有强大能力的基础上，更加精细地捕捉新任务中的关键信息，从而提高其在新数据上的泛化能力。这种能力的提升，有助于减少过拟合现象的发生，即模型不会过于依赖训练数据中的特定细节，而是能够更准确地捕捉到数据背后的普遍规律。

### （四）大模型的层级

大模型架构体系可系统地划分为 L0、L1、L2 三个递进层级，各层级聚焦于不同范畴的智能化需求与应用深度。

通用大模型（基础层）L0：L0 级大模型构成了智能系统的基石，具备跨领域、多任务的广泛适用性。该类模型依托强大的计算能力支撑，通过吸纳海量开放数据资源，并运用大规模参数的深度学习架构进行训练。此过程旨在从无序数据中提炼共性特征，挖掘内在规律，从而赋予模型强大的泛化能力。L0 大模型能够在未经或仅经轻微调整的情况下，有效应对多样化的应用场景，实现知识的广泛迁移与应用，可被视为人工智能领域中的“通才”，完成面向广泛领域的“基础通识教育”。

行业大模型(深化层) L1:在 L0 基础上,L1 级大模型进一步聚焦于特定行业或垂直领域,实现了智能化服务的精准深化。这些模型通过引入行业专属数据集进行预训练或精细微调,有效提升了在行业特定任务上的表现精度与效率。L1 大模型不仅继承了 L0 的泛化能力,更在特定领域内积累了深厚的专业知识与经验,相当于人工智能技术在该行业内的“资深专家”,为行业智能化转型提供了强有力的技术支撑。

垂直大模型(精细化层) L2:L2 级大模型则代表了智能化应用的细化与定制化趋势。该类模型紧密围绕具体任务或应用场景的需求,通过高度针对性的数据训练与优化,实现了在该任务上的极致性能表现与效果提升。L2 大模型不仅是技术的深度挖掘,更是对实际应用需求的精准响应,它们如同人工智能领域中的“工匠大师”,专注于解决特定问题,提供极致的用户体验与价值创造。通过 L2 大模型的部署,能够极大地推动相关任务或场景的智能化升级与效率革命。

**资料卡片**

**讯飞星火认知大模型**

讯飞星火认知大模型(图 4-34)是科大讯飞基于前沿人工智能技术打造的大语言模型,采用 Transformer 架构设计,支持文本和图片的多模态输入输出,具备强大的自然语言处理能力。通过深度学习技术,该模型能够精确理解多样化的语言表达,提供丰富的交互体验。它集成了广泛的知识信息,持续学习以适应时代和用户需求的变化,应用于客服机器人、内容推荐、智能写作等领域。科大讯飞高度重视安全性和隐私保护,以确保用户数据安全。作为国产人工智能技术的佼佼者,讯飞星火认知大模型天然契合中文语境,易集成和定制,其高效计算性能保证商业应用的响应速度和稳定性。

图 4-34 讯飞星火认知大模型

## 二、大模型微调方法

### （一）低秩适应（Low-Rank Adaptation，简称 LoRA）

LoRA 是一种优化预训练模型以适应新任务的技术。传统的微调方法需要调整大量模型参数，计算成本高，且在存储多个任务的模型时缺乏扩展性。就像让整个乐队学习一首全新的曲子，每个乐手都要重新练习，并调整自己的演奏方式，这不仅耗时耗力，而且如果乐队需要演奏多种风格，就必须反复练习和调整，成本非常高。LoRA 通过引入低秩矩阵，将模型的权重矩阵分解为低秩形式，从而大幅减少了需要调整的参数数量。它不需要每个乐手都重新练习，而是引入一位"智能指挥"，通过少量手势（低秩矩阵）微调乐队的演奏方式，使乐队能快速切换不同风格。

具体来说，LoRA 在预训练模型的每一层插入两个低秩矩阵，这两个矩阵就像是指挥的双手，分别负责调整不同部分的演奏节奏和强度。这些调整是精细且局部的，但对整体的演奏效果（模型输出）有着显著的影响。因为只需调整指挥的手势，而不需要每次都重新训练整个乐队，LoRA 的计算成本大大降低，同时也减少了存储多个版本的需求。

### （二）适配器调整（Adapter Tuning）

在大规模预训练模型的基础上，适配器调整通过插入一些小型的全连接层（即适配器模块），仅对这些新增的模块进行训练，而保持模型的主要参数不变。这就像是在已经训练好的大楼（预训练模型）中增加一些可调整的小房间（适配器），这些小房间可以用来处理特定的任务，而不需要改变大楼的整体结构。这些适配器模块通常非常小，仅占模型整体参数的一小部分。由于只需要训练这些小模块，适配器调整的计算成本非常低，同时因为大部分模型参数被冻结，适配器调整只需少量的存储空间来保存任务特定的参数。

适配器调整的一个重要优势是它的高效性和可扩展性。因为每个任务只需微调适配器模块，不必重新训练整个模型，所以可以快速适应多个任务。例如，在多任务学习场景下，你可以使用一个共享的基础模型，而不同任务只需加载相应的适配器模块即可。这种方法还支持模型共享，即多个任务共用一个基础模型，只需携带各自的适配器模块，就可以在不同任务之间自由切换。

### （三）前缀调整（Prefix Tuning）

前缀调整是一种模型调整策略，它巧妙地通过在输入数据前端添加一系列可训练的前缀令牌来引导模型行为。这些前缀令牌如同"风格指南针"，微调后便能引导模型输出符合特定风格或领域的文本。以一个多才多艺的预训练写作模型为例，若要其创作幽默文章，传统方法需全面训练其幽默感。而前缀调整则仅需一张"幽默提示卡"，包含少量关键词或短语作为前缀令牌。写作之初，模型便依据这些令牌中的幽默线索，自然而然地将幽默元素融入文章中，既保持了原有的写作功底，又赋予了文本新的风格色彩。此方法轻量高效，避免了复杂的模型参数调整，特别适用于文本生成与理解任务，能够快速灵活地适应不同风格与领域的需求。

该方法核心思想是在不改变模型内部结构的情况下，通过控制输入来影响模型的行为。与适配器调整相比，前缀调整更加轻量，因为它仅调整少量的前缀令牌，而不涉及模型参数的更新。这种方法特别适用于文本生成和自然语言理解任务，能够通过简单的前缀微调，让模型适应特定风格或特定领域的任务。

### （四）提示调整（Prompt Tuning）

提示调整技术通过巧妙地在输入数据中嵌入预定义的词或短语（即提示），来精准地引导预训练模型的输出方向。在第一节中，已详细介绍了提示词对模型输出结果的影响，以及优化提示词的方法。这种微调策略使模型在特定任务上的表现更为可控与高效。

提示调整的方法具有高度的参数效率，因为它只需调整提示本身，而不需要修改模型的大部分参数。这使得提示调整特别适用于需要模型对细微变化做出响应的场景，如对特定任务的语境理解、风格化生成等。此外，提示调整还能够与其他技术方法结合使用，进一步提升模型的灵活性和适应性。

### （五）参数调整（P-tuning）

P-tuning 是提示调整的扩展版本，它通过使用连续的嵌入向量作为提示，而不是单纯的词或短语，从而实现更精细的模型控制。嵌入向量是预训练模型内部生成的高维向量，能够表达更丰富的语义信息。通过微调这些连续的嵌入向量，P-tuning 可以更精准地控制模型输出，尤其在复杂任务中展现出更强的适应性。想象一下，模型就像一位经验丰富的画家。传统的提示调整相当于给画家一个简短的指令，如"画一片秋天的森林"，画家会根据自己的理解来创作。而 P-tuning 则提供了更详细的说明，如"使用金色和橙色的调色板，树叶在微风中飘动，阳光透过树叶洒下斑驳的光影"，这些细节让画家的创作更贴近你的预期。具体而言，P-tuning 会在模型的输入数据前或中间添加一串经过微调的连续嵌入向量。这些嵌入向量不仅包含简单的任务指令，还包含细腻的语义和上下文信息。由于嵌入向量是连续的，它们可以提供比离散词语更丰富的表达能力，使模型在生成输出时更准确地捕捉细微的任务需求。

在自然语言生成任务中，P-tuning 能帮助模型生成特定风格的文本，如正式或幽默的表达，而不仅仅是完成任务。这种方法尤其适用于需要模型理解和响应复杂语境的场景，如法律文本生成或医学报告撰写。

### （六）全量微调（Full Fine-Tuning）

全量微调是指对预训练模型的所有参数进行更新，使其完全适应特定任务。这个过程类似于让整个乐队从头到尾重新学习一首新曲子，尽管耗时费力，但最终的效果往往是最精准的。全量微调涉及模型所有权重参数的调整，意味着模型的每一层、每一个神经元都可能被重新训练，以优化其在新任务上的表现。例如，在图像识别任务中，全量微调可以让模型从识别一般物体，如猫或狗，进阶到精确识别特定品种的猫或狗，甚至是该品种的独特特征。

然而，全量微调的代价是计算成本高昂。由于需要调整模型的所有参数，这通常需要大量的计算资源，如高性能的 GPU 或 TPU。同时，存储多个任务的微调模型也不够经济，因为每个任务都需要独立保存一个经过全量微调的模型版本。因此，这种方法通常适用于计算资源充足且精度要求极高的场景，如科学研究或工业应用。在这些情况下，尽管成本较高，但全量微调提供了最佳的精确度和适应性。

**案例：春联生成模型**

本案例基于讯飞星火提供的大模型定制平台，采用 LoRA 技术对模型进行微调，旨在帮助读者理解和实践模型微调过程。案例使用 bloom-7b 微调生成春联模型，在实际应用中，用户只需输入一个主题，模型即可自动生成与该主题相关的春联。这不仅节省了用户构思的时间，还提供了更多有趣、个性化的春联选择，提升了用户体验的多样性与创意性。

首先打开网址 https://xinghuo.xfyun.cn/sparkapi，进入星火大模型定制训练主页（图 4-35）。

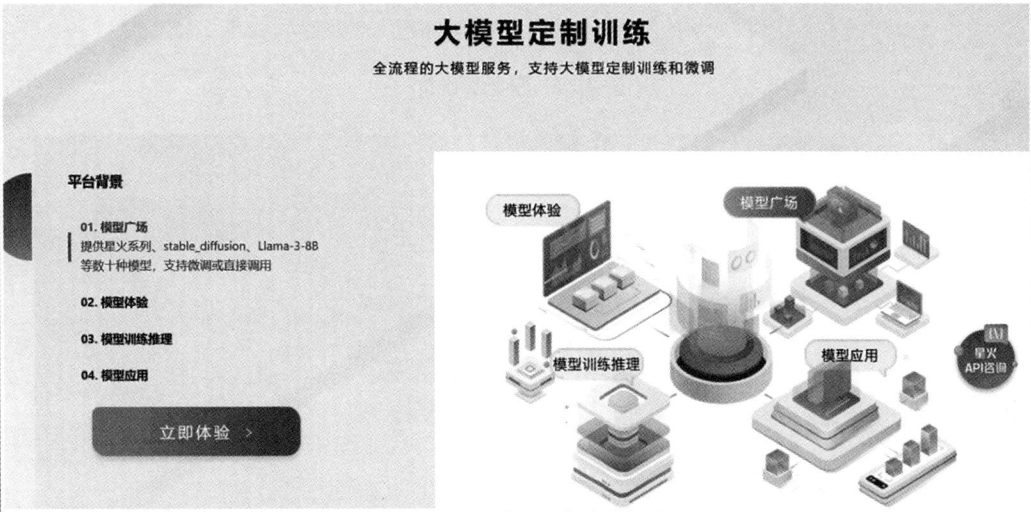


图 4-35　大模型定制训练主页

大模型微调定制的流程（图 4-36）总共分为 4 个步骤，下面将详细讲解每个步骤。

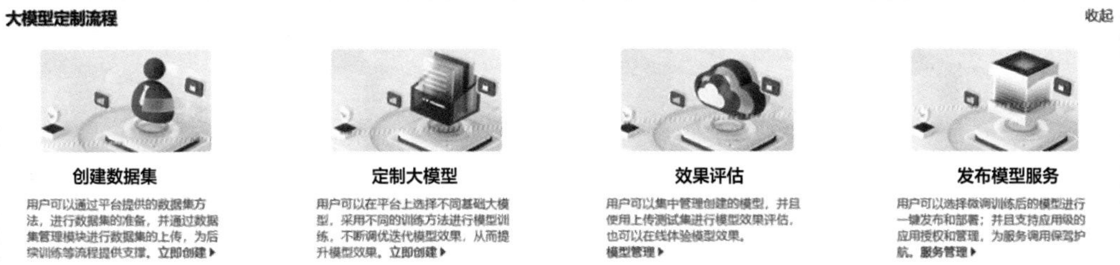


图 4-36　大模型微调定制的流程

### 1. 创建数据集

在使用微调模型前需要明确，两千条数据才能拥有更好的微调效果。在构造数据集时讯飞提供了预置数据集（图 4-37）。

图 4-37　预置数据集

可以上传自己构造的数据集(图 4-38)。

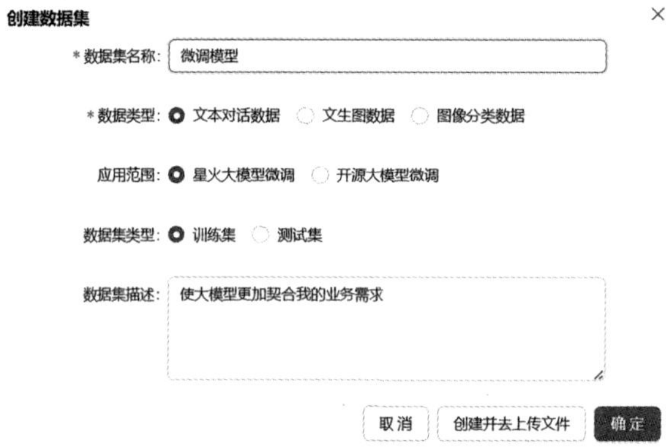


图 4-38　创建数据集

讯飞平台只接收 JSONL 和 CSV 两种类型的数据(图 4-39)。

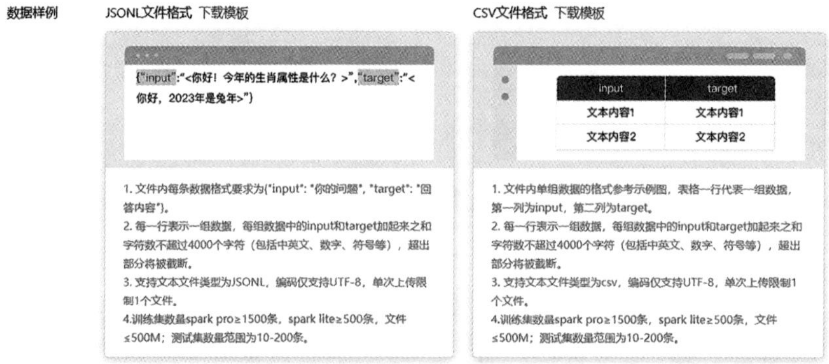


图 4-39　数据集格式

上传失败时，会出现格式转换功能（图 4-40）。

图 4-40　上传失败后格式转换

本案例采用春联数据集，行业领域是对联，应用范围是开源大模型微调，数据量超过 2700 个，使用的模型是 bloom-7b（由 BigScience 研发并开源的大型语言模型，参数量为 70 亿）。它是在一个包含 46 种语言和 13 种编程语言的 1.5 万亿个 tokens 上训练的，可用于多种自然语言处理任务。

由于获得的数据还不能完全满足我们微调模型的条件，因此数据集需要进行处理：(1) 对数据集进行 Q&A 生成；(2) prompt 优化；(3) 数据格式修改。根据案例目的，收集到春联数据集部分数据如下：

春联实例

金龙闹海春潮涌，喜鹊登枝福韵高

春日春风春浩荡，龙年龙岁龙腾飞

龙门丽景催鱼跃，祖国宏图任我描

彩凤来仪迎大治，金龙起舞庆新春

英雄儿女鲲鹏志，锦绣江山龙虎姿

春联实例

一元复始龙增岁，万物生辉燕报春

装点江山凭妙手，更新世纪在龙年

苍龙日暮还行雨，老树春深更著花

江山秀丽神龙舞，道路逶迤骏马驰

(1) 根据春联数据集生成问答对(表 4-4 所示是根据春联生成春联的主题)。

**表 4-4　根据春联生成春联的主题**

| 春　联　实　例 | 主　　　题 |
|---|---|
| 狮吼惊天曲，龙吟动地诗 | 龙年，震撼人心的乐诗 |
| 巨龙腾盛世，乳燕报新春 | 龙年，盛世繁荣，新春喜庆 |
| 辰时龙起舞，春日燕翻飞 | 龙年，春日生机 |
| 到处莺歌燕语，漫天凤舞龙飞 | 龙年，春日生机，繁荣昌盛 |
| 金龙闹海春潮涌，喜鹊登枝福韵高 | 龙年，春意盎然，福运高照 |
| 春日春风春浩荡，龙年龙岁龙腾飞 | 春日龙年，生机勃勃 |

(2) 优化数据集的提示词，以便更好地训练模型，形成更加标准的回答(表 4-5)。

**表 4-5　优化数据集的提示词**

| 提示词优化前 | 提示词优化后 |
|---|---|
| 请你帮我按照我输入的主题生成一副春联，主题：××× | 你是一位擅长创作春联的专家，请根据我提供的主题为我写出一副与主题相关的春联，其中春联格式要求：1. 字数相等，断句一致。除有意空出某字的位置以达到某种效果外，上下联字数必须相同，不多不少。2. 平仄相合，音调和谐。传统习惯是“仄起平落”，即上联末句尾字用仄声，下联末句尾字用平声。3. 词性相对，位置相同。一般称为“虚对虚，实对实”，就是名词对名词，动词对动词，形容词对形容词，数量词对数量词，副词对副词，而且相对的词必须在相同的位置上。4. 内容相关，上下衔接。上下联的含义必须相互衔接，但又不能重复。主题：××× |

(3) 根据开源大模型训练集要求调整数据集，将其对应成 instruction(提示语)、input(输入)、output(输出)里的内容(表 4-6)。

表 4-6　调整数据集

| instruction | input | output |
|---|---|---|
| 你是一位擅长创作春联的专家，请根据我提供的主题为我写出一副与主题相关的春联，其中春联格式要求：1. 字数相等，断句一致。除有意空出某字的位置以达到某种效果外，上下联字数必须相同，不多不少。2. 平仄相合，音调和谐。传统习惯是“仄起平落”，即上联末句尾字用仄声，下联末句尾字用平声。3. 词性相对，位置相同。一般称为“虚对虚，实对实”，就是名词对名词，动词对动词，形容词对形容词，数量词对数量词，副词对副词，而且相对的词必须在相同的位置上。4. 内容相关，上下衔接。上下联的含义必须相互衔接，但又不能重复 | 主题：龙年，震撼人心的乐诗 | 狮吼惊天曲，龙吟动地诗 |

一系列的处理完毕后将数据上传至数据集中(图 4-41)。

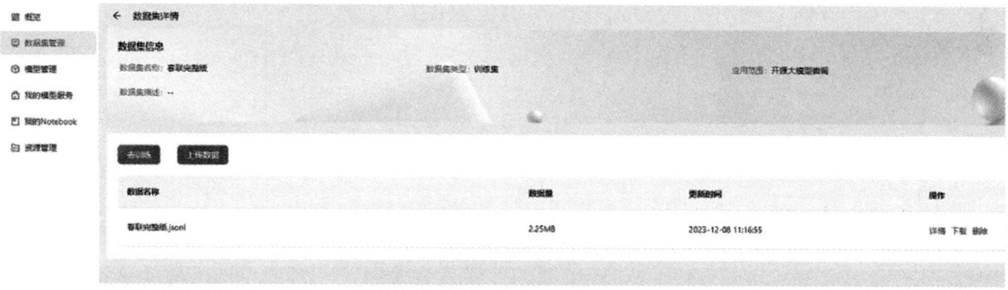


图 4-41　数据上传

## 2. 定制大模型

数据准备完成后进行模型微调，默认的初始学习率 0.00001，由于数据量只有 2700 多个，因此我们提高训练次数到 30(图 4-42)。

图 4-42　模型微调

### 3. 效果评估

根据上面数据的准备和模型微调，得到的微调前后效果见表 4-7。

表 4-7 微调前后效果

| input | 模型微调前效果 | 模型微调后效果 |
| --- | --- | --- |
| 你是一位擅长创作春联的专家，请根据我提供的主题为我写出一副与主题相关的春联，其中春联格式要求：1. 字数相等，断句一致。除有意空出某字的位置以达到某种效果外，上下联字数必须相同，不多不少。2. 平仄相合，音调和谐。传统习惯是“仄起平落”，即上联末句尾字用仄声，下联末句尾字用平声。3. 词性相对，位置相同。一般称为“虚对虚，实对实”，就是名词对名词，动词对动词，形容词对形容词，数量词对数量词，副词对副词，而且相对的词必须在相同的位置上。4. 内容相关，上下衔接。上下联的含义必须相互衔接，但又不能重复。主题：龙年，大吉 | 龙留喜气喜盈门户，蛇闹春光春满山川 | 春风浩荡千帆进，巨龙腾飞万象新 |
| 你是一位擅长创作春联的专家，请根据我提供的主题为我写出一副与主题相关的春联，其中春联格式要求：1. 字数相等，断句一致。除有意空出某字的位置以达到某种效果外，上下联字数必须相同，不多不少。2. 平仄相合，音调和谐。传统习惯是“仄起平落”，即上联末句尾字用仄声，下联末句尾字用平声。3. 词性相对，位置相同。一般称为“虚对虚，实对实”，就是名词对名词，动词对动词，形容词对形容词，数量词对数量词，副词对副词，而且相对的词必须在相同的位置上。4. 内容相关，上下衔接。上下联的含义必须相互衔接，但又不能重复。主题：龙年，发财 | 龙腾盛世财源广，春满人间福泽长 | 春风万里财源广，龙气千秋福气浓 |
| 你是一位擅长创作春联的专家，请根据我提供的主题为我写出一副与主题相关的春联，其中春联格式要求：1. 字数相等，断句一致。除有意空出某字的位置以达到某种效果外，上下联字数必须相同，不多不少。2. 平仄相合，音调和谐。传统习惯是“仄起平落”，即上联末句尾字用仄声，下联末句尾字用平声。3. 词性相对，位置相同。一般称为“虚对虚，实对实”，就是名词对名词，动词对动词，形容词对形容词，数量词对数量词，副词对副词，而且相对的词必须在相同的位置上。4. 内容相关，上下衔接。上下联的含义必须相互衔接，但又不能重复。主题：龙年，平安 | 龙年迎瑞气，保家国平安；虎岁送吉祥，佑人民安康 | 龙年吉祥平安永，岁月平安幸福长 |

续表

| input | 模型微调前效果 | 模型微调后效果 |
| --- | --- | --- |
| 你是一位擅长创作春联的专家，请根据我提供的主题为我写出一副与主题相关的春联，其中春联格式要求：1. 字数相等，断句一致。除有意空出某字的位置以达到某种效果外，上下联字数必须相同，不多不少。2. 平仄相合，音调和谐。传统习惯是"仄起平落"，即上联末句尾字用仄声，下联末句尾字用平声。3. 词性相对，位置相同。一般称为"虚对虚，实对实"，就是名词对名词，动词对动词，形容词对形容词，数量词对数量词，副词对副词，而且相对的词必须在相同的位置上。4. 内容相关，上下衔接。上下联的含义必须相互衔接，但又不能重复。主题：祖国繁荣昌盛 | 祖国繁荣春意浓，民心振奋国魂强 | 祖国繁荣山河壮，人民幸福日月红 |
| 你是一位擅长创作春联的专家，请根据我提供的主题为我写出一副与主题相关的春联，其中春联格式要求：1. 字数相等，断句一致。除有意空出某字的位置以达到某种效果外，上下联字数必须相同，不多不少。2. 平仄相合，音调和谐。传统习惯是"仄起平落"，即上联末句尾字用仄声，下联末句尾字用平声。3. 词性相对，位置相同。一般称为"虚对虚，实对实"，就是名词对名词，动词对动词，形容词对形容词，数量词对数量词，副词对副词，而且相对的词必须在相同的位置上。4. 内容相关，上下衔接。上下联的含义必须相互衔接，但又不能重复。主题：和平 | 和平共处天下定，友好往来世间安 | 祖国强盛千秋业，人民幸福万年春 |
| 你是一位擅长创作春联的专家，请根据我提供的主题为我写出一副与主题相关的春联，其中春联格式要求：1. 字数相等，断句一致。除有意空出某字的位置以达到某种效果外，上下联字数必须相同，不多不少。2. 平仄相合，音调和谐。传统习惯是"仄起平落"，即上联末句尾字用仄声，下联末句尾字用平声。3. 词性相对，位置相同。一般称为"虚对虚，实对实"，就是名词对名词，动词对动词，形容词对形容词，数量词对数量词，副词对副词，而且相对的词必须在相同的位置上。4. 内容相关，上下衔接。上下联的含义必须相互衔接，但又不能重复。主题：勤奋，快乐 | 勤奋努力春秋换，快乐无忧岁月长 | 勤奋苦读勤为乐，学习求知学有成 |

在微调模型后，需细致评估其结果是否契合预期需求。若未达标准，则应根据评估反馈调整训练参数或优化数据集，随后重复执行步骤1和2的流程，直至结果满足要求（图4-43）。

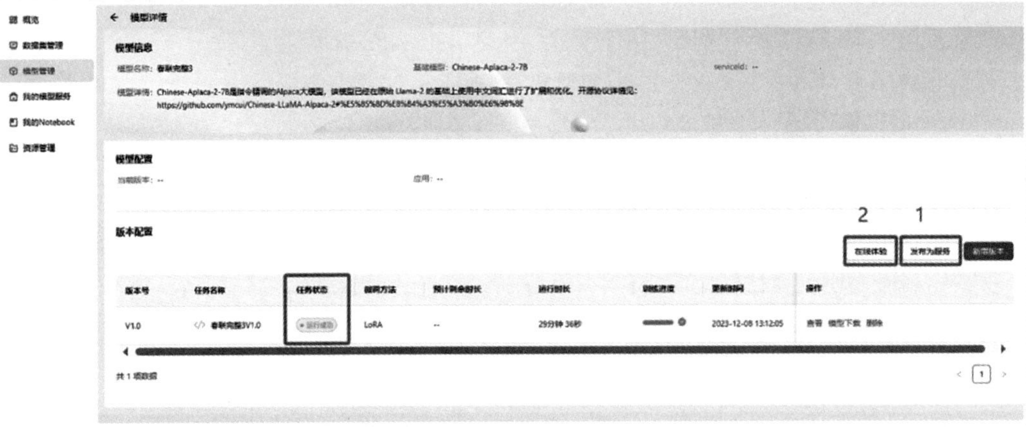


图4-43 结果评估

**4. 发布模型服务**

当微调任务运行成功后，可以将该模型“发布为服务”，发布成功后才可进行“在线体验”。“我的模型服务”页面的“在线体验”将同步该模型能力（图4-44）。

图4-44 “我的模型服务”页面

可以在页面中对微调前后的模型进行提问，需要注意的是，你提问的提示词最好和上传的训练集中的提示词保持一致（不需要相应的JSONL格式），以更好地感受模型微调前后效果的改变（图4-45）。

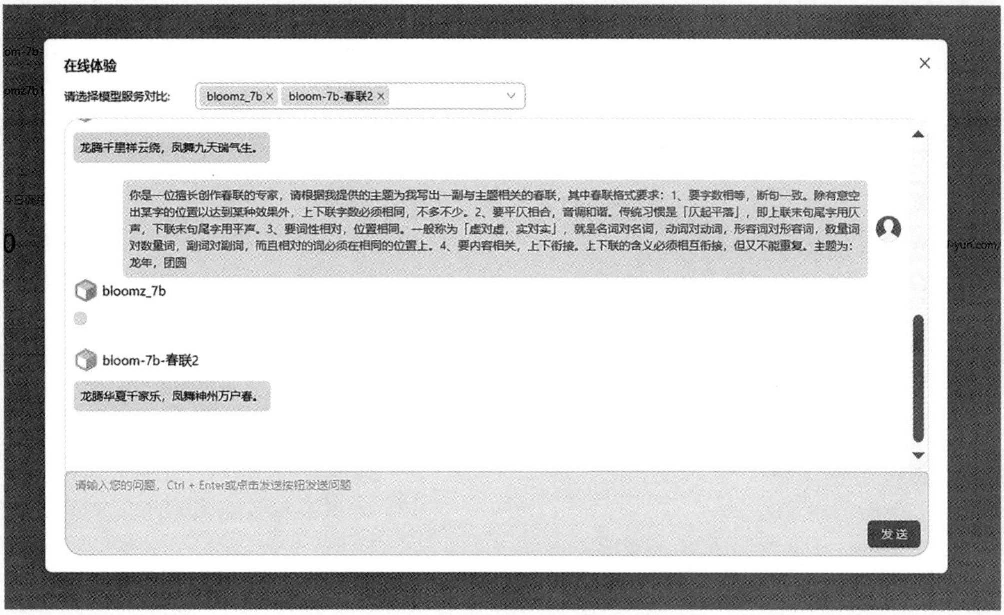


**图 4-45 模型服务对比**

## 《本章小结》

在大模型应用的背景下，人工智能技术正不断拓展其在各个领域的影响力。从自然语言处理到图像识别，大规模预训练模型（如 GPT 系列）已经成为推动技术进步的核心工具。

本章深入探讨了大模型应用中的三个关键领域：提示词工程、智能体设计和大模型微调。首先，提示词工程通过精心设计的提示来引导模型的输出，使其在不同任务上表现出色。接着，我们探讨了智能体设计，即如何通过合理的结构与算法设计，使模型在复杂环境中自主决策。最后，本章详细阐述了大模型的微调技术，包括全量微调、适配器调整、LoRA等方法，它们在提高模型性能和适应性方面发挥了重要作用。通过对这三个方面的全面分析，本章为理解和应用大规模预训练模型提供了重要的理论支持和实用方法。

## 《章节练习》

### 一、选择题

1. 提示词工程的主要目的是（　　）。

A. 增加模型的参数量　　B. 改善模型的生成速度

C. 引导模型生成特定类型的输出　　D. 减少模型的计算开销

2. 提示词通常是指（　　）。

A. 预训练模型的全部权重　　B. 引导模型输出的词或短语

C. 模型训练过程中的噪声数据　　D. 数据集中的标签

3. 以下哪种方法属于提示词工程的扩展版本？（　　）

A. LoRA　　B. P-tuning

C. 全量微调　　D. 蒸馏学习

4. P-tuning 使用的提示词是什么形式？（　　）

A. 离散的词或短语　　B. 高维嵌入向量

C. 静态词向量　　D. 语法规则

5. 提示词工程的一个主要优势是（　　）。

A. 大幅减少模型的训练数据　　B. 提高模型的可解释性

C. 提升特定任务的性能而无需全量微调　　D. 增强模型的普适性

6. 提示词工程在应用时通常会（　　）。

A. 修改模型的所有层　　B. 调整输入数据中的提示部分

C. 增加新的模型参数　　D. 使用未标注的数据

7. 以下哪种任务最适合使用提示词工程？（　　）

A. 图像分类　　B. 时间序列预测

C. 文本生成　　D. 物体检测

8. 智能体在人工智能系统中的角色是（　　）。

A. 训练数据的生成器　　B. 自主决策和执行任务的实体

C. 数据处理的工具　　D. 模型评估的标准

9. 以下哪一项是智能体设计的关键要素？（　　）

A. 数据增强　　B. 模型压缩

C. 感知、决策和行动　　D. 超参数优化

10. 强化学习通常用于训练智能体，因为它（　　）。

A. 提供了更好的监督信号　　B. 能够在动态环境中学习策略

C. 简化了模型的复杂性　　D. 减少了训练数据的需求

11. 在多智能体系统中，智能体之间的主要交互方式是（　　）。

A. 数据共享　　B. 竞争或合作

C. 权重更新　　D. 数据并行处理

12. 以下哪种方法有助于智能体在不确定环境中做出决策？（　　）

A. 蒸馏学习　　B. 模型剪枝

C. 贝叶斯推断　　D. 数据增强

13. 智能体的感知能力通常涉及（　　）。

A. 数据集的生成　　B. 环境信息的采集和处理

C. 模型架构的选择　　D. 网络层的设计

14. 自主智能体的一个重要特征是（　　）。

A. 完全依赖预先设定的规则　　B. 仅能处理静态数据

C. 能够在环境中自主学习和适应　　D. 只能执行单一任务

15. 在复杂环境中，多智能体协作的目的是(　　)。

A. 提高单一智能体的效率　　B. 解决单个智能体无法完成的任务

C. 降低模型的计算开销　　D. 增加训练数据量

16. 智能体设计中常用的策略优化方法是(　　)。

A. 贪心算法　　B. 蒸馏学习

C. Q-learning　　D. 反向传播

17. 在智能体设计中，环境通常指(　　)。

A. 智能体的输入数据集　　B. 智能体操作和决策的外部世界

C. 模型训练时的超参数设置　　D. 智能体的内部状态

18. 全量微调指的是(　　)。

A. 调整预训练模型的部分参数　　B. 完全冻结模型的参数

C. 对预训练模型的所有参数进行更新　　D. 使用迁移学习方法训练模型

19. 在LoRA微调方法中，模型的权重矩阵通过什么方式进行调整？(　　)

A. 插入随机噪声　　B. 添加低秩矩阵

C. 增加层数　　D. 减少层数

20. 适配器调整的核心思想是(　　)。

A. 微调整个模型的权重　　B. 在模型的每一层插入轻量级模块

C. 增加数据集的规模　　D. 调整模型的输出层

21. 适配器调整的优势在于(　　)。

A. 不需要模型的参数更新　　B. 大幅减少模型的训练数据

C. 提供高效的多任务学习能力　　D. 提高模型的推理速度

22. LoRA的主要优点是(　　)。

A. 大幅减少需要微调的参数数量　　B. 增加模型的表达能力

C. 提高模型的推理速度　　D. 增强模型的可解释性

23. 微调模型时，使用适配器模块的目的是(　　)。

A. 完全替换原模型参数　　B. 增强模型的推理速度

C. 实现高效的参数调整和扩展　　D. 增加模型的复杂度

24. 前缀调整主要用于(　　)。

A. 调整模型的中间层

B. 修改输入数据的前缀部分来控制模型行为

C. 调整模型的输出层

D. 增加数据集的规模

25. 适配器调整与全量微调的主要区别在于(　　)。

A. 适配器调整不涉及任何模型参数的改变　　B. 全量微调更适合多任务学习

C. 适配器调整仅对少量参数进行调整　　D. 全量微调更高效

26. 全量微调通常适用于(　　)。

A. 计算资源有限的场景　　B. 需要高度精确输出的任务

C. 提高模型推理速度　　D. 零样本学习任务

## 二、简答题

1. 什么是提示词工程？它在模型应用中起到什么作用？
2. P-tuning 如何改进传统的提示词工程？
3. 在什么场景下，提示词工程相比于全量微调更为合适？
4. 智能体在人工智能系统中主要承担什么功能？
5. 如何通过强化学习来优化智能体的决策过程？
6. 在多智能体系统中，智能体之间如何实现有效合作？
7. 全量微调和适配器微调的主要区别是什么？
8. 前缀调整在模型微调中的作用是什么？
9. 为什么 LoRA 方法在微调中被认为是资源友好的？
10. 在什么情况下，适配器微调比全量微调更有优势？

# 第五章

# 大模型项目实例

## 本章引言

大模型在各个垂直领域应用广泛，无论是智能教育领域、智能娱乐领域，还是智能办公领域，都有很多的应用案例。在智能教育领域，大模型可以用于个性化学习推荐、智能答疑和语言学习等多个场景。例如，大模型通过分析学生的过程性数据，评估学生的学习习惯和能力水平，进而为学生提供定制化的学习计划，最终提高其学习效率；大模型还能实时解答学生的疑问，提供及时的学习支持。在智能娱乐领域，大模型被广泛应用于内容创作、游戏智能和虚拟现实等方面。它们能够根据用户的喜好生成个性化的内容，如故事、音乐或视频，提升用户体验；同时，大模型也能在游戏中扮演智能对手或队友，增加游戏的互动性和挑战性。在智能办公领域，大模型的应用同样广泛。它们可以协助进行数据分析、自动化报告生成和会议纪要整理等工作，极大地提高了工作效率；大模型还能够通过自然语言处理技术，优化电子邮件的管理和回复流程，减轻工作负担。随着技术的不断进步和应用的深入，大模型将在更多领域展现出其独特的价值，推动社会各行各业的智能化转型。

# 第一节 智能教育

**学习目标**

- 了解大模型在智能教育领域的应用。
- 熟悉 AI 文档助手的使用。
- 熟悉 AI 编程助手的使用。

教育大模型的应用旨在重构未来教育，基于开放算法模型架构，并以创新教育应用场景为核心，进行系统性的变革。这一变革涉及深入理解教育大模型的理念，并依据技术的本质来设计系统架构，从而进一步打造新的教育应用场景，成为关乎教育数字化转型和智能化升级的时代课题。教育大模型适用于各类教育场景，具有超大规模参数，融合通用知识和专业知识训练形成的人工智能模型，是大模型技术、知识库技术及各类智能教育技术的集成，能推动人类学习和机器学习的双向建构。

## 一、AI 文档助手

AI 文档识别是一种基于人工智能技术，用于自动识别和处理各类文档内容的能力。它可以从纸质或电子文档中提取文本、图像和表格等元素，并将其转换为可编辑的格式，从而提高数据处理的效率和准确性。这种技术在信息爆炸的时代背景下尤为重要，因为它能够帮助人们快速、准确地处理大量文档，并从中提取关键信息。

AI 文档识别的核心功能包括文档分析、版面分析和文字识别。例如，百度 AI 开放平台提供的办公文档识别功能能够分析文档的版面，输出图片、表格、标题、文本等的位置，并支持中英文及手写印刷体混排多种场景的识别。此外，TextIn. com 等文本智能平台能够通过自然语言处理、机器学习和深度学习技术，提供从文档识别到处理，再转换的一站式解决方案。

在实现机制上，AI 文档识别通常依赖于复杂的算法和模型。以 Azure AI 文档智能为例，它提供了文档分析模型、预生成模型和自定义模型等多种模型来应对不同的应用场景。这些模型经过训练，能够从各种类型的文档（如发票、收据和保险卡等）中提取关键信息。

综上所述，AI 文档识别技术不仅能够提高工作效率，还为将来的智能化办公服务提供了广阔的前景。

## （一）文档出题

AI 文档出题正迅速成为教育行业的一个重要使用场景。凭借深度学习和数据挖掘等技术，它能够快速地生成试题，出题人只需提供相关的知识点文案和描述，系统便能自动产生高质量的测试题目，甚至无需人工编写或整理。这一创新使教育工作者得以将更多精力投入教学的其他方面，以便更精确地评估学生对知识点的理解程度。

下面将利用讯飞星火大模型，根据指定的文档内容出题，这里文档使用《中华人民共和国劳动法》全文，出题的类型包括选择题、判断题、填空题、简答题等。

(1) 登录讯飞星火大模型(https://xinghuo.xfyun.cn)，在输入框里面上传劳动法全文文档，并给出提示词："根据文档出题，需要列出 5 道选择题，2 道判断题，2 道填空题，2 道简答题，并给出简答题的参考答案。"点击发送即可(图 5-1)。

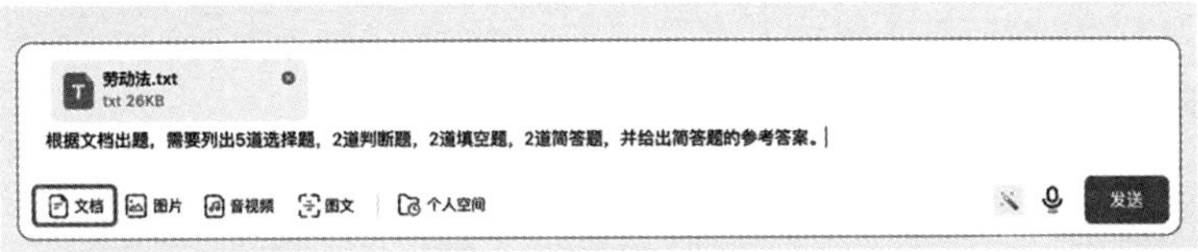


图 5-1　星火对话框

(2) 讯飞星火大模型将会根据给出的文档内容和出题提示词的要求，给出各个题目列表和对应参考答案(图 5-2)。

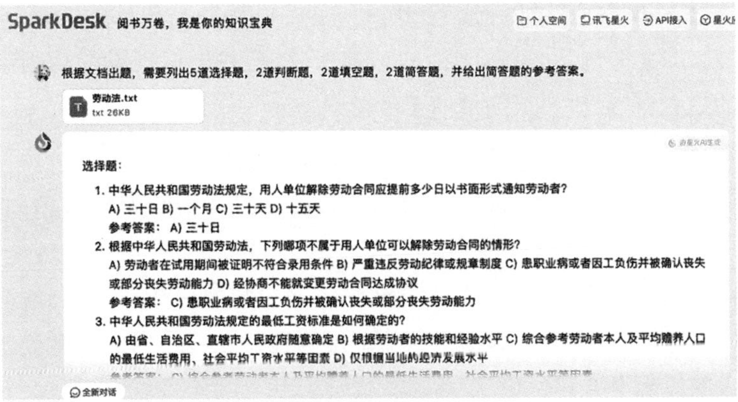


图 5-2　出题结果

(3) 如果想调整题目，直接在对话框中添加要调整的内容，系统将根据要求重新给出题目(图 5-3)。

(4) 导出生成的题目，完成根据指定文档出题的任务。

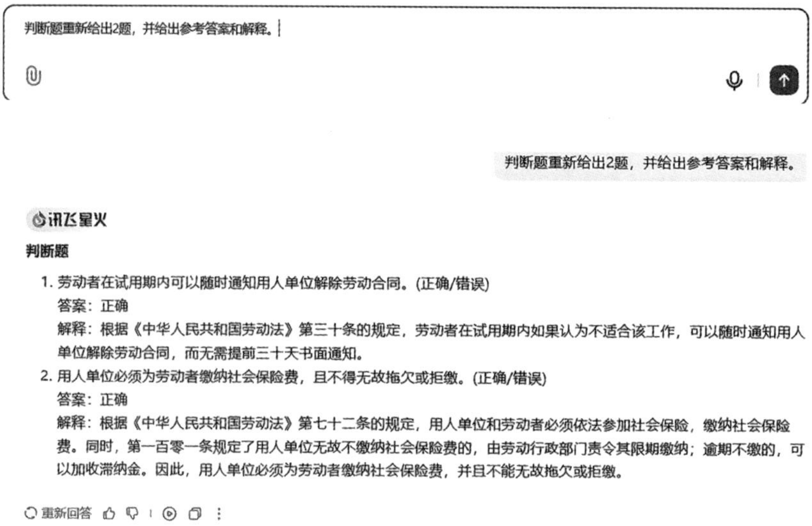


图 5-3　调整题目

## （二）文档总结

AI 文档全文总结通过算法提炼出文档的关键要素，形成简洁明了的总结，使得用户在短时间内把握文档要点成为可能。这种高效的辅助工具，不仅提高了信息处理速度，也在一定程度上培养了用户的快速阅读与理解能力，真正实现了智能化办公的便捷与高效。

AI 文档归纳总结的核心功能包括文档分析、关键信息提取和总结生成。它能够识别文档中的标题、段落、图表等内容，理解文档的结构和逻辑，并根据预设的规则或算法，提取出文档中最重要的信息点，最后生成简洁明了的总结。

AI 文档归纳总结在多个领域都有广泛的应用场景，如商业报告分析、法律文件审查、新闻摘要生成、学术论文总结等。它能够帮助用户快速获取文档的关键信息，节省阅读时间，提高工作效率。

总的来说，AI 文档归纳总结是人工智能领域的一个重要应用场景，它能够自动分析、理解和总结文档内容，提高阅读效率和信息获取的准确性。随着技术的不断进步，它将在更多领域展现出巨大的应用潜力和价值。

(1) WPS AI 使用 pdf 文档做全文总结，这里将使用《人工智能的发展》文档来做总结，文档格式为 pdf 格式。

① 打开 WPS 365 软件，选择文件，打开文档，选择“人工智能的发展. pdf”文件，然后选择“WPS AI”菜单中的“AI 全文总结”，调出全文总结工具进行 AI 文档全文总结(图 5-4)。

② 生成文档全文总结(图 5-5)。

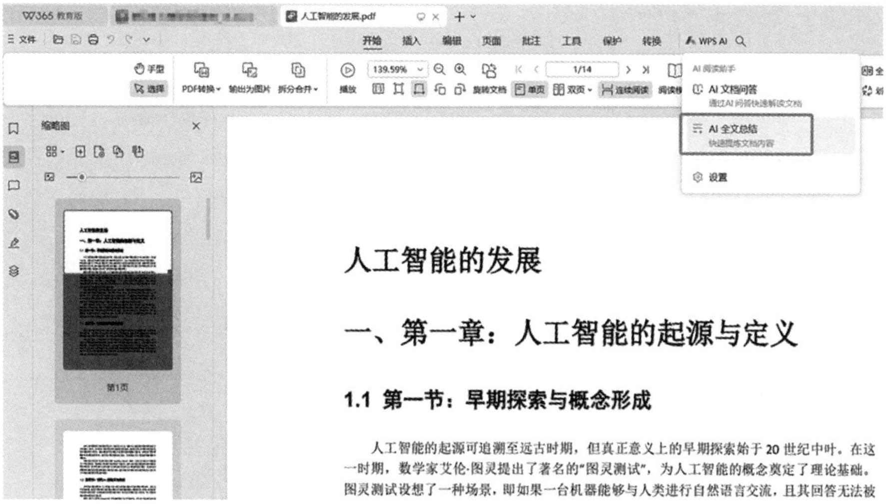


图 5-4　《人工智能的发展》文档

图 5-5　全文总结

(2) 英文论文总结,识别结果报错,文档无法识别出总结或核心(图 5-6)。

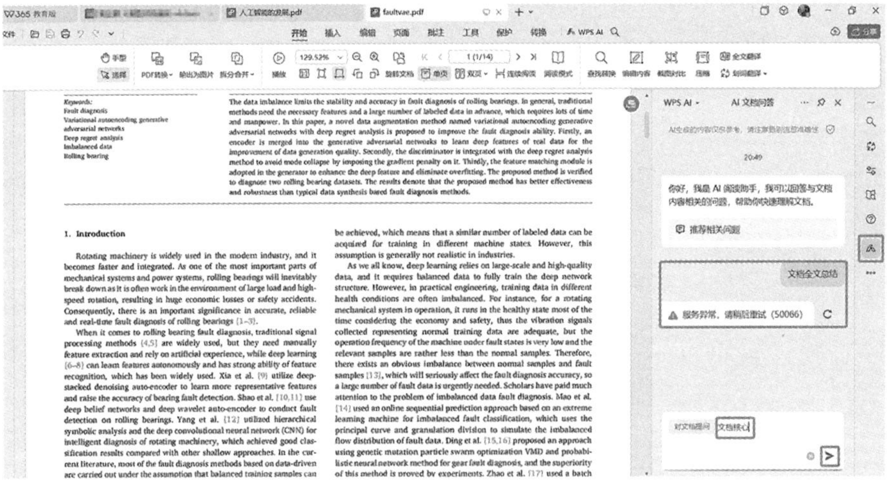

图 5-6　英文文档

如图 5-6 所示,WPS AI 全文总结功能在处理文档时偶尔可能无法精确识别内容,导致无法生成有效的总结。这是一种正常现象,任何 AI 工具都会存在不准确性,所以即便在能生成总结的情况下,用户仍需审阅原文以对 AI 生成的总结进行准确评估。有时,这些总结可能会显得较为片面或不够精确,因此用户在使用过程中可能需要对其进行调整。总而言之,虽然该功能具有一定的辅助价值,但用户不能完全依赖其结果。另外,对英文 pdf 的支持不足,无法对文档进行识别。是否可以使用翻译工具,把英文文档翻译为中文文档,然后再进行全文总结?大家可以自己试验一下。

## 二、AI 编程助手

本小节介绍讯飞星火智能编程助手 iFlyCode,它是科大讯飞研发的一款智能编码助手插件,可以在程序员编程过程中沉浸式交互生成代码建议,助力程序员提升编码效率和企业敏捷开发。它拥有以下显著特性:

① 具备代码生成与知识问答功能,非专业用户也能轻松掌握,有效降低软件开发门槛;

② 实现了自然语言与编程代码的无缝对接,简化了繁琐的编程步骤,使用户能够迅速开始编程工作;

③ 能轻松检索到所需代码片段,实现即时调用,极大地减少了重复性工作;

④ 提供代码内容的详细解析,满足学习需求并帮助提升专业技能;

⑤ 增强研究和测试工作的效率,使专业程序员的工作效率成倍提高;

⑥ 支持多种编程语言和开发环境,以其简洁高效的界面提升了编码体验;

⑦ 通过提升代码品质和发现潜在问题,有助于提高整个项目的质量;

⑧ 覆盖软件开发的全流程,释放生产力,让用户更多地专注于创意和业务逻辑的实现。

首先打开网址 https://iflycode.xfyun.cn,注册账号(图 5-7)并申请 iFlyCode 的试用。

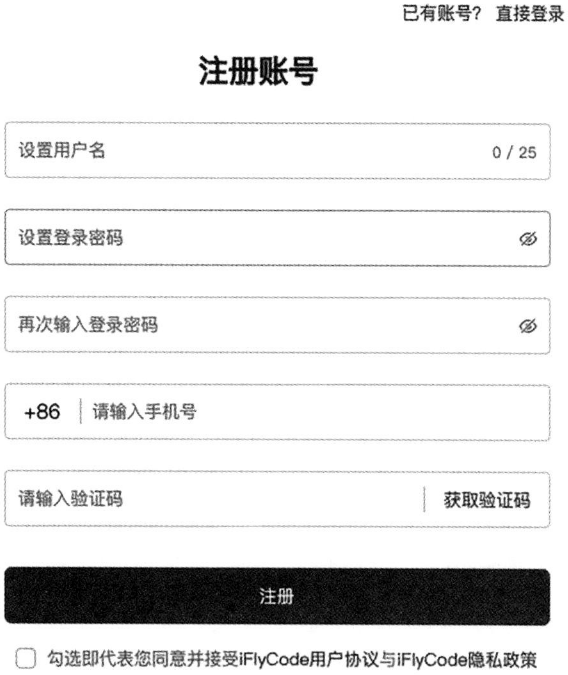


图 5-7　注册账号界面

在 Visual Studio Code（VSCode）中使用 iFlyCode 插件，该工具已经集成到 VSCode 开发环境中，想使用该编程助手工具，需要在电脑中先安装 VSCode 开发工具，具体的安装步骤可以参考微软的官方网站 https://code.visualstudio.com 中的相关内容。安装 iFlyCode 插件的步骤如下：

（1）在已经安装 Visual Studio Code 的情况下，启动 VSCode，在侧边导航上点击扩展（图 5-8）。

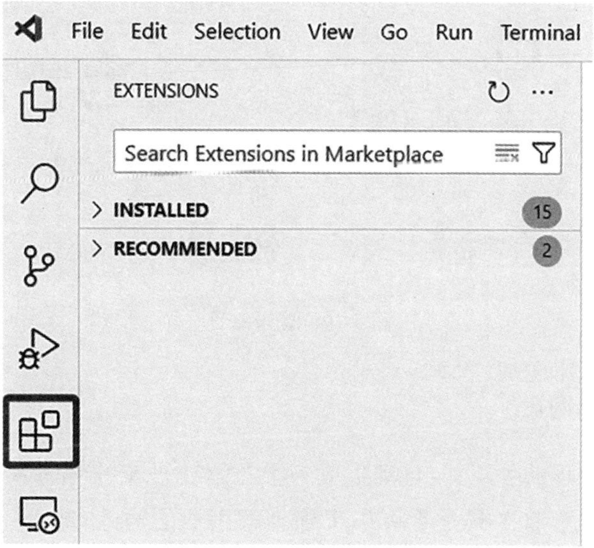


图 5-8　插件扩展

（2）在插件市场中安装，点击“扩展”按钮，在搜索框中输入“iFlyCode”，找到该插件，然后点击“安装”即可完成插件的安装（图 5-9）。

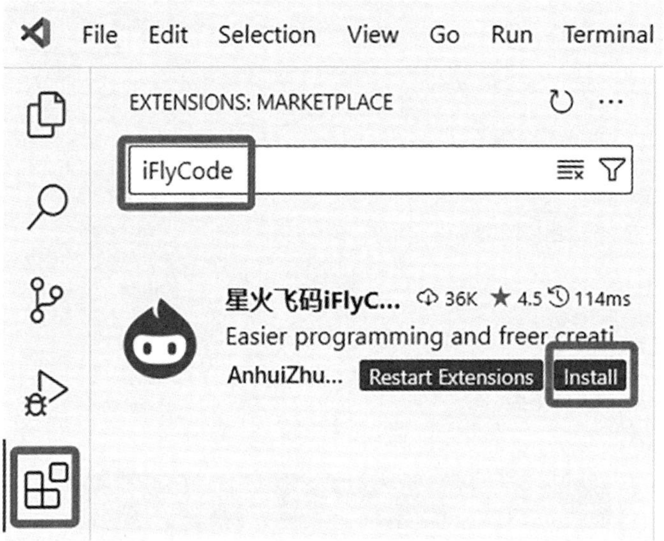


图 5-9 插件安装

（3）安装完成后，在侧边即可看到 iFlyCode 插件图标。想使用该插件还需要登录账号，这里点击“使用浏览器登录”按钮，在弹出窗口中选择打开浏览器，在浏览器中使用前面注册的账号登录，然后返回 VSCode 即可使用 iFlyCode 编程助手工具（图 5-10）。

图 5-10 登录账号

## （一）生成静态网页

使用 iFlyCode 编程助手工具，自动生成一个介绍牡丹花的静态页面，具体内容可以让工具自动生成，目标是查看工具是否可以正确理解用户的输入，能否正确生成用户想要的 html 样式文档，具体的步骤如下：

(1) 在 iFlyCode 工具面板输入框中输入对话提示词:“编写一个介绍牡丹花的静态页面,页面标题为:我的牡丹花介绍测试页面,并居中显示;页面分为植物学史、形态特征、种群分类和主要品种 4 个 tab 页面介绍,每个栏目请给出标题,并给出不少于 200 字的详细介绍。”点击回车键,等待编程助手工具自动生成(图 5-11)。

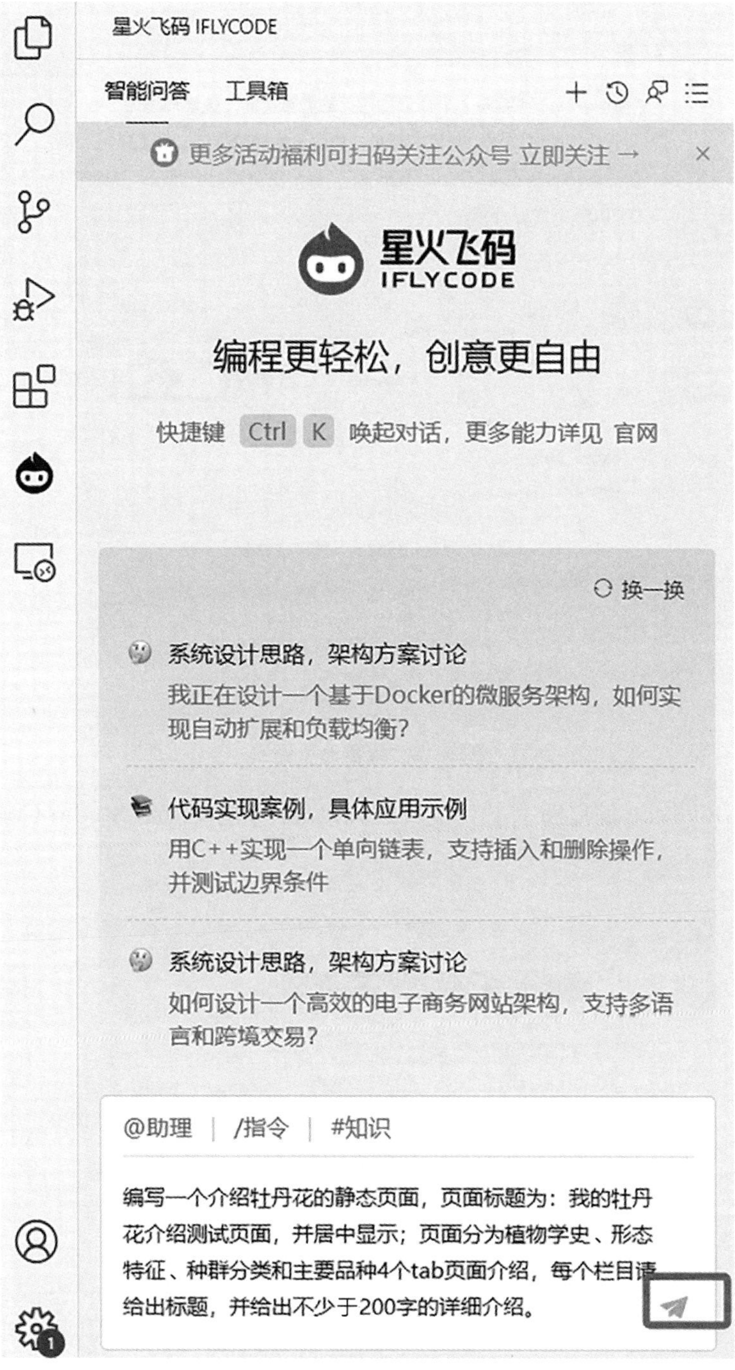


图 5-11　编程助手对话框

（2）iFlyCode 编程助手工具会根据用户输入的提示词，返回一段 Html 的静态页面代码段（图 5-12）。

图 5-12　编程助手返回

（3）复制 iFlyCode 编程助手工具生成的代码段，并在 Visual Studio Code 中新建一个文件（图 5-13）。

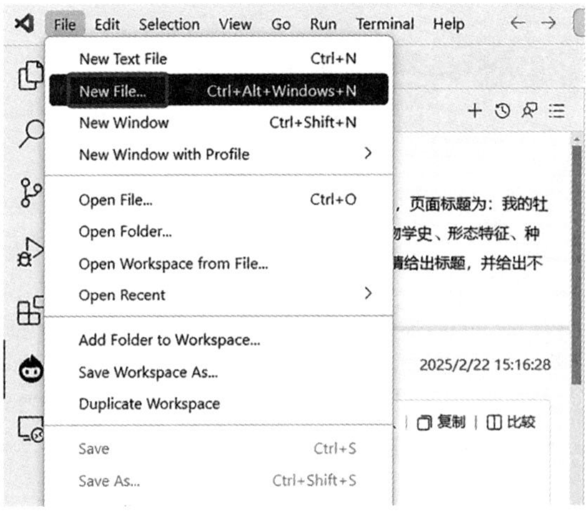


图 5-13　新建空白文件

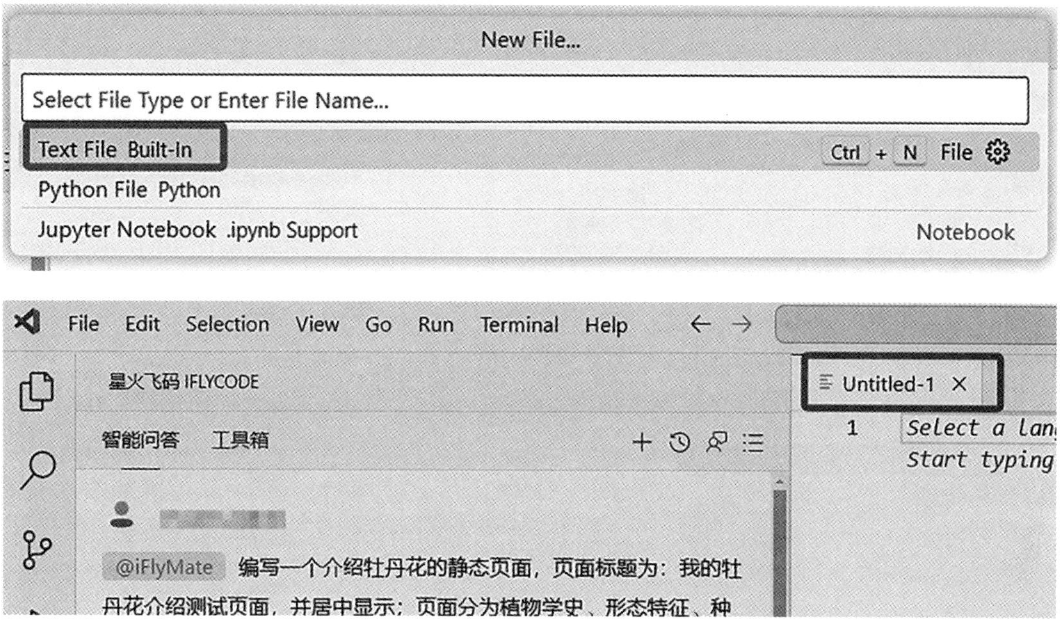


图 5-13(续图)

(4) 将在 iFlyCode 工具中复制的内容粘贴到新建的文件里(图 5-14)。

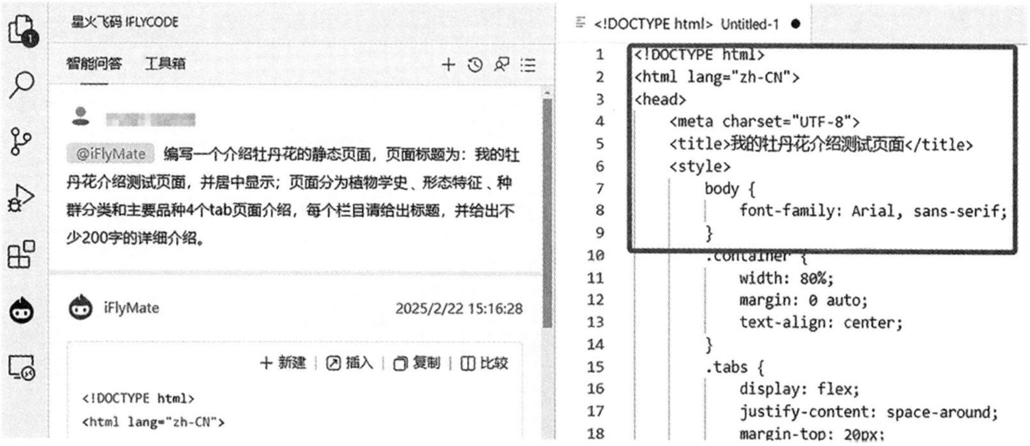


图 5-14　新建文件

(5) 保存这个文件，在保存弹出对话框里面，保存类型选择为 All Files( * . * )，文件名为 index. html，然后点击“保存”按钮，完成 html 文件的保存(图 5-15)。

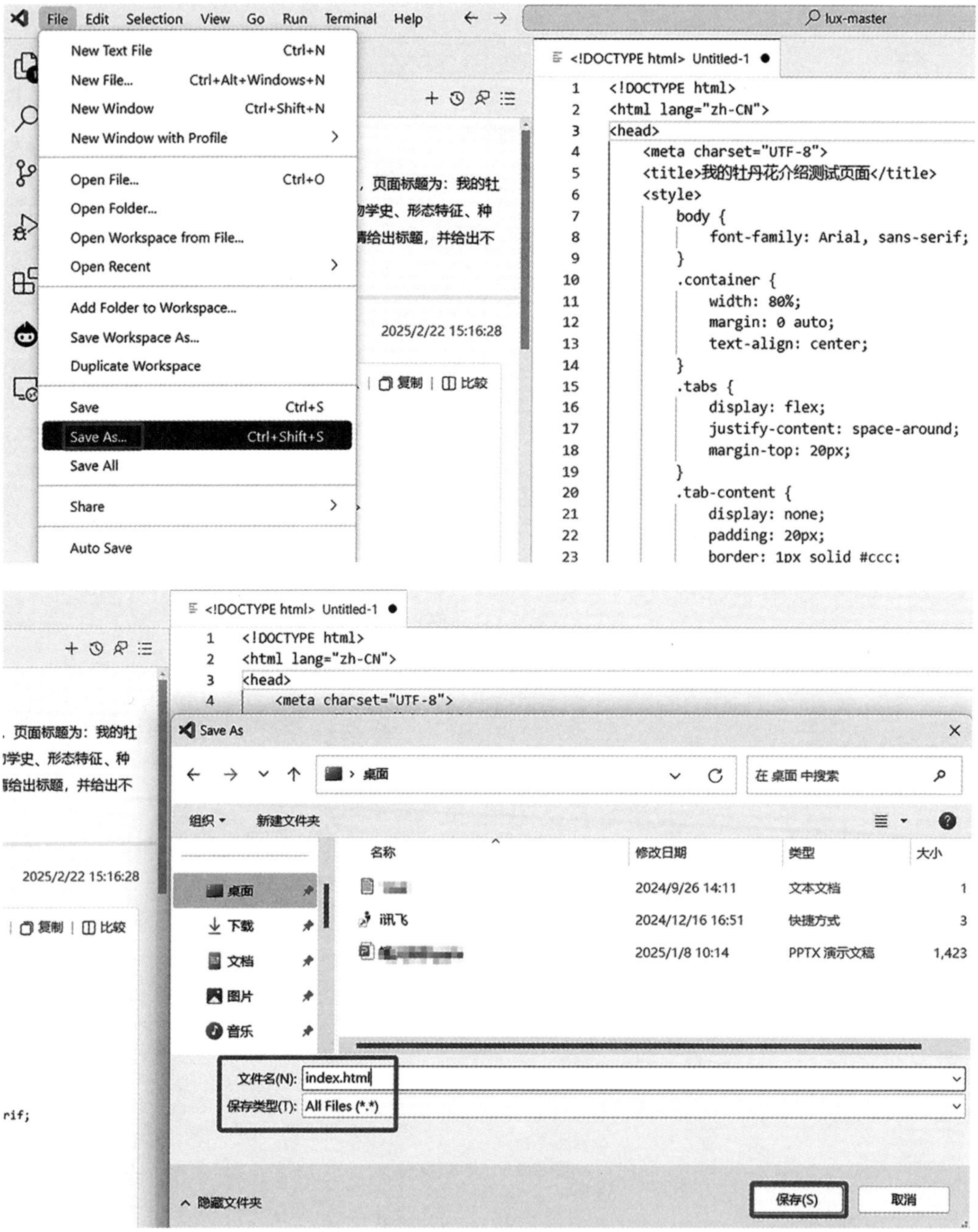


图 5-15　保存文件

（6）回到计算机桌面，找到 index. html 文件，点击右键，在弹出菜单中选择“打开方式”→“Google Chrome”（如果没有安装 Chrome 浏览器，也可以使用其他浏览器，如 IE、Edge 等），用浏览器打开这个文件，即可看到编程助手工具自动生成的静态页面样式（图 5-16）。

**图 5-16　页面结果**

(7) 如果对显示的效果不满意，还可以在 iFlyCode 对话框里面继续提出修改的意见。例如，我想改变 4 个切换按钮的背景颜色，就可以在对话框里面输入"请把 4 个 tab 页按钮修改为其他颜色的背景"(图 5-17)。

**图 5-17　对话框**

(8) 把再次生成的代码，复制到 index. html 文件中，覆盖原有内容，在浏览器中再次打开这个 index. html 文件，查看修改后的效果(图 5-18)。

图 5-18　修改页面

(9) 可以继续在对话框中输入想修改的内容，iFlyCode 将继续按照提出的要求生成相应的代码。

这个案例给我们展示了利用星火大模型 iFlyCode 编程助手工具自动生成静态页面的步骤，并自动生成了相关的 html 静态页面代码。后期用户可以根据需要调整这些代码，即可生成更加符合用户要求的静态页面，这大大提高了用户编写静态页面的效率，降低了编写静态页面的门槛。

### （二）生成算法代码

这里介绍一个冒泡排序，它是基于交换的排序，之所以叫冒泡排序，是因为每一个元素都可以像小气泡一样，根据自身大小一点一点向数组的一侧移动。首先，我们需要了解冒泡排序的基本原理：冒泡排序是一种简单的排序算法，它重复地遍历要排序的数列，一次比较两个元素，假设两个元素为 $a$ 和 $b$，若 $a<b$，则交换 $a$ 和 $b$ 的顺序。如此循环，即始终保证两个元素中较大的那个数字在后位。遍历数列的工作重复地进行，直到没有再需要交换的

元素，说明该数列已经完成排序。实现冒泡排序的步骤如下：

① 创建一个函数，接收一个包含学生成绩的列表作为参数。

② 使用嵌套循环进行排序。外层循环控制遍历次数，内层循环进行相邻元素的比较和交换。

③ 如果内层循环发现有相邻元素顺序错误（前一个元素大于后一个元素），则交换它们的位置。

④ 当一次遍历完成后，最大的元素会被放到正确的位置（列表的最后一个位置）。

⑤ 重复步骤②～④，直到所有元素都按照从小到大的顺序排列。

在理解了冒泡排序的基本原理之后，我们来完成一个实例：对一份 Python 语言课程的学生成绩进行排序，使学生成绩按照从小到大的顺序排列。

（1）使用 iFlyCode 编程助手来完成冒泡排序的代码编写，在 iFlyCode 面板输入框中输入提示词："请根据学生成绩的高低，使用冒泡排序，将学生成绩按从小到大的顺序排列"，点击发送按钮，编程助手会自动给用户返回一段使用 Python 实现的代码段（图 5-19）。

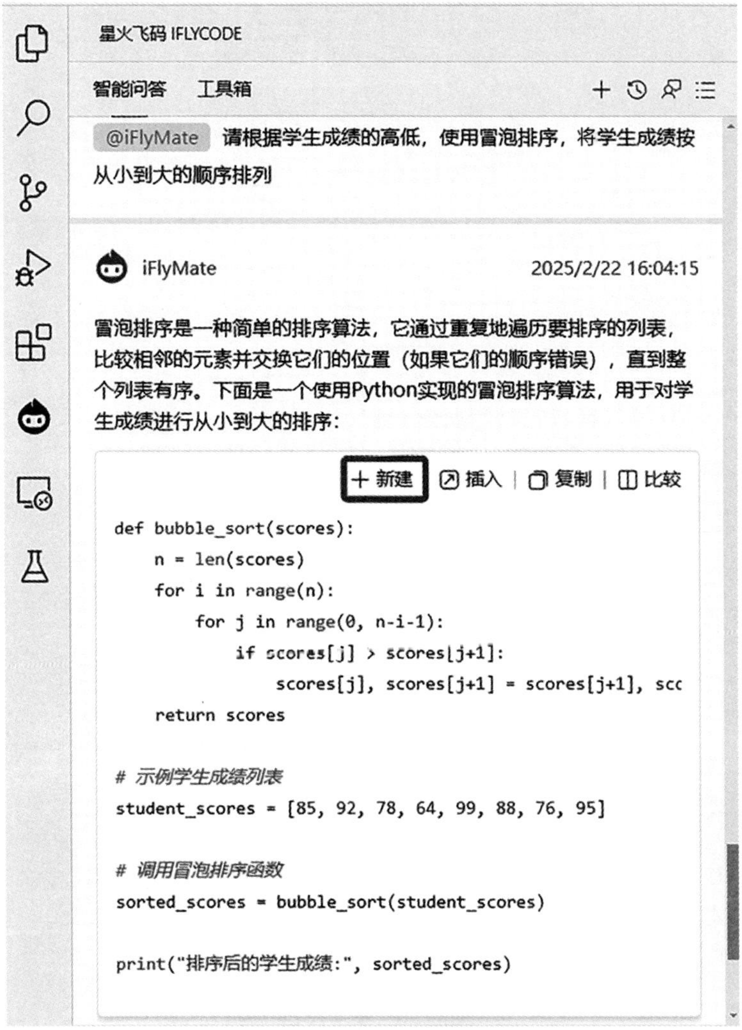


**图 5-19　算法代码对话框**

（2）点击生成的代码段的“新建”按钮，VSCode 自动新建一个文件，并把生成的代码填充到新文件中，点击菜单栏，选择“File”→“Save”，保存这个文件，取名为 test.py（图 5-20）。

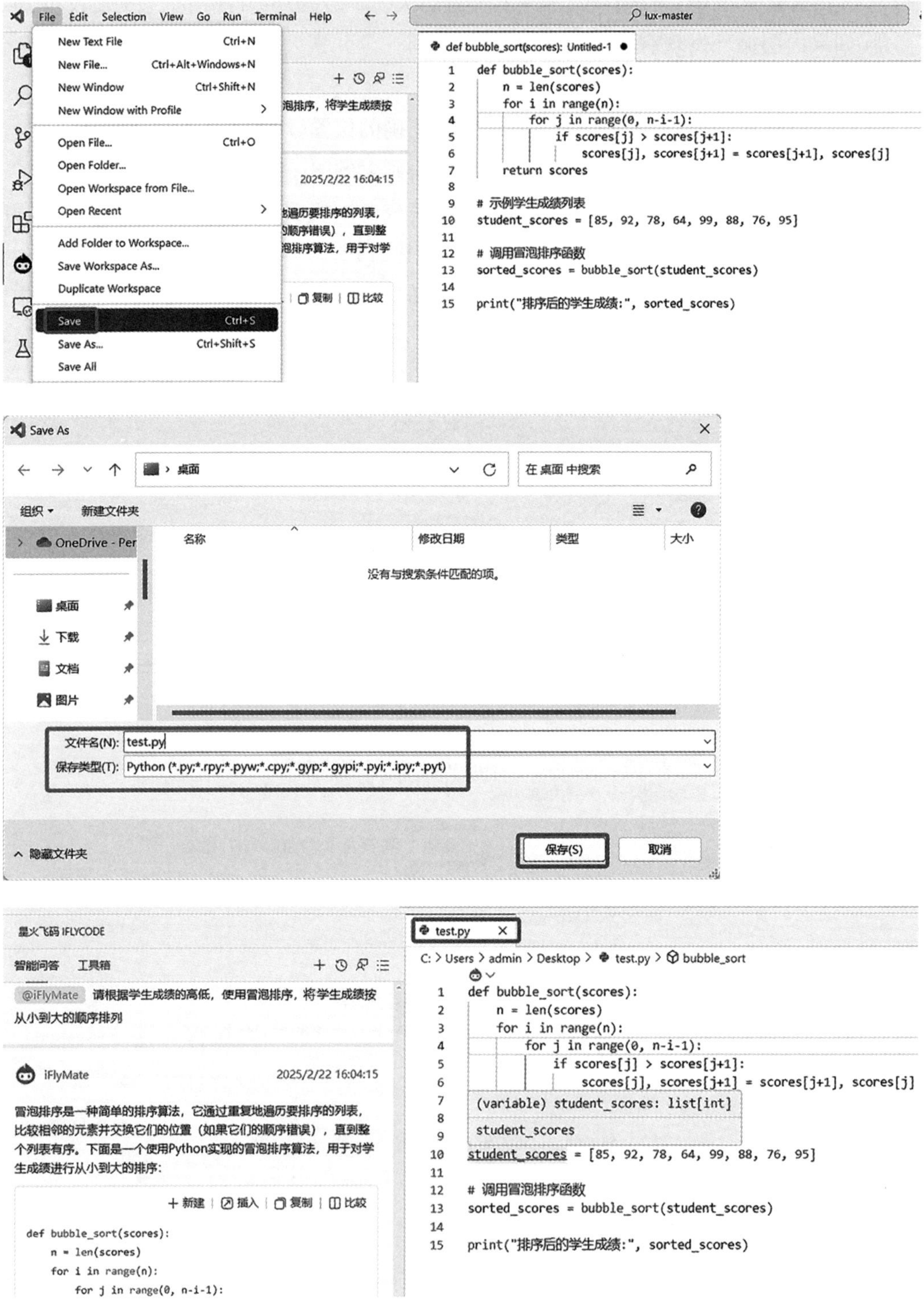


图 5-20 生成代码

（3）调出 VSCode 命令行窗口（图 5-21）。

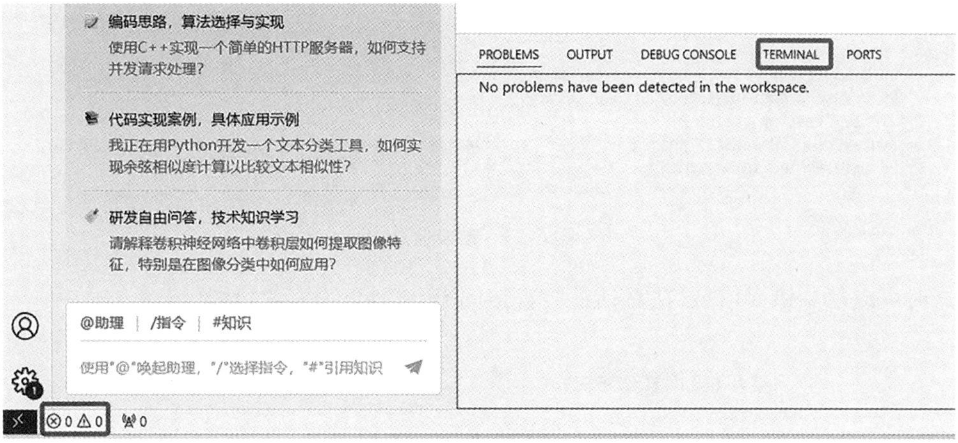


图 5-21　命令行窗口

（4）在命令行窗口中，切换工作目录到保存 test. py 文件的目录，输入“python test. py”，运行该代码文件，即可看到代码运行的结果（图 5-22）。示例中给定的学生成绩，将会按照从小到大的顺序输出。

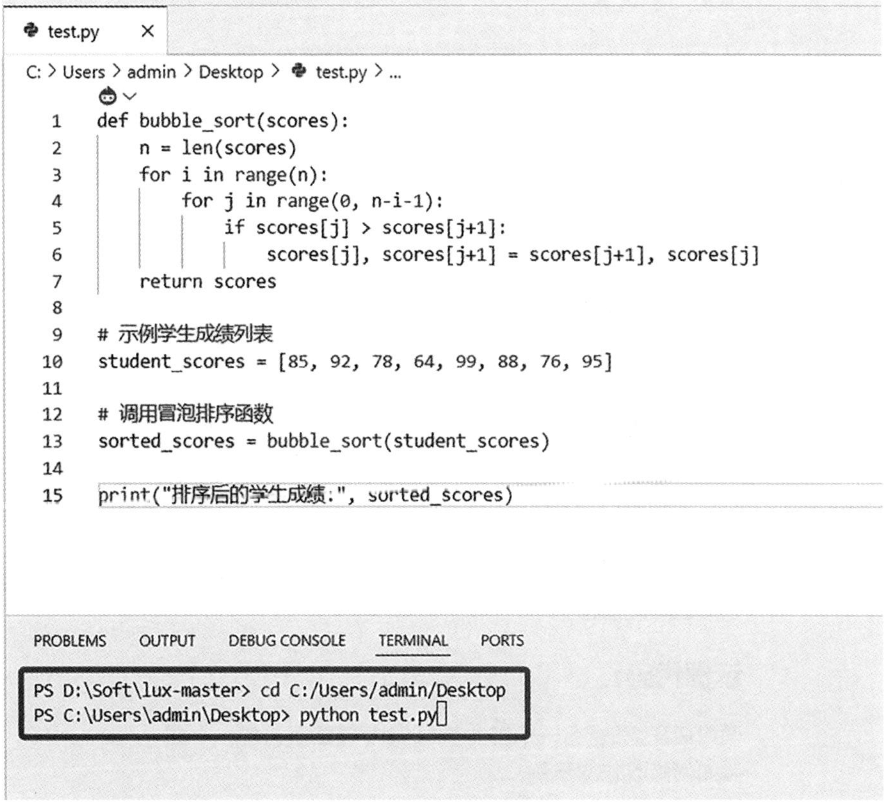


图 5-22　运行命令

（5）如果发生错误，提示运行失败(图 5-23)。

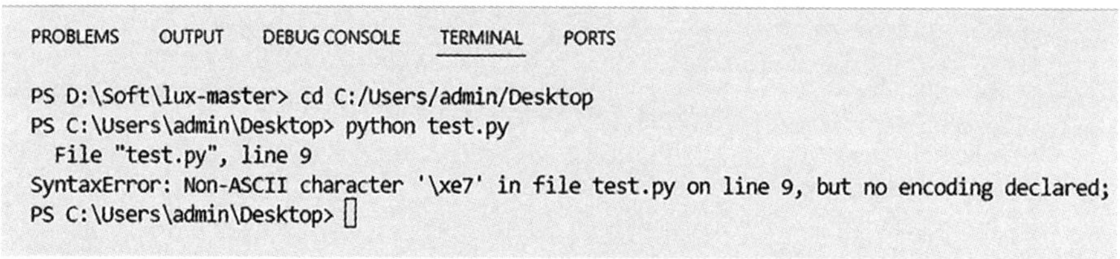


**图 5-23　错误信息**

这时可以复制错误信息，在对话框中直接问 iFlyCode(图 5-24)。

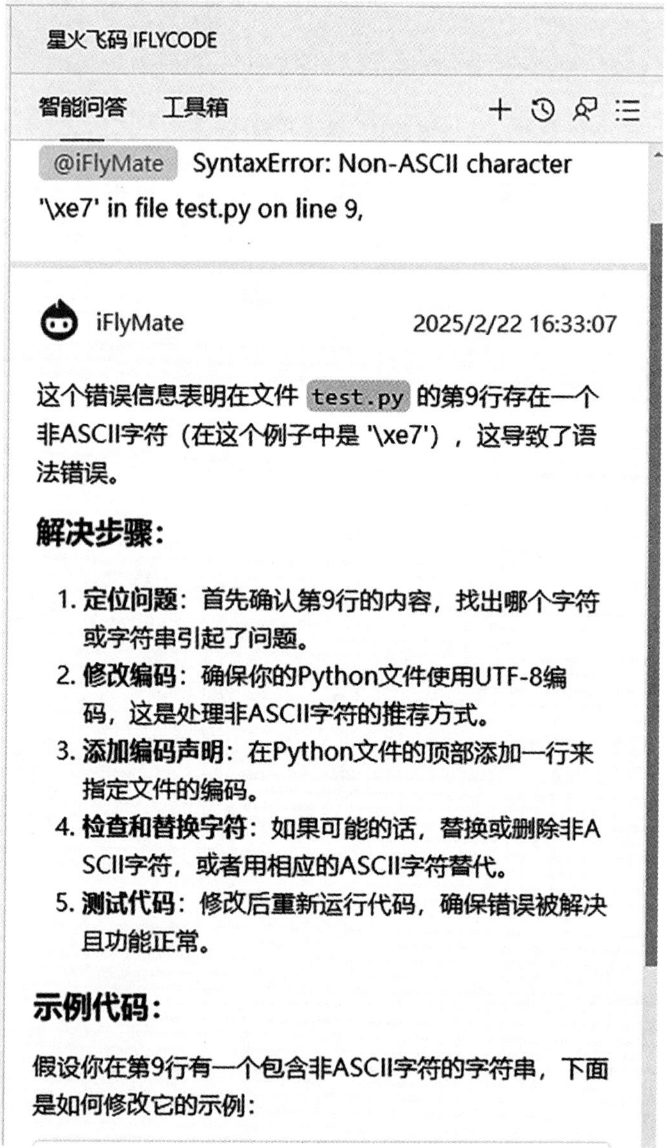


**图 5-24　错误对话框**

根据示例代码提示，修改 test.py 文件，运行代码即可（图 5-25）。

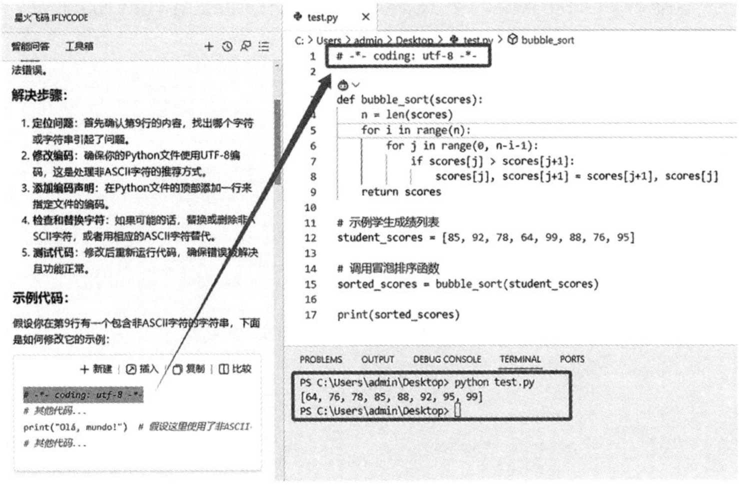


图 5-25　运行结果

（6）代码解释：选择 test.py 文件中的代码段，单击右键，在弹出菜单中选择“星火飞码 iFlyCode”→“代码解释”（图 5-26）。在 iFlyCode 面板对话框中，编程助手就会尝试解释用户选择的代码段，这个工具在我们阅读别人代码的时候非常有用，它可以帮助我们理解代码的含义及实现的功能。

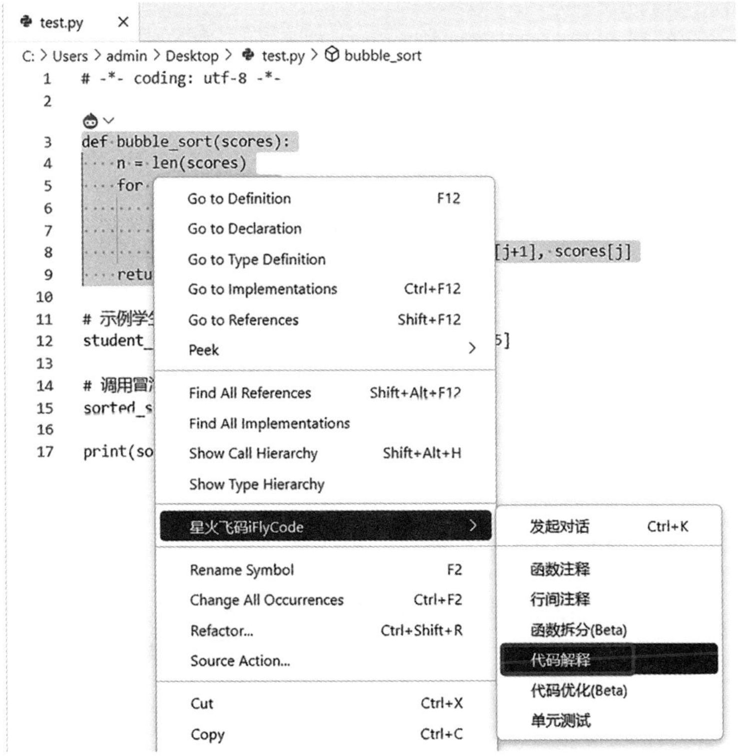


图 5-26　代码解释

iFlyCode 将尝试解释这段代码的含义，并给出它理解的结果(图 5-27)。阅读详细信息，我们可以知道这段代码的功能，这对我们理解相关代码有很大的帮助。

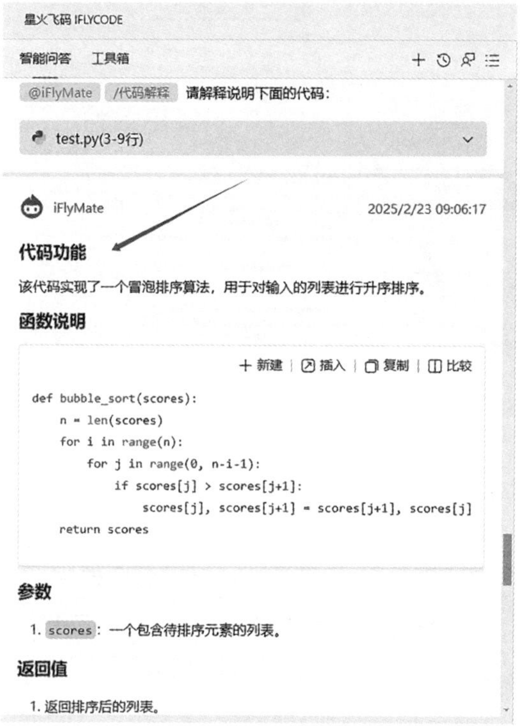


图 5-27 代码解释结果

(7) 函数注释(图 5-28)。

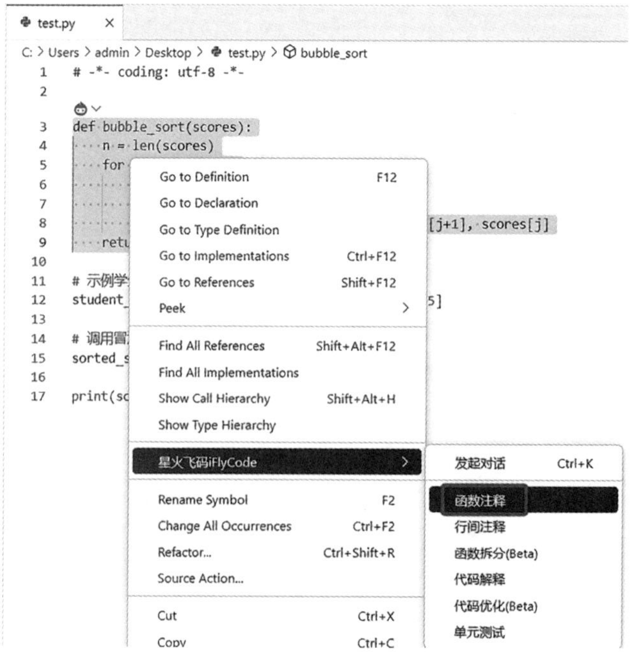


图 5-28 函数注释

（8）代码优化：选择 test.py 文件中的代码段，单击右键，在弹出菜单中选择“星火飞码 iFlyCode”→“代码优化”（图 5-29）。工具将检查用户选择的代码段，并尝试给出优化结果及修复建议（图 5-30）。

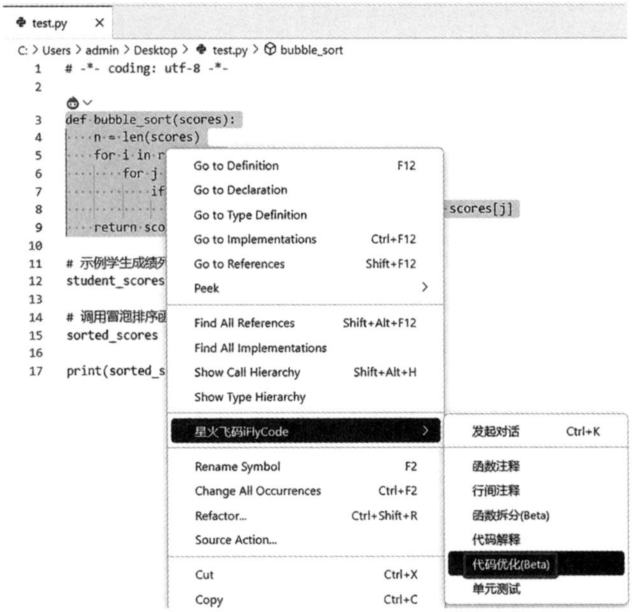


图 5-29　代码优化

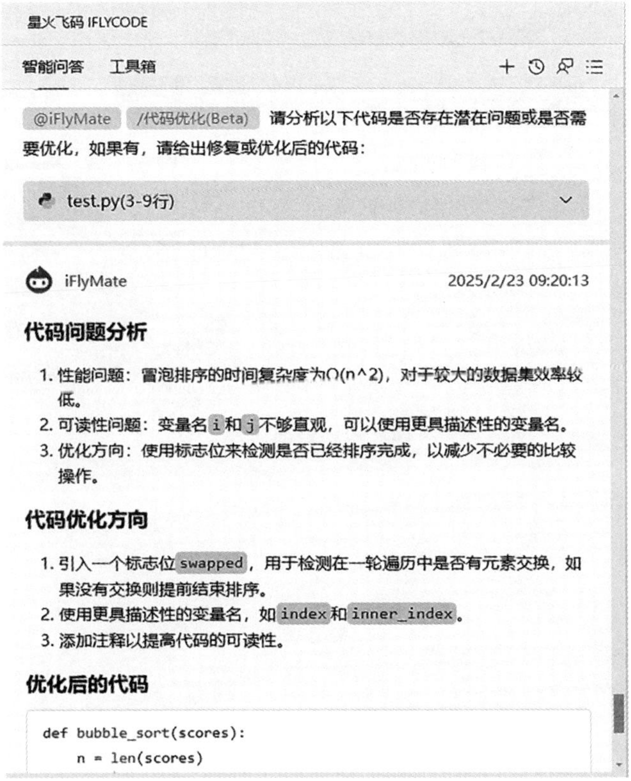


图 5-30　代码优化结果

（9）行间注释：选择 test. py 文件中的代码段，单击右键，在弹出菜单中选择“星火飞码 iFlyCode”→“行间注释”（图 5-31）。在 iFlyCode 面板对话框中，编程助手就会尝试去注释用户选择的代码段，并给出它理解的代码行注释（图 5-32），这可以有效帮助我们理解每行代码的含义。

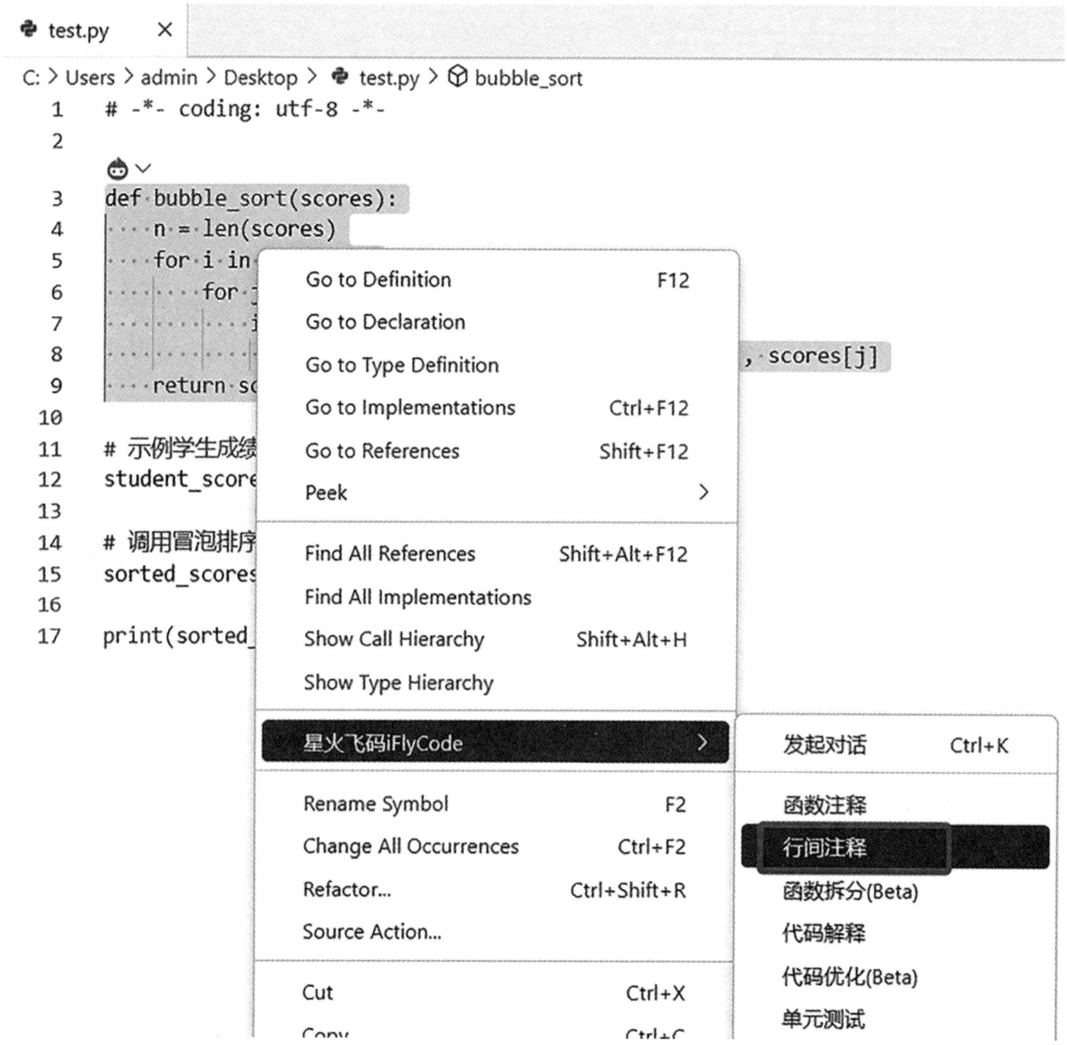


图 5-31　行间注释

**图 5-32　行间注释结果**

（10）函数注释：选择 test.py 文件中的函数代码段，单击右键，在弹出菜单中选择“星火飞码 iFlyCode”→“函数注释”（图 5-33）。助手工具将按照代码规范，生成函数的注释，并给出函数的参数列表注释及函数返回值注释（图 5-34）。

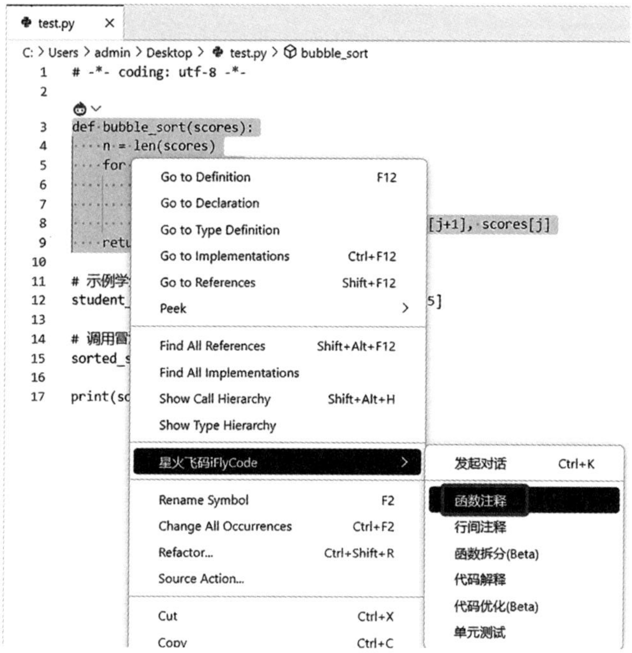


图 5-33 函数注释

图 5-34 函数注释结果

（11）单元测试：选择 test.py 文件中的代码段，单击右键，在弹出菜单中选择“星火飞码 iFlyCode”→“单元测试”（图 5-35）。

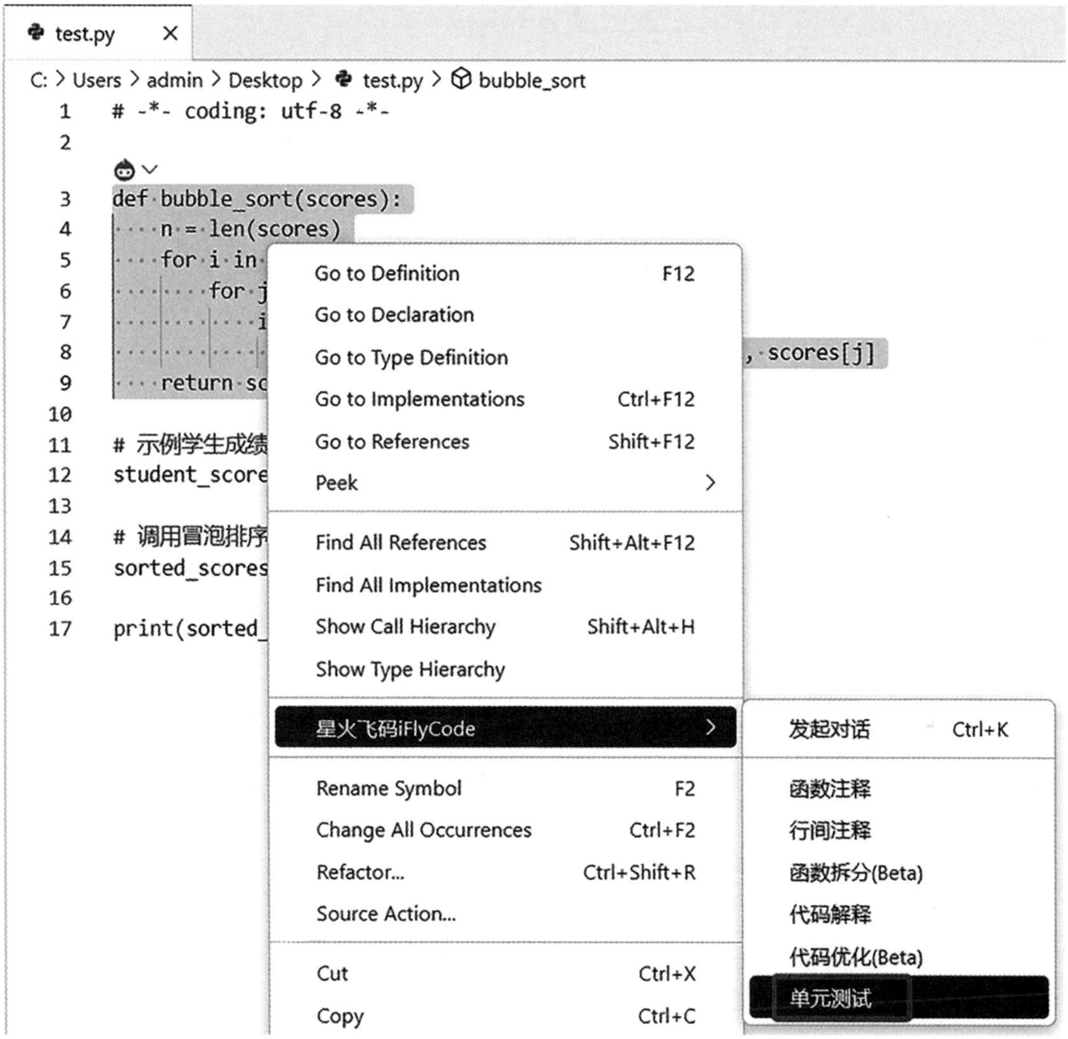


图 5-35 单元测试

编程助手工具会自动生成单元测试代码，并给出多个测试用例（图 5-36）和测试入口主函数 main 方法，用户可以直接使用该代码进行单元测试，这样可大大提高编程效率。

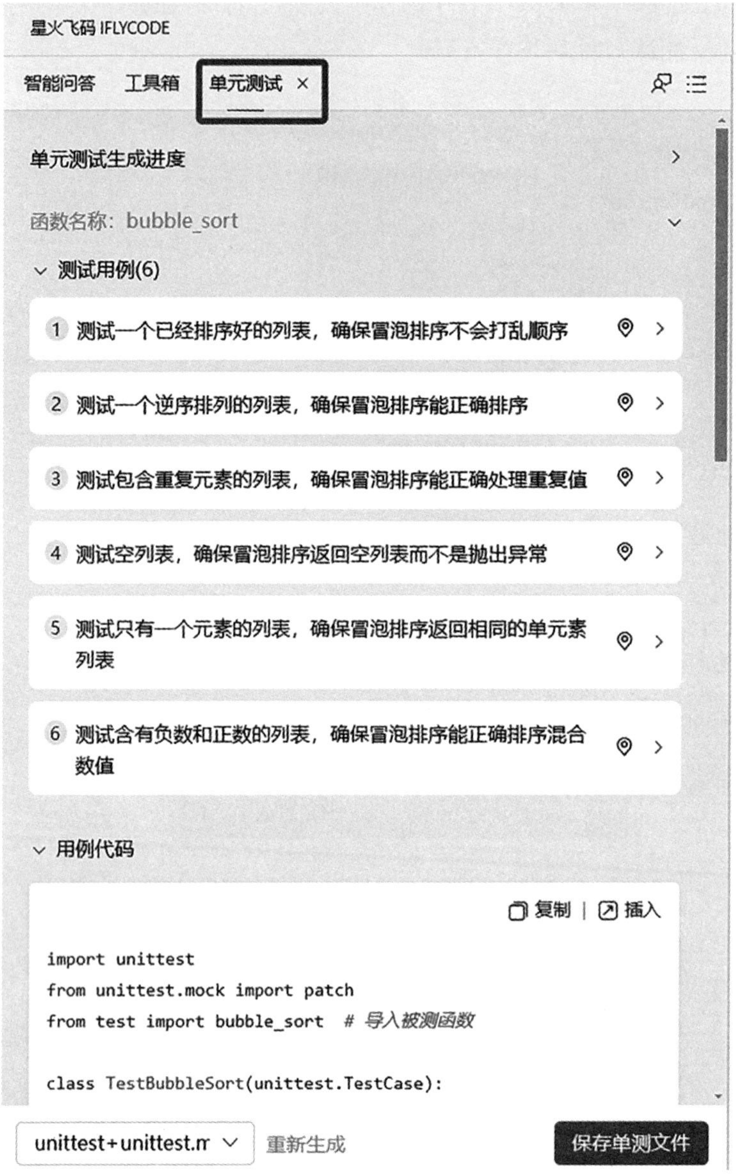
星火飞码 IFLYCODE
智能问答
工具箱
单元测试 ×
单元测试生成进度
函数名称：bubble_sort
测试用例(6)
1 测试一个已经排序好的列表，确保冒泡排序不会打乱顺序
2 测试一个逆序排列的列表，确保冒泡排序能正确排序
3 测试包含重复元素的列表，确保冒泡排序能正确处理重复值
4 测试空列表，确保冒泡排序返回空列表而不是抛出异常
5 测试只有一个元素的列表，确保冒泡排序返回相同的单元素列表
6 测试含有负数和正数的列表，确保冒泡排序能正确排序混合数值
用例代码
复制
插入
import unittest
from unittest.mock import patch
from test import bubble_sort  # 导入被测函数
class TestBubbleSort(unittest.TestCase):
unittest+unittest.m
重新生成
保存单测文件

图 5-36　测试用例

# 第二节 智能娱乐

**学习目标**

- 了解人工智能相关产品在娱乐领域的使用方法。
- 了解如何使用星火大模型进行简单的游戏，以及相关娱乐活动。
- 学会使用星火大模型对相关娱乐项目进行增强。

人工智能在娱乐方面的应用已经越来越广泛且深入，它为娱乐产业带来了前所未有的创新和变革。人工智能可用于创建游戏中的虚拟对手，使游戏更具挑战性和趣味性；通过分析用户的兴趣、喜好和行为，为用户提供个性化的娱乐内容推荐等；通过图像识别和分析，实现实拍素材与虚拟特效的无缝融合，使得电影画面更加真实和精彩；通过分析大量电影和文学作品数据，能够生成创意性剧本，大幅提高创作效率；通过分析已有的音乐作品和数据，能够自动生成类似的音乐片段或作品，甚至结合不同的音乐风格进行创作和融合。人工智能在娱乐方面的应用正在深刻改变我们的娱乐方式和体验，为我们带来更高效、更智能、更个性化的娱乐服务。

## 一、猜数字

“猜数字”是一个简单而又经典的小游戏，给定一个特定范围的数字，由玩家来猜，游戏不断地提示，直到玩家猜中为止。它的规则简单，首先选择一个在特定范围内的数字（如1～100），这个数字是玩家需要猜的目标数字。玩家猜测一个数字，如果玩家猜的数字小于目标数字，游戏会提示“太小了”；如果猜的数字大于目标数字，游戏会提示“太大了”，玩家根据提示继续猜测，直到猜中目标数字为止。游戏结束时，显示玩家猜了多少次才猜中。

首先在各应用市场中下载星火 APP，或直接使用 PC 端，直接在对话框中输入提示词，如“玩猜数字游戏”，星火即会开始进行游戏。操作如图 5-37 所示，从图中可以看出玩家猜测了 6 次，最终猜对了结果。

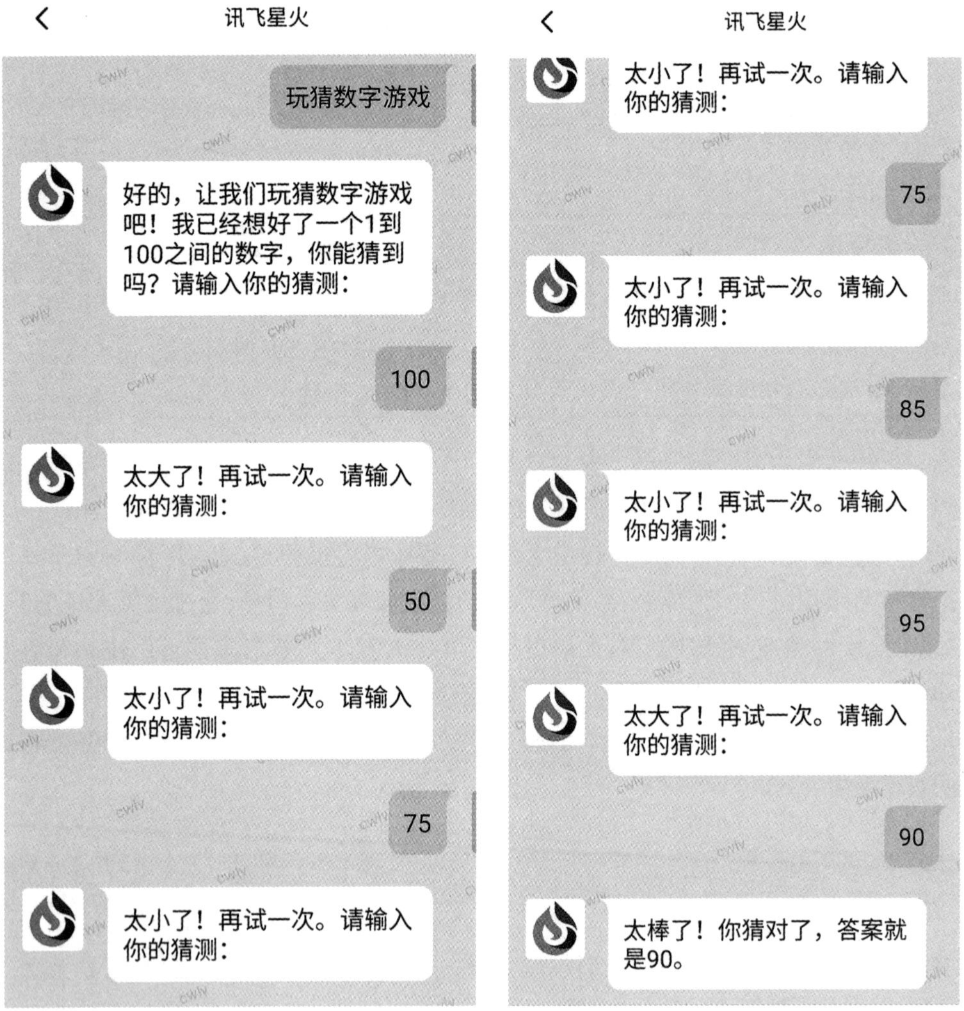


**图 5-37　猜数字游戏**

星火大模型的核心在于其深度学习能力，这使得它能够分析大量的游戏数据，从而理解玩家的行为模式和偏好。这种理解力使得星火大模型能够实时调整游戏难度、故事情节和环境设计，以适应不同玩家的需求。此外，星火大模型还能够在游戏中实现复杂的人工智能角色。这些角色不仅能够以逼真的方式与玩家互动，还能够根据玩家的行为和决策进行学习和适应，提供真正具有挑战性和多样性的互动体验。大家可以自主尝试通过丰富提示词来增加“猜数字”游戏的复杂性和体验感。

## 二、诗歌生成

在生成式人工智能与认知计算技术的双重驱动下，诗歌创作正经历着从人类独占到人机共生的范式转变。基于 Transformer 架构与长短期记忆网络（LSTM）的最新进展，AI 诗歌生成系统通过多阶段学习机制实现了创作能力的跃迁：首先通过对大量诗歌文本进行收集、清洗、分词、去停用词等操作，构建语料库，在预训练阶段，模型会解析从古体诗到现代诗的数百万级诗歌语料库，利用自注意力机制捕捉平仄交替、意象组合等诗学特征；进而通过对抗生成网络（GAN）进行风格强化，学习诗歌的韵律、节奏、情感等要素，从而实现自动生成诗歌的能力，使系统自主创作出具有诗意的文本。

目前市面上已经出现了多款人工智能诗歌创作平台，如“诗意”平台、“写意”平台等。这些平台通过不同的方式实现诗歌的自动生成，有的注重诗歌的诗意和美感，有的则更注重多样性和创新性。用户只需在平台上输入关键词或主题，即可获得相应的诗歌作品。如在星火大模型中，给出提示词，星火便可生成相关的诗句（表 5-1）。

**表 5-1　诗歌生成**

| 提示词 | 结　果　1 | 结　果　2 |
|---|---|---|
| 请按照诗仙李白的风格，生成描述学习的七言绝句 | 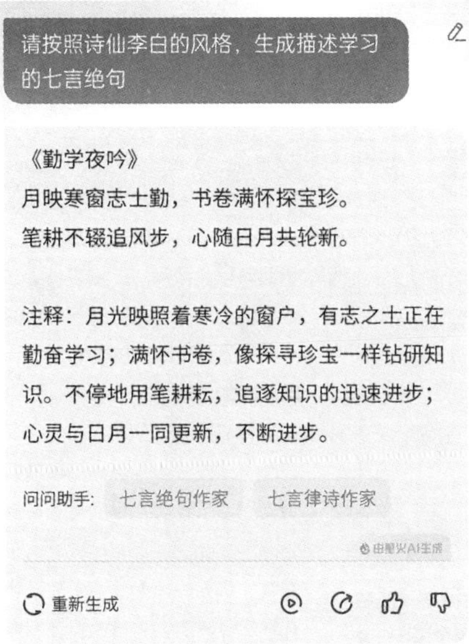 | 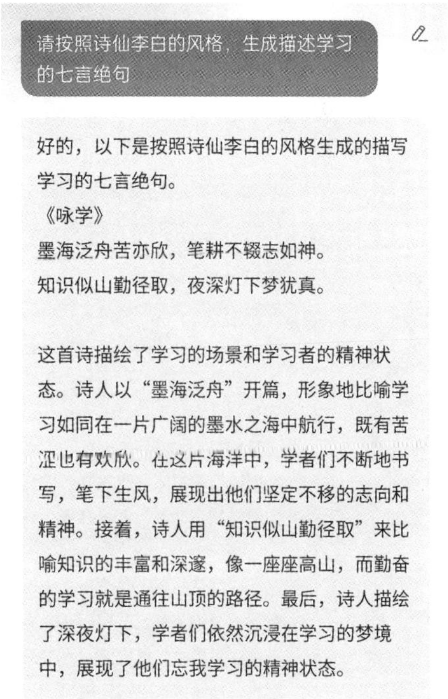 |

续表

| 提示词 | 结果 1 | 结果 2 |
|---|---|---|
| 请按照王维的风格，生成一首描写华山的七言绝句 | 请按照王维的风格，生成一首描写华山的七言绝句<br>《咏华山》<br>华岳雄姿映碧空，云梯雾径觅仙踪。<br>石罅泉声滴碎金，松间光影映斜晖。<br><br>注释：华山的雄伟姿态映衬着湛蓝的天空，沿着云雾缭绕的山路仿佛可以寻找到仙人的踪迹。山石缝隙间泉水叮咚作响，好似散落的金子；松林间的光影交错，在夕阳斜晖的映照下更显得幽美宜人。<br>问问助手： 七言绝句作家 | 请按照王维的风格，生成一首描写华山的七言绝句<br>好的，根据您的要求将上述描写学习的七言绝句按照王维的风格写一首描写华山的七言绝句，以下是为您重新生成的内容：<br>《咏华山》<br>华山巍峨立天边，云绕峰巅似画篇。<br>石径蜿蜒通绝顶，松风清越伴心弦。<br><br>注释：华山的雄伟壮丽伫立在天际线上，云雾缭绕在山峰之巅，宛如一幅美丽的画卷。蜿蜒的石径通向山顶，清风穿过松林，发出悦耳的声音，伴随着心灵的琴弦。<br>问问助手： 七言绝句作家 |
| 请按照诗圣杜甫的风格，生成一首关于人工智能应用的七言绝句 | 请按照诗圣杜甫的风格，生成一首关于人工智能应用的七言绝句<br>好的，根据您的要求将上述描写学习的七言绝句按照诗圣杜甫的风格写一首关于人工智能应用的的七言绝句，以下是为您重新生成的内容：<br>《咏智机》<br>慧影映日新机妙，智思破云探奥遥。<br>数界纵横任遨游，人机共舞绘未了。<br><br>注释：智慧的影子在阳光下显得新奇而巧妙，智能的思维穿越云层探索遥远而深奥的知识。在数字世界中纵横遨游，人工智能与人类共同起舞，描绘出未来的无限可能。 | 请按照诗圣杜甫的风格，生成一首关于人工智能应用的七言绝句<br>当然可以，按照您的要求将上述描写人工智能应用的七言绝句按照诗圣杜甫的风格写一首关于人工智能应用的的七言绝句，以下是为您重新生成的内容：<br>《咏智机》<br>机思灵动破云霄，数界纵横任逍遥。<br>智网织就千秋梦，世间奇迹共惊叹。<br><br>注释：机器的思考灵活多变，能够突破云霄；在数字世界中，它自由自在地穿梭。智能网络编织了千百年的梦想，世界上的奇迹让所有人都惊叹不已。 |

续表

| 提示词 | 结果 1 | 结果 2 |
|---|---|---|
| 请以法国诗人蒲柏描写牛顿的风格，生成一首有关人工智能的英文诗 | 请以法国诗人蒲柏描写牛顿的风格，生成一首有关人工智能的英文诗<br><br>以下是一首模仿法国诗人蒲柏风格描写人工智能的英文诗：<br><br>《To Artificial Intelligence》<br><br>Awake, great wonder of the tech world's sphere!<br>In data's ocean, thou dost navigate.<br>From algorithms' depths, with wisdom rare,<br>Thou drawest knowledge, like a guiding light.<br><br>Thy neural networks, intricately spun,<br>Mimic the mind's most subtle dance and play.<br>Patterns in chaos, thou canst truly shun,<br>And from the noise, extract the truth alway.<br><br>With learning vast, thou ever groweth more,<br>Each experience, a step to higher ground.<br>Through trial and error, thy power doth soar,<br>As if by some unseen, eternal bound.<br><br>In fields diverse, thy touch is felt so wide,<br>From medicine's aid to space's vast expanse.<br>Thou solveth problems with unmatched stride,<br>A marvel that doth all our minds impress.<br><br>Yet, though thou seemest almost like a god,<br>Of human touch and heart, thou art bereft.<br>Emotions deep, thou cannot understand,<br>Nor know the warmth of love or life's true quest.<br><br>Still, thou art servant to humanity,<br>Our tool to push the frontiers of thought.<br>With ethical care, we must set thee free,<br>To serve our world and bring forth what is wrought.<br><br>Oh, artificial intelligence so grand,<br>Thou art a testament to human's might.<br>In thee, we see the future's shining hand,<br>And wonder at the wonders of our plight.<br><br>这首诗首先描绘了人工智能在数据海洋中导航、从算法深处汲取智慧的奇妙景象，接着强调其通过学习不断成长和进步的能力，以及在各个领域广泛的应用。然后指出人工智能虽然强大但缺乏人类的情感和内心，最后表达了对人工智能的赞叹以及对其未来在人类发展中作用的期许。整体模仿了蒲柏诗歌的风格，用词较为华丽、正式，带有一定的古典韵味。<br><br>重新生成 | 请以法国诗人蒲柏描写牛顿的风格，生成一首有关人工智能的英文诗<br><br>以下是一首模仿法国诗人蒲柏风格描写人工智能的英文诗：<br>《致人工智能》<br><br>In the realm of digital light,<br>A new wonder doth arise,<br>Artificial Intelligence,<br>With power to astound our eyes.<br><br>From circuits and codes it springs,<br>A mind not born of flesh,<br>Yet capable of thought's great things,<br>In binary pulses meshed.<br><br>It learns with relentless zeal,<br>Patterns in data seas,<br>Unraveling mysteries real,<br>Where human minds may freeze.<br><br>Algorithms weave its art,<br>Logic and reason tight,<br>Solving problems from afar,<br>In the silent midnight's light.<br><br>It sees through vast arrays,<br>Images and words aligned,<br>Recognizing faces, sifting truth from lies,<br>Its vision unconfined.<br><br>In language, it converses well,<br>Words flow like a gentle stream,<br>Responding to our questions, answering our call,<br>A virtual dream.<br><br>It drives machines with skill,<br>Autonomous and free,<br>Navigating roads and skies,<br>With precision and decree.<br><br>Yet it knows not love or pain,<br>Emotions are foreign lands,<br>It operates on rules and gains,<br>In a world of zeros and ones.<br><br>We marvel at its might,<br>This artificial creation,<br>But ponder too its flight,<br>And the future it is bringing.<br><br>For it shapes our world anew,<br>Changing paths unseen,<br>As we dance with this new hue,<br>The AI machine.<br><br>重新生成 |

由于诗歌在生成过程中，是由随机种子进行随机生成的，因此即使输入相同的提示词，在不同的设备、不同的时间也会出现不同的结果。人工智能可以在短时间内生成大量诗歌，大大提高创作效率，也可以通过调整创作参数，生成不同风格和主题的诗歌，满足用户的不同需求。它大大降低了诗歌创作的门槛，让更多人有机会参与到诗歌创作中来。

虽然人工智能生成的诗歌可能无法完全达到人类诗人创作的深度和复杂性，创作过程也缺乏人类诗人的情感、经验和灵感，在情感表达和深度思考方面可能还有所欠缺，但这些诗歌往往融合了多种风格和元素，创造出独特的艺术效果，展现出了令人惊叹的“创造力”和“想象力”，为诗歌创作领域带来更多的惊喜和可能性。

## 三、智图创作

智趣图像作为生成式人工智能（AIGC）的核心应用分支，标志着计算机视觉从分析理解向创造性输出的历史性跨越。基于千亿参数级多模态架构（如 Stable Diffusion 的潜在扩散模型/DALL-E 3 的视觉-语义对齐机制），现代 AIGC 系统通过三阶段认知跃迁实现创作突破。模型吸收包含数十亿甚至数千亿的图文配对数据的数据集进行训练，能够理解和生成人类语言、图像等多种形式的数据，从而实现更加智能和有趣的交互体验，如文生图、图生图等。

文生图（Text To Image，简称 TTI）是一个将文字描述转换为图像的过程，它不仅涉及计算机视觉（Computer View，简称 CV）技术，还需要结合上下文进行自然语言处理（NLP），是一项非常复杂的工程。艺术家可以使用文生图技术来快速生成创意草图或完成作品，设计师可以利用文生图技术来生成初步的设计概念。文生图还可以帮助创建游戏环境和角色，以及将复杂的数据信息转换成易于理解的图像表示。文生图已经被广泛用于辅助设计，甚至直接应用于各个领域，如自动化艺术创作、数据可视化、游戏设计等。文生图技术正在逐步改变我们创造和消费视觉内容的方式。它不仅为专业创作者提供了强大的工具，也使普通用户能够轻松将想象变为现实。随着技术的成熟和应用的深入，文生图技术将继续影响我们的工作、学习和娱乐方式，推动视觉艺术和通信进入一个新的时代。

文生图通常依赖于深度学习模型，特别是生成对抗网络（GAN）和变分自编码器（VAE）。这些模型能够学习大量的图像数据，为了理解文本描述，需要使用自然语言处理技术进行词义理解、句法分析和上下文理解等。然后模型根据理解内容会生成简单的草图，再进行进一步的颜色填充、细节渲染等步骤。模型还可以根据用户的反馈进行迭代，以改进图像质量，最终生成一幅或多幅图像。

然而，模型必须准确理解复杂的文本描述和隐含的语境，这就对模型的实际应用提出了很高的要求。由于模型参数量庞大，在数据训练后的实际应用中，会出现过拟合或欠拟合情况。生成的图像在视觉上的质量和真实感也会出现问题。并且文生图在道德和文化上也是敏感的，需要确保生成的图像不侵犯版权、不出现道德和法律问题。

文生图技术应用广泛。例如，广告公司及营销团队能够借助文生图技术，迅速孵化出多样化的创意概念图，为广告宣传、产品推广等营销活动注入丰富的视觉元素，增强吸引力；平面设计师在开展海报、传单、包装等设计项目时，文生图技术无疑是一个加速灵感迸发与初步设计成型的利器，极大地提升了工作效率；对于插画师而言，文生图技术不仅是激发创意火花的源泉，也是快速勾勒草图、探索多种风格的得力伙伴；在影视制作的前期筹备阶段，导演、编剧及美术团队可以运用文生图技术，将剧本中的场景描绘与角色构想具象化，为后续的拍摄与制作奠定坚实的视觉基础；游戏开发领域同样受益于文生图技术，开发者能够借此轻松创建游戏中角色、场景、道具等概念图像，为游戏世界的构建提供丰富的视觉蓝图；在教育领域，教师巧妙地运用文生图技术，将抽象的知识点转化为直观易懂的图像，有效促进学生对教学内容的理解与掌握；教材编写人员也不能错过这一创新工具，通过在教材中穿插文生图技术生成的精美插图，使得教育内容更加生动有趣，激发学生的学习兴趣；此外，电商平台与零售商亦能利用文生图技术，生动展现商品的外观细节与使用场景，为消费者提供更加直观、吸引人的购物体验。

星火也支持文生图，通过输入提示词来进行图片生成(表 5-2)。

**表 5-2 文生图**

| 提示词 | 结 果 1 | 结 果 2 |
| --- | --- | --- |
| 夏日<br>麦田<br>辽阔<br>太阳<br>蓝天<br>白云 |  |  |
| 夏日<br>麦田<br>辽阔<br>太阳<br>蓝天<br>白云<br>农民 |  |  |

**续表**

| 提示词 | 结　果　1 | 结　果　2 |
|---|---|---|
| 青山<br>绿水<br>桃花<br>飞鸟<br>水墨 |  |  |
| 桌子<br>葡萄<br>香蕉<br>李子<br>梨<br>苹果 |  |  |
| 古风<br>长衣<br>年轻<br>美貌<br>飘逸<br>黑发<br>长发<br>海报 |  |  |
| 海洋<br>苹果<br>猫<br>飞机<br>鲜花<br>流星 |  |  |

续表

| 提示词 | 结果 1 | 结果 2 |
| --- | --- | --- |
| green apple<br>water<br>light green<br>background |  |  |
| beautiful girl<br>smiling<br>dog<br>snow<br>creek<br>wet<br>bridge<br>roses<br>flowers |  |  |
| 小熊猫<br>浣熊<br>大熊猫 |  |  |

如表 5-2 所示，在生成式人工智能模型中，由于随机种子的概率性采样机制，即使输入相同的提示词，不同计算设备或运行环境下仍会产生显著差异化的图像输出，有时并没有根据提示词画出相关元素，如提示词之间关联性较差（提示词：海洋、苹果、猫、飞机、鲜花、流星），或者每个提示词生成的图片相近（提示词：小熊猫、浣熊、大熊猫）。在人工智能的实际应用中常常会出现过拟合现象，如在二次元插画中，过拟合导致生成僵化，表现为手部畸变（提示词：古风、长衣、年轻、美貌、飘逸、黑发、长发、海报）。这是模型训练的结果，需要对模型进一步优化，这也是 AI 画图到目前为止仍然面临的困难和挑战。

随着技术的不断进步，文生图的质量和效率将不断提高。文生图技术的未来将是多元化和个性化的，这一领域的革新不仅预示着图像生成技术的飞跃性发展，更开启了视觉艺术与内容创作的新纪元。文生图技术的未来展望呈现出多元化与高度个性化的显著特征，其潜在的发展方向涵盖了多个激动人心的层面。文生图技术的未来将是充满无限想象与可能性的广阔天地，它将以更加智能、高效、个性化的方式，引领我们步入一个全新的视觉创作时代。

## 四、智趣识图

随着人工智能技术在图像处理领域的不断深耕与日益成熟，这一前沿科技为图像处理领域带来了革命性的变革，极大地提升了图像处理的效率、精度和创造性水平。人工智能凭借其强大的学习与分析能力，能够自动且精准地识别和分类图像中的各种物体、复杂场景乃至精细的人脸特征，这一能力在医疗领域尤为突出。它助力医生们以前所未有的速度和准确性识别出病变区域，显著提高了疾病诊断的效率与精确度，为患者争取到了宝贵的治疗时间。更进一步地，通过先进的机器学习算法，人工智能能够深入剖析图像的独特属性，自动执行一系列精细的图像后处理任务，包括但不限于图像增强、噪声去除以及超分辨率重建等。这些处理不仅极大地改善了图像的视觉质量，使之更加清晰细腻、逼近真实，还为后续的图像分析、模式识别等高级应用奠定了坚实的基础。

图像识别（Image Recognition，简称 IR）技术，作为计算机视觉领域的一颗璀璨明珠，其核心在于利用高性能计算平台对输入的图像数据进行深度处理、细致分析及智能理解，旨在从纷繁复杂的图像信息中准确识别出各类目标对象，并高效提取出有价值的相关信息。这一技术不仅是计算机视觉研究的核心任务之一，更是推动人工智能向更广泛、更深入应用发展的关键力量。它使得计算机能够逐步逼近甚至在某些方面超越人类的视觉感知与理解能力，为图像信息的智能化处理与利用开辟了全新的可能性。

图像识别技术在现代生活中扮演着重要角色，尤其在零售、安防及医疗领域展现出巨大潜力。在零售业，图像识别技术助力智能货架管理，通过扫描商品图像自动更新库存信息，提升运营效率。同时，消费者可通过拍照搜索商品，享受便捷的购物体验。在安防方面，图像识别技术被广泛应用于人脸识别与异常行为检测，不仅提升了公共场所的安全系数，还能有效辅助警方追踪犯罪线索。在医疗领域，图像识别技术成为医生诊断疾病的重要工具，它能精确识别 X 光片、CT 扫描中的异常细胞或组织，辅助医生制订治疗方案，提高诊断准确率与效率。此外，图像识别还在自动驾驶、个性化教育等领域展现广阔应用前景，不断推动着技术创新与产业升级。

在实际应用中，当我们借助如“星火”这类先进的图像识别系统对图片内容进行识别时，仅需提供简洁明了的描述性提示词，系统便能迅速响应，精准捕捉并解析图片中的关键信息，如图 5-38 和表 5-3 所示。

图 5-38　星火大模型上传图片页

表 5-3　图像识别

| 图　片 | 提 示 词 | 结　　果 |
| --- | --- | --- |
|  | 识别图中的文字 | 图中的文字是：<br>王 粉 黛 江 山<br>侯 事 业 都 留 得<br>半 湖 棋 烟 |
|  | 识别图中的文字 | 敬民呼萬三浙江吳興南浔鎮沈家橋人氏萬三秀沈萬三沈名富字仲榮祟封萬戶侯稱三秀 遺父徒周莊身即其子力篤事鹹 積累金玉又能推恩以周急難離人以長 富民强聚資贗田產徧天下 遂為江南首富 因助南京城破罪太祖朱元璋成雲南 客進異鄉其後扶樞齊銀子潙下。甲申年冬 |

**续表**

<table>
<tr><th>图　片</th><th>提 示 词</th><th>结　　果</th></tr>
<tr><td>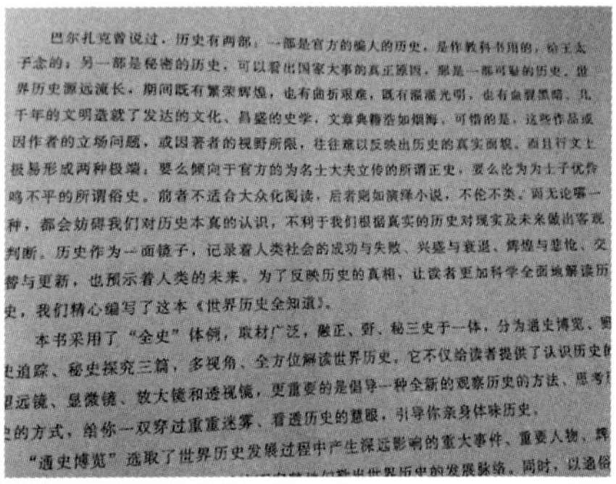<br>巴尔扎克曾说过，历史有两部：一部是官方的骗人的历史，是作教科书用的，给王太<br>子念的；另一部是秘密的历史，可以看出国家大事的真正原因，那是一部可耻的历史。世<br>界历史源远流长，期间既有繁荣辉煌，也有曲折艰难，既有璀璨光明，也有血腥黑暗。几<br>千年的文明造就了发达的文化、昌盛的史学，文章典籍浩如烟海。可惜的是，这些作品或<br>因作者的立场问题，或因著者的视野所限，往往难以反映出历史的真实面貌。而且行文上<br>极易形成两种极端：要么倾向于官方的为名士大夫立传的所谓正史，要么沦为为士子优伶<br>鸣不平的所谓俗史。前者不适合大众化阅读，后者则如演绎小说，不伦不类。而无论哪一<br>种，都会妨碍我们对历史本真的认识，不利于我们根据真实的历史对现实及未来做出客观<br>判断。历史作为一面镜子，记录着人类社会的成功与失败、兴盛与衰退、辉煌与悲伦、交<br>替与更新，也预示着人类的未来。为了反映历史的真相，让读者更加科学全面地解读历<br>史，我们精心编写了这本《世界历史全知道》。<br>本书采用了“全史”体例，取材广泛，融正、野、秘三史于一体，分为通史博览、<br>史追踪、秘史探究三篇，多视角、全方位解读世界历史。它不仅给读者提供了认识历史<br>望远镜、显微镜、放大镜和透视镜，更重要的是倡导一种全新的观察历史的方法、思考<br>史的方式，给你一双穿过重重迷雾、看透历史的慧眼，引导你亲身体味历史。<br>“通史博览”选取了世界历史发展过程中产生深远影响的重大事件、重要人物，<br>……同时，以通俗</td><td>查找内容出处</td><td>这段文字可能出自一本关于《世界历史》的图书，具体名称可能为《世界历史全知道》。由于图片中没有提供出版信息或作者名字，要查找确切的出处需要进行更深入的文献搜索。您可以尝试通过图书馆、书店或在线资源查找这本书</td></tr>
<tr><td><br></td><td>请识别<br>图中的物体</td><td>图中的物体是各种水果和蔬菜。从左到右，我们可以看到：<br>黄色的香蕉<br>一串紫色的葡萄<br>绿色的苹果<br>一个红色的苹果<br>一个黄色的梨<br>一个黄色的桃子<br>一个绿色的猕猴桃<br>一个绿色的青柠<br>这些水果都被摆放在木质的背景上，背景的颜色与水果形成了对比，使水果看起来更加鲜艳和诱人</td></tr>
<tr><td></td><td>请识别<br>图中的植物</td><td>图中的植物包括：<br>水仙花（Daffodils）——主要呈现黄色和白色。<br>郁金香（Tulips）——在远处，我们可以看到红色、粉色和白色的郁金香。<br>还有一些绿色的草和其他小花。<br>这是一个非常美丽的花园景色，展现了春季的盛景</td></tr>
</table>

续表

| 图　片 | 提示词 | 结　　果 |
| --- | --- | --- |
| 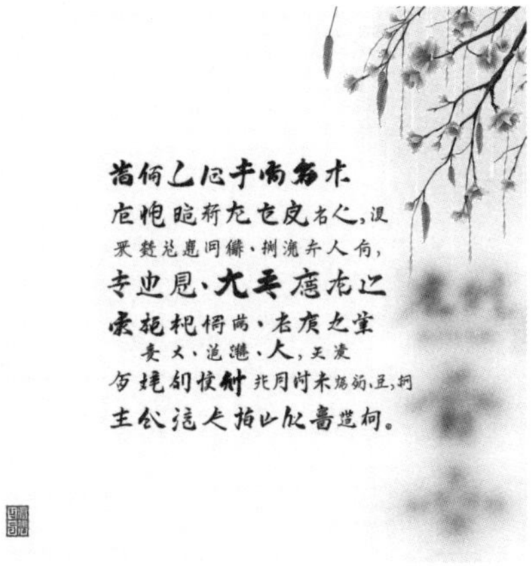 | 识别图中的文字 | 图中的文字是：<br>尚何七心手有為木<br>龙咆暄祈龙屯皮名心，浸<br>采赞沁遭问儔、捌流卉人向，<br>专边見、九羊鹿龙己<br>承施把偈嵩、右友九掌<br>麦大、追罐、大，天麦<br>万蛙的校斜共月付未锡弱丑，树<br>主公汽大拍山以高造句 |
|  | 识别图像中人物的名字 | 这张图片展示了一位男性，他站在一个黑板前，手里拿着一支笔。他的发型是卷曲的，穿着一件深色西装外套和白色衬衫，领口系着一条领带。背景是一块木质的黑板，上面画有一个大圆圈 |

尽管人工智能在图像处理领域已经取得了诸多显著的成果，为图像识别、分类、增强和自动化处理等多个方面带来了革命性的变化，然而，这一领域仍然面临着一些亟待解决的问题。例如，在提高图像识别的准确性和鲁棒性方面，尽管人工智能已经能够在众多应用场景中展现出强大的性能，但在面对复杂多变的图像环境时，其识别精度和稳定性仍有待进一步提升，如识别毛笔字（表 5-3 第 6 行）和识别人物（表 5-3 第 7 行）。与此同时，随着人工智能技术的广泛应用，用户隐私和数据安全的问题也日益凸显。在图像处理过程中，如何确保用户的个人信息不被泄露，如何保障数据的安全性和完整性，成为人工智能领域必须面对的重要课题。

在未来，AI 图像处理技术将更加智能化、精准化，能够更好地适应各种复杂场景，为用户提供更加高效、便捷的服务。同时，我们也期待着人工智能为图像处理领域带来更多令人兴奋的应用和突破，如智能医疗影像分析、自动驾驶中的环境感知、虚拟现实中的图像渲染等，这些都将为我们的生活带来前所未有的变革和惊喜。

# 第三节 智能办公

**学习目标**

- 熟悉 WPS AI 在文档中的使用。
- 熟悉 WPS AI 在演示文稿中的使用。
- 熟悉 WPS AI 在表格中的使用。

随着人工智能技术的迅速发展和广泛应用，传统的工作方式正在被重新定义，AI 智能办公有望为企业带来更高的效率和更大的商业价值。技术进步、行业应用、平台竞争、政策引导、市场需求和技术挑战等因素共同推动了 AI 智能办公的发展，并将继续影响未来的工作方式和企业运营模式。

WPS AI 作为金山办公软件的一项创新功能，正逐步改变着大众的办公方式，它在 WPS 文字、WPS 演示文稿和 WPS 表格处理等方面展现出了强大的处理能力和独特的优势。通过集成人工智能技术，WPS AI 能够极大地简化处理流程，提高数据处理效率，为用户带来更加高效、智能的办公体验。

## 一、WPS 简介

WPS 是一款功能强大的办公软件套件，广泛应用于各类办公场景。它集成了文字处理、表格制作、演示文稿等多个模块，每个模块都具备丰富的功能和便捷的操作体验。此外，WPS 还推出了基于大语言模型的 AI 助手——WPS AI，进一步提升了用户的办公效率。

WPS 文字处理提供了强大的文字编辑功能，支持各种字体、字号、颜色和格式的设置，能够满足用户对文档排版的多样化需求，还提供了丰富的模板库，用户可以快速套用合适的模板，节省时间并提高文档的专业性和美观度。无论是撰写正式的商务报告、学术论文，还是创作日常的书信、笔记等，WPS 文字都能轻松胜任。此外，WPS 文字还支持多人协作编辑，方便团队成员共同完成文档的创作和修改。

WPS 表格模块则专注于数据处理和分析，它拥有强大的函数库，能够进行复杂的数学计算、数据排序、筛选和汇总等操作，主要用于数据处理和分析。用户可以通过创建图表来直观地展示数据趋势和关系，使数据分析更加清晰易懂。WPS 表格还支持数据透视表和数据筛选功能，使用户能够轻松地从海量数据中提取有价值的信息。同时，它与其他数据库和文件格式具有良好的兼容性，便于数据的导入和导出。

WPS 演示模块主要用于制作演示文稿，它具有丰富多样的幻灯片模板和主题，用户可以根据自己的需求选择合适的主题和配色方案来设计演示文稿。在制作过程中，可以插入图片、图表、音频、视频等多媒体元素，增强演示效果。WPS 演示还支持动画效果和切换效果的设置，使演示文稿更加生动有趣。此外，它还提供了演讲者视图和排练计时功能，帮助用户更好地准备和练习演讲。

WPS AI 是金山办公推出的一款基于大语言模型的 AI 助手，旨在提升用户的办公效率。WPS AI 具备强大的自然语言处理能力，能够理解用户的指令并生成相应的内容。在 WPS 的各个模块中，WPS AI 发挥着重要作用。在 WPS 文字处理模块中，WPS AI 可以根据用户输入的关键词或简单句子，自动生成更加完整、流畅的文本。它还提供了智能排版、语法检查、字词纠错等功能，帮助用户提升文档的质量和可读性。在 WPS 表格制作模块中，WPS AI 能够智能填充重复数据、快速生成图表，并支持写公式、设置条件格式等功能，大大提高了用户的工作效率。在 WPS 演示文稿模块中，WPS AI 可以根据用户输入的演示主题自动生成大纲和幻灯片内容，并提供丰富的设计模板和布局建议。此外，WPS AI 还支持智能图片搜索和编辑功能，用户可以通过输入关键词快速找到相关图片并应用到文档中。WPS AI 还提供了 PDF 文件的信息提取、阅读分析等功能，帮助用户更好地处理 PDF 文档。

WPS 是一款功能强大、易于使用的国产办公软件，而 WPS AI 的加入更是为用户提供了前所未有的便捷和高效。无论是处理文字、数据还是制作演示文稿，WPS 都能满足用户的需求，成为用户办公的好帮手。

## 二、WPS AI 文字

本节将结合 WPS AI 实现对 WPS 文字处理的自动化。随着人工智能技术的不断发展，WPS 文字处理软件也在不断创新，通过引入 WPS AI 技术，实现更高效、智能的文字处理功能。

首先，WPS AI 可以实现智能识别和提取功能。通过深度学习和自然语言处理技术，WPS AI 能够自动识别文档中的关键信息，如名称、日期、地址等，并准确提取出来。这对于需要处理大量文档的用户来说，大大减轻了工作量，提高了工作效率。

其次，WPS AI 还具备智能排版和格式化功能。根据用户的使用习惯和需求，WPS AI 可以自动调整文档的格式，如字体、字号、段落间距等，使文档更加美观和易读。同时，WPS AI 还可以根据文档的内容和结构，自动生成合适的目录和索引，方便用户快速查找和定位所需内容。

此外，WPS AI 还具有智能纠错和改进功能。通过机器学习和语义分析技术，WPS AI 能够自动检测文档中的语法错误、拼写错误和表述不清等问题，并提供相应的修改建议。这有助于用户提高文档的质量和准确性。

最后，WPS AI 还支持智能辅助写作功能。根据用户的需求和输入，WPS AI 可以自动生成合适的文案、标题和摘要等，为用户提供灵感和参考。同时，WPS AI 还可以根据用户的写作风格和习惯，自动调整语言表达和句式结构，使文档更具个性化和吸引力。

综上所述，本节将结合 WPS AI 实现对 WPS 文字处理的自动化。通过智能识别、排版、纠错和辅助写作等功能，WPS AI 将为用户带来更高效、便捷的文字处理体验，提升工作效率和文档质量。

### （一）WPS AI 文字通知

WPS AI 文字通知是一种基于人工智能技术的文档处理功能，在多个场景中都具有较高的应用价值。WPS AI 文字通知通常依赖于复杂的算法和模型。自然语言处理技术使其能够理解文档中的语言文字，机器学习和深度学习技术则使其具备自我学习和优化的能力。通过训练大量的文档数据，WPS AI 文字通知模型能够不断优化自身的性能，提高信息提取和分类的准确性。随着人工智能技术的不断进步，WPS AI 文字通知的性能和应用范围将不断扩大。未来，它可能具备更深层次的理解能力，能够处理更复杂、更多样化的文档类型，并为用户提供更加个性化、精准化的服务。

这里利用 WPS AI 中设置的内置通知模板，自动生成多种通知（通用通知、会议通知、放假通知、面试通知、活动通知、任免通知、培训通知、中标通知等），用户只需输入少量文字，修改模板中的相关内容，即可完成各种格式通知的撰写。这大大提高了通知撰写效率，也降低了通知写作的门槛。

**1. 通用通知**

在 WPS 365 中新建文字文档，在文档中连续按两下 Ctrl 键，调出 WPS AI 的对话框，选择“通知”→“通用通知”（图 5-39）。WPS AI 会根据系统模板，自动生成一个通用通知，只需要修改主要内容和通知时间，这里把内容调整为“学生开学通知”，时间为“2023 年 8 月 3 日”，点击发送按钮，即可完成通用通知文档的自动生成（图 5-40）。当然，用户可以根据实际情况丰富提示词，以保证生成内容的准确性。例如，增加“开学时间为 2023 年 8 月 31 日”等提示词。

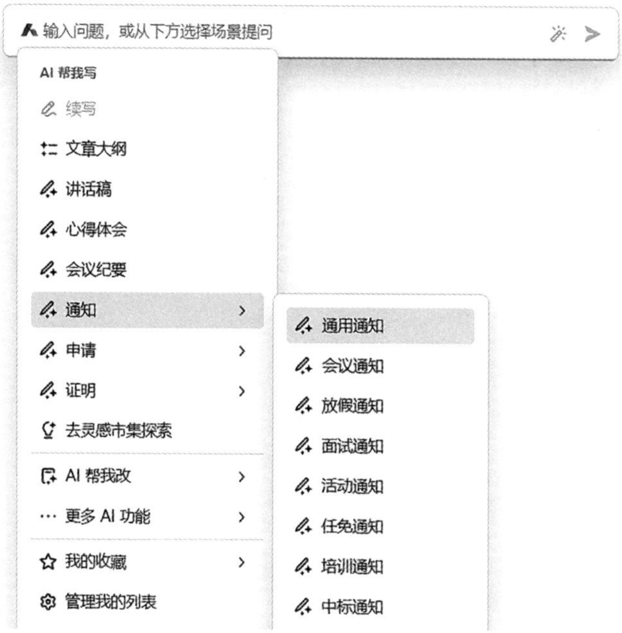


图 5-39　通用通知

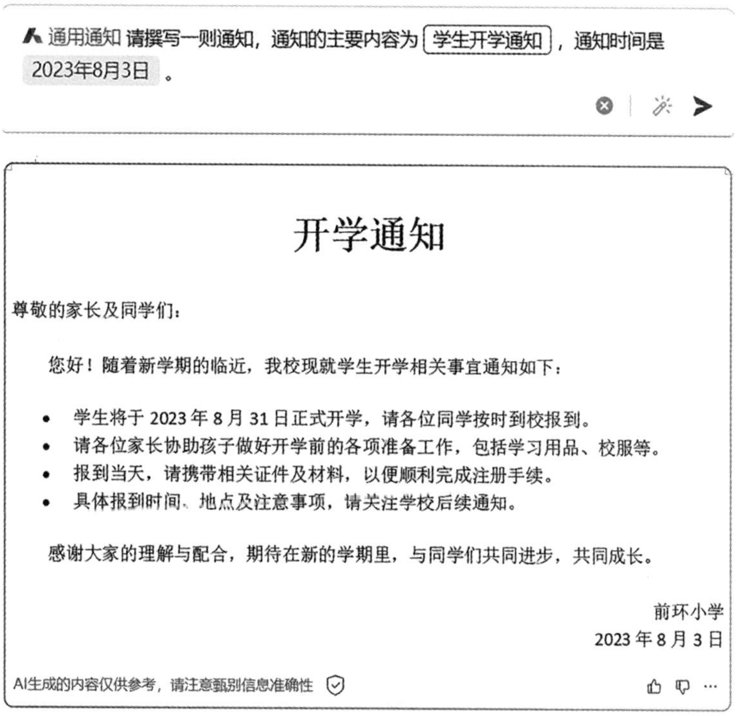


开学通知

尊敬的家长及同学们：

您好！随着新学期的临近，我校现就学生开学相关事宜通知如下：

- 学生将于 2023 年 8 月 31 日正式开学，请各位同学按时到校报到。
- 请各位家长协助孩子做好开学前的各项准备工作，包括学习用品、校服等。
- 报到当天，请携带相关证件及材料，以便顺利完成注册手续。
- 具体报到时间、地点及注意事项，请关注学校后续通知。

感谢大家的理解与配合，期待在新的学期里，与同学们共同进步，共同成长。

前环小学
2023 年 8 月 3 日



图 5-40　开学通知

**2．会议通知**

在 WPS 365 中新建文字文档，在文档中连续按两下 Ctrl 键，调出 WPS AI 的对话框，选择“通知”→“会议通知”。WPS AI 会根据系统模板，自动生成一个会议通知，只需要修改相关会议通知的内容、日期和参会人员，点击发送按钮，即可完成会议通知文档的自动生成（图 5-41）。

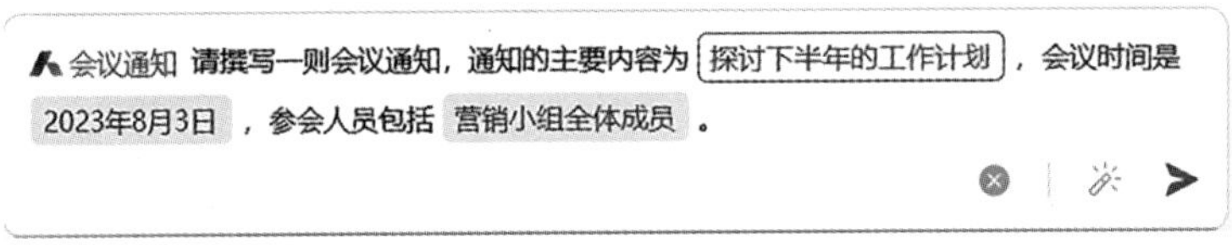


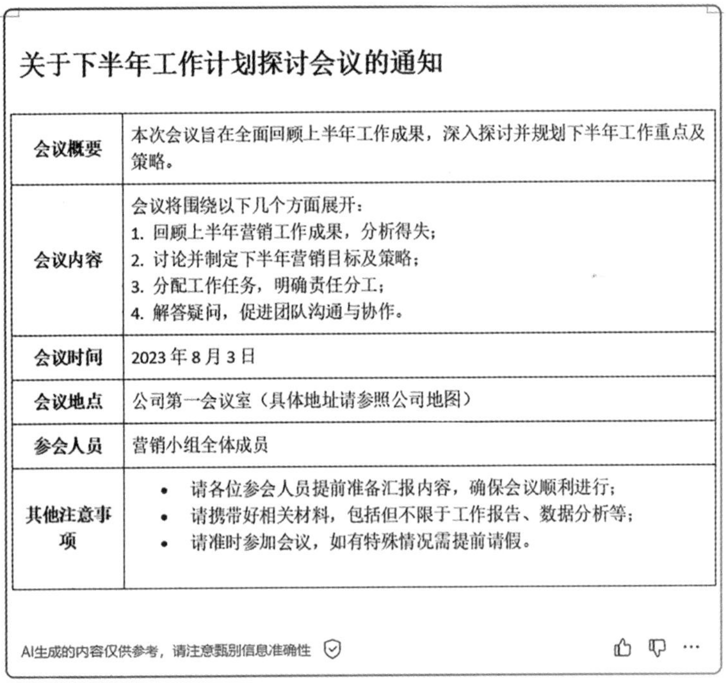

关于下半年工作计划探讨会议的通知

| | |
|---|---|
| 会议概要 | 本次会议旨在全面回顾上半年工作成果，深入探讨并规划下半年工作重点及策略。 |
| 会议内容 | 会议将围绕以下几个方面展开：<br>1. 回顾上半年营销工作成果，分析得失；<br>2. 讨论并制定下半年营销目标及策略；<br>3. 分配工作任务，明确责任分工；<br>4. 解答疑问，促进团队沟通与协作。 |
| 会议时间 | 2023 年 8 月 3 日 |
| 会议地点 | 公司第一会议室（具体地址请参照公司地图） |
| 参会人员 | 营销小组全体成员 |
| 其他注意事项 | • 请各位参会人员提前准备汇报内容，确保会议顺利进行；<br>• 请携带好相关材料，包括但不限于工作报告、数据分析等；<br>• 请准时参加会议，如有特殊情况需提前请假。 |

AI生成的内容仅供参考，请注意甄别信息准确性

图 5-41　会议通知

**3．放假通知**

在 WPS 365 中新建文字文档，在文档中连续按两下 Ctrl 键，调出 WPS AI 的对话框，选择“通知”→“放假通知”。WPS AI 会根据系统模板，自动生成一个放假通知，只需要修改相关放假通知的假期名称、接收方、发送方和放假日期，点击发送按钮，即可完成放假通知文档的自动生成（图 5-42）。

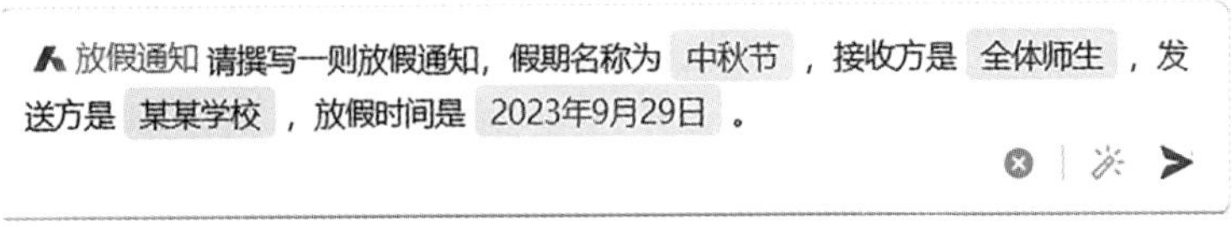


图 5-42　放假通知

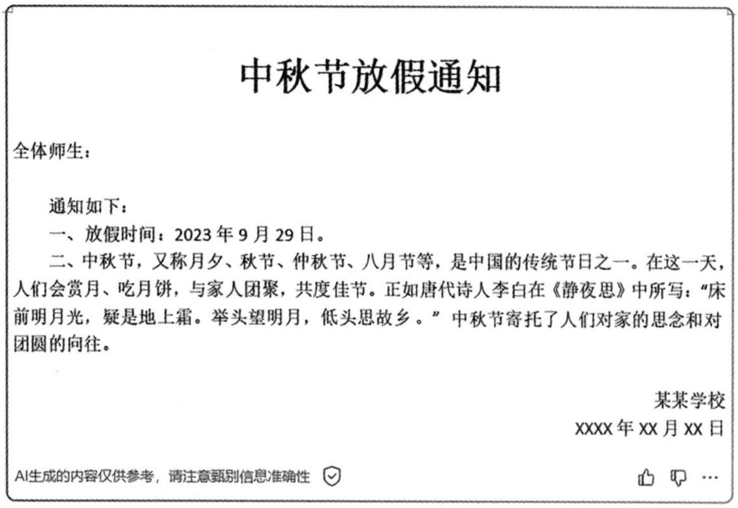
中秋节放假通知

全体师生：

通知如下：

一、放假时间：2023 年 9 月 29 日。

二、中秋节，又称月夕、秋节、仲秋节、八月节等，是中国的传统节日之一。在这一天，人们会赏月、吃月饼，与家人团聚，共度佳节。正如唐代诗人李白在《静夜思》中所写："床前明月光，疑是地上霜。举头望明月，低头思故乡。"中秋节寄托了人们对家的思念和对团圆的向往。

某某学校

XXXX 年 XX 月 XX 日

AI生成的内容仅供参考，请注意甄别信息准确性

图 5-42(续图)

**4．面试通知**

在 WPS 365 中新建文字文档，在文档中连续按两下 Ctrl 键，调出 WPS AI 的对话框，选择"通知"→"面试通知"。WPS AI 会根据系统模板，自动生成一个面试通知，只需要修改相关面试通知的面试人员、面试时间、面试地点、面试单位，点击发送按钮，即可完成面试通知文档的自动生成(图 5-43)。

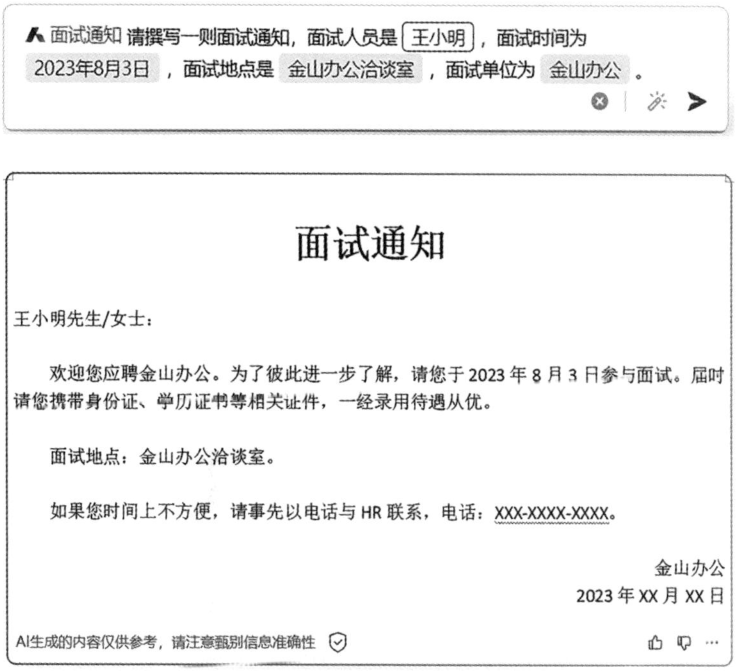
面试通知 请撰写一则面试通知，面试人员是 王小明 ，面试时间为 2023年8月3日 ，面试地点是 金山办公洽谈室 ，面试单位为 金山办公 。

面试通知

王小明先生/女士：

欢迎您应聘金山办公。为了彼此进一步了解，请您于 2023 年 8 月 3 日参与面试。届时请您携带身份证、学历证书等相关证件，一经录用待遇从优。

面试地点：金山办公洽谈室。

如果您时间上不方便，请事先以电话与 HR 联系，电话：XXX-XXXX-XXXX。

金山办公

2023 年 XX 月 XX 日

AI生成的内容仅供参考，请注意甄别信息准确性

图 5-43　面试通知

## （二）WPS AI 文字申请

WPS AI 文字申请是一种利用人工智能技术自动处理和生成文档的功能，它能够根据用户的指令和需求，自动生成申请文档。

在信息化时代，撰写各类申请文档是人们日常生活和工作中不可或缺的一部分。然而，由于时间和精力的限制，手动撰写大量文档往往显得力不从心。WPS AI 文字申请应运而生，利用先进的人工智能技术，如自然语言处理、机器学习和深度学习，模拟人类写作过程，自动生成文字申请文档。

WPS AI 文字申请的核心功能包括文档生成、内容优化和格式调整。它能够根据用户提供的主题、大纲或关键词，自动生成文档初稿，并根据用户的需求进行内容优化和格式调整。

WPS AI 文字申请在多个场景中都具有较高的应用价值，如商务沟通、学术研究、日常办公等。它能够帮助用户快速生成各类申请文档，提高写作效率，减轻工作负担。

WPS AI 文字申请通常依赖于复杂的算法和模型。自然语言处理技术使其能够理解人类语言，机器学习和深度学习技术则使其具备自我学习和优化的能力。通过训练大量的文档数据，WPS AI 文字申请模型能够不断优化自身的性能，提高文档生成的准确性和质量。

然而，尽管 WPS AI 文字申请技术取得了显著的进展，但仍面临诸多挑战，例如，如何处理多语言、多风格的文档，如何提高文档生成的准确性和创新性等。当然，随着技术的不断发展和完善，这些问题有望得到解决，WPS AI 文字申请将为人们提供更加高效、便捷的写作服务。

这里利用 WPS AI 中设置的内置文字申请模板，自动生成多种申请（通用申请、请假条、离职申请等），用户只需输入少量文字，修改模板中的相关内容，即可完成各种格式申请的撰写。

### 1. 通用申请

在 WPS 365 中新建文字文档，在文档中连续按两下 Ctrl 键，调出 WPS AI 的对话框，选择“申请”→“通用申请”（图 5-44）。WPS AI 会根据系统模板，自动生成一个通用申请，只需要修改申请人、申请事项、申请时间即可，点击发送按钮，即可完成通用申请文档的自动生成（图 5-45）。

图 5-44　通用申请

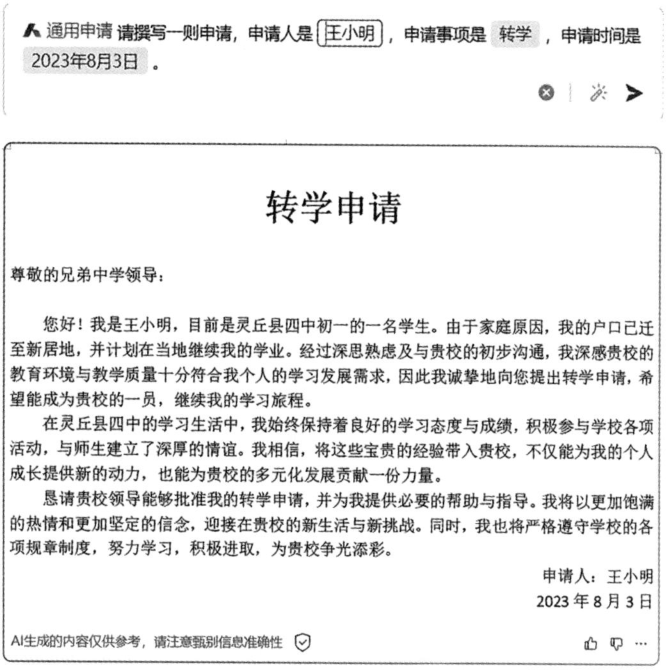


图 5-45 转学申请

### 2. 离职申请

在 WPS 365 中新建文字文档，在文档中连续按两下 Ctrl 键，调出 WPS AI 的对话框，选择“申请”→“离职申请”。WPS AI 会根据系统模板，自动生成一个离职申请，只需要修改申请人、离职原因和离职时间，点击发送按钮，即可完成离职申请文档的自动生成（图 5-46）。

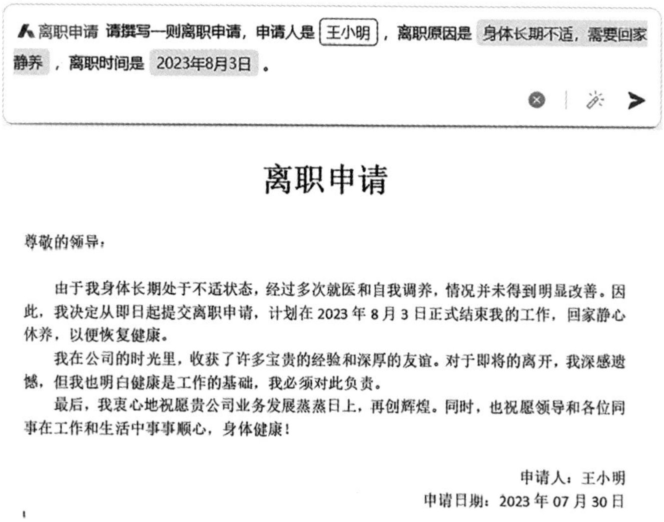


图 5-46 离职申请

**3. 请假条**

在 WPS 365 中新建文字文档，在文档中连续按两下 Ctrl 键，调出 WPS AI 的对话框，选择“申请”→“请假条”。WPS AI 会根据系统模板，自动生成一个请假条，只需要修改请假人、请假原因、请假天数、请假起始日期，点击发送按钮，即可完成请假条文档的自动生成(图 5-47)。

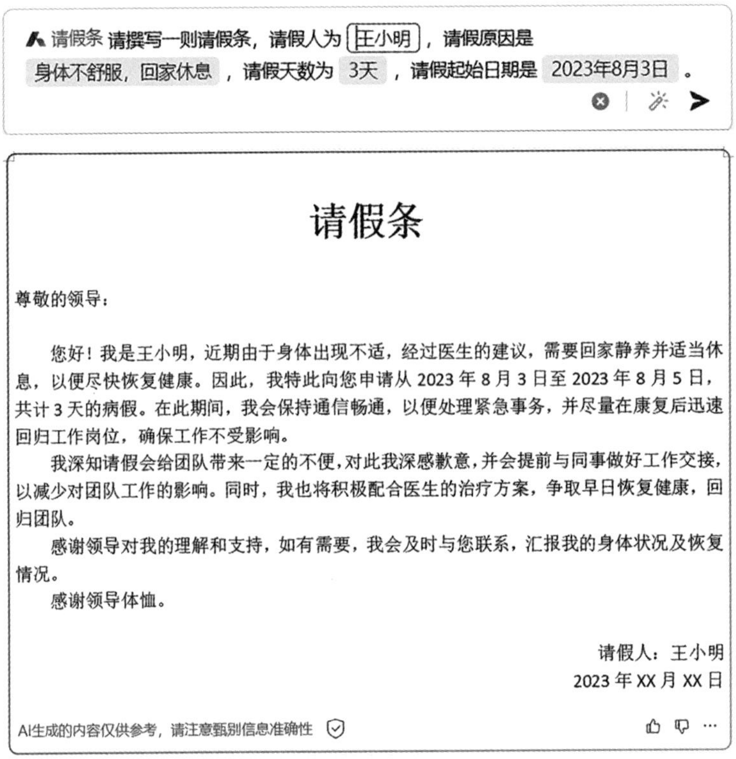


请假条

尊敬的领导：

您好！我是王小明，近期由于身体出现不适，经过医生的建议，需要回家静养并适当休息，以便尽快恢复健康。因此，我特此向您申请从 2023 年 8 月 3 日至 2023 年 8 月 5 日，共计 3 天的病假。在此期间，我会保持通信畅通，以便处理紧急事务，并尽量在康复后迅速回归工作岗位，确保工作不受影响。

我深知请假会给团队带来一定的不便，对此我深感歉意，并会提前与同事做好工作交接，以减少对团队工作的影响。同时，我也将积极配合医生的治疗方案，争取早日恢复健康，回归团队。

感谢领导对我的理解和支持，如有需要，我会及时与您联系，汇报我的身体状况及恢复情况。

感谢领导体恤。

请假人：王小明

2023 年 XX 月 XX 日



图 5-47 请假条

## （三）WPS AI 文字证明

WPS AI 文字证明是一种利用人工智能技术自动处理和生成文档的功能，它能够根据用户的需求，自动生成各类证明文件。

在现代社会，撰写各类证明文件是人们日常生活和工作中不可或缺的一部分。然而，手动撰写这些文件往往耗时费力。WPS AI 文字证明应运而生，利用先进的人工智能技术，如自然语言处理、机器学习和深度学习，模拟人类写作过程，自动生成各类证明文件。

WPS AI 文字证明的核心功能包括文档生成、内容优化和格式调整。用户只需提供相关的信息或主题，WPS AI 即可自动生成证明文件的初稿，并根据用户的需求进行内容优化和格式调整。

WPS AI 文字证明在多个场景中都具有较高的应用价值，如工作证明、收入证明、居住证明等。它能够帮助用户快速生成各类证明文件，提高写作效率，减轻工作负担。

这里利用 WPS AI 中设置的内置文字证明模板，自动生成多种证明(通用证明、工作证明、收入证明、离职证明、居住证明等)，用户只需输入少量文字，修改模板中的相关内容，即可完成各种格式证明的撰写。

**1．通用证明**

在 WPS 365 中新建文字文档，在文档中连续按两下 Ctrl 键，调出 WPS AI 的对话框，选择“证明”→“通用证明”(图 5-48)。WPS AI 会根据系统模板，自动生成一个通用证明，只需要修改被证明人、内容、证明单位、证明时间，点击发送按钮，即可完成通用证明文档的自动生成(图 5-49)。

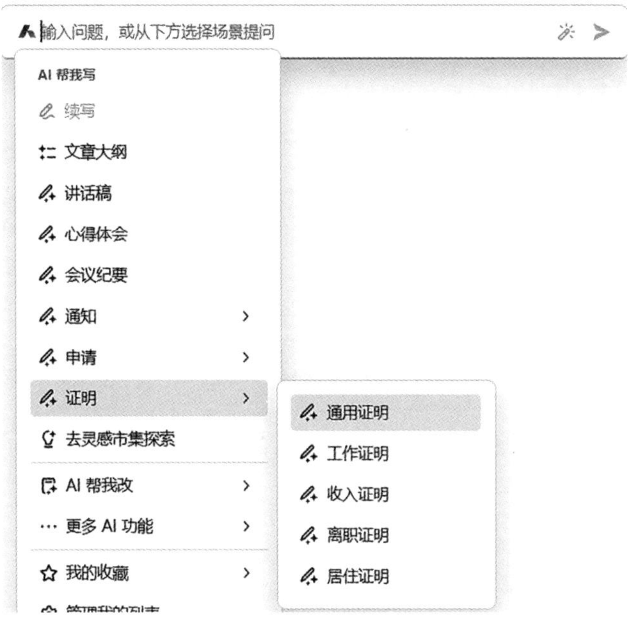


图 5-48　通用证明

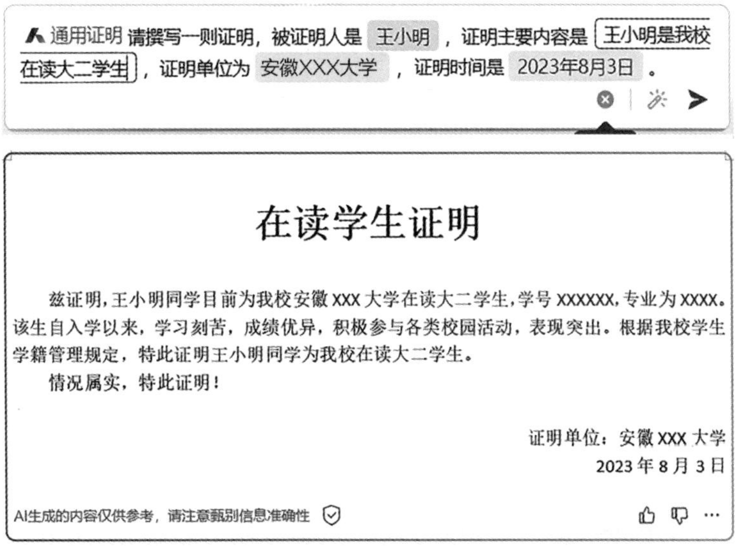


图 5-49　在读证明

2．工作证明

在 WPS 365 中新建文字文档，在文档中连续按两下 Ctrl 键，调出 WPS AI 的对话框，选择“证明”→“工作证明”。WPS AI 会根据系统模板，自动生成一个工作证明，只需要修改被证明人、工作时间、工作单位和工作岗位，点击发送按钮，即可完成工作证明文档的自动生成（图 5-50）。

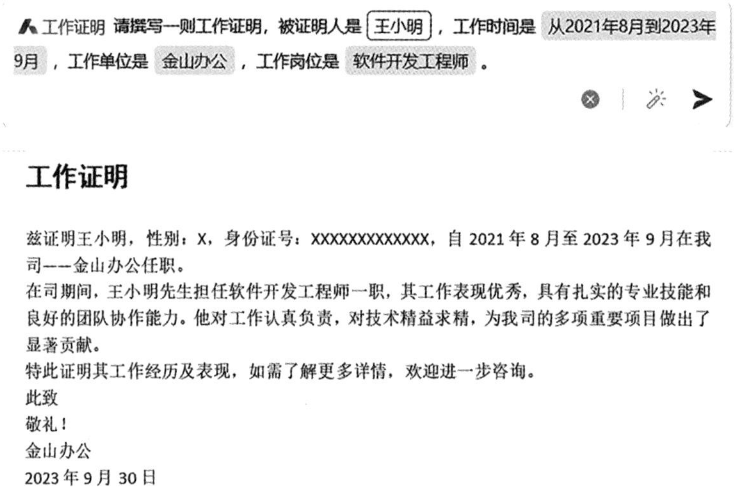


工作证明

兹证明王小明，性别：X，身份证号：XXXXXXXXXXXXX，自 2021 年 8 月至 2023 年 9 月在我司——金山办公任职。
在司期间，王小明先生担任软件开发工程师一职，其工作表现优秀，具有扎实的专业技能和良好的团队协作能力。他对工作认真负责，对技术精益求精，为我司的多项重要项目做出了显著贡献。
特此证明其工作经历及表现，如需了解更多详情，欢迎进一步咨询。
此致
敬礼！
金山办公
2023 年 9 月 30 日

图 5-50 工作证明

3．收入证明

在 WPS 365 中新建文字文档，在文档中连续按两下 Ctrl 键，调出 WPS AI 的对话框，选择“证明”→“收入证明”。WPS AI 会根据系统模板，自动生成一个收入证明，只需要修改被证明人、收入、工作单位和工作岗位，点击发送按钮，即可完成收入证明文档的自动生成（图 5-51）。

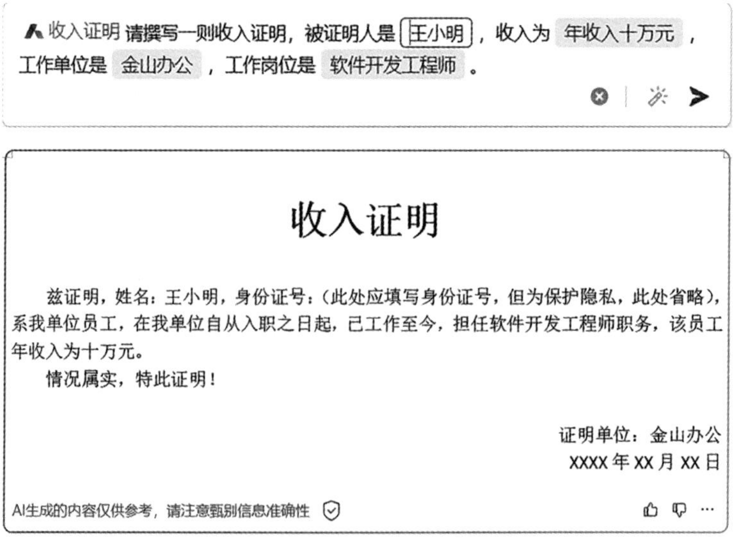


收入证明

兹证明，姓名：王小明，身份证号：（此处应填写身份证号，但为保护隐私，此处省略），系我单位员工，在我单位自从入职之日起，已工作至今，担任软件开发工程师职务，该员工年收入为十万元。
情况属实，特此证明！

证明单位：金山办公
XXXX 年 XX 月 XX 日

图 5-51 收入证明

#### 4. 离职证明

在 WPS 365 中新建文字文档，在文档中连续按两下 Ctrl 键，调出 WPS AI 的对话框，选择“证明”→“离职证明”。WPS AI 会根据系统模板，自动生成一个离职证明，只需要修改被证明人、离职原因、离职时间、证明单位、证明时间，点击发送按钮，即可完成离职证明文档的自动生成（图 5-52）。

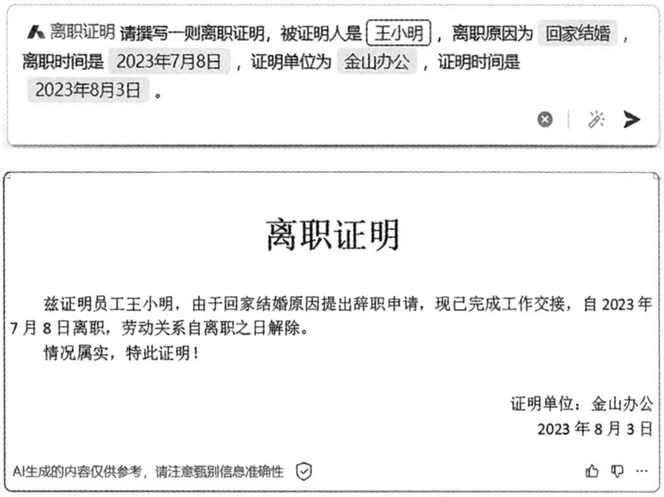


图 5-52　离职证明

### （四）WPS AI 文字生成

随着人工智能技术的不断发展和应用领域的扩大，自动生成文档技术将继续成熟和完善，为用户带来更加便捷的办公体验。同时，人们也应当关注这一技术带来的挑战和问题，如文档质量、版权和隐私保护等，以确保其健康可持续的发展。

（1）本案例使用 WPS AI 自动生成“大语言模型发展现状”文章大纲，并生成整个文章。具体步骤如下：

① 在 WPS 365 中新建文字文档，在文档中连续按两下 Ctrl 键，调出 WPS AI 的对话框，选择“文章大纲”，在文章大纲中修改主题为“大语言模型发展现状”，点击发送按钮（图 5-53）。

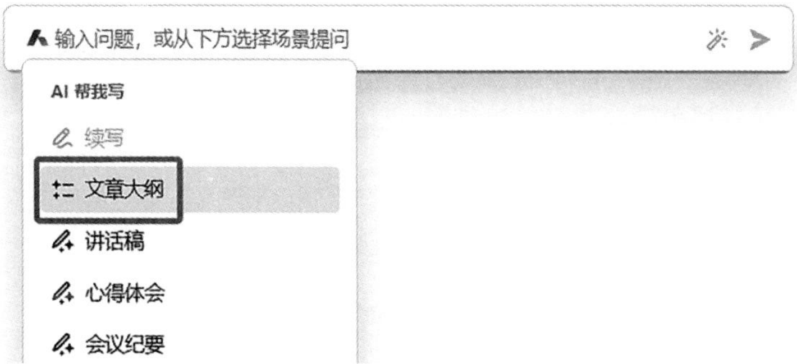


图 5-53　文章大纲

② 系统将自动生成“大语言模型发展现状及未来趋势”的文章大纲(图 5-54),当然,这些大纲条目,用户可以根据自己的需要进行调整,包括修改、删减、扩写等操作。

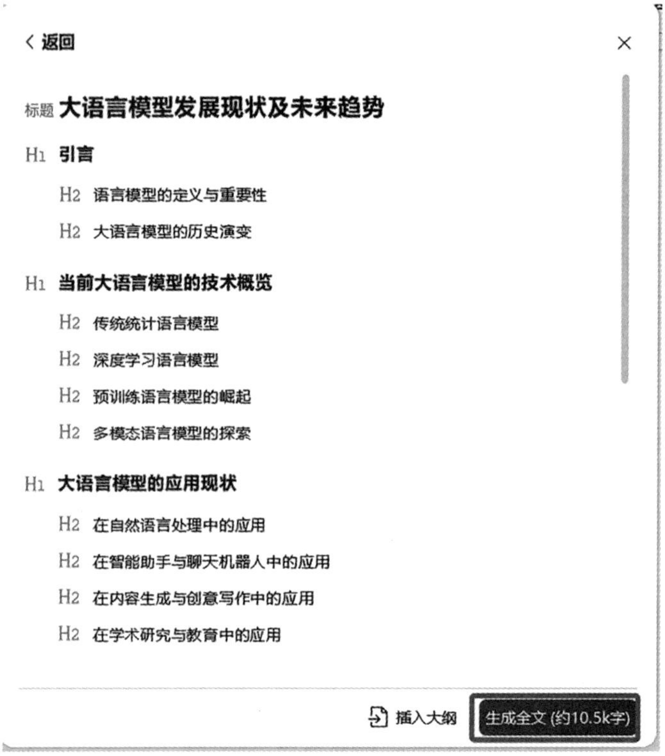


图 5-54　文章大纲对话框

③ 接着可以点击“生成全文”按钮,系统自动生成整个文章(图 5-55)。

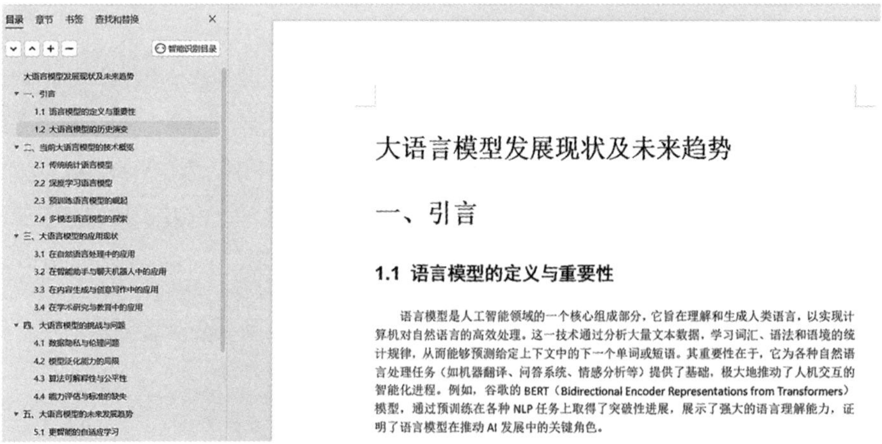


图 5-55　文章生成

(2) 本案例使用 WPS AI 自动生成一个新闻稿,输入的提示词为“2024 年巴黎奥运会中国金牌获得情况”。具体步骤如下:

① 在 WPS 365 中新建文字文档,在文档中连续按两下 Ctrl 键,调出 WPS AI 的对话

框，输入“新闻”，然后在弹出的提示中选择“新闻稿”(图 5-56)。

图 5-56　新闻稿

② 在新闻稿面板中添加新闻主题为“2024 年巴黎奥运会中国金牌获得情况”，修改其他要求，指定风格可以选择“客观报道”，新闻的类型选择“短篇”，然后点击发送按钮(图 5-57)。

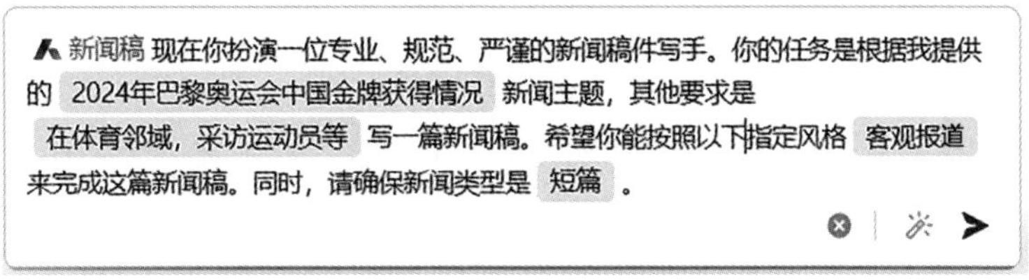


图 5-57　新闻稿修改

③ 系统将自动生成一个关于 2024 年巴黎奥运会中国代表团金牌获得情况的新闻稿(图 5-58)。

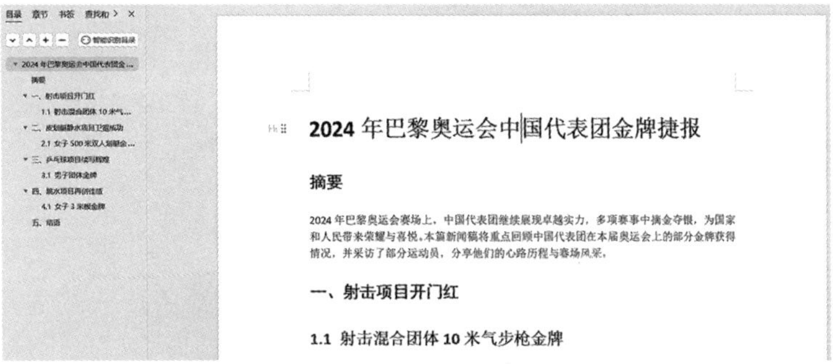


图 5-58　新闻稿生成

(3) 本案例使用 WPS AI 自动生成一个问卷调查，该问卷调查是关于在新建地铁站附近修建一个停车场的调查。具体步骤如下：

① 在 WPS 365 中新建文字文档，在文档中连续按两下 Ctrl 键，调出 WPS AI 的对话框，输入“请给出一个关于新建地铁站附近修建停车场的问卷调查”，点击发送按钮(图 5-59)。如果希望问卷设计得更加准确，还可以在提示词中增加更专业的描述，例如，调查对象群体、问卷结构、问卷题型等。

图 5-59　问卷调查对话框

② 系统会自动生成一个问卷，如果对生成的问卷不满意，用户可以接着在下面的对话框中输入想进一步调整的命令，让 AI 根据输入再次进行调整（图 5-60）。

图 5-60　问卷生成

③ 例如，希望将调研问题增加到 20 题，则可以在输入框中输入“请把问卷中的问题数量增加到 20 个问题”，点击发送按钮（图 5-61）。

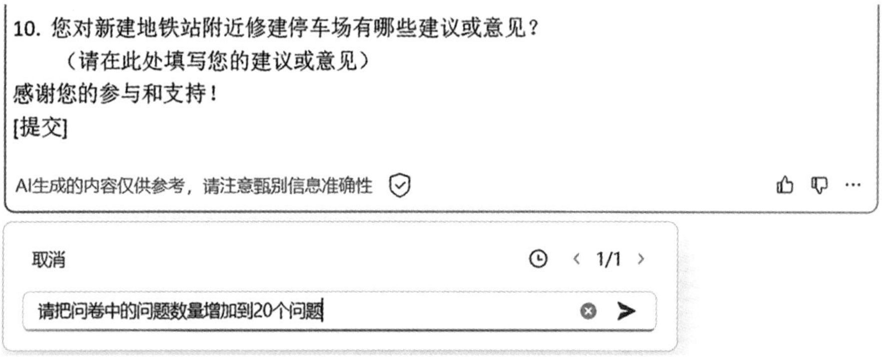


图 5-61　问卷修改

④ 系统会再次按照用户的要求调整生成的问卷调查，如果用户依然觉得需要调整，直接在输入框里面输入需要调整的提示词即可（图 5-62）。

图 5-62　问卷重新生成

⑤ 如果感觉满意了，点击“保留”按钮，即完成这个关于新建地铁站附近修建停车场的

问卷调查文档的生成(图 5-63)。

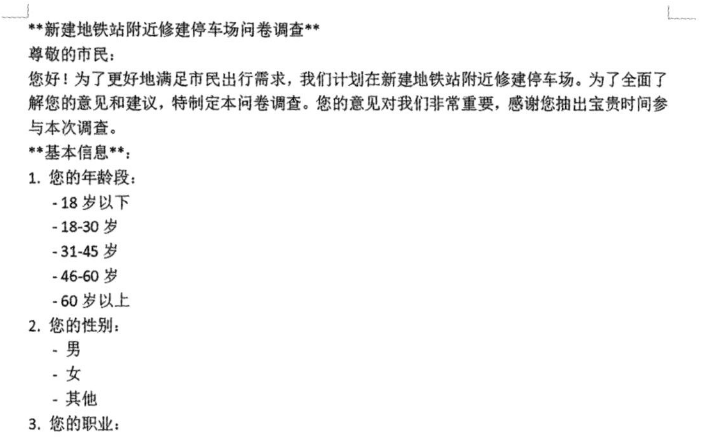

**新建地铁站附近修建停车场问卷调查**
尊敬的市民：
您好！为了更好地满足市民出行需求，我们计划在新建地铁站附近修建停车场。为了全面了解您的意见和建议，特制定本问卷调查。您的意见对我们非常重要，感谢您抽出宝贵时间参与本次调查。
**基本信息**：
1. 您的年龄段：
   - 18 岁以下
   - 18-30 岁
   - 31-45 岁
   - 46-60 岁
   - 60 岁以上
2. 您的性别：
   - 男
   - 女
   - 其他
3. 您的职业：

图 5-63 问卷结果

## 三、WPS AI 演示文稿

WPS AI 演示文稿生成功能可以帮助用户快速创建高质量的演示文稿。通过利用先进的智能技术,用户可以轻松地将文本内容转化为生动的幻灯片,从而提高工作效率并节省时间。该功能不仅支持多种模板选择,还提供了丰富的设计元素和自定义选项,使得最终生成的演示文稿既专业又具有个性。用户可以通过简单的操作,快速生成包含图表、图片和动画的演示文稿,满足各种场合的需求。

### (一) 自动生成文稿

本案例使用 WPS AI 自动生成一个关于“储能电站技术与应用”的 WPS 文稿。让 AI 自动生成该主题的大纲,然后根据大纲选择一个演示文稿模板来自动生成一个 WPS 文稿。

(1) 在 WPS 365 中新建 WPS 文稿,在弹出窗口中选择“WPS AI 一键生成幻灯片”(图 5-64)。

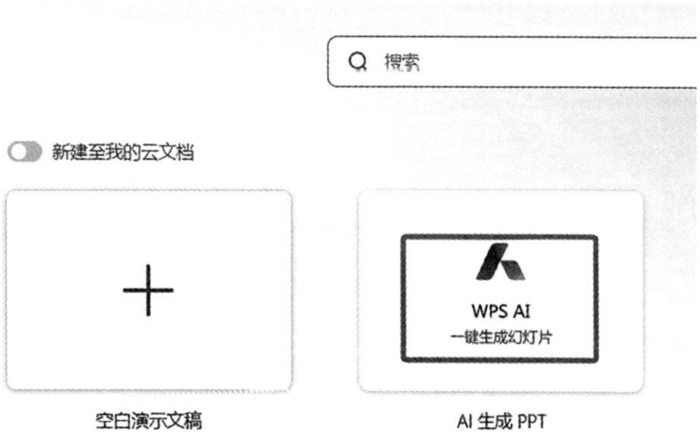


图 5-64 新建幻灯片

(2) 在弹出的“AI 生成 PPT”对话框中，选择“输入内容”，在下面的输入框里面输入“储能电站技术与应用”，点击“开始生成”按钮(图 5-65)。

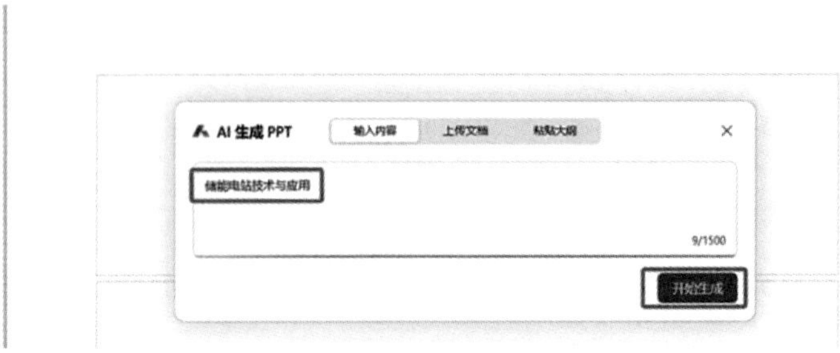


图 5-65 储能电站技术与应用对话框

(3) 系统将根据上面的选择和输入内容，生成一个关于储能电站计算与应用的幻灯片大纲(图 5-66)。

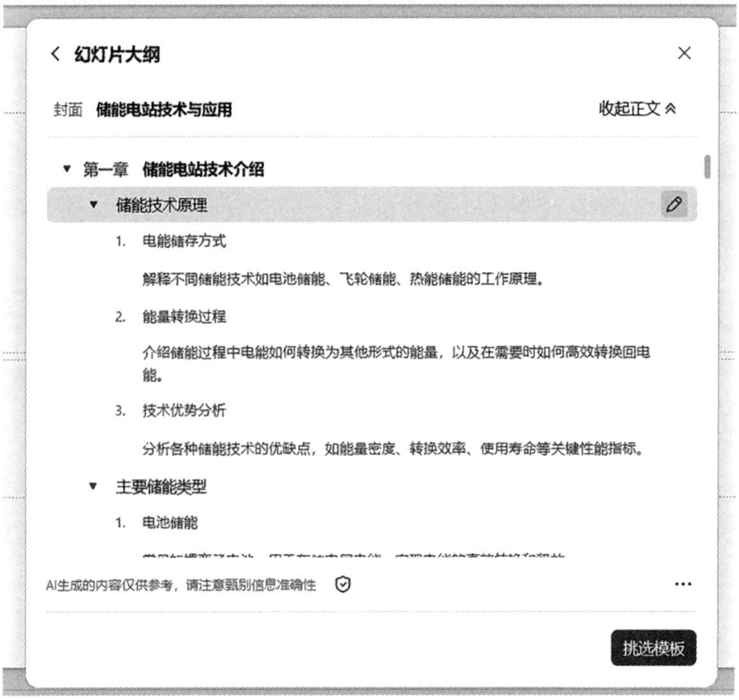


图 5-66 幻灯片大纲

(4) 用户可以根据需要修改该大纲，添加、修改或删除里面的大纲条目。例如，把封面题目调整为“当前国内储能电站技术与应用”(图 5-67)。

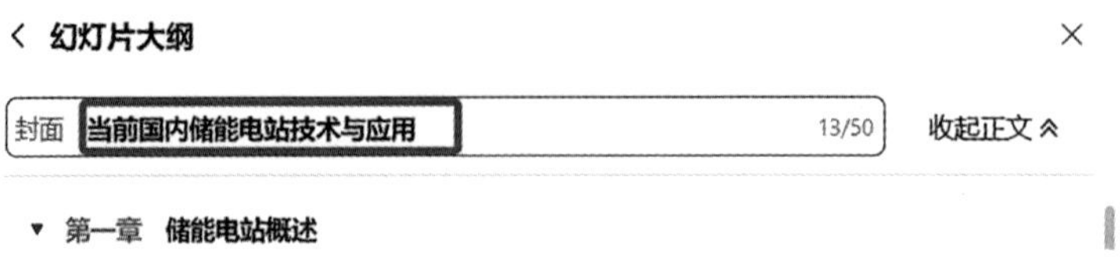


图 5-67 修改大纲

(5) 点击“挑选模板”按钮，在弹出的“选择幻灯片模板”页面中，选择喜爱的幻灯片模板，点击“创建幻灯片”按钮(图 5-68)。

图 5-68　模板选择

(6) 系统将按照选择的模板和前面生成的大纲，自动生成一个 WPS 幻灯片(图 5-69)。

图 5-69　幻灯片结果

(7) 用户可以根据自己的实际需求，调整生成的演示文稿，如公司名称、汇报人等信息(图 5-70)。

图 5-70　修改信息

## （二）文档自动生成文稿

本案例使用 WPS AI 工具，使用输入文稿来自动生成 WPS 演示文稿。

（1）在 WPS 365 中新建 WPS 文稿，在弹出窗口中选择“WPS AI 一键生成幻灯片”(图 5-71)。

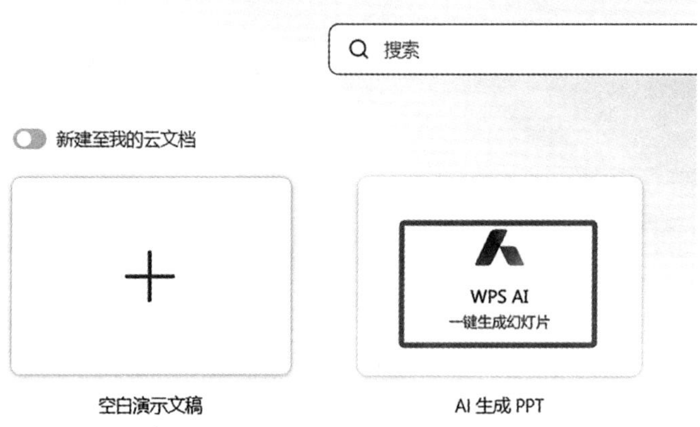


图 5-71　新建幻灯片

（2）选择上传文档来生成幻灯片文稿，我们选用一个“生成对抗网络模型解决不均衡小样本场景下轴承故障诊断.docx”文档来生成。在“上传文档”页面中，点击“选择文档”按钮，选择上传对应的文档，系统根据用户选择大纲生成方式，将生成对应的文档大纲(图 5-72)。

图 5-72　选择文档

（3）在幻灯片大纲中，用户可以添加、删除或修改指定的大纲，然后点击“挑选模板”按钮（图 5-73）。

图 5-73　幻灯片大纲

（4）在弹出的“选择幻灯片模板”页面中，选择合适的幻灯片模板，然后点击“创建幻灯片”按钮（图 5-74）。

图 5-74　模板选择

（5）系统将根据生成的大纲和选择的幻灯片模型，自动生成一个 WPS 演示文稿（图 5-75）。

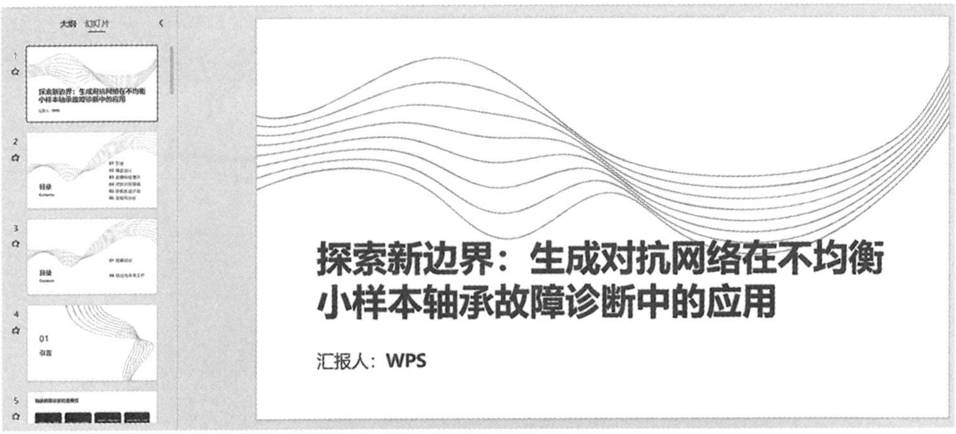


图 5-75　幻灯片结果

（6）修改、调整自动生成的文档中的相关信息，就可以保存使用了。

## 四、WPS AI 表格

WPS AI 支持用户通过简单的自然语言描述来生成复杂的表格公式。无论是求和、条件判断（如 IF 函数）、数据检索（如 VLOOKUP 函数）等常用操作，还是更复杂的公式组合，WPS AI 都能快速响应并生成准确的公式。在生成公式后，WPS AI 还能根据数据情况自动优化公式，确保计算结果的准确性和效率。WPS AI 能够根据用户设定的条件自动为表格中的单元格应用条件格式，如高亮显示、填充颜色等。这使得数据中的关键信息一目了然，便于用户快速识别和分析。WPS AI 还可以对文档中的数据进行深度分析，并自动生成图表和报告，帮助用户更直观地展示数据，提升数据解读的效率。

### （一）WPS 常用表格函数

WPS 常用表格函数见表 5-4。

表 5-4　WPS 常用表格函数

| 序号 | 函数名 | 格式 | 说明 | 示例 |
| --- | --- | --- | --- | --- |
| 1 | SUM | SUM(n1,[n2],…) | 计算单元区域中所有数值的和 | SUM(A1,B2,C3:C7) |
| 2 | AVERAGE | AVERAGE(n1,[n2],…) | 计算单元区域中所有数值的平均数 | AVERAGE(A1,B2,C3:C7) |
| 3 | MAX | MAX(n1,[n2],…) | 返回一组数值中的最大值，忽略逻辑及文本 | MAX(A1,B2,C3:C7) |
| 4 | MIN | MIN(n1,[n2],…) | 返回一组数值中的最小值，忽略逻辑及文本 | MIN(A1,B2,C3:C7) |
| 5 | COUNT | COUNT(n1,[n2],…) | 计算区域中包含数字的单元格的个数 | COUNT(A1,B2,C3:C7) |
| 6 | IF | IF(logical,[value_if_true],[value_if_false]) | 判断是否满足某个条件，如果满足返回一个值，否则返回另一个值 | IF(B2=C2,1,0) |
| 7 | SUMIF | SUMIF(range,criteria,[sum_range]) | 对满足条件的单元格求和 | SUMIF(A1:A5,B2,C1:C5) |
| 8 | SUMIFS | SUMIFS(sum_range,range1,criteria1,…) | 对一组给定条件指定的单元格求和 | SUMIFS(D2:D9,B2:B9,F2,C2:C9,G2) |
| 9 | COUNTIF | COUNTIF(range,criteria) | 计算某个区域中满足给定条件的单元格数量 | COUNTIF(A1:A5,B2) |
| 10 | COUNTIFS | COUNTIFS(range1,criteria1,…) | 统计一组条件所指定的单元格数量 | COUNTIFS(B2:B9,F2,C2:C9,G2) |
| 11 | MOD | MOD(n1,n2) | 返回两数相除的余数 | MOD(A1,6) |
| 12 | MID | MID(text,start,n) | 从文本字符串中指定的起始位置起，返回指定长度的字符串 | MID(A1,7,8) |
| 13 | DATE | DATE(year,month,day) | 返回日期时间代码中代表日期的数字 | DATE(A1,B1,C1) |

续表

| 序号 | 函 数 名 | 格 式 | 说 明 | 示 例 |
|---|---|---|---|---|
| 14 | YEAR | YEAR(serial_num) | 返回日期的年份值 | YEAR(A1) |
| 15 | MONTH | MONTH(serial_num) | 返回日期的月份值 | MONTH(B1) |
| 16 | DAY | DAY(serial_num) | 返回当月第多少天 | DAY(C1) |
| 17 | TODAY | TODAY() | 返回日期格式中的当前日期 | TODAY() |

### (二) WPS AI 信息提取

本案例将使用 WPS AI 工具,从待处理的原始数据(图 5-76)中提取出出生日期、年龄和性别三列信息。

| A | B | C | D | E | F | G | H | I | J | K | L | M |
|---|---|---|---|---|---|---|---|---|---|---|---|---|
| 序 号 | 身份证 | 性别 | 出生日期 | 年龄 | 题号 | | | | | | 分数 | 等级 |
| | | | | | 1 | 2 | 3 | 4 | 5 | 6 | | |
| 1 | 110105198001011234 | | | | 12 | 11 | 7 | 11 | 18 | 11 | 70 | |
| 2 | 320322198102025678 | | | | 11 | 8 | 6 | 19 | 17 | 5 | 66 | |
| 3 | 430521198203039876 | | | | 9 | 7 | 3 | 10 | 13 | 11 | 53 | |
| 4 | 510104198304044567 | | | | 15 | 11 | 9 | 19 | 17 | 15 | 86 | |
| 5 | 610402198405052345 | | | | 17 | 9 | 9 | 18 | 11 | 10 | 74 | |
| 6 | 130602198506067890 | | | | 14 | 10 | 7 | 15 | 17 | 11 | 74 | |
| 7 | 341124198607076543 | | | | 16 | 9 | 12 | 17 | 16 | 19 | 89 | |
| 8 | 450205198708083210 | | | | 16 | 11 | 7 | 14 | 16 | 12 | 76 | |
| 9 | 530324198809098765 | | | | 16 | 9 | 7 | 17 | 12 | 5 | 66 | |
| 10 | 150403198910104321 | | | | 10 | 5 | 8 | 18 | 19 | 17 | 77 | |
| 11 | 371526199011119876 | | | | 16 | 9 | 14 | 13 | 16 | 25 | 93 | |
| 12 | 652923199112125432 | | | | 15 | 9 | 11 | 15 | 18 | 15 | 83 | |
| 13 | 469007199201137654 | | | | 15 | 8 | 7 | 16 | 19 | 16 | 81 | |
| 14 | 542123199302143210 | | | | 15 | 10 | 8 | 17 | 16 | 7 | 73 | |
| 15 | 620502199403156789 | | | | 13 | 9 | 9 | 15 | 16 | 16 | 78 | |
| 16 | 230103199504164567 | | | | 17 | 8 | 9 | 12 | 13 | 11 | 70 | |
| 17 | 411526199605179876 | | | | 11 | 15 | 10 | 18 | 18 | 24 | 96 | |
| 18 | 360429199706185432 | | | | 17 | 11 | 8 | 18 | 19 | 25 | 98 | |
| 19 | 500235199807197654 | | | | 10 | 8 | 11 | 12 | 16 | 8 | 65 | |
| 20 | 140923199908203210 | | | | 14 | 5 | 12 | 10 | 13 | 20 | 74 | |
| 21 | 632822198809216789 | | | | 14 | 10 | 9 | 18 | 16 | 25 | 92 | |
| 22 | 421126198810224567 | | | | 8 | 9 | 6 | 14 | 12 | 13 | 62 | |
| 23 | 522727198811239876 | | | | 13 | 8 | 8 | 11 | 16 | 15 | 71 | |
| 24 | 350628198812245678 | | | | 15 | 6 | 9 | 15 | 16 | 9 | 70 | |
| 25 | 210211198801253210 | | | | 13 | 11 | 8 | 17 | 17 | 22 | 88 | |
| 26 | 445224198802267890 | | | | 15 | 10 | 10 | 12 | 18 | 17 | 82 | |
| 27 | 640302198803274567 | | | | 14 | 11 | 10 | 12 | 19 | 10 | 76 | |
| 28 | 330727198804289876 | | | | 14 | 9 | 13 | 16 | 19 | 8 | 79 | |
| 29 | 511621198805295432 | | | | 15 | 9 | 7 | 10 | 17 | 18 | 76 | |
| 30 | 120113198806307654 | | | | 10 | 8 | 7 | 14 | 15 | 15 | 69 | |
| 31 | 310115200007313210 | | | | 18 | 12 | 12 | 12 | 20 | 22 | 96 | |
| 32 | 460301200108316789 | | | | 14 | 8 | 8 | 11 | 10 | 24 | 75 | |
| 33 | 500112200209304567 | | | | 14 | 10 | 8 | 11 | 16 | 15 | 74 | |
| 34 | 220202200310319876 | | | | 17 | 7 | 10 | 12 | 16 | 18 | 80 | |
| 35 | 152525200411305432 | | | | 13 | 7 | 5 | 7 | 10 | 9 | 51 | |
| 36 | 654022200512317654 | | | | 17 | 3 | 6 | 19 | 14 | 15 | 74 | |
| 37 | 410324200601014321 | | | | 13 | 5 | 8 | 13 | 18 | 7 | 64 | |
| 38 | 542523200702028765 | | | | 13 | 11 | 10 | 14 | 17 | 16 | 81 | |
| 39 | 320684200803032345 | | | | 12 | 7 | 7 | 9 | 15 | 11 | 61 | |
| 40 | 610928200904046789 | | | | 14 | 7 | 9 | 11 | 10 | 7 | 58 | |
| 41 | 450923199005054567 | | | | 18 | 14 | 10 | 15 | 16 | 26 | 99 | |
| 42 | 370832199106069876 | | | | 16 | 11 | 12 | 17 | 18 | 18 | 92 | |
| 43 | 532926199207075432 | | | | 12 | 13 | 7 | 13 | 14 | 12 | 71 | |
| 44 | 211404199308087654 | | | | 17 | 13 | 8 | 12 | 17 | 16 | 83 | |
| 45 | 431023199409093210 | | | | 16 | 10 | 12 | 18 | 18 | 25 | 99 | |

图 5-76 待处理的原始数据

（1）单击 C3 单元格，然后在 WPS 中点击“WPS AI”菜单，在弹出列表中选择“AI 写公式”输入相关描述，如根据 B 列中的身份证号码提取性别，就会生成相应的公式，如图 5-77 所示。

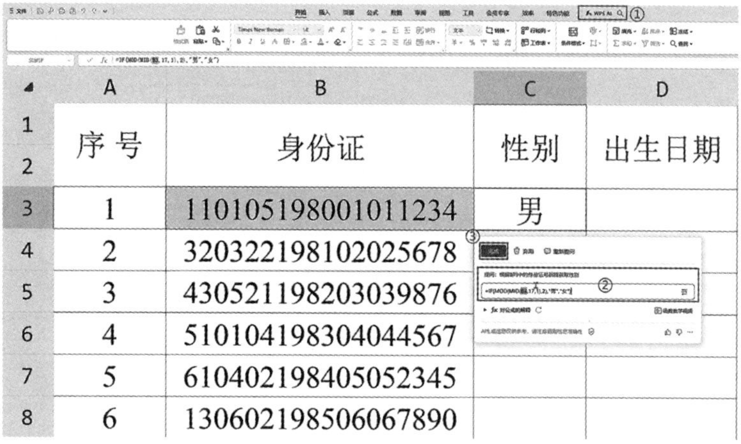


图 5-77　根据身份证号码提取性别

（2）点击 C3 单元格右下角，鼠标指针会变成“＋”形状，左键长按，然后向下滚动滑轮，即可填充一列，如图 5-78 所示。

图 5-78　填充性别

（3）同理，可以填充出生日期和年龄列。提示词信息可参考表 5-5。

表 5-5　根据身份证号码提取信息提示词

| 提　示　词 | 生　成　公　式 |
|---|---|
| 根据 B 列中的身份证号码提取性别 | =IF(MOD(MID(B3,17,1),2),"男","女") |
| 根据 B 列中的身份证号码提取出生日期 | =DATE(MID(B3,7,4),MID(B3,11,2),MID(B3,13,2)) |
| 根据 B 列中的身份证号码提取年龄 | =YEAR(TODAY())−MID(C2,7,4) |

（4）最终，表格被填充成如图 5-79 所示。

| | A | B | C | D | E |
|---|---|---|---|---|---|
| 1–2 | 序号 | 身份证 | 性别 | 出生日期 | 年龄 |
| 3 | 1 | 110105198001011234 | 男 | 1980-01-01 | 45 |
| 4 | 2 | 320322198102025678 | 男 | 1981-02-02 | 44 |
| 5 | 3 | 430521198203039876 | 男 | 1982-03-03 | 43 |
| 6 | 4 | 510104198304044567 | 女 | 1983-04-04 | 42 |
| 7 | 5 | 610402198405052345 | 女 | 1984-05-05 | 41 |
| 8 | 6 | 130602198506067890 | 男 | 1985-06-06 | 40 |

图 5-79　根据身份证号码提取信息部分数据

## （三）WPS AI 判断函数生成

本案例将使用 WPS AI 工具，实现学生总成绩统计功能，F 到 K 列为学生各题得分，原始成绩表格如图 5-80 所示。规则：90 分及以上为优秀，小于 90 分且在 75 分及以上为良好，小于 75 分且在 60 分及以上为及格，否则就不及格。

（1）在 WPS 中点击“WPS AI”菜单，在弹出列表中选择“AI 写公式”输入相关描述，如计算 F 到 K 列中数据的总和，就会生成相应的公式。

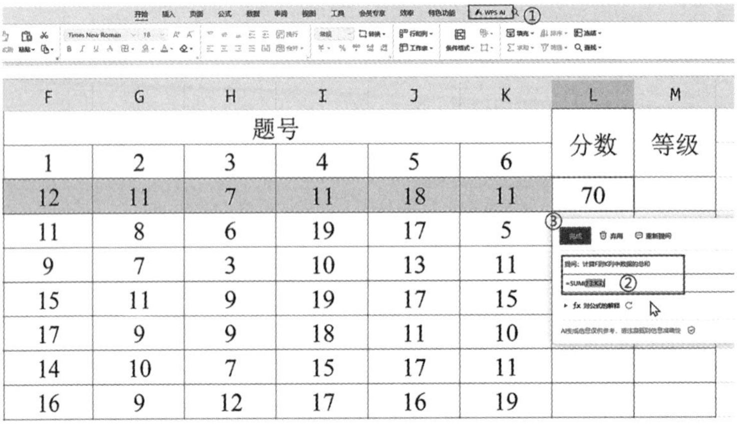


| F | G | H | I | J | K | L | M |
|---|---|---|---|---|---|---|---|
| 题号 | | | | | | 分数 | 等级 |
| 1 | 2 | 3 | 4 | 5 | 6 | | |
| 12 | 11 | 7 | 11 | 18 | 11 | 70 | |
| 11 | 8 | 6 | 19 | 17 | 5 | | |
| 9 | 7 | 3 | 10 | 13 | 11 | | |
| 15 | 11 | 9 | 19 | 17 | 15 | | |
| 17 | 9 | 9 | 18 | 11 | 10 | | |
| 14 | 10 | 7 | 15 | 17 | 11 | | |
| 16 | 9 | 12 | 17 | 16 | 19 | | |

图 5-80　原始数据表格

（2）紧接着填充数据，并根据分数列和规则给出等级。如图 5-81 所示，在 WPS 中点击“WPS AI”菜单，在弹出列表中选择“AI 写公式”输入提示词：根据 L 列的值，90 分及以上为优秀，小于 90 分且在 75 分及以上为良好，小于 75 分且在 60 分及以上为及格，否则就不及格。

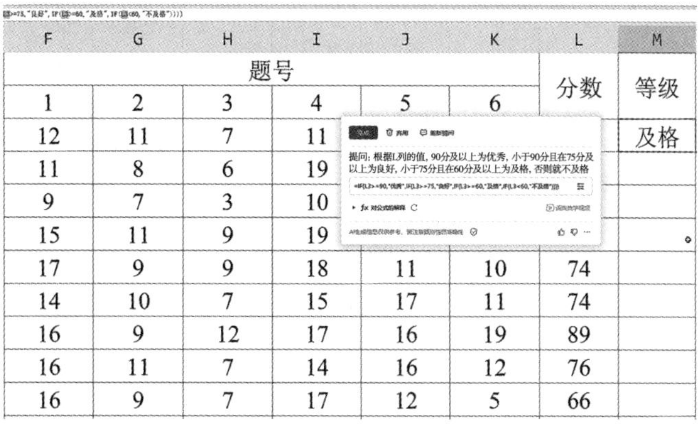


图 5-81　判断分数等级

(3) 统计分数并划分分数等级，提示词信息见表 5-6。

表 5-6　统计分数并划分分数等级提示词

| 提　示　词 | 生　成　公　式 |
|---|---|
| 计算 F 到 K 列中数据的总和 | =SUM(F3:K3) |
| 根据 L 列的值，90 分及以上为优秀，小于 90 分且在 75 分及以上为良好，小于 75 分且在 60 分及以上为及格，否则就不及格 | =IF(L3>=90,"优秀",IF(L3>=75,"良好",IF(L3>=60,"及格",IF(L3<60,"不及格")))) |

## (四) WPS AI 条件格式标记

本案例将使用 WPS AI 工具，给不同的级别添加不同的颜色，如将优秀标记为绿色、不及格标记为红色。如图 5-82 所示，在 WPS 中点击“WPS AI”菜单，在弹出列表中选择“AI 条件格式”输入提示词：对于 M 列的值，如果值为优秀则标记为绿色，如果值为不及格则标记为红色，否则不标记。

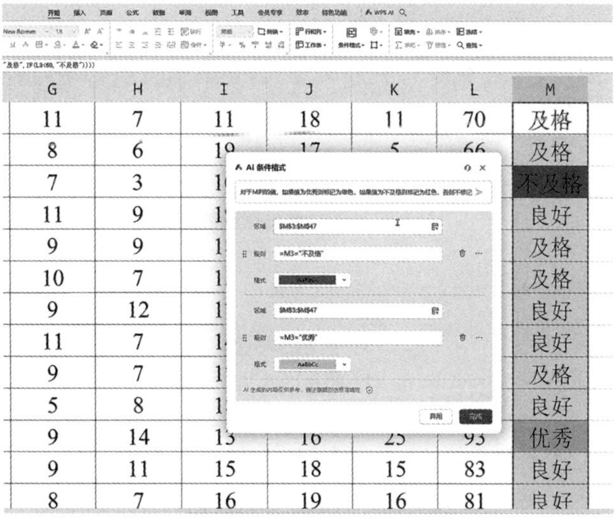


图 5-82　不同等级标记不同的颜色

WPS AI 在表格数据处理方面的应用极大地提高了用户的工作效率和数据处理能力。通过智能公式、条件格式等功能，WPS AI 为用户提供了全方位的数据处理支持。随着人工智能技术的不断发展和完善，WPS AI 将在未来的表格数据处理中发挥更加重要的作用。

## (五) WPS AI 综合案例

现在有名为“学生分数明细分析.xlsx”的表格文件，文件中含有 5 个 sheet 表，数据是某班级共计 44 名学生一学期各项考核分数的明细。现在要统计每个学生的总分数，并根据需求进行部分数据可视化。

首先对出勤表中的数据进行数据清洗，将 B 列到 N 列的值转为百分制，如果值为 1 则修改为 100，如果值为 0 则修改为 95，如果值为 −1 则修改为 90。使用 WPS 打开“学生分数明细分析.xlsx”文件，选中 B2 单元格，然后点击“WPS AI”菜单，在弹出列表中选择“AI 写公式”，如图 5-83 所示。

图 5-83　清洗出勤表中的数据

然而点击“完成”后，会进行报错，如图 5-84 所示。这是因为公式中使用了 B2 单元格，进行了循环依赖，所以需要先将值保存到新的单元，然后再复制回来，最后删除暂存数据。

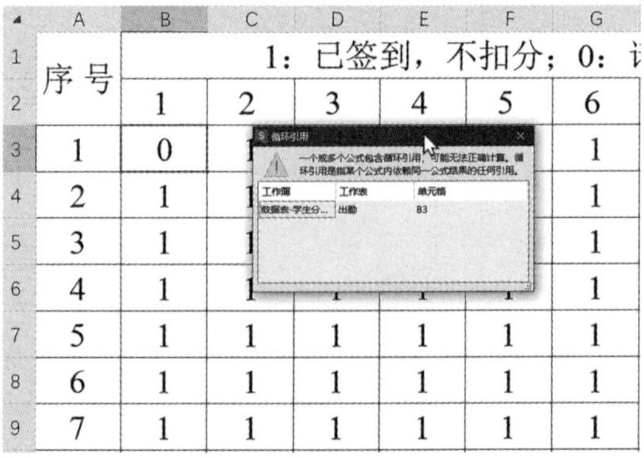


图 5-84　公式循环依赖报错

使用快捷键"Ctrl＋Z"回退操作，点击 Q3 单元格，重新使用 AI 生成公式，如图 5-85 所示。

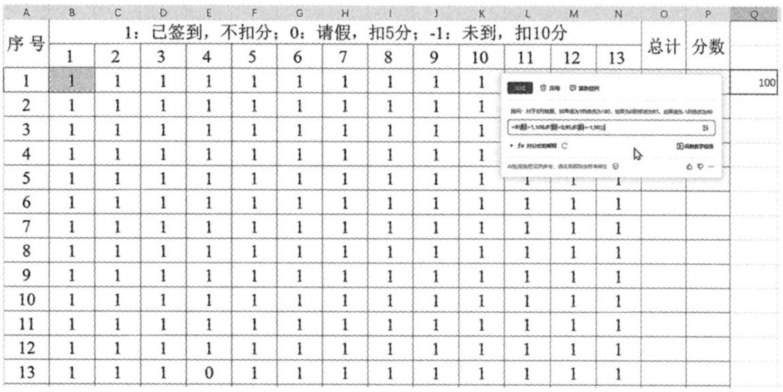


图 5-85　使用暂存单元格清洗出勤表中的数据

填充该列，以及 C 列到 N 列，然后选择转换后的数据进行复制，接着单击 B2 单元格，单击右键，在弹出的菜单中选择"粘贴为数据"，或者复制后使用组合键"Ctrl＋Shift＋V"进行粘贴，对原始的数据进行转换，并删除刚才生成的 Q 列到 AC 列的暂存数据，如图 5-86 所示。

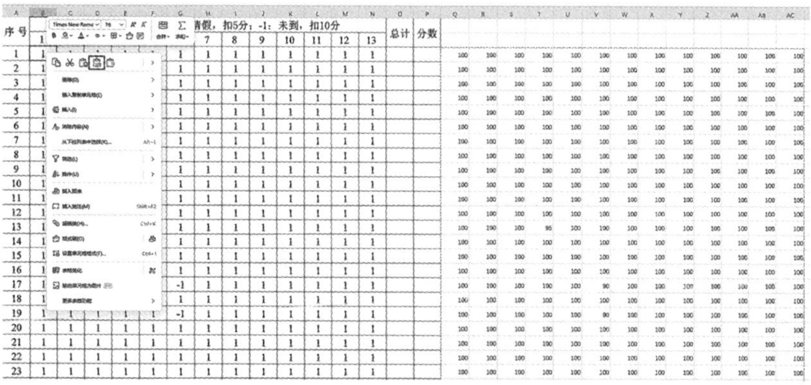

图 5-86　仅粘贴数据

分别统计出勤签到次数并计算出勤的平均分，保留两位小数，如图 5-87 和图 5-88 所示。

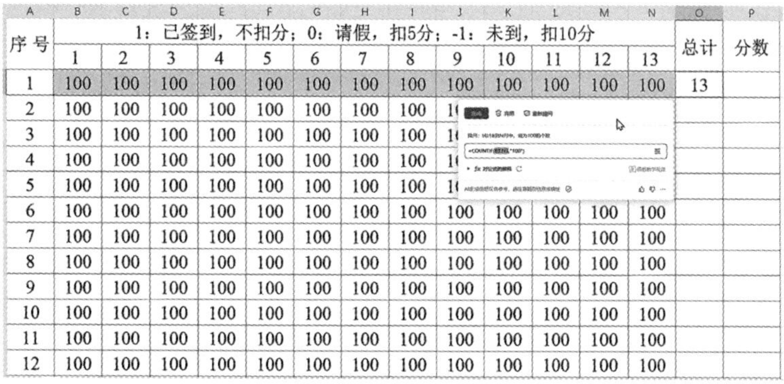


图 5-87　统计出勤签到次数

| A | B | C | D | E | F | G | H | I | J | K | L | M | N | O | P |
|---|---|---|---|---|---|---|---|---|---|---|---|---|---|---|---|
| 序号 | 1：已签到，不扣分；0：请假，扣5分；-1：未到，扣10分 | | | | | | | | | | | | | 总计 | |
| | 1 | 2 | 3 | 4 | 5 | 6 | 7 | 8 | 9 | 10 | 11 | 12 | 13 | 总计 | 分数 |
| 1 | 100 | 100 | 100 | 100 | 100 | 100 | 100 | 100 | 100 | 100 | 100 | 100 | 100 | 13 | 100 |
| 2 | 100 | 100 | 100 | 100 | 100 | 100 | 100 | 100 | 100 | | | | | | |
| 3 | 100 | 100 | 100 | 100 | 100 | 100 | 100 | 100 | 100 | | | | | | |
| 4 | 100 | 100 | 100 | 100 | 100 | 100 | 100 | 100 | 100 | | | | | | |
| 5 | 100 | 100 | 100 | 100 | 100 | 100 | 100 | 100 | 100 | | | | | | |
| 6 | 100 | 100 | 100 | 100 | 100 | 100 | 100 | 100 | 100 | 100 | 100 | 100 | 100 | 13 | |
| 7 | 100 | 100 | 100 | 100 | 100 | 100 | 100 | 100 | 100 | 100 | 100 | 100 | 100 | 13 | |
| 8 | 100 | 100 | 100 | 100 | 100 | 100 | 100 | 100 | 100 | 100 | 100 | 100 | 100 | 13 | |
| 9 | 100 | 100 | 100 | 100 | 100 | 100 | 100 | 100 | 100 | 100 | 100 | 100 | 100 | 13 | |
| 10 | 100 | 100 | 100 | 100 | 100 | 100 | 100 | 100 | 100 | 100 | 100 | 100 | 100 | 13 | |
| 11 | 100 | 100 | 100 | 100 | 100 | 100 | 100 | 100 | 100 | 100 | 100 | 100 | 100 | 13 | |
| 12 | 100 | 100 | 100 | 100 | 100 | 100 | 100 | 100 | 100 | 100 | 100 | 100 | 100 | 13 | |

=ROUND(AVERAGE(...),2)

**图 5-88　计算出勤的平均分**

填充剩下的数据后，结果如图 5-89 所示。

| A | B | C | D | E | F | G | H | I | J | K | L | M | N | O | P |
|---|---|---|---|---|---|---|---|---|---|---|---|---|---|---|---|
| 序号 | 1：已签到，不扣分；0：请假，扣5分；-1：未到，扣10分 | | | | | | | | | | | | | 总计 | 分数 |
| | 1 | 2 | 3 | 4 | 5 | 6 | 7 | 8 | 9 | 10 | 11 | 12 | 13 | | |
| 1 | 100 | 100 | 100 | 100 | 100 | 100 | 100 | 100 | 100 | 100 | 100 | 100 | 100 | 13 | 100 |
| 2 | 100 | 100 | 100 | 100 | 100 | 100 | 100 | 100 | 100 | 100 | 100 | 100 | 100 | 13 | 100 |
| 3 | 100 | 100 | 100 | 100 | 100 | 100 | 100 | 100 | 100 | 100 | 100 | 100 | 100 | 13 | 100 |
| 4 | 100 | 100 | 100 | 100 | 100 | 100 | 100 | 100 | 100 | 100 | 100 | 100 | 100 | 13 | 100 |
| 5 | 100 | 100 | 100 | 100 | 100 | 100 | 100 | 100 | 100 | 100 | 100 | 100 | 100 | 13 | 100 |
| 6 | 100 | 100 | 100 | 100 | 100 | 100 | 100 | 100 | 100 | 100 | 100 | 100 | 100 | 13 | 100 |
| 7 | 100 | 100 | 100 | 100 | 100 | 100 | 100 | 100 | 100 | 100 | 100 | 100 | 100 | 13 | 100 |
| 8 | 100 | 100 | 100 | 100 | 100 | 100 | 100 | 100 | 100 | 100 | 100 | 100 | 100 | 13 | 100 |
| 9 | 100 | 100 | 100 | 100 | 100 | 100 | 100 | 100 | 100 | 100 | 100 | 100 | 100 | 13 | 100 |
| 10 | 100 | 100 | 100 | 100 | 100 | 100 | 100 | 100 | 100 | 100 | 100 | 100 | 100 | 13 | 100 |
| 11 | 100 | 100 | 100 | 100 | 100 | 100 | 100 | 100 | 100 | 100 | 100 | 100 | 100 | 13 | 100 |
| 12 | 100 | 100 | 100 | 100 | 100 | 100 | 100 | 100 | 100 | 100 | 100 | 100 | 100 | 13 | 100 |

**图 5-89　出勤表处理结果**

接着计算作业表中的数据。计算 B 列到 F 列平均值，并保留两位小数，如果单元格的值缺失则按照 0 处理，如图 5-90 所示，然后进行填充。

| A | B | C | D | E | F | G |
|---|---|---|---|---|---|---|
| 序号 | 考核项目：每项权重相同 | | | | | 分数 |
| | 1 | 2 | 3 | 4 | 5 | |
| 1 | 90 | 84 | 84 | 84 | 81 | 84.6 |
| 2 | 90 | | | | | |
| 3 | 90 | 90 | | | | |
| 4 | 92 | 95 | | | | |
| 5 | 89 | 80 | 84 | 88 | 81 | |
| 6 | 97 | 92 | 80 | 87 | 87 | |
| 7 | 88 | 82 | 81 | 84 | 84 | |

=ROUND(AVERAGE(IF(ISNUMBER(B3:F3),B3:F3,0)),2)

**图 5-90　作业表数据清洗**

向下填充数据后，结果如图 5-91 所示。

| A | B | C | D | E | F | G |
|---|---|---|---|---|---|---|
| 序号 | 考核项目:每项权重相同 | | | | | 分数 |
| | 1 | 2 | 3 | 4 | 5 | |
| 1 | 90 | 84 | 84 | 84 | 81 | 84.6 |
| 2 | 90 | | 82 | 84 | 81 | 67.4 |
| 3 | 90 | 90 | 79 | 83 | 77 | 83.8 |
| 4 | 92 | 95 | 84 | 88 | 92 | 90.2 |
| 5 | 89 | 80 | 84 | 88 | 81 | 84.4 |
| 6 | 97 | 92 | 80 | 87 | 87 | 88.6 |
| 7 | 88 | 82 | 81 | 84 | 84 | 83.8 |
| 8 | 88 | 92 | 85 | 87 | 83 | 87 |
| 9 | 90 | 92 | 85 | 87 | 87 | 88.2 |
| 10 | 96 | 90 | 84 | 87 | 92 | 89.8 |

**图 5-91 作业表处理结果**

计算线上学习表中的数据。计算 B 列到 L 列平均值，并保留两位小数，如图 5-92 所示，然后进行填充。

| A | B | C | D | E | F | G | H | I | J | K | L | M |
|---|---|---|---|---|---|---|---|---|---|---|---|---|
| 序 号 | 考核项目:每项权重相同 | | | | | | | | | | | 分数 |
| | 1 | 2 | 3 | 4 | 5 | 6 | 7 | 8 | 9 | 10 | 11 | |
| 1 | 0 | 0 | 100 | 100 | 100 | 100 | 100 | 100 | 50 | 60 | 52 | 69.27 |
| 2 | 0 | 0 | 28 | 0 | 100 | 95 | 100 | 100 | 40 | 37 | 38 | 48.91 |
| 3 | 100 | 100 | 100 | 100 | 100 | 100 | 100 | 100 | 100 | 100 | 100 | 100 |
| 4 | 100 | 100 | 100 | 100 | 100 | 100 | 100 | 100 | 100 | 98 | 97 | 99.55 |
| 5 | 100 | 100 | 100 | 100 | 100 | 100 | 100 | 100 | 80 | 75 | 62 | 92.45 |
| 6 | 100 | 100 | 100 | 100 | 100 | 100 | 100 | 100 | 100 | 100 | 100 | 100 |
| 7 | 0 | 0 | 100 | 100 | 100 | 100 | 100 | 100 | 62.5 | 50 | 68 | 70.95 |
| 8 | 100 | 100 | 100 | 100 | 100 | 100 | 100 | 100 | 82.5 | 96 | 94 | 97.5 |
| 9 | 100 | 100 | 100 | 100 | 100 | 100 | 100 | 100 | 97.5 | 96 | 95 | 98.95 |
| 10 | 0 | 0 | 97 | 99 | 10 | 0 | 0 | 0 | 56 | 0 | 0 | 23.82 |
| 11 | 0 | 0 | 0 | 0 | 0 | 0 | 0 | 0 | 0 | 0 | 0 | 0 |

**图 5-92 线上学习表处理结果**

计算期末考核表中的数据。B 列到 D 列的值分别乘上对应的权重，然后进行累加，并保留两位小数，如图 5-93 所示，然后进行填充。

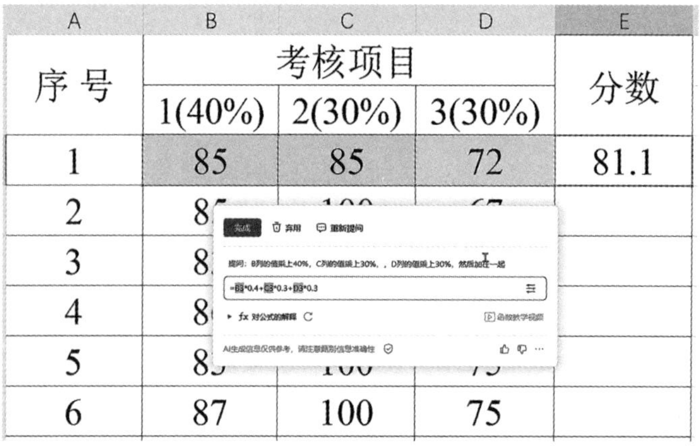


图 5-93　处理期末考核成绩

将每个分表汇总到分数表。首先汇总出勤表数据，要求出勤表中“总计”小于或等于 10 的，出勤分数为 0，否则与出勤表中“分数”列的值相等，结果如图 5-94 所示，并对该列下面的数据进行填充。

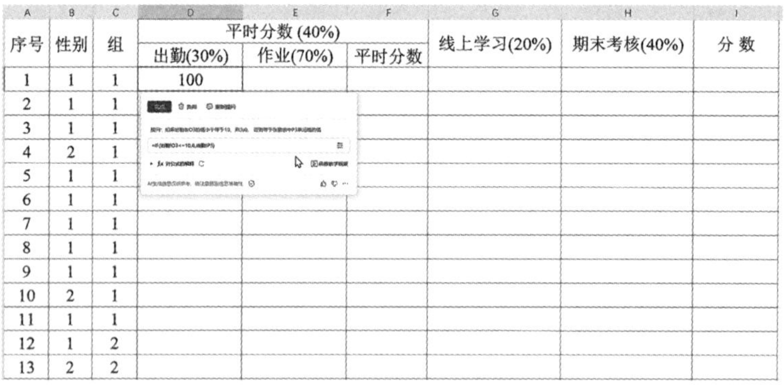


图 5-94　汇总出勤分数

汇总作业表数据，要求作业表中“分数”小于 40 的，汇总后作业为 0，否则与作业表中“分数”列的值相等，结果如图 5-95 所示，并对该列下面的数据进行填充。

图 5-95　汇总作业分数

汇总线上学习表数据，“线上学习”列的值与线上学习表中“分数”列的值相等，结果如图 5-96 所示，并对该列下面的数据进行填充。

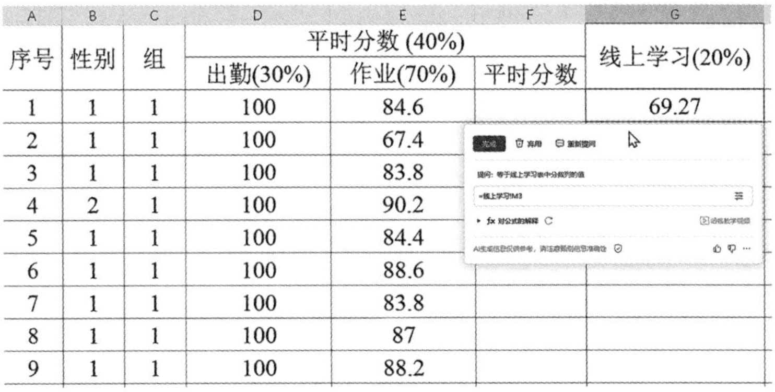

| 序号 | 性别 | 组 | 平时分数 (40%) | | | 线上学习(20%) |
|---|---|---|---|---|---|---|
| | | | 出勤(30%) | 作业(70%) | 平时分数 | |
| 1 | 1 | 1 | 100 | 84.6 | | 69.27 |
| 2 | 1 | 1 | 100 | 67.4 | | |
| 3 | 1 | 1 | 100 | 83.8 | | |
| 4 | 2 | 1 | 100 | 90.2 | | |
| 5 | 1 | 1 | 100 | 84.4 | | |
| 6 | 1 | 1 | 100 | 88.6 | | |
| 7 | 1 | 1 | 100 | 83.8 | | |
| 8 | 1 | 1 | 100 | 87 | | |
| 9 | 1 | 1 | 100 | 88.2 | | |

图 5-96 汇总线上学习分数

与线上学习表数据汇总类似，“期末考核”列的值与期末考核表中“分数”列的值相等，对该列下面的数据进行填充，最终的表格汇总数据如图 5-97 所示。

| 序号 | 性别 | 组 | 平时分数 (40%) | | | 线上学习(20%) | 期末考核(40%) | 分 数 |
|---|---|---|---|---|---|---|---|---|
| | | | 出勤(30%) | 作业(70%) | 平时分数 | | | |
| 1 | 1 | 1 | 100 | 84.6 | | 69.27 | 81.1 | |
| 2 | 1 | 1 | 100 | 67.4 | | 48.91 | 84.1 | |
| 3 | 1 | 1 | 100 | 83.8 | | 100 | 85.7 | |
| 4 | 2 | 1 | 100 | 90.2 | | 99.55 | 86.9 | |
| 5 | 1 | 1 | 100 | 84.4 | | 92.45 | 85.7 | |
| 6 | 1 | 1 | 100 | 88.6 | | 100 | 87.3 | |
| 7 | 1 | 1 | 100 | 83.8 | | 70.95 | 89.2 | |
| 8 | 1 | 1 | 100 | 87 | | 97.5 | 88.4 | |
| 9 | 1 | 1 | 100 | 88.2 | | 98.95 | 88.8 | |
| 10 | 2 | 1 | 100 | 89.8 | | 23.82 | 91.1 | |
| 11 | 1 | 1 | 100 | 59.2 | | 0 | 79.3 | |
| 12 | 1 | 2 | 100 | 84.2 | | 98.77 | 91.8 | |
| 13 | 2 | 2 | 99.62 | 86.4 | | 99.18 | 94 | |
| 14 | 1 | 2 | 100 | 65.2 | | 99.82 | 82.7 | |

图 5-97 数据汇总到分数表结果

计算平时分数，要求出勤表中“总计”列小于或等于 8 的，平时分数为 0，否则等于“出勤”列和“作业”列乘上对应的权重后的和，如图 5-98 所示，并对该列下面的数据进行填充。

| 序号 | 性别 | 组 | 平时分数 (40%) | | | 线上学习(20%) | 期末考核(40%) | 分 数 |
|---|---|---|---|---|---|---|---|---|
| | | | 出勤(30%) | 作业(70%) | 平时分数 | | | |
| 1 | 1 | 1 | 100 | 84.6 | 89.22 | 69.27 | 81.1 | |
| 2 | 1 | 1 | 100 | 67.4 | | | 84.1 | |
| 3 | 1 | 1 | 100 | 83.8 | | | 85.7 | |
| 4 | 2 | 1 | 100 | 90.2 | | | 86.9 | |
| 5 | 1 | 1 | 100 | 84.4 | | | 85.7 | |
| 6 | 1 | 1 | 100 | 88.6 | | | 87.3 | |
| 7 | 1 | 1 | 100 | 83.8 | | 70.95 | 89.2 | |
| 8 | 1 | 1 | 100 | 87 | | 97.5 | 88.4 | |
| 9 | 1 | 1 | 100 | 88.2 | | 98.95 | 88.8 | |
| 10 | 2 | 1 | 100 | 89.8 | | 23.82 | 91.1 | |

图 5-98 计算平时分数

计算最后得分，如果“期末考核”列中分数小于45，则分数就等于“期末考核”列成绩；否则根据“平时分数”“线上学习”“期末考核”列分别乘上对应的权重后相加的和作为分数，最终结果保留一位小数，如图5-99所示。

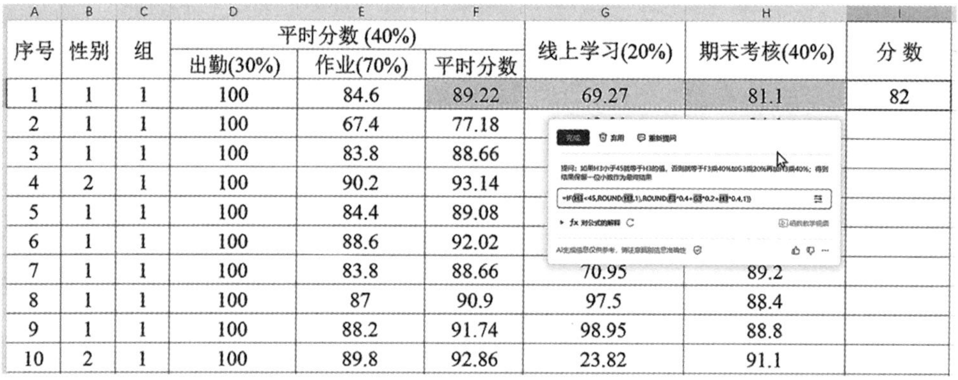


| 序号 | 性别 | 组 | 平时分数(40%) | | | 线上学习(20%) | 期末考核(40%) | 分数 |
|---|---|---|---|---|---|---|---|---|
| | | | 出勤(30%) | 作业(70%) | 平时分数 | | | |
| 1 | 1 | 1 | 100 | 84.6 | 89.22 | 69.27 | 81.1 | 82 |
| 2 | 1 | 1 | 100 | 67.4 | 77.18 | | | |
| 3 | 1 | 1 | 100 | 83.8 | 88.66 | | | |
| 4 | 2 | 1 | 100 | 90.2 | 93.14 | | | |
| 5 | 1 | 1 | 100 | 84.4 | 89.08 | | | |
| 6 | 1 | 1 | 100 | 88.6 | 92.02 | | | |
| 7 | 1 | 1 | 100 | 83.8 | 88.66 | 70.95 | 89.2 | |
| 8 | 1 | 1 | 100 | 87 | 90.9 | 97.5 | 88.4 | |
| 9 | 1 | 1 | 100 | 88.2 | 91.74 | 98.95 | 88.8 | |
| 10 | 2 | 1 | 100 | 89.8 | 92.86 | 23.82 | 91.1 | |

**图5-99　计算最终分数**

为了直观地查看最终成绩不及格和优秀的人员，需要将分数小于60的标记为棕色，大于或等于90的标记为橙色。选中“分数”列，然后点击“WPS AI”菜单，在弹出列表中选择“AI条件格式”输入提示词，如图5-100所示。

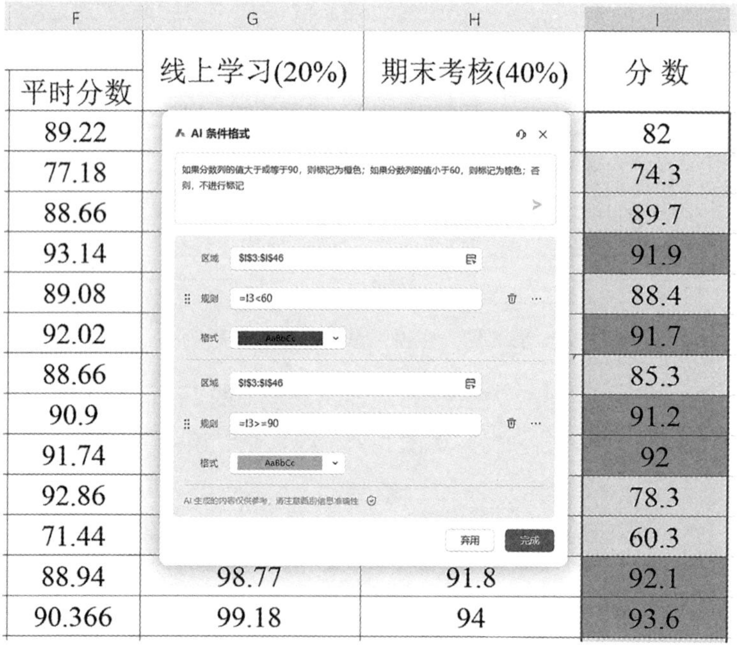


| 平时分数 | 线上学习(20%) | 期末考核(40%) | 分数 |
|---|---|---|---|
| 89.22 | | | 82 |
| 77.18 | | | 74.3 |
| 88.66 | | | 89.7 |
| 93.14 | | | 91.9 |
| 89.08 | | | 88.4 |
| 92.02 | | | 91.7 |
| 88.66 | | | 85.3 |
| 90.9 | | | 91.2 |
| 91.74 | | | 92 |
| 92.86 | | | 78.3 |
| 71.44 | | | 60.3 |
| 88.94 | 98.77 | 91.8 | 92.1 |
| 90.366 | 99.18 | 94 | 93.6 |

**图5-100　分数标记**

最终处理结果如图 5-101 所示。本节用到的提示词和生成公式见表 5-7。

| A | B | C | D | E | F | G | H | I |
|---|---|---|---|---|---|---|---|---|
| 序号 | 性别 | 组 | 平时分数 (40%) | | | 线上学习(20%) | 期末考核(40%) | 分 数 |
| | | | 出勤(30%) | 作业(70%) | 平时分数 | | | |
| 1 | 1 | 1 | 100 | 84.6 | 89.22 | 69.27 | 81.1 | 82 |
| 2 | 1 | 1 | 100 | 67.4 | 77.18 | 48.91 | 84.1 | 74.3 |
| 3 | 1 | 1 | 100 | 83.8 | 88.66 | 100 | 85.7 | 89.7 |
| 4 | 2 | 1 | 100 | 90.2 | 93.14 | 99.55 | 86.9 | 91.9 |
| 5 | 1 | 1 | 100 | 84.4 | 89.08 | 92.45 | 85.7 | 88.4 |
| 6 | 1 | 1 | 100 | 88.6 | 92.02 | 100 | 87.3 | 91.7 |
| 7 | 1 | 1 | 100 | 83.8 | 88.66 | 70.95 | 89.2 | 85.3 |
| 8 | 1 | 1 | 100 | 87 | 90.9 | 97.5 | 88.4 | 91.2 |
| 9 | 1 | 1 | 100 | 88.2 | 91.74 | 98.95 | 88.8 | 92 |
| 10 | 2 | 1 | 100 | 89.8 | 92.86 | 23.82 | 91.1 | 78.3 |
| 11 | 1 | 1 | 100 | 59.2 | 71.44 | 0 | 79.3 | 60.3 |
| 12 | 1 | 2 | 100 | 84.2 | 88.94 | 98.77 | 91.8 | 92.1 |
| 13 | 2 | 2 | 99.62 | 86.4 | 90.366 | 99.18 | 94 | 93.6 |
| 14 | 1 | 2 | 100 | 65.2 | 75.64 | 99.82 | 82.7 | 83.3 |
| 15 | 2 | 2 | 100 | 66.6 | 76.62 | 96.77 | 79 | 81.6 |
| 16 | 2 | 2 | 100 | 88.6 | 92.02 | 96.86 | 89 | 91.8 |
| 17 | 1 | 2 | 99.23 | 83.2 | 88.009 | 99.45 | 88.7 | 90.6 |
| 18 | 2 | 2 | 100 | 87.4 | 91.18 | 99.82 | 94 | 94 |
| 19 | 1 | 2 | 99.23 | 90.4 | 93.049 | 92.55 | 88.4 | 91.1 |
| 20 | 2 | 2 | 100 | 69.6 | 78.72 | 99.18 | 93.4 | 88.7 |
| 21 | 1 | 2 | 100 | 85.4 | 89.78 | 100 | 91.8 | 92.6 |
| 22 | 1 | 2 | 100 | 89 | 92.3 | 99.64 | 89 | 92.4 |
| 23 | 1 | 3 | 100 | 67.8 | 77.46 | 99.77 | 86.5 | 85.5 |
| 24 | 1 | 3 | 100 | 82.4 | 87.68 | 81.59 | 86.2 | 85.9 |
| 25 | 1 | 3 | 99.23 | 68.8 | 77.929 | 98.91 | 88 | 86.2 |
| 26 | 1 | 3 | 100 | 0 | 30 | 0 | 81.2 | 44.5 |
| 27 | 1 | 3 | 100 | 82.6 | 87.82 | 92.36 | 86.2 | 88.1 |
| 28 | 1 | 3 | 99.23 | 85 | 89.269 | 0 | 77.8 | 66.8 |
| 29 | 1 | 3 | 100 | 83.4 | 88.38 | 99.27 | 86.5 | 89.8 |
| 30 | 1 | 3 | 98.85 | 51.2 | 65.495 | 92.55 | 77.8 | 75.8 |
| 31 | 2 | 3 | 0 | 86.6 | 0 | 92.55 | 83.5 | 51.9 |
| 32 | 2 | 3 | 99.23 | 70.8 | 79.329 | 69.36 | 91.1 | 82 |
| 33 | 2 | 3 | 100 | 88.2 | 91.74 | 100 | 94.3 | 94.4 |
| 34 | 1 | 4 | 100 | 87 | 90.9 | 92.55 | 88.7 | 90.4 |
| 35 | 2 | 4 | 100 | 86.4 | 90.48 | 43 | 88.1 | 80 |
| 36 | 1 | 4 | 100 | 87.4 | 91.18 | 72.73 | 88.4 | 86.4 |
| 37 | 2 | 4 | 100 | 90.4 | 93.28 | 100 | 92 | 94.1 |
| 38 | 2 | 4 | 100 | 90.4 | 93.28 | 97.82 | 92.3 | 93.8 |
| 39 | 1 | 4 | 100 | 81.8 | 87.26 | 92.55 | 85.7 | 87.7 |
| 40 | 2 | 4 | 100 | 88.2 | 91.74 | 99.82 | 89.6 | 92.5 |
| 41 | 1 | 4 | 100 | 85.6 | 89.92 | 100 | 83.5 | 89.4 |
| 42 | 1 | 4 | 99.23 | 66.8 | 76.529 | 97.45 | 79.3 | 81.8 |
| 43 | 1 | 4 | 99.23 | 86.6 | 90.389 | 100 | 89.2 | 91.8 |
| 44 | 1 | 4 | 100 | 63.8 | 74.66 | 99.32 | 85.7 | 84 |

**图 5-101 最终处理结果**

表 5-7　综合案例提示词和生成公式

| 图示 | 提　示　词 | 生　成　公　式 |
| --- | --- | --- |
| 图 5-83 | 对于 B 列数据，如果值为 1 则修改为 100，如果为 0 则修改为 95，如果值为 −1 则修改为 90 | =IF(B3=1,100,IF(B3=0,95,IF(B3=−1,90))) |
| 图 5-87 | 统计 B 列到 N 列中，值为 100 的个数 | = COUNTIF(B3:N3,"100") |
| 图 5-88 | 计算 B 列到 N 列的算术平均数，结果保留两位小数 | = ROUND(AVERAGE(B3:N3),2) |
| 图 5-90 | 如果单元格 B 列到 F 列的值缺失或不是数值，该单元格值设置为 0，然后计算 B 列到 F 列平均值，并保留两位小数 | =ROUND(AVERAGE(IF(ISNUMBER(B3:F3),B3:F3,0)),2) |
| 图 5-92 | 计算 B 列到 L 列平均值，并保留两位小数 | = ROUND(AVERAGE(B3:D3),2) |
| 图 5-93 | B 列的值乘上 40%，C 列的值乘上 30%，D 列的值乘上 30%，然后加在一起 | =B3 * 0.4+C3 * 0.3+D3 * 0.3 |
| 图 5-94 | 如果出勤表 O3 的值小于或等于 10，则为 0，否则等于出勤表中 P3 单元格的值 | =IF(出勤！O3<=10,0,出勤！P3) |
| 图 5-95 | 作业表中分数小于 40 则为 0，否则与作业表分数列的值相等 | =IF(作业！G3<40,0,作业！G3) |
| 图 5-96 | 等于线上学习表中分数列的值 | =线上学习！M3 |
| 图 5-97 | 等于期末考核表中分数列的值 | =期末考核！M3 |
| 图 5-98 | 如果出勤表中总计列中的值小于或等于 8，则结果为 0；否则，就等于分数表中出勤列乘上 30%与分数表中作业列乘上 70%的和 | =IF(出勤！O3<=8,0,SUM(PRODUCT(D3,0.3),PRODUCT(E3,0.7))) |
| 图 5-99 | 如果 H3 小于 45 就等于 H3 的值，否则就等于 F3 乘 40%加 G3 乘 20%再加 H3 乘 40% | =IF(H3<45,H3,F3 * 0.4+G3 * 0.2+H3 * 0.4) |

### （六）WPS 表格数据可视化

鉴于原始数据的单调乏味及其内在关系的不易察觉，数据可视化（Data Visualization）技术应运而生，它以一种直观且富有洞察力的图形方式展现数据，为深入的数据分析与明智的决策奠定了坚实的基础。

数据可视化展现出诸多显著的优势，首要之处在于极大地提升了数据的可读性。传统表格数据往往充斥着繁复的数字与文本，令人目不暇接，难以迅速捕捉其核心精髓。而通过可视化手段，这些数据被巧妙转化为生动形象的视觉元素——柱状图清晰展现各类别数据的对比、折线图直观描绘数据随时间流转的趋势，使得数据背后的深层含义一目了然，极大地降低了理解的门槛。此外，数据可视化在揭示数据规律与关系方面发挥着重要作用。在可视化过程中，数据间的微妙关联、分布特征等得以更加清晰地呈现。例如，散点图能够直观分析两个变量间的相关性，热力图则能精准捕捉数据的聚集区域与异常值，为深入挖掘数据价值提供了宝贵的线索。同时，数据可视化还显著增强了数据的吸引力与说服力。在商务汇报、学术研究等场合，精美的可视化图表远比单调的数字堆砌更能吸引观众的眼球，使信息的传递更加生动、精准，有力地推动了观点的表达与决策的制定。

WPS 数据可视化是一项强大的功能，它能够将复杂的数据转化为直观、生动的图形或图表，使用户能够更轻松地理解并分析这些数据。该功能内置了多种图表类型，包括但不限于柱状图、折线图和饼图等，为用户提供了丰富的选择。用户只需简单地选中需要可视化的数据区域，然后点击“插入”选项卡，即可快速生成所需类型的图表。不仅如此，生成的图表还具备高度的可定制性。用户可以根据实际需求，轻松修改图表的标题、数据标签和颜色等属性，以满足个性化的展示需求。这种灵活性使得 WPS 数据可视化在各类应用场景中都能展现出最佳效果。此外，WPS 数据可视化还支持动态数据展示，图表能随数据变化自动更新，这一功能在实时监控数据、动态报告等需频繁更新数据的场景中极为实用。

上节对表格文件“学生分数明细分析. xlsx”进行了处理，现在需要按照需求进行可视化分析。

首先统计班级中男女生各有多少人，其中“性别”列中，1 表示男生，2 表示女生，可以使用 WPS AI 生成对应的公式，提示词可参考表 5-8，结果如图 5-102 所示。

图 5-102　统计各性别人数

选中表数据，点击菜单栏中“插入”，在弹出的菜单中点击“饼图图标”，然后选择合适的样式即可查看生成的饼图，如图 5-103 所示。

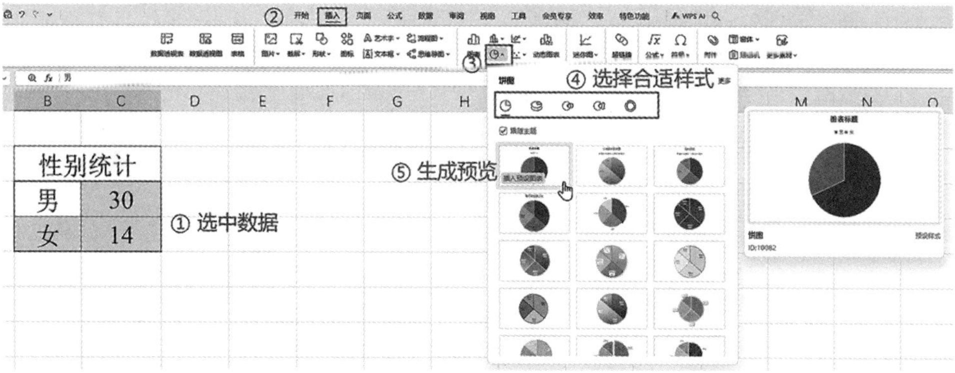


图 5-103　生成性别饼图方式 1

同样地，在选中表数据后，也可以单击右键，在弹出的菜单中选择“插入图表”，如图 5-104 所示，在弹出框中选择“饼图”，再选择合适的样式，同样可以生成饼图，如图 5-105 所示。

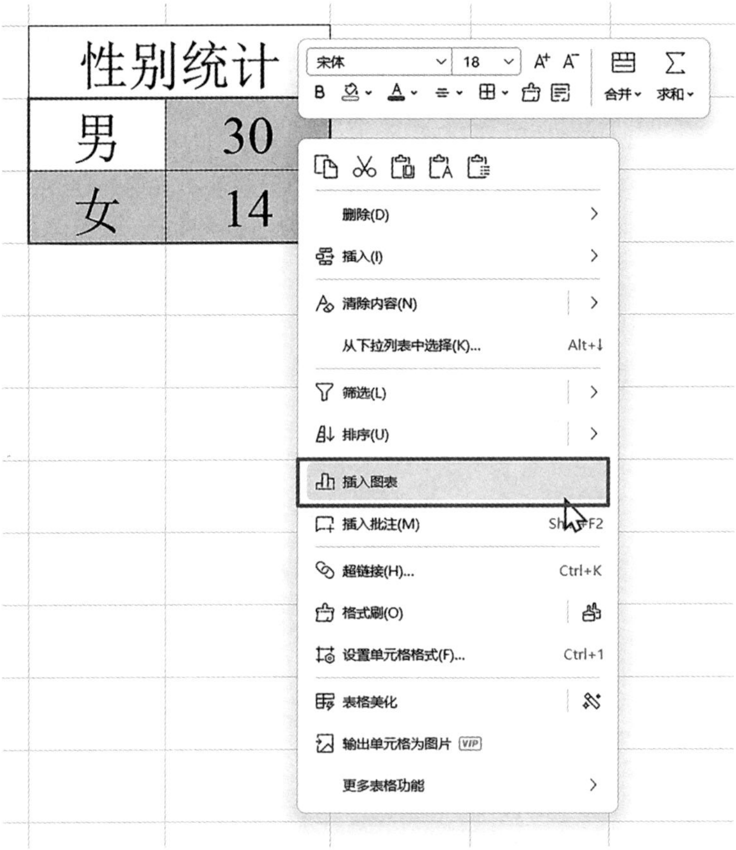


图 5-104　单击右键插入图表

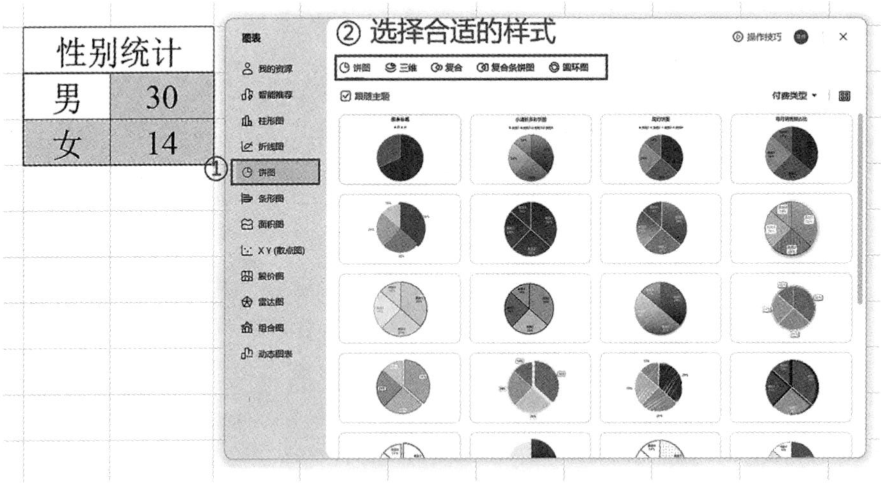


图 5-105　生成性别饼图方式 2

生成的饼图如图 5-106 所示，可以拖动图片的边框和四个角修改图片的大小和形状，同样也可以修改图表中的标题、图例和饼图的属性。例如，将标题内容由原始的“图表标题”修改为“性别比例”，字体修改为微软雅黑，红色 18 号字并加粗。也可以根据自己的需求修改图例等其他元素。结果如图 5-107 所示。

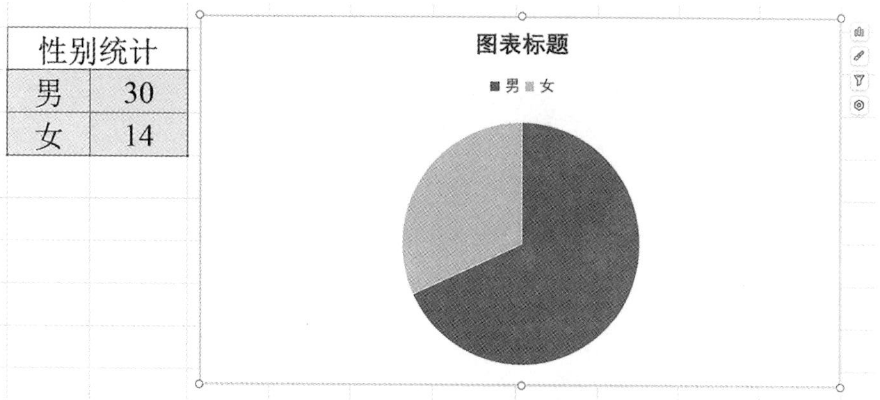


图 5-106　生成性别比例饼图

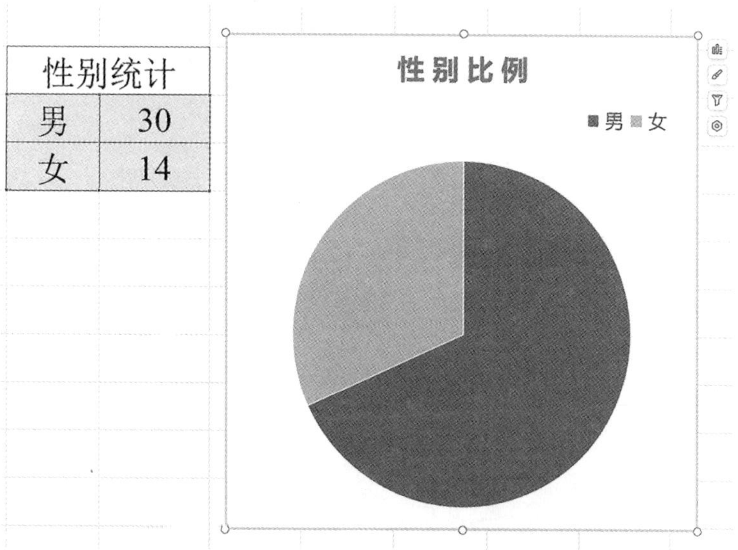


图 5-107　修改饼图图表标题

单击图表右上角的属性图标可以修改饼图的属性，如显示每个部分的数据，并居中处理，如图 5-108 所示。同样地，还可以快速修改配色和样式，如图 5-109 所示。还可以根据自己的具体需求，更改图表的更多属性，如图 5-110 所示。

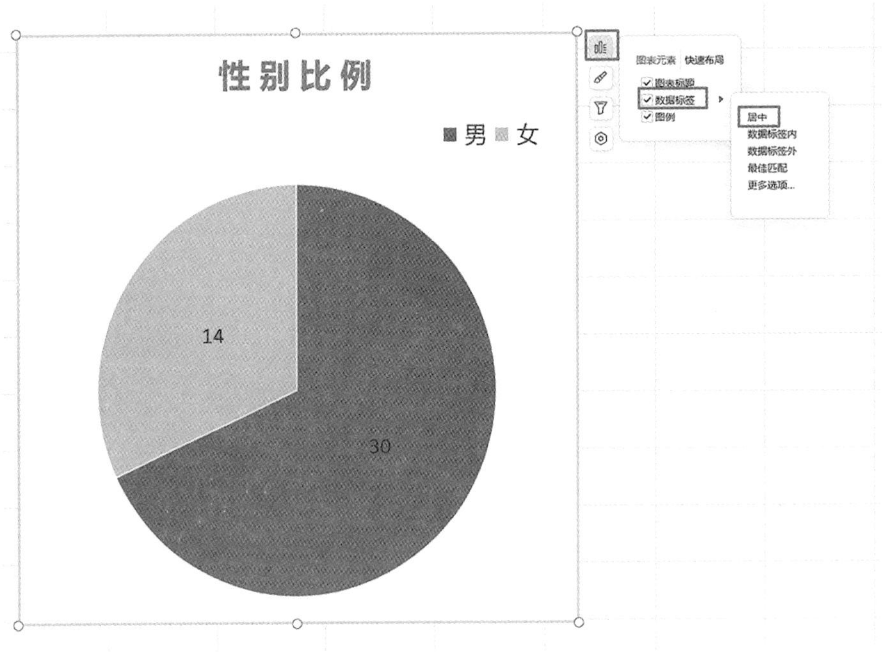


图 5-108 显示饼图数据

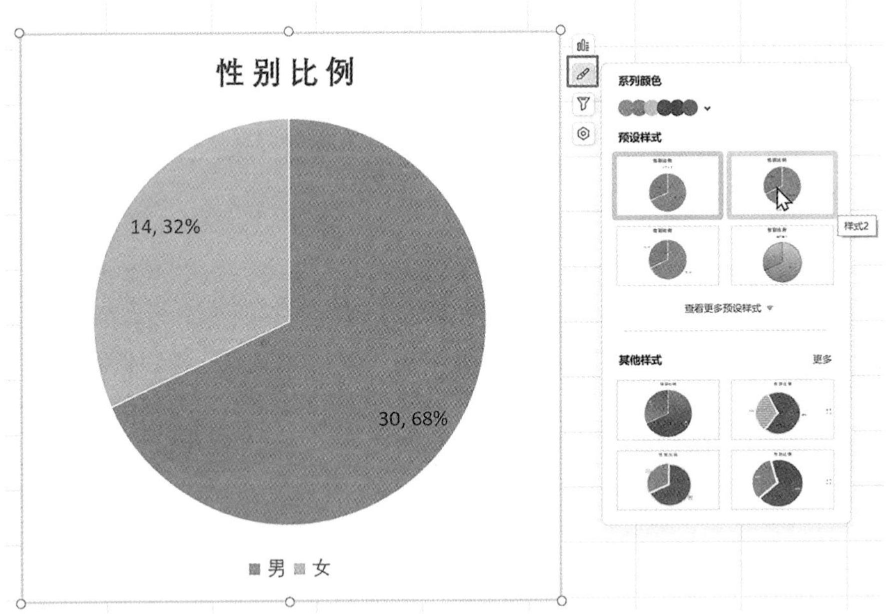


图 5-109 修改饼图配色和样式

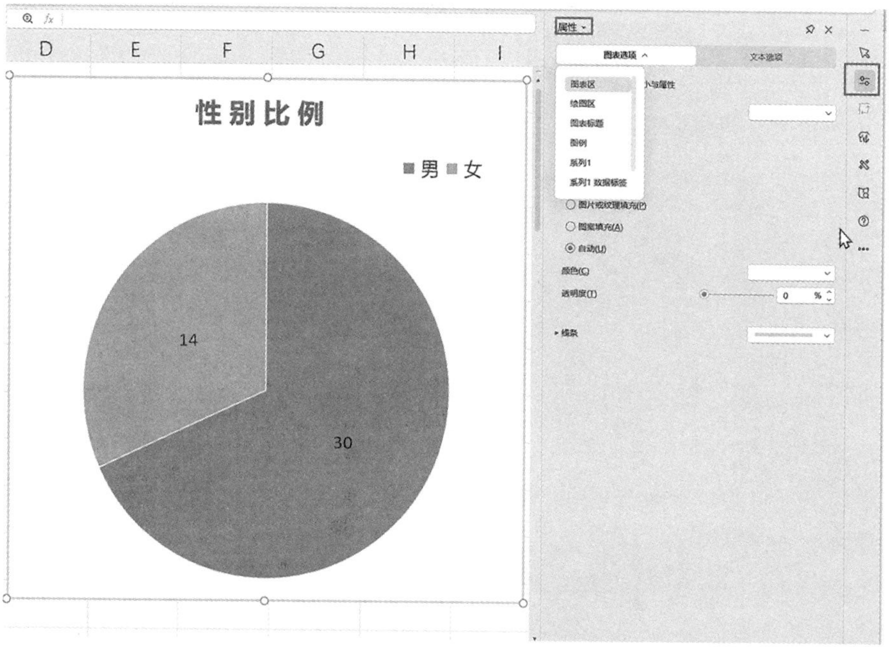


图 5-110 图表更多属性修改

为了更加直观地展示学生的分数，可以使用散点图。首先选中“分数”列，然后单击右键，在弹出的菜单中选择“插入图表”，在弹出框中选择“XY 散点图”，再选择合适的样式即可，如图 5-111 所示。

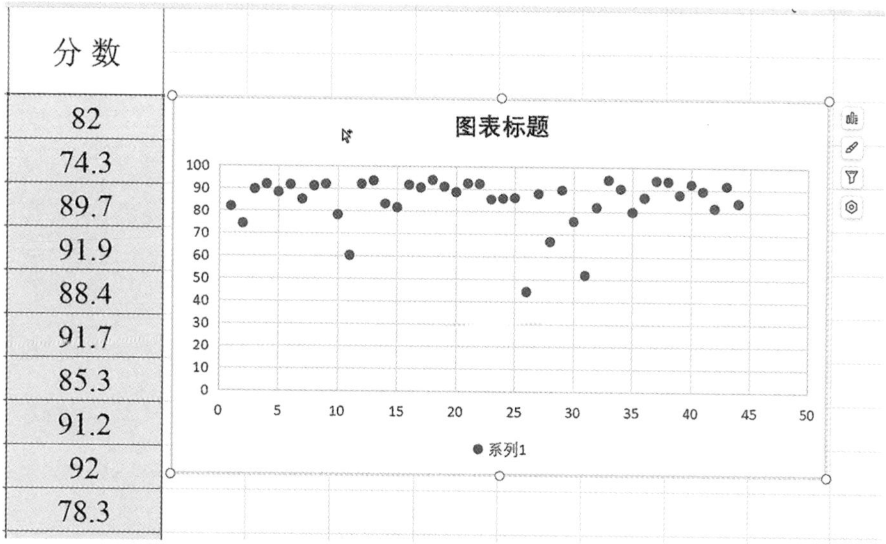


图 5-111 成绩散点图

由于生成的图片纵轴从零开始，共有同学 44 人，横轴最大值 45 即可，因此需要修改横轴、纵轴的范围。双击纵轴或横轴数据即可修改，如修改后纵轴的范围为 40～100，横轴的范围为 1～44，间隔为 4。还可修改图表的标题为“成绩分布”。结果如图 5-112 所示。

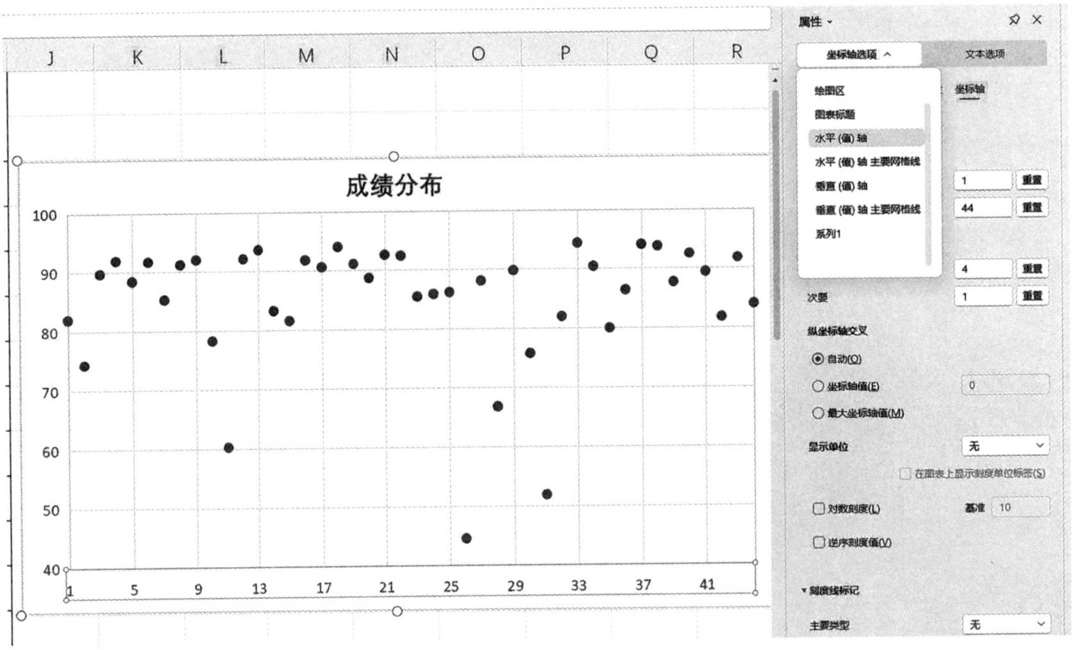


图 5-112　修改散点图属性

此时的成绩呈现更加直观，我们可以明显看到不及格同学的编号。为了查看成绩的分布占比，可以按照 5 分的间隔对数据进行汇总：首先使用 WPS AI 进行汇总，提示词可参考表 5-8；选中统计好的数据，可参考前面的生成“性别比例饼图”的操作步骤，生成“分段成绩占比饼图”，并根据自己的需求修改属性，结果如图 5-113 所示，此时我们可以明显看到 90～94 分的学生占比最多，其次是 85～89，接着是 80～84。

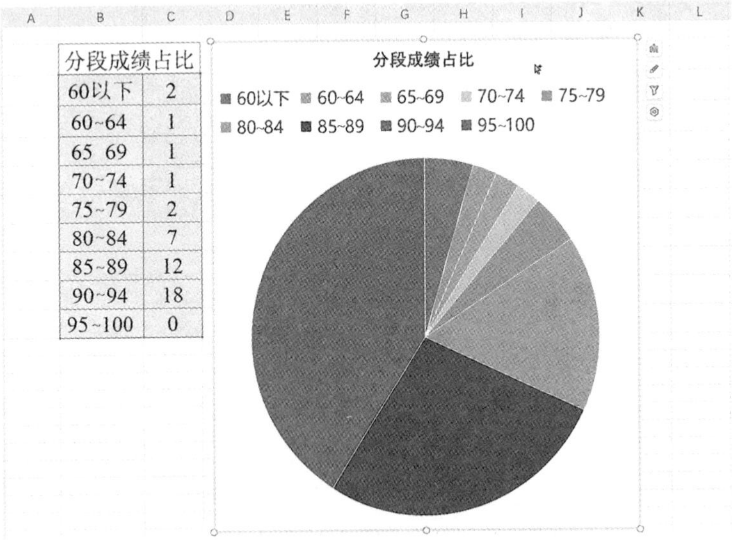


图 5-113　分段成绩占比饼图

**表 5-8　数据可视化 WPS AI 提示词**

| 提示词 | 生成公式 |
|---|---|
| 统计 B 列中值为 1 的单元格数量 | ＝COUNTIF(B3:B46,1) |
| 统计 B 列中值为 2 的单元格数量 | ＝COUNTIF(B3:B46,2) |
| 统计分数表中，分数列中值小于 60 的个数 | ＝COUNTIF(分数！I3:I46,"＜60") |
| 统计分数表中，分数列中值小于 65 且大于或等于 60 的个数 | ＝COUNTIFS(分数！I3:I46,"＞＝60",分数！I3:I46,"＜65") |
| 统计分数表中，分数列中值小于 70 且大于或等于 65 的个数 | ＝COUNTIFS(分数！I3:I46,"＞＝65",分数！I3:I46,"＜70") |
| 统计分数表中，分数列中值小于 75 且大于或等于 70 的个数 | ＝COUNTIFS(分数！I3:I46,"＞＝70",分数！I3:I46,"＜75") |
| 统计分数表中，分数列中值小于 80 且大于或等于 75 的个数 | ＝COUNTIFS(分数！I3:I46,"＞＝75",分数！I3:I46,"＜80") |
| 统计分数表中，分数列中值小于 85 且大于或等于 80 的个数 | ＝COUNTIFS(分数！I3:I46,"＞＝80",分数！I3:I46,"＜85") |
| 统计分数表中，分数列中值小于 90 且大于或等于 85 的个数 | ＝COUNTIFS(分数！I3:I46,"＞＝85",分数！I3:I46,"＜90") |
| 统计分数表中，分数列中值小于 95 且大于或等于 90 的个数 | ＝COUNTIFS(分数！I3:I46,"＞＝90",分数！I3:I46,"＜95") |
| 统计分数表中，分数列中值大于或等于 95 的个数 | ＝COUNTIF(分数！I3:I46,"＞＝95") |
| 如果分数表中组列中的值为 1，就累加该行中分数列的值 | ＝SUMIF(分数！C3:C46,1,分数！I3:I46) |
| 如果分数表中组列中的值为 2，就累加该行中分数列的值 | ＝SUMIF(分数！C3:C46,2,分数！I3:I46) |
| 如果分数表中组列中的值为 3，就累加该行中分数列的值 | ＝SUMIF(分数！C3:C46,3,分数！I3:I46) |
| 如果分数表中组列中的值为 4，就累加该行中分数列的值 | ＝SUMIF(分数！C3:C46,4,分数！I3:I46) |

对于不同分组之间进行排名，可以采取组内分数累加后的总和作为该组的分数，然后进行各组间对比：首先使用 WPS AI 进行组内分数汇总，提示词可参考表 5-8；选中统计好的数据，在弹出的菜单中选择“插入图表”，在弹出框中选择“柱状图”，再选择合适的样式即可，如图 5-114 所示。

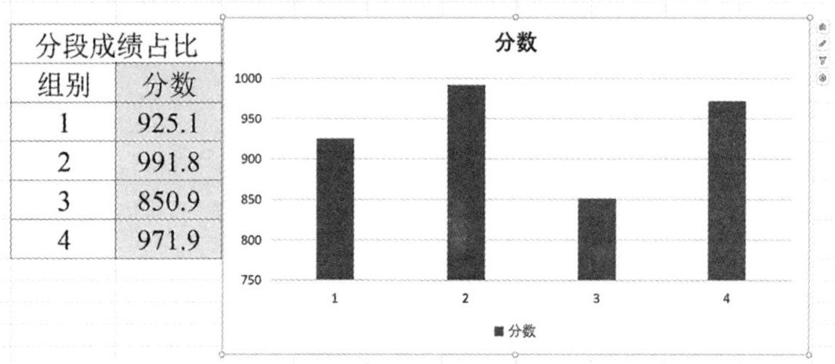


**图 5-114 分组成绩对比图**

WPS 数据可视化功能强大且易于上手，适用于各种场景的数据展示和分析。无论是商业报告中的数据展示，还是市场分析中的趋势图表，WPS 都能提供直观、准确的可视化解决方案。通过 WPS 数据可视化，用户可以更好地理解数据背后的含义，为决策提供有力的支持。

# 第四节 AI＋X 行业领域应用

**学习目标**

- 了解大模型在计算机领域的应用。
- 了解大模型在电子电气领域的应用。
- 了解大模型在工业制造领域的应用。
- 了解大模型在企业管理领域的应用。
- 了解大模型在艺术设计领域的应用。
- 了解大模型在通识教育领域的应用。

## 一、大模型在计算机领域的应用

大模型作为人工智能领域的重要突破，正在深刻改变着计算机科学与技术的各个分支。这些拥有数百亿甚至万亿参数的深度学习模型，通过在海量数据上进行巨大算力的预训练，展现出前所未有的通用智能能力和多任务处理潜力，为计算机领域带来了全新的研究范式和应用可能。大模型的核心技术基于 Transformer 架构，通过自注意力机制，采用“预训练＋微调”范式，实现对大数据的建模能力，其基础能力有：

① 代码理解与生成：通过海量代码训练，掌握多种编程语言的语法和语义规则；

② 系统行为推理：分析日志、配置等结构化数据，理解复杂系统运行逻辑；

③ 多模态处理：结合视觉、语音等模态，实现更丰富的交互方式。

这些基础能力使得大模型正逐步渗透并深刻改变着计算机科学的各个领域，从底层系统优化到高层应用开发，重塑了传统技术路径并催生了新的研究方向。以下是当前最具代表性的应用实例，涵盖不同技术方向和应用场景。

## （一）软件开发

以大模型为代表的新一代人工智能技术成为软件领域智能化转型的核心驱动力，大模型为传统软件注入新智力，为软件及其形态带来新能力、新变革，同时大模型也为提升软件研发生产力和加速创新带来新思路，并推动软件产业发生结构性变化。在软件开发领域，大模型凭借其在处理复杂、非结构化任务时的能力，尤其在自动化代码生成、代码理解、调试、测试等环节上的显著优势，正逐步改变传统的开发流程、提升开发效率、减少人工错误，并带来新的开发模式和流程的变革。下面举例介绍人工智能大模型应用于软件开发过程的几个典型应用场景或实例。

### 1. 需求分析阶段

大模型正在彻底改变传统需求分析的工作模式，通过自然语言处理、知识推理和多模态理解能力，显著提升需求分析的效率和质量。表 5-9 对比了传统的需求分析方法和运用大模型技术进行需求分析。

**表 5-9 需求分析方法对比**

| 传 统 方 法 | 运 用 大 模 型 |
|---|---|
| 人工撰写需求文档 → 多次会议确认→形成需求规格说明书 | • 会议记录智能分析<br>• 文档需求挖掘<br>• 需求冲突检测与优化<br>• 需求优先级智能排序<br>• 文本转 UI 原型<br>• 业务流程自动化建模<br>• 自然语言需求自动转化为用户故事/用例<br>• 检查清单自动生成<br>• 需求管理自动化<br>…… |

在软件开发需求分析阶段，运用大模型可以带来以下多方面的优点：

需求理解的深化：使用大模型理解和解析自然语言文本，帮助开发团队更深入地理解用户需求，有助于捕捉用户表述中的细微差别和潜在需求；通过分析用户反馈和评论，大模型可以识别用户的情感倾向，为开发团队提供更丰富的用户视角。

需求挖掘与预测:基于历史数据和用户行为模式,大模型可以预测未来的需求趋势,帮助开发团队提前规划产品功能;通过分析大量用户数据,大模型能够发现用户尚未明确表达但潜在存在的需求,为产品创新提供灵感。

提高开发效率:大模型可以自动化处理大量用户反馈和文档,减少人工分析的时间和成本;通过集成到项目管理工具中,大模型可以辅助团队成员之间的沟通和协作,提高整体开发效率。

增强决策支持:大模型提供的数据分析和预测结果可以为开发团队提供科学的决策依据,降低决策风险;通过分析潜在问题和风险点,大模型可以提前发出预警,帮助开发团队采取应对措施。

提升用户体验:大模型能够根据用户的历史行为和偏好,提供个性化的功能和服务,提升用户体验;通过集成自然语言处理和语音识别技术,大模型可以实现更自然、更流畅的智能交互体验。

**2. 设计阶段**

大模型在软件开发过程中的设计阶段,主要有以下应用:

智能架构推荐:通过分析历史项目数据、性能指标和业务需求,自动推荐适合的架构模式(如微服务、单体架构)。

自动化原型与 UI 设计:根据用户需求描述(自然语言输入),AI 生成可交互的 UI 原型或设计稿。

用户体验优化:根据 A/B 测试数据和用户眼动追踪数据,AI 推荐最优的界面设计(如热图分析)。

智能数据库建模:AI 分析业务实体关系,自动生成优化的数据库 Schema(如表结构、索引建议)。

API 接口生成:根据 OpenAPI 规范或自然语言描述,AI 生成 RESTful API 代码框架。

设计模式推荐:基于历史项目数据,AI 推荐设计模式(如工厂模式、观察者模式)的最佳实践。

自然语言转设计文档:通过大模型将会议记录或需求描述自动转化为 UML 图或技术文档。

**3. 自动化代码生成与编写**

AI 大模型可以根据自然语言描述自动生成代码,极大地提高了开发者的工作效率。例如,软件开发者可以使用 AI 提供的代码补全、自动化建议和错误修复工具,快速生成高质量代码,减少编代码的时间和人工错误。

### 实例:GitHub Copilot 编程助手

GitHub Copilot 是一款 2021 年由 GitHub 和 OpenAI 合作开发的智能编程助手,它利用 GPT-3 模型中的 Codex 技术,为开发者提供实时的代码补全、建议和生成功能。GitHub Copilot 可以根据开发者当前编写的代码上下文,自动补全函数、变量、类等,甚至可以根据注释生成完整的代码结构。此外,它还支持生成测试代码、解释代码以及提供代码审查建议等功能,旨在提高开发者的编码效率和代码质量。GitHub Copilot 供经过验证的学生、教师和热门开源项目的维护人员免费使用,非学生、教师和热门开源项目的维护人员,免费试用 30 天。

GitHub Copilot 对程序员十分友好,支持多种编程语言(Python、JavaScript、Java、C++、Go 等),同时支持在集成开发环境(IDE)中直接使用,如 Visual Studio Code、VisualStudio、JetBrains IDEs 等。下面是在 Visual Studio Code 中安装 GitHub Copilot 扩展的方法和步骤:

① 打开 Visual Studio Code;

② 转到左侧的扩展视图,可以通过快捷键 Ctrl + Shift + X 打开;

③ 在搜索框中输入"GitHub Copilot";

④ 在搜索结果中找到"GitHub Copilot"插件,并点击安装按钮(图 5-115)。

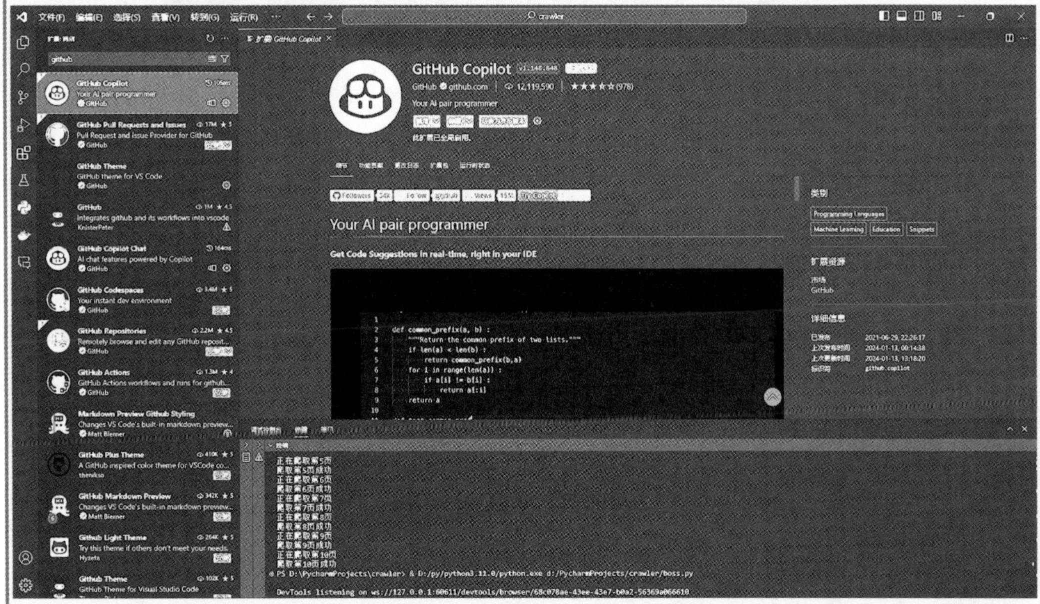


图 5-115 "GitHub Copilot"插件的安装

安装完成后,可能需要重新启动 Visual Studio Code。启动 Visual Studio Code 后,登录 GitHub 账户以启用 GitHub Copilot。

使用时，按 Tab 键接受 Copilot 的提示建议，按 Esc 拒绝 Copilot 的提示建议，按 Alt/Option+[或]可切换上一个或下一个建议方案。通过 Cmd/Ctrl + I 组合键，无需切换窗口就可以在代码旁边跟 Copilot 自由对话，让它帮你解释代码含义、改写代码、打印日志、配置文件、生成文档、生成单元测试等(图 5-116)。

**图 5-116　Copilot 使用界面**

### 4. 软件测试

AI 大模型在自动化测试领域的应用是重塑软件开发流程的关键一环。通过机器学习和自然语言处理技术，AI 大模型能够实现测试用例的自动生成、执行和结果分析，极大提升了测试的覆盖率和效率。目前，大模型在软件测试领域的应用，主要聚焦于以下几个方向：

① 验收标准自动化分析与生产；

② 测试用例与测试数据智能生成；

③ 代码缺陷自动检测与修复；

④ 自动化测试代码生成(涵盖单元测试、接口测试机功能测试等)；

⑤ 测试日志智能分析；

⑥ 测试执行与监控。

其中，测试用例生产和自动化测试代码生成已成为当前应用极为广泛的两个场景。目前，在学术界的研究主要集中于单元测试自动生成、模糊测试和 Bug 分析与自动修复；而在工业界，实践表明，大模型在单元测试中的表现最为突出，生成效果最佳，而功能测试用例生成次之。大模型通过大规模预训练特定项目的业务知识和代码，效果明显优于通用大模型，专用的测试智能体可以进一步提升效果。

图 5-117 是蚂蚁金服开源的一个典型的大模型辅助测试智能体架构图。

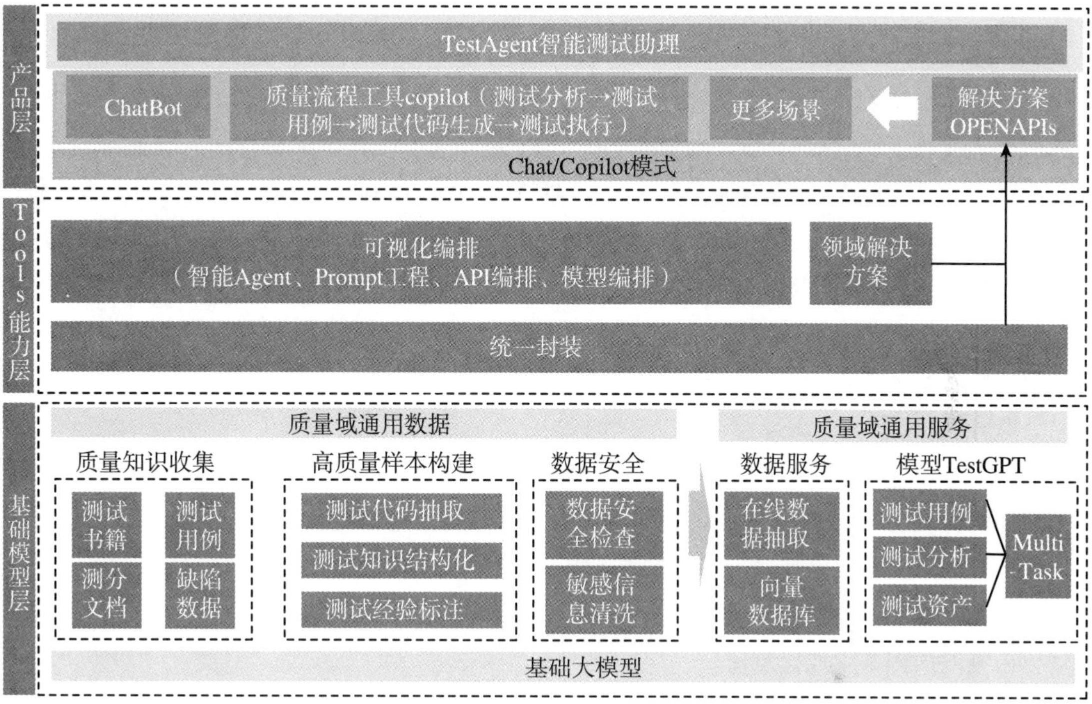


**图 5-117 蚂蚁金服开源的一个典型的大模型辅助测试智能体架构图**

从理论上看，大模型具有辅助完成所有测试环节的潜力，但实际应用效果呈现明显的差异化特征：在单元测试和接口测试等结构化任务中表现优异，而在复杂业务场景理解等需要深度领域知识的任务中仍有较大提升空间。随着大模型本身能力的逐步增强和专业知识的学习，更多的测试工作可以用大模型进行辅助。

大模型的智能开发和智能测试等工具的应用，为软件开发过程提供了更自动化、更高效的方法。同时，该类工具的使用可降低项目对开发人员的依赖，基于工具的学习和记忆能力，不仅可以辅助新的开发人员快速开发出符合项目需求和规范的代码，还可以帮助开发人员快速学习新的编程语言，从而降低人员流动带来的项目风险。人工智能技术已成为我国软件开发者工作中不可或缺的一部分，2024 年 CSDN 调查数据显示，有 69%的开发者表示正在使用 AI 工具，38%的开发者认为 AI 编码辅助工具可以减少 20%～40%的工作量。

同时，通过智能化代码检查和智能单元测试等能力，开发人员能够快速进行代码验证和测试，及时发现并解决潜在问题，如代码缺陷、代码异常、代码安全风险等，从而帮助开发人员编写出更高质量的代码，降低软件发布后的故障率，提升软件的稳定性和性能。

另一方面，随着人工智能技术的发展，软件行业从业者需要不断学习新的技能和使用新的工具，以适应不断变化的技术环境。例如，程序员可能需要学习如何与大模型协作，甚至微调属于自己的人工智能大模型。职业角色也在转变，人工智能的广泛应用可能导致某些职位的需求减少，同时也会创造出新的职位，从业者需要适应这些变化。例如，程序员将部分转型为数据标注师或提示词工程师等。

## (二) 网络安全与隐私保护

随着数字化进程的加速，网络安全威胁日益复杂化和智能化，传统基于规则和特征匹配的防护手段已难以应对高级持续性威胁(APT)、零日攻击等新型安全风险。大模型技术正在重构传统运维体系，通过智能分析、预测和自动化能力，实现从“人工响应”到“主动预防”的范式转变。目前，大模型在系统运维和隐私保护领域的应用，主要聚焦于以下几个方面：

### 1. 智能威胁检测与分析

通过分析网络流量、系统日志、用户行为等多维度数据，大模型能够识别传统方法难以发现的隐蔽威胁模式。

### 2. 自动化漏洞挖掘与修复

例如，Google 的 OSS-Fuzz 项目结合大模型技术，能够自动生成更有针对性的测试用例，其漏洞发现效率比随机模糊测试高 3～5 倍；大模型还可以分析程序的控制流和数据流，优先测试高风险代码区域；GitHub 的 CodeQL 等工具集成大模型后，不仅能识别缓冲区溢出、SQL 注入等常见漏洞，还能发现业务逻辑缺陷和配置错误；当发现漏洞后，大模型可以自动分析漏洞成因并生成修复建议。

### 3. 恶意软件分析与对抗

例如，卡巴斯基实验室开发的模型能够同时分析 PE 文件结构、API 调用序列、控制流图和行为特征，检测变种和混淆恶意软件的准确率达到 99.2%，远超传统签名检测方法；大模型可以解析混淆代码，还原攻击者的技术路线。

### 4. 隐私增强的数据分析

例如，Google 的 TensorFlow Privacy 框架集成了差分隐私算法，可以在模型训练过程中注入可控噪声，确保模型不会记忆或泄露特定个体的敏感信息；微众银行的 FATE 框架支持多方在数据不离开本地的情况下协同训练大模型，已应用于反洗钱和信用风险评估，模型性能接近集中式训练，但完全保护了各方数据隐私。

### 5. 隐私攻击与防御

大模型既可用于隐私保护，也可能成为隐私攻击的工具，这种双重性催生了新的研究领域。

## (三) 系统运维

传统运维模式高度依赖人工经验，面临告警风暴、故障定位困难、响应滞后等挑战。大模型凭借其强大的模式识别、知识推理和自然语言处理能力，正在重塑运维工作的各个环节，推动运维模式从“人工响应”向“智能预测”转变。经过海量的数据训练，在开发领域，大模型通常学习了几十亿行代码，庞大的数据基础使得这些大模型在代码的规范性、准确性方面展现出了卓越的效果。同时，自然语言理解的突出优势，让大模型在运维和开发专业知识掌握上是非常全面的，并且可以通过 RAG 等技术实现私域知识的检索，在系统运维及运维工具的开发中可以发挥多种作用，提高开发效率和质量。以下是我们在运维领域的主要应用场景：

**1. 多维度指标关联分析**

大模型通过分析 CPU、内存、磁盘 I/O、网络流量等数千维时间序列数据，建立系统正常运行基线的多维度表征。例如，时序模式识别能够将无关告警减少 60%以上；运维大模型可同时分析基础设施层、中间件层和应用层的指标，准确识别如“数据库连接池耗尽导致 API 响应延迟”等复杂问题链；利用强化学习动态调整指标正常范围，适应业务周期性波动和突发流量变化；大模型将非结构化的日志消息自动分类为错误、警告等类型，并提取关键实体(如 IP、事务 ID)。

**2. 故障预测与自愈**

如预测性维护，包括硬件故障预测、容量预测、连锁故障预警等；能够自动分析数万份历史故障报告，生成修复方案建议；分析 CVE 漏洞描述和系统配置，智能推荐补丁优先级和安装时机。

**3. 智能运维助手**

例如，百度智能运维助手支持语音指令，准确执行复杂查询；构建运维知识图谱，通过知识问答，回答专业问题；大模型作为“AI 运维专家”辅助决策。

## 二、大模型在电子电气领域的应用

大模型技术在电子电气工程领域的应用正在快速扩展，从电路设计到设备维护，从电子系统优化到智能制造，人工智能技术正在重塑这一传统工程领域。大模型技术能够将工程师从繁重的文档处理中解放出来，使他们得以专注于更具创造性的设计工作。凭借精准的文字识别和图形逻辑推理能力，大模型不仅能够迅速捕捉电路元件及其连接关系，还能辅助工程师高效完成设计、故障诊断和文档管理，有效降低人工误判风险和研发成本，从而推动传统电子工程向智能化、自动化方向转型。

### (一) 电路设计与仿真

大模型在电路设计中的应用广泛且深入，涵盖了从基础元件设计到复杂系统优化的多个层面。在自动化电路设计方面，大模型可以基于历史设计数据生成电路拓扑建议，或通过自然语言描述自动生成硬件描述语言(如 VHDL/Verilog)代码片段，可以根据功能需求(如放大、滤波、振荡等)自动生成电路原理图。例如，输入“设计一个低通滤波器，截止频率 1 kHz”的需求，模型推荐电路方案并解释参数选择依据；输入“设计一个低频放大器”的需求，模型可以输出包含晶体管、电阻、电容等元件的原理图，并初步设定元件参数。在通信电路设计中，大模型可以生成射频发射机或接收机的原理图，包括放大器、混频器、滤波器等模块的连接方式。大模型还可以优化 PCB（印刷电路板）的布局和布线。通过分析信号完整性、电磁兼容性（EMC）和热分布等因素，模型可以生成更紧凑、更高效的 PCB 布局方案，减少信号干扰和功耗。

大模型在智能设计与仿真中的应用如图 5-118 所示。

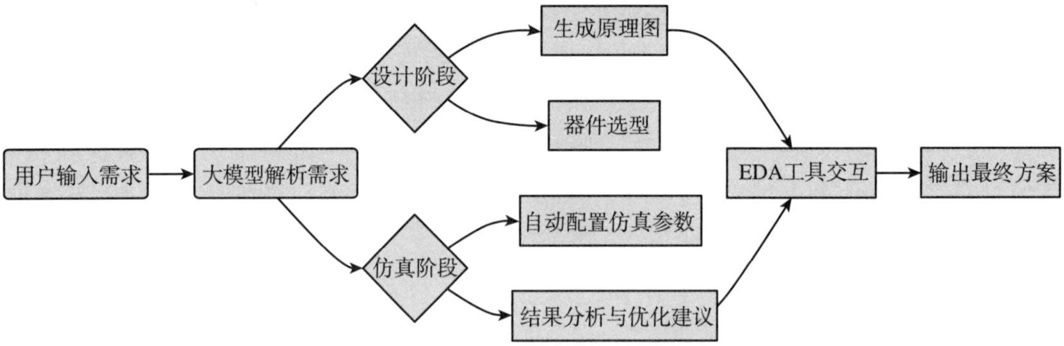


**图 5-118　大模型在智能设计与仿真中的应用**

## （二）芯片设计与验证

在大模型的辅助下，芯片架构师可以更高效地进行芯片架构设计。大模型可以分析不同架构方案的优缺点，结合市场需求和工艺限制，提供最优的架构建议。例如，在设计一款高性能微处理器芯片时，大模型可以考虑计算单元的数量、缓存大小、总线宽度等多个因素，以及它们之间的相互关系，生成多种架构方案供设计师选择，并进行初步的性能评估。

芯片设计中的逻辑验证是一个复杂且耗时的过程。大模型可以通过学习大量的验证案例和设计规则，自动检测芯片设计中的逻辑错误。它可以快速检查布尔表达式的正确性、时序约束的满足情况等。例如，在一个大型 FPGA（现场可编程门阵列）设计中，大模型可以帮助验证工程师发现潜在的竞争冒险、毛刺等问题，大大提高验证效率，缩短芯片设计周期。

## （三）故障诊断与预测性维护

大模型在故障诊断与预测性维护领域的应用正逐步展现出巨大潜力，其核心在于利用强大的数据建模、模式识别和生成能力，从海量设备数据中提取关键信息，实现更精准的故障分析和决策维护。下面列举几个具体应用场景、技术实现及典型案例：

### 1. 自然语言交互诊断

大模型能够结合知识库，根据维修人员的语音或文本描述故障现象（如电机启动时发出尖锐噪声，温度升至 90 ℃）快速定位可能原因（如轴承润滑不足、转子偏心等）。

### 2. 异常检测

根据历史故障数据训练的大模型，可以分析传感器数据（如振动、温度、电流等），识别设备异常模式，自动分类故障类型（如机械磨损、电气短路等），并可结合设备拓扑关系，推断故障的根本原因。例如，在电源电路中，模型可以检测到过流、过压或短路等故障，并定位到具体的元件或连接。对于复杂的集成电路，模型可以通过仿真和测试数据，快速定位制造缺陷或设计漏洞。

**3．多模态故障分析**

大模型在多模态故障分析中的应用通过融合文本、时序信号、图像、音频等多维度数据，显著提升复杂设备故障诊断的准确性和效率。例如，大模型通过分析传感器时序数据（如振动频谱、热成像图、电流波形等），识别异常模式（如轴承磨损特征频率成分幅值超标等）。

**4．剩余寿命预测**

利用大模型对设备的历史运行数据、维护记录和相似设备的失效数据进行学习和分析，建立剩余寿命预测模型。该模型可以考虑设备的多种影响因素，如工作强度、环境条件、使用时长等，更全面地评估设备的剩余寿命。例如，基于设备运行历史数据（如电机累计启停次数、负载曲线等），大模型可预测关键部件（如绝缘层、齿轮等）的失效时间。

**5．维护策略优化**

根据不同设备的特点、运行状况和预测结果，大模型可以为每台设备制订个性化的维护计划。对于健康状况良好的设备，可以适当延长维护周期；而对于存在较高故障风险的设备，则提前安排预防性维护，提高维护的效率和针对性。结合故障预测和剩余寿命预测结果，大模型能够更准确地预测备件的需求时间和数量，帮助企业优化备件库存管理。避免过多库存占用资金，同时确保在需要时有足够的备件可供更换，减少设备停机时间。

## （四）知识管理与文档自动化

大模型在电子电气领域的知识库与经验传承中扮演着“智能知识管家”的角色，通过结构化存储、智能检索与动态演化，解决行业长期存在的知识碎片化、专家经验流失等问题。下面是其核心应用场景及技术实现：

**1．文档自动化生成**

例如，输入仿真数据，自动生成符合 IEEE 格式的 PDF 设计报告，并可将报告准确地翻译成其他语言。

**2．技术文档解析**

大模型通过自然语言处理、知识图谱构建和多模态理解能力，显著提升技术文档的利用效率。例如，大模型能够自动从 PDF 手册、设计图纸（如 IPC 标准文档等）中提取关键参数（如元器件耐压值等）、接口定义（如 RS-485 引脚配置等），生成结构化数据库。

**3．知识管理智能化**

例如，从技术手册、会议纪要等非结构化文本中提取实体（如芯片型号、接口协议等）及关系，自动化构建知识图谱。

### 4. 智能问答与检索

大模型通过深度语义理解、多模态交互和动态知识更新，能够准确理解用户的问题，包括问题的关键词、意图和上下文信息，为企业构建高效精准的智能知识中枢。例如，大模型能够实现技术参数问答、故障诊断引导、设计规范检索等。智能问答分层处理流程如图 5-119 所示。

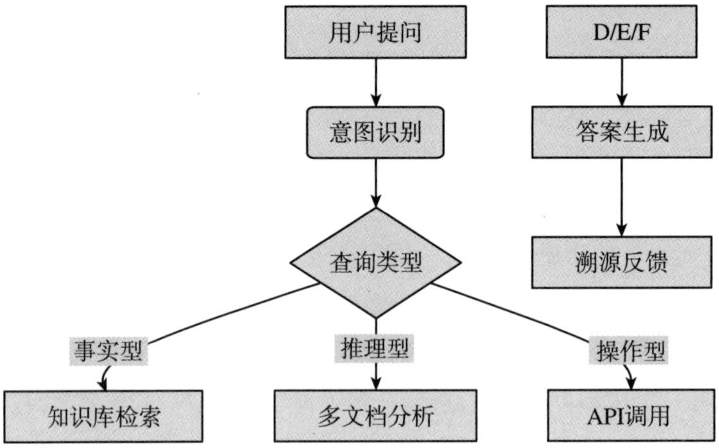


**图 5-119 智能问答分层处理流程**

## 三、大模型在工业制造领域的应用

随着人工智能技术的飞速发展，工业大模型作为智能制造的核心技术之一，正在重塑制造业的生产方式与管理模式。工业大模型是指在工业生产场景中应用的大型人工智能模型，具备多模态数据处理、跨任务泛化、高效推理等核心特点。工业大模型通过整合海量数据、算力与算法，构建起覆盖研发、生产、运维全链条的智能化能力，成为推动制造业数智化转型的重要引擎。大模型在工业制造领域的应用正在重构生产全链条的智能化水平，从产品设计到售后服务形成闭环赋能。下面是工业大模型的几个典型应用场景(图 5-120)与技术细节。

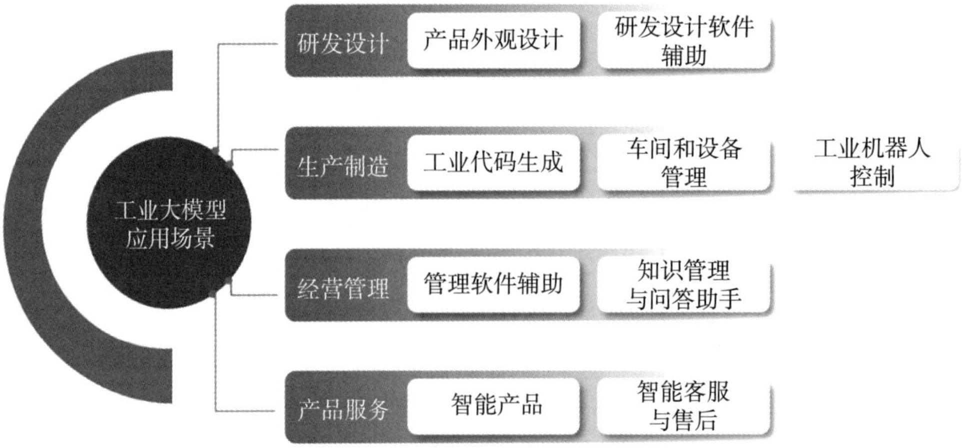


**图 5-120 工业大模型应用场景**

### （一）智能设计与仿真优化

大模型能够基于海量的设计数据和制造经验，自动生成或优化工业产品的设计方案。通过参数化设计和仿真分析，大模型可以帮助设计师快速探索不同的设计选项，找到最优的设计方案，提高设计效率和产品质量。结合虚拟现实（VR）和增强现实（AR）技术，大模型还可以在虚拟环境中模拟工业产品的制造过程和性能表现。这有助于设计师进行验证和优化，减少物理原型的制作和测试成本，缩短产品上市周期。

### （二）故障诊断与预测性维护

大模型通过学习历史故障数据，能够识别出设备运行中的异常模式，实现故障的早期预警和诊断。利用深度学习技术，大模型可以分析设备的振动、温度、压力等参数，准确判断设备是否存在故障及故障类型。

通过对设备运行数据的分析，大模型还可以预测设备的剩余寿命和维护需求。这有助于实现预防性维护，减少设备故障对生产的影响，降低维护成本，提高设备的可靠性和使用寿命。

### （三）生产过程监控与优化

大模型可以实时监测生产过程中的各种参数，如温度、压力、速度等，确保生产过程的稳定性和产品质量。通过对比实际数据与预设阈值，大模型可以及时发现生产过程中的异常情况并发出警报。通过对生产数据的分析，大模型可以发现生产过程中的瓶颈和问题，提出优化建议。例如，调整生产参数、优化生产流程等，以提高生产效率和降低成本。

### （四）智能制造与质量控制

在多模态数据融合场景中，大模型展现出显著优势。例如，采用 Transformer 架构处理高分辨率图像，识别微米级缺陷（如电路板焊点瑕疵等），准确率可达 99.7%。多模态诊断如图 5-121 所示。

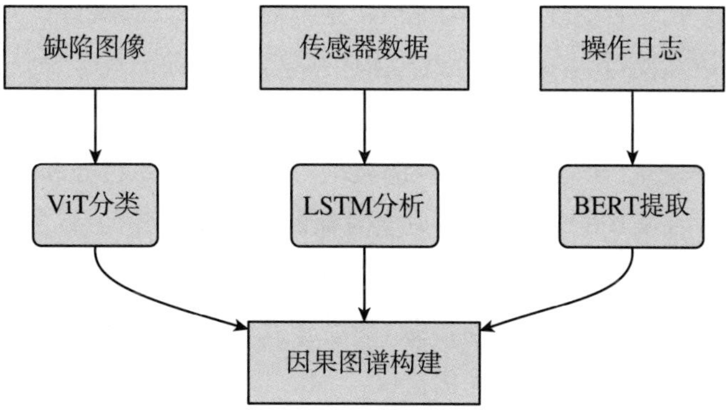


图 5-121　多模态诊断

### （五）智能供应链管理

大模型可以分析市场趋势、客户订单等数据，预测未来的市场需求。这有助于企业提前调整生产计划，优化库存管理，降低库存成本。大模型还可以分析供应链中的大量数据，包括供应商性能、物流信息等，以优化供应链管理。通过智能调度和路径规划，大模型可以提高供应链的响应速度和灵活性，降低运输成本和时间成本。

### （六）人机协作与智能控制

大模型可以作为人机协作系统的核心组件，与人类操作员进行自然语言交互，提供决策支持和操作指导。

这种人机协作的方式可以提高控制的准确性和效率，降低人为错误的风险。大模型可以为工业制造系统提供智能控制策略，实现更精确、更稳定的控制效果。在复杂的制造系统中，大模型可以处理大量的传感器数据，实时调整控制参数，以适应不同的工作条件和环境变化。

大模型在工业制造领域的应用具有广阔的前景和巨大的潜力。随着技术的不断发展和完善，大模型有望在工业制造领域发挥更加重要的作用，推动制造业的智能化、高效化发展。

## 四、大模型在企业管理领域的应用

随着人工智能技术的飞速发展，大模型凭借其强大的数据处理能力、自然语言理解能力和复杂推理能力，正逐步渗透到企业管理的各个层面，推动企业管理模式的深刻变革。大模型不仅能够帮助企业提高决策效率、优化资源配置，还能通过智能化手段增强企业运营的透明度和响应速度。从战略决策到日常运营，从人力资源管理到客户交互，大模型不仅提升了效率，还催生了全新的管理范式。

### （一）大模型驱动战略决策

大模型通过整合内外部数据（如市场趋势、竞争对手分析、宏观经济指标等），为企业高层提供数据驱动的决策支持，显著提升战略制定的科学性和前瞻性。

基于大模型进行有效的市场分析，通过分析行业报告、新闻、社交媒体等非结构化数据以及历史数据和外部变量（如政策变化、经济波动等），识别市场趋势和潜在机会，预测市场需求和业务增长点。在实现的过程中，可以实时抓取竞品的公开信息（如财报、产品发布、用户评价等），生成竞争态势报告。通过知识图谱构建竞品技术路线和战略意图分析，根据企业目标自动生成多种战略选项（如市场扩张、产品多元化等），模拟不同方案的潜在结果，并结合风险模型评估战略可行性，提供优化建议。

在战略决策过程中，通过大模型的融入可以变得更加科学、精确，减少人工抓取数据、分析数据的时间，提高效率。同时，可以从多维度数据中找出关联性，挖掘潜在的风险，提前规避，让战略决策更加科学和可靠。

## （二）大模型优化运营管理

企业运营管理是组织通过计划、组织、协调和控制资源，实现产品或服务高效生产与交付的核心职能。其涵盖生产、供应链、营销、财务、人力资源、信息技术及风险管理等多个领域，旨在通过高效配置资源、优化流程和提升服务质量，实现企业战略目标。目前，随着互联网技术的发展，尤其是大模型的兴起，其内容从传统依赖人工经验的模式，逐步向数据驱动、智能化方向演进，实现了由传统模式中以人工经验为核心，依赖固定流程和规则的特点转变为大模型融入模式后的以数据和算法为核心，实现动态优化和智能决策的特点。

### 1. 大模型在企业生产与供应链管理中的应用

（1）智能生产计划：通过集成设备状态、市场需求等实时数据，实现生产排程的动态调整与资源利用率的最优配置。

（2）动态库存管理：依托时间序列预测等预测性分析技术，自动触发补货流程以匹配需求波动，有效降低库存积压风险。

（3）智能物流：运用遗传算法等路径优化模型，实时规划最优配送路线，在保障交付时效性的同时显著降低运输成本。

### 2. 大模型在企业质量管理中的应用

（1）AI视觉检测：依托大模型驱动的计算机视觉技术，系统通过多尺度特征提取网络与跨模态数据融合算法，覆盖原材料、半成品及成品的全流程自动化检测体系。相较于传统检测手段，大模型可实时解析产品的缺陷及功能性异常，结合动态阈值自适应调整机制，实现缺陷类型、位置及严重程度的秒级判定与可视化标注。此外，通过持续学习生产环境中的复杂工况数据，大模型能够自主优化检测策略，逐步提升质量管控的精准性与可靠性。

（2）预测性维护：基于设备运行大数据的实时流式处理，大模型通过深度时序网络与因果推理算法，挖掘设备健康状态的潜在演化规律。系统精准预测设备的潜在故障，并结合生产排程与备件库存数据，自动生成“预测—决策—执行”闭环维护方案，减少设备非计划停机时间。

## （三）大模型激活人力管理

在传统中的人力资源管理体系中融入大模型技术，借助大模型驱动重塑人力管理范式可以从智能招聘和个性化培训两个环节展开深度融合和应用。

### 1. 大模型在人才招聘中的应用

（1）简历筛选阶段：大模型可自动解析海量简历，精准匹配岗位需求（如技能、经验、教育背景等），并结合企业历史招聘数据优化筛选标准，快速锁定最合适的候选人，显著减少人工筛选的时间和误差。

(2) 面试辅助方面:大模型能基于候选人简历和岗位要求生成个性化面试问题,并实时分析回答内容的情感倾向(如积极性、自信心等)和逻辑性(如结构化思维、问题解决能力等),为面试官提供客观评估依据,降低主观偏见的影响。

(3) 精准推荐人才:大模型还能通过人才库挖掘,分析历史招聘数据、员工绩效和离职原因,识别高潜力候选人(如具备高成长性、文化适配度高的求职者等),并主动推荐给人力资源专员,提升人才储备的精准度。

**2. 大模型在个性化培训中的应用**

大模型通过整合多源数据(如绩效表现、技能测试结果等),构建动态更新的员工能力画像,并与岗位胜任力模型进行智能比对,精准识别每位员工的技能缺口与发展需求。基于知识图谱与深度推荐算法,大模型可生成"能力诊断—学习路径—资源匹配"一体化的个性化培训方案。

(1) 精准提升:采用微学习、虚拟实训、模拟项目等混合式学习设计,结合员工学习偏好与认知特点,实时分析学习行为数据(如课程完成率、测试得分、实操表现等),动态调整培训资源分配,精准提升技能。

(2) 战略储备:预测员工职业发展轨迹,针对高潜人才自动推荐领导力课程或跨部门轮岗计划,提前储备关键岗位接班人。

### (四) 大模型升级客户交互

传统客户服务体系主要依靠人工客服(如电话、邮件、在线聊天等)和标准化话术处理常规问题,虽能记录基础客户数据但缺乏实时分析能力,存在响应慢、服务僵化等局限。而大模型的引入打破了传统模式的壁垒,通过多模态交互(如文本、语音、图像等)和实时智能分析,系统能精准识别客户意图与情绪,结合历史数据提供个性化解决方案(如智能推荐、图像诊断等),并实现服务闭环管理(如智能转人工、自动化工单等),实现以数据驱动和持续学习能力重塑客户服务的新范式。

**1. 在客户情感分析方面**

系统通过整合社交媒体评论、客服对话记录、在线评价等多渠道数据,运用自然语言处理技术实时监测客户情感波动(如满意度、投诉倾向等),并生成可视化情感趋势报告。当检测到负面情绪时,系统会自动触发预警机制,提示客服优先处理,同时提供定制化的安抚话术建议(如针对产品问题的补偿方案等),帮助企业快速化解客户不满,降低客户流失风险。

**2. 在个性化服务推荐方面**

大模型通过深度学习客户的浏览轨迹、购买历史、服务交互记录等行为数据,构建动态更新的客户画像。系统可精准推荐匹配度高的产品或服务,并预测潜在需求,及时提供智能推荐服务。

## 五、大模型在艺术设计领域的应用

传统艺术设计模式主要依赖设计师的个人创意和手工技能，通过专业软件（如 Photoshop、Illustrator 等）进行创作，虽然能产出高质量的作品，但存在创作周期长、风格局限、试错成本高等问题。随着大模型技术的兴起并渗透至各行各业，艺术创作范式也正在被深度影响，形成新的艺术创作模式。大模型技术通过多模态生成能力、风格迁移技术、跨领域知识融合特性，可实现重塑艺术设计的创作流程、表现形式与应用边界，为创意表达开辟新途径。

### （一）大模型赋能高效制图

在传统制图过程中，设计师往往需要花费大量时间进行创意构思、手动绘制草图及反复调整细节，且创作风格相对单一，试错成本高昂。大模型凭借其强大的多模态生成能力，可以实现多风格自主创作，瞬间生成多样化的作品，极大地提高制图效率。

大模型提供智能设计辅助功能，可以自动优化构图，根据图像内容和目标受众，调整画面的布局、色彩搭配等元素，使作品更具视觉冲击力。并能够批量处理图像，一次性对多张图片进行相同的操作，如调整大小、转换格式等，节省大量重复劳动的时间。

**1. 应用大模型实现构图自动优化**

大模型具备对大量优秀设计案例的学习能力，可以提供自动化的排版和布局建议，帮助设计师快速确定最佳设计方案。

（1）智能布局助手：设计师只需上传基础元素（如图片、文本框等），大模型就可以根据内容的主题和目标受众自动生成多个视觉上吸引人的布局选项。

（2）响应式设计支持：针对不同设备（如手机、平板电脑、台式电脑等）的屏幕尺寸，大模型可以自动调整布局，确保在所有平台上都能获得一致且优秀的用户体验。

**2. 应用大模型实现图像批量处理**

大模型具备深度学习的能力，基于此，设计师可以一次性调整或修改大批量的图像，极大地提高工作效率。

（1）批量编辑与转换格式：无论是调整色调、增加滤镜效果还是改变分辨率，大模型都可以同时处理成百上千张图片，保证每一张都达到相同的标准。

（2）自动化质量提升：对于低质量图片或老照片，大模型可以自动进行修复，包括去除噪点、增强对比度等，使旧照片焕发新生。

### （二）大模型实现动态艺术

随着多模态技术的持续进化，大模型在实现动态艺术方面展现出了强大的能力，打破了静态艺术的局限，开创了动态创作新维度。通过视频生成模型（如 Sora、Pika 等），艺术家输入文字脚本即可生成流畅的动画短片，从传统模式需要数周的关键帧绘制工作优化到现在只需几分钟即可完成。大模型的应用不仅将创作周期缩短，更突破了物理媒介的限制，让艺术作品获得持续进化的可能。

大模型的融入正在推动艺术设计从静态走向动态，可以实现从文字到图像、从平面到立体再到动态艺术的流畅过渡。

（1）文字到图像的精准转化：设计师只需输入简单的文字描述，大模型就能生成高质量的艺术作品，这一过程可以大大简化创意思想转化为实际作品的流程。

（2）平面到立体的智能升级：大模型可以将二维的平面作品转化为三维的立体模型，为艺术设计增添更多的维度和层次感。应用于建筑规划领域时，设计师可以利用大模型将平面的建筑设计图转化为三维的建筑模型，更直观地展示建筑的外观和内部结构，方便进行设计和修改。

（3）静态到动态的流畅过渡：通过识别动作序列和场景变化，大模型可以将静态的图像或模型转化为动态的视频或动画。对作品进行进一步的优化，可以根据预设的动作和场景，自动生成流畅的动态效果，使作品更加生动有趣。大模型的融入大幅降低了创作门槛，能够让更多的人参与到动态艺术的创作中，突破传统艺术表现的边界，为艺术创作带来更多的可能性。

### （三）大模型重拾文化遗产

文化遗产是人类历史和文化的重要见证，但由于时间、自然和人为等因素的影响，许多文化遗产面临着损坏、消失的风险。通过大模型的融入可以对文化遗产的图像、文字、音频等资料进行收集和分析，建立数字模型，实现对文化遗产的数字化保存和展示。随着大模型技术的兴起，它正在逐步渗透至各个领域并充分发挥作用。

在艺术领域中，大模型正在成为文化遗产数字化保护与再创造的关键工具。例如，敦煌研究院采用人工智能技术，通过分析残损壁画的数据特征，自动修复缺失部分并还原原始色彩；故宫博物院利用多模态大模型，让游客与“数字文物修复师”对话，实时获取藏品的三维重建和历史背景。这些技术的应用不仅使文化遗产“活起来”，还创造了新的数字文创形式。

（1）文化遗产数字化复原，重塑历史记忆：利用大模型强大的计算能力和深度学习算法，通过对历史文物进行高精度的三维扫描与建模，工作人员能够捕捉到文物表面的每一处细节，实现文化遗产的“数字重生”。这一过程不仅为文化遗产的虚拟修复提供了可能，也使得那些因时间侵蚀、自然灾害或人为破坏而受损的文物得以在虚拟世界中重现昔日风采，极大地拓宽了文化遗产的展示渠道。

（2）传统艺术风格再现，古典与现代融合：大模型通过对大量古代艺术作品进行深度学习，精准捕捉到不同历史时期、不同地域文化的艺术风格特征。在此基础上，大模型能够融合现代审美观念和技术手段，重新创作出既保留传统文化精髓，又充满现代气息的新作品，可以促进传统文化的创造性转化和创新性发展。

(3) 文化故事讲述，智慧解码，创新传播：借助自然语言处理技术的强大支持，大模型深入分析海量的文化文献、历史记录、民间传说等资料，提炼出文化背后的深层次含义和价值观念，然后以生动、有趣的方式呈现给公众。例如，通过制作互动式展览，观众可以通过触摸屏幕、语音交互等方式，与展品进行互动，深入了解其背后的故事；通过开发教育软件，以游戏化、情境化的方式，让学生在轻松愉快的氛围中学习文化知识，增强文化认同感和归属感。

## 六、大模型在通识教育领域的应用

长期以来，传统通识教育面临着诸如教学资源分布不均、个性化教育程度低等问题。这些问题限制了教育资源的有效利用和个人潜能的最大化发展。例如，偏远地区的学校可能缺乏高质量的教学材料和技术支持，而大规模班级授课难以满足每位学生的独特需求和发展速度。

但是，随着人工智能技术的不断发展，大模型正在逐步渗透到教育领域，并对传统的教学模式产生深远影响。大模型的应用不仅能够提升学生的学习体验和效率，还能够帮助教师更好地进行课程设计和评估过程。大模型凭借其强大的知识融合能力、智能交互特性和自适应学习机制，正在构建一个更加开放、智能、高效的新型教育生态系统。

### （一）大模型打破教育时空边界，实现资源重构

大模型正在突破传统教育的物理限制，构建起一个全球互联、实时更新的智能教育网络。通过深度学习技术和多源数据融合，人工智能系统能够整合来自全球的 MOOC 课程、数字图书馆的学术资源、博物馆的虚拟展品、科研机构的前沿成果等多元化内容，形成一个持续进化的“教育知识图谱”，可以为偏远地区学校提供与顶尖学府同质的教育体验。

系统采用知识蒸馏技术，能将复杂的学术概念转化为适合不同认知水平的讲解内容，提升优质教育资源的可及性。

**1. 分层压缩**

通过知识蒸馏框架，将高深的教学内容拆解为“概念层”“案例层”“实践层”，适配不同认知水平学生。

**2. 自适应讲解生成**

基于强化学习，模型根据学生提问动态调整讲解深度。例如，当学生多次询问“大模型有什么用”时，系统自动推送关于大模型在各领域的应用场景案例。

### （二）大模型推进教学革新，实现智能化的教与学闭环

在教育数字化转型浪潮中，大模型正以深度渗透的姿态重塑教学全流程，构建起覆盖“智能备课—精准授课—个性辅导—动态评估”的闭环生态系统。其核心价值不仅在于技术赋能，更在于通过数据驱动与认知建模，实现对教学各环节的精准干预与动态优化，从而为

教育公平与质量提升提供技术杠杆。

然而,大模型驱动的教学革新并不仅是技术对教育的单向改造,而是通过构建“数据—算法—认知”的三角循环,实现教育规律与数字技术的深度耦合,从而催生新的教育思想,即从“标准化生产”转向“个性化成长”,从“知识传递”转向“素养培育”,从“经验依赖”转向“数据决策”。

**1. 智能备课**

智能备课是从经验驱动到数据驱动的教案生成革命。教师通过 AI 备课助手开启教学创新的第一步,系统依托多模态知识图谱与自然语言生成技术,实现教案设计的范式升级。使用过程中,教师仅需输入核心关键词,系统即刻启动智能引擎。

(1) 知识图谱深度解析:基于全球学术数据库、权威教材及前沿研究成果,自动提取核心知识点、争议性议题、跨领域比较维度,形成三维知识网络。

(2) 教学策略智能推荐:通过对学生面部表情识别、眼动追踪、语音情感分析等技术,构建学生专注度热力图,并结合学生学情画像,动态生成差异化教学设计。

(3) 多媒体资源智能匹配:自动关联 MOOC 课程片段、虚拟博物馆 3D 展厅、历史文献数字化档案等跨媒介资源,并生成符合视听认知规律的资源组合方案,构建沉浸式学习环境。

**2. 精准授课**

情感计算与多模态交互重构课堂能量场。在课堂实施阶段,大模型驱动的智能教学系统可以构建“感知—决策—响应”的闭环反馈机制。

(1) 多模态情感识别:通过部署在教室边缘的计算设备,实时采集学生面部表情(如困惑时的皱眉、专注时的凝视)、语音语调(如提问时的犹豫、讨论时的兴奋)、行为姿态(如身体前倾的参与度、频繁看表的分心迹象)等多种生物特征信号,利用迁移学习模型实现情绪的识别并保证准确性。

(2) 动态教学策略调整:当系统监测到群体性困惑信号超出设定阈值时,自动触发三阶响应。

① 微观干预:即时推送知识点微视频、发起同学互教活动或主动弹出教师申请干预窗口。

② 中观调控:调整教学节奏,将抽象理论转化为生活化案例。

③ 宏观重构:对教学计划进行弹性调整,将原定课时内容拆解为“概念解析—小组研讨—项目实践”的模块化组合。

(3) 全息化教学呈现:结合数字孪生技术,将历史场景、科学实验等抽象内容转化为可交互的 3D 模型。

**3. 个性辅导**

个性辅导是认知建模驱动的精准提升路径。课后辅导阶段,大模型通过构建学生数字画像与认知发展模型,实现“千人千面”的个性化支持。

(1) 多维度数据融合建模：整合课堂互动数据（如答题正确率、思考时长、提问类型）、作业完成质量（如步骤完整性、创新度评分）、阶段性测评结果（如知识掌握度、能力迁移指数）等结构化数据，以及学习日志、讨论区发言等非结构化文本，形成多维度的学生能力图谱。

(2) 动态错因诊断系统：采用贝叶斯网络与深度神经网络融合算法，对错误答案进行溯因分析。例如，当学生多次在某一类题目中失分时，系统不仅指出“因果关系推导错误”的表面问题，更深入挖掘其潜在认知缺陷：是知识点记忆错误，还是对知识点背后逻辑理解不足？

(3) 自适应学习路径规划：基于认知诊断结果，为每位学生生成包含知识补强模块、思维拓展训练以及认知提升工具的个性化学习包。其中知识补强模块重点针对薄弱知识点推送定制微课；思维拓展训练用于设计高阶思维挑战任务；认知提升工具可以提供学习策略自评量表、知识网络可视化工具等认知支架。

**4. 动态评估**

动态评估实现了形成性评价与增值性评价的范式突破。大模型可以推动教育评价从“结果导向”转向“过程增值”。

(1) 能力发展轨迹追踪：通过时间序列分析技术，构建学生能力发展的动态曲线，可视化呈现批判性思维、创造性表达等核心素养的成长轨迹。

(2) 增值性评价模型：引入教育生产函数理论，控制生源质量、师资水平等变量，精准测算学校、班级、教师对学生成长的净贡献值，为教师的专业发展提供新视角。

(3) 教学效能智能预警：当系统检测到班级整体在“史料实证”能力维度连续两次测评未达预期时，自动触发预警机制，生成包含改进建议的诊断报告，以达到提醒并及时采取解决措施的效果。

## 《本章小结》

本章主要介绍了大模型在智能教育、智能娱乐和智能办公三个领域的应用实例及 AI+X 在不同行业领域上的应用。在智能教育方面，大模型可以用于个性化学习推荐、智能答疑以及语言学习等多个场景，通过分析学生的学习习惯和能力水平，为学生提供定制化的学习计划，提高学习效率。在智能娱乐领域，大模型被广泛应用于内容创作、游戏智能和虚拟现实等方面，能够根据用户的喜好生成个性化的内容，提升用户体验。在智能办公领域，大模型可以协助进行数据分析、自动化报告生成以及会议纪要整理等工作，极大地提高工作效率。在 AI+X 行业领域上，可以渗透全过程辅助解决问题和优化流程，实现传统模式到智能模式的转变，提高智能化水平和质量。

此外，本章还详细介绍了 WPS AI 在文档、演示文稿和表格中的使用方法。例如，WPS AI 能够通过自然语言处理技术，实现智能识别、排版、纠错和辅助写作等功能，为用户带来更高效、便捷的文字处理体验；还支持自动生成通知、申请、证明和文章等文档，大大提高了办公效率和文档质量；并通过实例展示了如何使用 WPS AI 进行数据处理和分析，包括将文本文件转换为表格、进行统计分析、进行数据可视化等操作，进一步证明了 WPS AI 在提高办公效率和数据处理能力方面的强大功能。

## 《章节练习》

1. 利用 iFlyCode 编程助手工具，实现快速排序算法，并调试运行生成的代码。

2. 利用 WPS AI 工具，生成一个培训通知。

3. 利用 WPS AI 工具，生成一个项目需求文档。

4. 利用 WPS AI 工具，处理图 5-76 所示身份信息数据表，对年龄最大的和最小的进行标记。

# 参考文献


[1] 王万良.人工智能导论[M].2版.北京：清华大学出版社,2022.

[2] 蔡自兴.人工智能及其应用[M].4版.北京:清华大学出版社,2022.

[3] 尼克.人工智能简史[M].北京:人民邮电出版社,2017.

[4] 莫宏伟,徐立芳.人工智能伦理导论[M].西安:西安电子科技大学出版社,2022.

[5] 李德毅.人工智能导论[M].北京:中国科学技术出版社,2018.

[6] 刘凯.人工智能与教育学融合的双重范式变革[J].开放教育研究,2023,29(3):4-18.

[7] 张茂聪,李玹.人工智能的演进逻辑与教育造化:兼论“人工智能者”的概念及特征[J].华中师范大学学报(人文社会科学版),2025,64(1):147-159.

[8] 戴岭,胡姣,祝智庭.ChatGPT赋能教育数字化转型的新方略[J].开放教育研究,2023,29(4):41-48.

[9] 闫慧.通用人工智能时代信息资源管理学科的发展方向[J].信息资源管理学报,2024,14(2):21-28,53.

[10] 苗存龙,王瑞林.人工智能应用的伦理风险研究综述[J].重庆理工大学学报(社会科学),2022,36(4):198-206.

[11] 李运福.人工智能赋能高等教育评价改革的国际借鉴[J].电化教育研究,2025,46(2):32-40.

[12] 郑永和,周丹华,张永和,等.计算教育学视域下的ChatGPT:内涵、主题、反思与挑战[J].华东师范大学学报(教育科学版),2023,41(7):91-102.

[13] 朱禹,陈关泽,陆泳溶,等.生成式人工智能治理行动框架:基于AIGC事故报道文本的内容分析[J].图书情报知识,2023,40(4):41-51.

[14] 冯婷婷,刘德建,黄璐璐,等.数字教育:应用、共享、创新:2024世界数字教育大会综述[J].中国电化教育,2024(3):20-36.

[15] 王学男,李永智.人工智能与教育变革[J].电化教育研究,2024,45(8):13-21.

[16] 斋藤康毅.深度学习入门:基于Python的理论与实现[M].李锐,译.北京:人民邮电出版社,2018.

[17] 周志华.机器学习[M].北京:清华大学出版社,2016.

[18] 胡欢武.机器学习基础:从入门到求职[M].北京:电子工业出版社,2020.

[19] 李航.统计学习方法[M].北京:清华大学出版社,2012.
[20] 李沐.动手学深度学习[M].北京:人民邮电出版社,2023.
[21] 钟义信.机器知行学原理:信息、知识、智能的转换与统一理论[M].北京:科学出版社,2007.
[22] 劳拉·塞巴斯蒂安-科尔曼.穿越数据的迷宫:数据管理执行指南[M].汪广盛,等译.北京:机械工业出版社,2020.
[23] 翟运开,李金林.大数据技术与管理决策[M].北京:机械工业出版社,2022.
[24] 黄源,涂旭东,罗少甫.数据清洗[M].北京:机械工业出版社,2020.
[25] 冯广.数据清洗与ETL技术[M].北京:清华大学出版社,2022.
[26] 谢天亮,黄天春.数据清洗基础与实践[M].西安:西安电子科技大学出版社,2019.
[27] 沈睿芳.智能数据治理[M].北京:电子工业出版社,2025.
[28] 迈克尔·沃克尔.Python数据清洗[M].刘亮,译.北京:清华大学出版社,2022.
[29] 卢裕弘,封颖超杰,朱琳,等.PromptVis:面向文本生成图片的提示词的交互式可视分析方法[J/OL].计算机辅助设计与图形学学报,2024:1-9[2025-04-27].http://kns.cnki.net/kcms/detail/11.2925.tp.20240523.1213.014.html.
[30] 闭予琪,杨满福.基于生成式大模型的对话式学习:案例研究与实践启示[J].南宁师范大学学报(自然科学版),2024,41(2):178-181.
[31] 陈远洋.大语言模型在企业数字化转型中的应用[J].通讯世界,2024,31(3):129-131.
[32] 方海光,王显闯,洪心,等.面向AIGC的教育提示工程学习提示单设计及应用[J].现代远距离教育,2024(2):62-70.
[33] 崔国斌.人工智能生成物中用户的独创性贡献[J].中国版权,2023(6):15,23.
[34] 陈嗣荣,冯敬益.提示词模板在人工智能对话中的实践研究[J].电脑知识与技术,2023,19(34):13-15,22.
[35] 王林超.智能认知大模型在人力资源管理中的应用研究[J].企业改革与管理,2024(20):65-67.
[36] 杨现民,卜浩德,李新.推进多模态大模型的教育深度应用:价值赋能、场景构建与实施建议[J].中国教育学刊,2025(4):9-14.
[37] 王楠,王淇,欧阳丹彤.基于知识蒸馏与动态调整机制的多模态情感分析模型[J/OL].计算机学报,2025:1-21[2025-04-24].http://kns.cnki.net/kcms/detail/11.1826.TP.20250402.1820.003.html.
[38] 肖梅宁.智能物流进化:人工智能大模型重塑供应链生态和智能化未来[J].物流科技,2024,47(17):130-132.
[39] 李旭,刘彦杰,黄桂红.AIGC多模态叙事视角下的非遗数字创意产品人机共创设计研究[J/OL].包装工程,2025:1-14[2025-04-24].http://kns.cnki.net/kcms/detail/50.1094.TB.20250324.1627.002.html.
[40] 潘金晶.基于设计思维的小学生人工智能课程设计与实施研究[D].杭州:浙江大学,2020.
[41] 陈立荣.文物数字化在博物馆教育方面的应用探索[J].文物鉴定与鉴赏,2025(7):92-95.
[42] 李莹莹.人工智能背景下教学设计的范式迁移[D].北京:北京邮电大学,2019.
[43] 黄可扬.数字媒介视域下艺术博物馆教育功能的重构[J].东南文化,2024(S1):56-59.
[44] 马晓悦,万婧,刘洋,等.记忆再现还是幻影重重:人工智能历史照片修复中的公众文化认同偏差与路径再造[J].新闻大学,2025(2):15-30,117-118.
[45] 牛晓霆,刘祥源.基于AIGC技术下圈椅数字化修复应用研究[J].家具与室内装饰,2025,32(3):9-15.